Fundamente der Mathematik

Sachsen-Anhalt
Gymnasium · Klasse 9

Herausgegeben von
Dr. Andreas Pallack

Cornelsen

Begleitmaterialien
zum Lehrwerk

für Lehrerinnen und Lehrer

Lösungen
978-3-06-009483-7

Autoren: Dr. Frank Becker, Dr. Wolfram Eid, Dr. Ralf Benölken, Dr. habil. Lothar Flade, Dr. Hubert Langlotz, Dr. Andreas Pallack, Andrea Penne, Dr. habil. Manfred Pruzina, Melanie Quante, Reinhard Schmidt, Anne-Kristina Wolff, Dr. Wilfried Zappe

Beraten durch: Thomas Brill (Naumburg), Dr. Wolfram Eid (Möckern), Dr. habil. Lothar Flade (Halle/Saale), Andrea Penne (Zahna-Elster), Dr. habil. Manfred Pruzina (Petersberg), Dr. Wilfried Zappe (Ilmenau)

Herausgeber: Dr. Andreas Pallack

Redaktion: Felix Arndt, Maya Brandl, Nils Dörffer, Torsten Gebauer, Dr. Günter Liesenberg, Julian Voigt

Illustration: Rainer Fischer, Gerlinde Keller, Christiane Mitzkus, Matthias Pflügner

Technische Zeichnungen: Christian Böhning, zweiband.media, Berlin

Umschlaggestaltung und Zwischentitel: hawemannundmosch GbR

Layoutkonzept: klein & halm GbR

Technische Umsetzung: zweiband.media, Berlin

Unter der folgenden Adresse befinden sich umfassende Informationen zum Unterrichtswerk Fundamente der Mathematik.
www.fundamente.de

www.cornelsen.de

Unter der folgenden Adresse befinden sich Zusatzangebote für Lehrerinnen und Lehrer für die Arbeit mit dem Schülerbuch.
www.cornelsen.de/unterrichtsmanager

1. Auflage, 4. Druck 2023

Alle Drucke dieser Auflage sind inhaltlich unverändert und können im Unterricht nebeneinander verwendet werden.

Druck: Mohn Media Mohndruck, Gütersloh

ISBN 978-3-06-009190-4 (Schülerbuch)
ISBN 978-3-06-009493-6 (E-Book)

PEFC/04-31-1033

PEFC zertifiziert
Dieses Produkt stammt aus nachhaltig bewirtschafteten Wäldern und kontrollierten Quellen.

www.pefc.de

Inhaltsverzeichnis

* Streifzüge sind fakultative Inhalte.

Bauplan zu „Fundamente der Mathematik“

Aktivieren

Dein Fundament:
An die Auftaktseite eines Kapitels schließt sich eine Doppelseite mit Wiederholungsaufgaben zur Vorbereitung auf das Kapitel an. Die Lösungen dazu findest du im Anhang.

Lösungen
↗ S. 199

Gleichungen lösen

1. Löse die Gleichung im Bereich der reellen Zahlen.
   a) $2x + 4 = 24$ b) $3x - 4 = -5x + 12$ c) $0{,}5x - 2 = x$ d) $\frac{1}{3}(x - 8) = 3x$
   e) $\frac{1}{3}x - 6 = x - 6$ f) $2(x + 1{,}5x) = 5x$ g) $4 + \frac{1}{2}x = x$ h) $\frac{3}{4}x - 3 = 0$

Erinnere dich:
Aus einer negativen Zahl kann keine Quadratwurzel gezogen werden.

2. Gib alle Lösungen der Gleichung im Bereich der reellen Zahlen an.
   a) $x^2 - 16 = 0$ b) $\sqrt{9} = x$ c) $x + 1 = \sqrt{-4}$ d) $2x^2 + 2 = 52$
   e) $x^2 = 0$ f) $x^2 + 4 = 0$ g) $x^2 - 4 = 0$ h) $x(x - 1) = 0$
   i) $(x - 1)(x + 1) = 0$ j) $|x| = 2$ k) $|x - 1| = 2$ l) $2|x - 2| = 8$

Aufbauen

Einstiegsaufgaben:
Jede Lerneinheit beginnt mit einer Aufgabe, die dich an das neue Thema heranführt.

2.2 Winkelbeziehungen nutzen

■ Bei einem Riesenrad bewegen sich die Gondeln auf einer Kreisbahn. Die Höhe h einer Gondel hängt (entsprechend nebenstehender Zeichnung) von der Größe des Winkels α ab.

Prüfe, ob man jeder Höhe eindeutig einen Winkel zuordnen kann. Nutze zur Veranschaulichung einen Halbkreis. ■

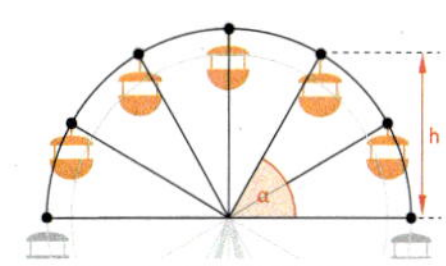

Wissenskästen:
Hier findest du wichtigen Merkstoff.

Beispiel:
Neues wird an Beispielaufgaben mit Musterlösungen erklärt.

Basisaufgaben:
Du kannst die Aufgaben nutzen, um dein neu erworbenes Wissen und Können sofort auszuprobieren.

Hinweis:
$A = \frac{1}{2}a \cdot h_a$
$h_a = b \cdot \sin\gamma$

Wissen: Flächeninhaltssatz für beliebige Dreiecke
Für beliebige Dreiecke gilt:
$A = \frac{1}{2}a \cdot b \cdot \sin\gamma = \frac{1}{2}b \cdot c \cdot \sin\alpha = \frac{1}{2}a \cdot c \cdot \sin\beta$

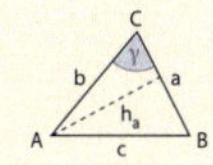

Hinweis:
Hier müssen immer zwei Seiten und der eingeschlossene Winkel beim Dreieck bekannt sein.

Beispiel 1: Berechne den Flächeninhalt A des Dreiecks ABC mit $a = 8\,\text{cm}$; $b = 14\,\text{cm}$ und $\gamma = 30°$.

Lösung:
Veranschauliche die gegebenen Größen in einer Planfigur.

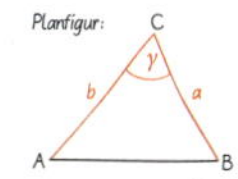

Wähle eine Flächeninhaltsformel mit den gegebenen Größen. $A = \frac{1}{2}a \cdot b \cdot \sin\gamma$

Setze die gegebenen Größen ein und berechne. $A = \frac{1}{2} \cdot 8\,\text{cm} \cdot 14\,\text{cm} \cdot \sin 30° = 28\,\text{cm}^2$

Basisaufgaben

1. Berechne den Flächeninhalt des Dreiecks ABC.
   a) $\overline{BC} = 8{,}7\,\text{m}$; $\overline{AC} = 7{,}1\,\text{m}$; $\measuredangle ABC = 44{,}6°$
   b) $\overline{BC} = 52{,}85\,\text{m}$; $\overline{AB} = 75{,}23\,\text{m}$; $\measuredangle CBA = 56{,}91°$
   c) $a = 8{,}7\,\text{cm}$; $b = 7{,}2\,\text{cm}$; $\gamma = 50°$,
   d) $a = 5{,}3\,\text{dm}$; $c = 752\,\text{mm}$; $\beta = 57°$

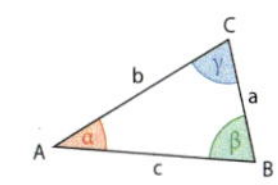

Weiterführende Aufgaben:
Die Aufgaben werden anspruchsvoller.

Zwei der Aufgaben sind besonders gekennzeichnet:

Stolperstelle und **Ausblick**

Stolperstelle:
Bei diesen Aufgaben sollst du typische Fehler erkennen.

Etwas schwierigere Aufgaben sind mit einem blauen Kreis ● gekennzeichnet.

Weiterführende Aufgaben

8. Gib an, ob der Funktionsgraph einen Hochpunkt (Tiefpunkt) hat, und gib seine Koordinaten sowie den Wertebereich der Funktion an.
   a) $y = 2x^2 - 2$ b) $y = -2x^2$ c) $y = -2x^2 + 0{,}5$ d) $y = 1{,}5x^2 - 3x + 1$

9. Gib eine Gleichung einer Funktion der Form $y = ax^2 + c$ an, deren Graph durch die Punkte P_1 und P_2 verläuft. Gib auch an, wie viele Nullstellen existieren.
   a) $P_1(0|-0{,}5)$ und $P_2(4|1{,}1)$ b) $P_1(0|1{,}1)$ und $P_2(1|1{,}35)$

10. **Stolperstelle:** Überprüfe folgende Aussagen und korrigiere sie gegebenenfalls.
    Der Graph von $y = -2(-x^2 + 3x - 2)$ ist eine nach unten geöffnete Parabel mit dem Scheitelpunkt $S(1{,}5|-0{,}25)$ und den Nullstellen $x_1 = 1$ und $x_2 = -1$ ist.

● 11. Gegeben sind der Streckungsfaktor a und die Nullstellen einer quadratischen Funktion f mit $y = f(x) = ax^2 + bx + c$. Ermittle b und c.
    a) $a = 1{,}2$; $x_1 = 1$ und $x_2 = -1{,}7$ b) $a = -0{,}5$; $x_{1/2} = 0$ c) $a = 2$; $x_1 = -1$ und $x_2 = 1$

● 12. **Ausblick:** Berechne die Nullstellen von $f(x) = x^2 - 2x - 3$ und ermittle die Schnittpunkte der Graphen von $g(x) = 2x + 3$ und von $h(x) = x^2$. Formuliere eine Vermutung hinsichtlich der Nullstellen und überprüfe diese mit $f(x) = x^2 + x - 2$; $g(x) = -x + 2$ und $h(x) = x^2$.
DGS

Hinweis zu 12:
Das Verwenden einer dynamischen Geometriesoftware kann hilfreich sein.

10. Informiert euch im Internet über den aktuellen Stand der Ergebnisse der „Sonntagsfrage“. Vergleicht die Ergebnisse verschiedener Meinungsforschungsinstitute und berichtet darüber in der Klasse.

11. **Ausblick:** Zucker-Perlen sind eine beliebte Nascherei. Bei einer Firma gibt es diese in zwei Farben. Es soll der Anteil von jeder der Farben in den verkauften Packungen anhand einer Stichprobe geschätzt werden. Erläutere, wie du vorgehen würdest, wenn die Gesamtzahl der Perlen in einer Packung nach Angaben des Herstellers etwa 450 beträgt.

Die mit 👥 gekennzeichneten Aufgaben sollten in Partner- oder in Gruppenarbeit gelöst werden.

Ausblick:
Die letzte Aufgabe in der Lerneinheit ist schwierig. Viel Spaß beim Knobeln.

144 — 5. Häufigkeitsverteilungen

5.8 Vermischte Aufgaben

1. Die nebenstehende Grafik zeigt die Entwicklung der Geburtenzahlen in Deutschland von 1946 bis 2008. Erläutere, was du an der grafischen Darstellung als gelungen ansiehst und was du selbst anders gemacht hättest. Begründe deine Antworten.

Vermischte Aufgaben:
Für diese Aufgaben benötigst du das Wissen aus allen Lerneinheiten des Kapitels.
Bei „Blütenaufgaben“ kannst du selbst entscheiden, in welcher Reihenfolge du die Teilaufgaben lösen willst.

Sichern

148 — 5. Häufigkeitsverteilungen

Prüfe dein neues Fundament

Lösungen ↗ S. 202

1. Die folgenden Angaben weisen für einen Tag die „TOP 20“ der Zugverspätungen für ICE und IC aus:
128 min, 123 min, 120 min, 86 min, 86 min, 80 min, 66 min, 63 min, 62 min, 60 min, 56 min, 50 min, 44 min, 43 min, 40 min, 40 min, 40 min, 39 min, 39 min
   a) Berechne das arithmetische Mittel, den Median, den Modalwert und die Standardabweichung der „TOP 20“.
   b) Zeichne einen Boxplot der „TOP 20“.

2. Die Tabelle enthält den Ruhepuls von Mädchen.

Pulsschläge in 15 s	15	16	17	18	19	20	21	22	23	24	25
Anzahl	2	6	8	12	18	24	21	15	8	5	1

   a) Stelle die Daten in einem Histogramm mit der Klassenbreite 2 dar.
   b) Ermittle das arithmetische Mittel und die Standardabweichung der Datenreihe.

Prüfe dein neues Fundament:
Hier kannst du dein Wissen selbstständig überprüfen, auch in Vorbereitung auf Tests und Klassenarbeiten. Die Lösungen der Aufgaben findest du im Anhang.

72 — 2. Trigonometrie

Zusammenfassung

Sinus, Kosinus und Tangens; Berechnungen am rechtwinkligen Dreieck

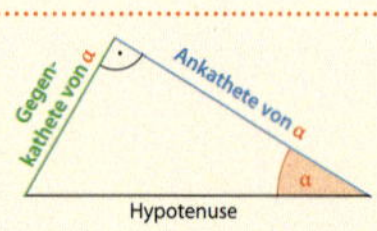

Geg.: ΔABC mit $\beta = 90°$; $\alpha = 30°$; $a = 5\,cm$
Ges.: b und γ
Lösung:

$\sin\alpha = \frac{a}{b} \quad |\cdot b$ $\qquad \cos\gamma = \frac{a}{b}$

$b \cdot \sin\alpha = a \quad |:\sin\alpha$ $\qquad \cos\gamma = \frac{5\,cm}{10\,cm}$

$b = \frac{a}{\sin\alpha} = \frac{5\,cm}{\sin 30°}$ $\qquad \cos\gamma = 0{,}5$

$b = \frac{5\,cm}{0{,}5} = 10\,cm$ $\qquad \gamma = 60°$

Zusammenfassung:
Die letzte Seite eines Kapitels enthält kurz und knapp das Wichtigste aus dem Kapitel. Sie dient dem schnellen Nachschlagen des gelernten Stoffes.

Zusätzliches

142 — 5. Häufigkeitsverteilungen

Streifzug

Hilfsmittel beim Auswerten von Datenreihen nutzen

In einer Zeitschrift stand, dass in allen Ländern der Erde gesunde Mütter unabhängig von ihrer Herkunft und Größe annähernd gleich große Säuglinge zur Welt bringen, die etwa 3,3 Kilogramm schwer und 49,4 Zentimeter lang sind. Um solch eine Aussage treffen zu können, müssen sehr viele Daten untersucht werden.

Was meinst du, welche Hilfsmittel dazu dienen können?

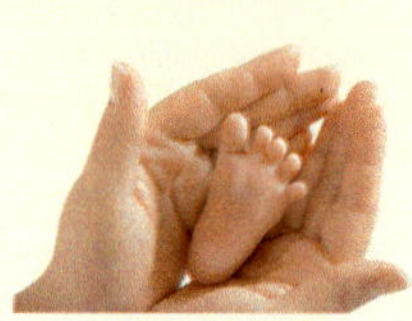

Streifzüge:
Es gibt auch Sonderseiten, die Ergänzungen zum regulären Lernstoff beinhalten.

1. Potenzen und Logarithmen

Mikroorganismen, die sich durch Zellteilung vermehren, gibt es überall. Die meisten von ihnen sind nützlich. Einige, beispielsweise Salmonellen, können aber auch Erkrankungen verursachen. Deshalb ist das persönliche Hygieneverhalten für eine Begrenzung der Vermehrungsgeschwindigkeit schädlicher Mikroorganismen sehr wichtig.

Lösungen ↗ S. 196

Zahlen mit Zehnerpotenzen darstellen

1. Schreibe als Zehnerpotenz.
a) Eintausend b) Hunderttausend c) 10 Millionen d) 0,1 Millionen
e) 0,01 Milliarden f) 10 Milliarden g) 100 000 Millionen h) Zehntausend

2. Schreibe die dargestellte Zahl in Worten.
a) $2 \cdot 10^3$ b) $9 \cdot 10^6$ c) $1{,}5 \cdot 10^5$ d) $3{,}04 \cdot 10^3$
e) $0{,}8 \cdot 10^2$ f) $0{,}001 \cdot 10^7$ g) $10 \cdot 10^3$ h) $10^2 \cdot 10^3$

3. Ordne die Zahlen der Größe nach. Beginne mit der kleinsten Zahl.
a) $3 \cdot 10^4$; 10^4; $10^2 \cdot 10^3$; $5 \cdot 10^2$ b) $1{,}2 \cdot 10^7$; $345 \cdot 10^3$; $0{,}078 \cdot 10^8$; $12{,}7 \cdot 10^3$

4. Ordne die Angaben der Größe nach. Beginne mit der kleinsten Größenangabe.
a) $3 \cdot 10^3$ m; $5 \cdot 10^5$ mm; $0{,}5 \cdot 10^2$ km b) $6{,}6 \cdot 10^2\ \text{m}^2$; $4 \cdot 10^4\ \text{mm}^2$; $7 \cdot 10^4\ \text{dm}^2$

5. Lies die Zahlen in der Stellenwerttafel laut vor.

Milliarden			Millionen			Tausend					
10^{11}	10^{10}	10^9	10^8	10^7	10^6	10^5	10^4	10^3	10^2	10^1	1
					2	3	4	5	6	1	3
			9	9	6	7	8	5	4	3	2
1	2	3	1	4	5	6	7	8	0	9	0

Quadrieren und Quadratwurzelziehen

6. Berechne ohne Taschenrechner.
a) 8^2 b) $\sqrt{49}$ c) $(-4)^2$ d) $0{,}2^2$ e) $\sqrt{0{,}01}$
f) $\sqrt{1}$ g) $\sqrt{\frac{9}{16}}$ h) 0^2 i) $\left(\frac{3}{7}\right)^2$ j) $\sqrt{3600}$

7. Berechne den Wert des Terms mit einem Taschenrechner.
Runde das Ergebnis auf zwei Nachkommastellen.
a) $\sqrt{11} + 3{,}1$ b) $5{,}7 - \sqrt{30}$ c) $9{,}87 + \sqrt{28}$
d) $3{,}7 \cdot \sqrt{20}$ e) $5{,}8 + 2{,}5 \cdot \sqrt{29}$ f) $5{,}2 : \sqrt{4{,}2}$

8. Für welche Werte ist der Term nicht definiert?
a) $\sqrt{x}$ b) $\sqrt{1-x}$ c) $\sqrt{x^3}$ d) $\frac{1}{\sqrt{x}}$ e) $\sqrt{x+4}$ f) $\sqrt{2x}$

9. Nenne eine Zahl x, bei der man beim Quadrieren (beim Quadratwurzelziehen) eine Zahl y erhält, für die gilt:
a) $y < x$ b) $y > x$ c) $y = x$

10. Die Ziffernfolge der Ergebnisse ist korrekt. Überprüfe die Ergebnisse ohne Taschenrechner und korrigiere, falls erforderlich. (Die Ergebnisse sind teilweise gerundet.)
a) $0{,}134^2 = 0{,}179\,56$ b) $\sqrt{5{,}23} = 0{,}228\,69$ c) $11{,}97^2 = 143{,}28$
d) $\sqrt{390{,}8} = 197{,}6866$ e) $213^2 = 45\,369$ f) $9{,}987^2 = 997{,}401\,69$
g) $\sqrt{1067} = 32{,}66$ h) $0{,}023^2 = 0{,}005\,29$ i) $\sqrt{13} = 3{,}605\,551\,3$

Gleichungen lösen

11. Löse die Gleichung.

a) $2x+6=5(x-9)$ b) $\frac{x}{1{,}5}=3$ c) $\frac{3}{x}-3{,}5=8{,}5$ d) $3x+x^2=(x+2)^2$

e) $x(x-1)=0$ f) $(x-1)(x+1)=0$ g) $x(x^2-2)=x^3+2x$ h) $x\cdot x-x-x-x^2=4$

12. Ermittle alle Lösungen der Gleichung.

a) $x^2=81$ b) $\sqrt{x}=4$ c) $3^x=27$ d) $2x^2=32$

e) $3+\sqrt{x}=13$ f) $x^2=-4$ g) $x^2+2=2+x^2$ h) $2^x-4=0$

13. Ermittle alle Lösungen der Gleichung.

a) $x-\sqrt{4}=0$ b) $-6+\sqrt{x}=-1$ c) $x^2=144$ d) $7^x+2=51$ e) $\sqrt{x}-9=1$

f) $x=\sqrt{(-3)^2}$ g) $x^2+81=0$ h) $\sqrt{x}-4=0$ i) $2^x-8=0$ j) $2\sqrt{x}+9=(-3)^2$

14. Überprüfe die in Klammern angegebene Lösung. Ermittle die richtige Lösung, wenn erforderlich.

a) $5^x=125$; (3) b) $x=\sqrt{(-4)^2}$; (−4) c) $3^x=81$; (3) d) $x^3=27$; (3; −3)

e) $x^4=16$; (−2; 2) f) $x^2=(-5)^2$; (5; −5) g) $2x^3=16$; (2; −2) h) $x=\sqrt{49}$; (7; −7)

15. Gib alle ganzen Zahlen zwischen −4 und 4 an, die Lösung der Gleichung sind.

a) $2^2\cdot 2^x=2^5$ b) $3^4:3^x=3$ c) $\sqrt{x}=2+6:2$ d) $x^3+2^2=-4$

Kurz und knapp

16. Schreibe Produkte als Potenz und Potenzen als Produkt.

a) $5\cdot 5\cdot 5\cdot 5\cdot 5$ b) $x\cdot x\cdot x$ c) a^5

d) a^2b^3 e) $\left(\frac{2}{3}\right)^3$ f) $m\cdot n\cdot n\cdot n\cdot m\cdot m$

17. Vereinfache den Term unter Nutzung einer binomischen Formel.

a) $\frac{a+b}{(a+b)^2}$ b) $\frac{u+3}{u^2+6u+9}$ c) $\frac{(x-3)^2}{x-3}$ d) $\frac{b^2-2b+1}{(b-1)(b-1)}$ e) $\frac{x^2-y^2}{x-y}$

18. Berechne den Termwert ohne Taschenrechner.

a) $\frac{3}{5}+\frac{3}{4}$ b) $1:\frac{1}{4}$ c) $\frac{1}{\frac{1}{2}}$ d) $\frac{1}{\frac{3}{5}\cdot\frac{3}{5}}$ e) $\frac{3}{5}\cdot\frac{7}{12}$

19. a) Berechne die fehlenden Ergebnisse bis zum Ziel mit der Startzahl 5.

	Start	→		→		→	Ziel
(1)	5	+2		+2		+2	
(2)	5	·2		·2		·2	
(3)	5	$()^2$		$()^2$		$()^2$	

b) Finde jeweils eine natürliche Startzahl x, mit der man im Ziel 1000 erreicht oder 1000 annähernd erreicht.

c) Prüfe, ob es eine Startzahl gibt, mit der man im Ziel die 1 erreicht. Gib dann diese Startzahl an.

1.1 Mit Potenzen a^n ($n \in \mathbb{N}$; $n \geq 1$) rechnen

Erinnere dich:
$a^n = a \cdot a \cdot a \cdot \ldots \cdot a$
Es sind n Faktoren mit $a \in \mathbb{R}$, $n \in \mathbb{N}$, $n \geq 1$
Es gilt:
$a^1 = a$ für $a \in \mathbb{R}$

■ In einem Test sollen die nebenstehenden Aufgaben gelöst werden. Jonas meint, dass sich die Aufgaben ganz einfach wie folgt lösen lassen:

Berechne den Termwert.
a) $3^3 \cdot 3^2$ b) $2^2 \cdot 3^2$
c) $7^5 : 7^3$ d) $\frac{2^3}{4^3}$
e) $(2^2)^3$

a) $3^3 \cdot 3^2 = 3^{3+2} = 3^5 = 243$
b) $2^2 \cdot 3^2 = (2 \cdot 3)^2 = 36$
c) $7^5 : 7^3 = 7^{5-3} = 7^2 = 49$
d) $\frac{2^3}{4^3} = \left(\frac{2}{4}\right)^3 = \left(\frac{1}{2}\right)^3 = \frac{1}{8}$
e) $(2^2)^3 = 2^{2 \cdot 3} = 2^6 = 64$

Überprüfe die Ergebnisse, indem du die Potenzen zunächst als Produkte schreibst. ■

Auch für das Rechnen mit Potenzen gibt es Rechenregeln. Sie dienen der Vereinfachung von Termen und der geschickten Berechnung von Termwerten.

Wissen: Potenzgesetze
Für alle reellen Zahlen a, b und alle natürlichen Zahlen m, n mit $m \geq 1$ und $n \geq 1$ gilt:

	Potenzen mit gleichen Basen	Potenzen mit gleichen Exponenten
Multiplizieren	$a^m \cdot a^n = a^{m+n}$	$a^n \cdot b^n = (a \cdot b)^n$
Dividieren	$\frac{a^m}{a^n} = a^{m-n}$ ($a \neq 0$; $m > n$)	$\frac{a^n}{b^n} = \left(\frac{a}{b}\right)^n$ ($b \neq 0$)
Potenzieren	$(a^m)^n = a^{m \cdot n} = (a^n)^m$	

Die Potenzgesetze können beim Umformen von Termen „von links nach rechts" und „von rechts nach links" gelesen und genutzt werden.

Potenzen mit gleichen Basen multiplizieren und dividieren

Beispiel 1: Vereinfache den Term und berechne den Termwert für $x = 2$.
a) $x^2 \cdot x^4$
b) $x^7 : x^5$

Lösung:

a) Untersuche die Struktur des Terms und wende das entsprechende Potenzgesetz an.

$x^2 \cdot x^4$ ist ein **Produkt** aus zwei Potenzen mit **gleichen Basen**. Beim Multiplizieren der Potenzen wird die Basis beibehalten, die Exponenten werden addiert:
$$x^2 \cdot x^4 = x^{2+4} = x^6$$

Berechne den Termwert.

Für $x = 2$ gilt: $2^6 = 64$

b) Gehe wie bei a) vor.

$x^7 : x^5$ ist ein **Quotient** aus zwei Potenzen mit **gleichen Basen**. Beim Dividieren der Potenzen wird die Basis beibehalten, die Exponenten werden subtrahiert:
$$x^7 : x^5 = x^{7-5} = x^2$$

Für $x = 2$ gilt: $2^2 = 4$

Basisaufgaben

1. Vereinfache den Term und berechne den Termwert für $x = 3$.

a) $x^3 \cdot x^2$ b) $x^2 \cdot x^2$ c) $\frac{x^4}{x^2}$ d) $\frac{x^5}{x}$ e) $x^7 : x^3$

2. Vereinfache den Term.

a) $a^3 \cdot a^5$ b) $b^3 \cdot b^5 \cdot b$ c) $\frac{a^7}{a^3 \cdot a^2}$ d) $a^2 \cdot b \cdot a^3 \cdot b$ e) $\frac{x^2 \cdot y^3}{xy}$

3. Vereinfache den Term und berechne den Termwert für $a = 2$ und $b = 3$.

a) $\frac{a^3 \cdot b^2}{a^2}$ b) $\frac{ab}{a^2}$ c) $\frac{a^3 \cdot b^2}{ab}$ d) $a \cdot b^2 \cdot a^3$ e) $a^3b : a^2$

Potenzen mit gleichen Exponenten multiplizieren und dividieren

Beispiel 2: Vereinfache den Term und berechne den Termwert für $x = 0{,}5$ und $y = 2$.

a) $(2x)^3 \cdot (3y)^3$ b) $(4x)^3 : (2y)^3$

Lösung:

a) Untersuche die Struktur des Terms und wende das entsprechende Potenzgesetz an.

$(2x)^3 \cdot (3y)^3$ ist ein **Produkt** aus zwei Potenzen mit **gleichen Exponenten**. Beim Multiplizieren der Potenzen werden die Basen multipliziert, die Exponenten werden beibehalten:

$$(2x)^3 \cdot (3y)^3 = (2x \cdot 3y)^3 = (6xy)^3$$

Berechne den Termwert.

Für $x = 0{,}5$ und $y = 2$ gilt:

$$(6 \cdot 0{,}5 \cdot 2)^3 = 6^3 = 216$$

b) Gehe wie bei a) vor.

$(4x)^3 : (2y)^3$ ist ein ein **Quotient** aus zwei Potenzen mit gleichen **Exponenten**.
Beim Dividieren werden die Basen dividiert, die Exponenten werden beibehalten:

$$(4x)^3 : (2y)^3 = \left(\frac{4x}{2y}\right)^3 = \left(\frac{2x}{y}\right)^3$$

Für $x = 0{,}5$ und $y = 2$ gilt:

$$\left(\frac{2 \cdot 0{,}5}{2}\right)^3 = 0{,}5^3 = 0{,}125$$

Basisaufgaben

4. Vereinfache den Term und berechne den Termwert für $x = 0{,}1$ und $y = 2$.

a) $(2x)^2 \cdot (3y)^2$ b) $(4x)^3 : (2y)^3$ c) $x^3 : (0{,}5y)^3$ d) $x^2 \cdot y^2$ e) $(2x^2y)^3 : (xy)^3$

5. Vereinfache den Term.

a) $(2a^2b)^2 : (4a)^2$ b) $(4uv)^4 \cdot (0{,}5u^2v)^4$ c) $(4x^4)^3 : (8x^3)^3$ d) $(x + y)^3 \cdot (x - y)^3$

Potenzen potenzieren

Beispiel 3: Vereinfache den Term $[(2x)^3]^2$ und berechne den Termwert für $x = 0{,}25$.

Lösung:

Untersuche die Struktur des Terms und wende das entsprechende Potenzgesetz an.

$[(2x)^3]^2$ ist die **Potenz einer Potenz**. Beim Potenzieren einer Potenz wird die Basis beibehalten, die Exponenten werden multipliziert:

$$[(2x)^3]^2 = (2x)^{3 \cdot 2} = (2x)^6 = 2^6x^6 = 64x^6$$

Berechne den Termwert.

Für $x = 0{,}25$ gilt: $(2 \cdot 0{,}25)^6 = 64 \cdot \left(\frac{1}{4}\right)^6 = \frac{1}{64}$

Basisaufgaben

6. Vereinfache den Term und berechne den Termwert für $x = 3$.

a) $\left[\left(\frac{1}{6}x\right)^2\right]^2$ b) $(x^2)^3$ c) $\left[\left(\frac{x}{3}\right)^2\right]^4$ d) $\left[\left(\frac{6}{x}\right)^5\right]^2$ e) $\left[\left(\frac{x}{2}\right)^2\right]^2$

7. Vereinfache den Term.

a) $[(2a)^2]^3$ b) $\left[\left(\frac{4u}{12}\right)^2\right]^2$ c) $\left[(4x)^2 \cdot \left(\frac{1}{2}y\right)^2\right]^3$ d) $[(4x)^2 : (2y)^2]^2$ e) $(u^2 \cdot v^2)^4$

Weiterführende Aufgaben

8. Vereinfache den Term mithilfe der Potenzgesetze und erkläre dein Vorgehen.

a) $(4ab)^3 : (2a)^3$ b) $a^4 \cdot b \cdot a^2 \cdot b^5$ c) $x^7 : x^3$ d) $(3a)^3 \cdot \left(\frac{2}{3}b\right)^3$ e) $(a^2)^3$

9. Vereinfache den Term und berechne den Termwert.

a) $2^3 \cdot 2^5$ b) $(-2)^5 : (-2)^2$ c) $5^{18} : 5^{15}$ d) $\left[\left(\frac{2}{3}\right)^2\right]^3$ e) $2^2 + 3^2$

f) $14^2 : 2^2$ g) $2^5 \cdot 5^5$ h) $[(-2)^3]^3$ i) $(2^3)^3 : 4^2$ j) $4^2 \cdot (2^2)^3$

10. Vereinfache den Term soweit wie möglich.

a) $\frac{2}{3}x^2 \cdot \frac{3}{4}x^3$ b) $(-x)^3 \cdot x^4$ c) $2a^3 \cdot 0{,}5\,a^2b$ d) $4x^4 : 2x^2$

e) $(1{,}2\,e^4) : (2{,}4\,e^2)$ f) $(x-1)^5 : (x-1)^3$ g) $(a^4)^3$ h) $(4x)^4 : (2y)^4$

i) $(x+y)^2 \cdot (x-y)^2$ j) $(0{,}1\,a^2b^3)^2$ k) $\left(\frac{2}{3}u^2\right)^3$ l) $\frac{6^3}{x^3} \cdot \frac{3^3}{x^3}$

m) $\left(\frac{a}{2b}\right)^3 : \left(\frac{2a^2}{b}\right)^3$ n) $(27x^5y)^3 : (9x^3)^3$ o) $x^4y^7 : (xy)^2$ p) $\left(\frac{x^4}{y^7}\right) : \left(\frac{x^2}{y^3}\right)^2$

11. Ordne der Größe nach. Beginne mit der kleinsten Zahl.

a) 2^3; $\left(\frac{1}{2}\right)^3$; $\frac{1}{3^2}$; 3^2; $0{,}5^2$

b) $\left(\frac{2}{3}\right)^2$; 5^3; $\frac{4^2}{2^4}$; $\left(\frac{2}{3}\right)^3$; $\left(\frac{3}{2}\right)^2$

c) $\frac{3^5}{3^2}$; $\left(\frac{10^5}{10^2}\right)$; 10^2; 11^3; $\left(\frac{1}{10}\right)^3$

d) $\left(\frac{3}{2}\right)^2$; $\left(\frac{1}{5}\right)^3$; $\frac{1}{4^2 : 2^4}$; $\frac{2^3}{3}$; $\frac{3^2}{2}$

12. Löse die Gleichung ($m, n \in \mathbb{N}$; $m \geq 1$; $n \geq 1$).

a) $3^5 = 3^2 \cdot 3^m$ b) $4^n : 4^3 = 4^7$ c) $3^{n+m} = 81$ d) $2^{2n} : 2^2 = 64$ e) $2^{2n} = 4^4$

13. Stolperstelle: Tim und Marius berechnen die Potenz $(-5)^6$ mit dem Taschenrechner. Tim erhält das Ergebnis −15 625 und Marius 15 625.

a) Erkläre, welchen Fehler Tim beim Eintippen in den Taschenrechner gemacht haben könnte.

b) Schreibe die richtige Tastenfolge für deinen Taschenrechner auf.

c) Berechne $(-5)^7$ mit deinem Taschenrechner. Überlege zunächst, ob das Ergebnis positiv oder negativ ist.

14. Erstelle zur gegebenen Zuordnung eine Wertetabelle mit der Schrittweite 1 von $x = 2$ bis $x = 6$.

a) $y = 2^x$ b) $y = \left(\frac{1}{2}\right)^x$ c) $y = (-3)^x$ d) $y = (-2)^x$ e) $y = \left(-\frac{2}{5}\right)^x$

15. Potenzen a^n mit einer negativen Basis a haben positive oder negative Werte als Ergebnis.
a) Berechne die Potenzen $(-2)^2$; $(-2)^3$; $(-2)^4$; $(-2)^5$.
b) Beschreibe, wovon es abhängt, ob der Wert der Potenz positiv bzw. negativ ist.
c) Überprüfe deine Vermutung mit den Basen $a = -3$ und $a = -\frac{1}{4}$.

16. Gib eine Gleichung, die zur Zuordnung gehört.

a)

x	2	3	4
f(x)	36	216	1296

b)

x	2	3	4
f(x)	6,25	−15,625	39,0625

c)

x	2	3	4
f(x)	$\frac{1}{25}$	$\frac{1}{125}$	$\frac{1}{625}$

d)

x	2	3	4
f(x)	$\frac{4}{9}$	$\frac{-8}{27}$	$\frac{16}{81}$

17. Berechne mithilfe der Potenzgesetze.
a) $5 \cdot 10^7 \cdot 10^3$
b) $4 \cdot 10^4 \cdot 5 \cdot 10^5 \cdot 6 \cdot 10^6$
c) $(7{,}5 \cdot 10^{16}) : (12{,}5 \cdot 10^5)$
d) $(8{,}64 \cdot 10^{17} \cdot 10^3) : (3{,}6 \cdot 10^{14} \cdot 2{,}4 \cdot 10^6)$

18. Berechne geschickt ohne Taschenrechner. Vereinfache die Brüche so weit wie möglich.
a) $2 \cdot 2^2 \cdot 2^3 \cdot 5$
b) $10 \cdot 2^3 \cdot 10^7 \cdot 2^5 \cdot 10$
c) $33 \cdot 10^3 \cdot \frac{1}{3} \cdot 10^6 \cdot 11$
d) $\frac{16 \cdot 10^7}{2 \cdot 10^4 \cdot 4}$
e) $\frac{1 \cdot 10^{50} \cdot 7{,}8}{7{,}8 \cdot 10^{25} \cdot 50}$
f) $\frac{625 \cdot 10^{16}}{5 \cdot 10^5 \cdot 5 \cdot 10^6 \cdot 5 \cdot 10^2 \cdot 50}$

Hinweis zu 18:
Du kannst deine Ergebnisse mit einem Taschenrechner überprüfen.

19. Multipliziere aus und vereinfache.
a) $2^3 \cdot (2^2 + x^3)$
b) $x^2 \cdot (x^3 - y^2)$
c) $(a + 2b^2) \cdot (a^2 - 2b)$
d) $(a^2 + b^2)^2$

20. a) Formuliert die Potenzgesetze für Potenzen mit gleichen Basen in Worten.
b) Formuliert die Potenzgesetze für Potenzen mit gleichen Exponenten in Worten.

CAS **21.** Vereinfache. Nutze die Potenzgesetze und wende binomische Formeln an.
a) $(a^2 + 2ab + b^2) : (a + b)^2$
b) $\frac{(3x-1)^2 \cdot (3x+1)^2}{9x^2 + 6x + 1}$
c) $\frac{(u^2 + 4u + 4)^5}{(u+2)^4}$

Hinweis zu 21:
Du kannst deine Ergebnisse mit einem CAS überprüfen.

22. Vor etwa 2000 Jahren wurde in Indien das Schachspiel erfunden. Der indische König wollte dem Erfinder Sissa einen Wunsch erfüllen. Sissa wünschte sich Reiskörner. Auf das 1. Feld des Schachspiels sollte der König ein Korn, auf das 2. Feld zwei Körner, auf das 3. Feld vier Körner und auf jedes weitere Feld immer doppelt so viele Reiskörner wie auf das vorherige Feld legen lassen.

a) Berechne die Anzahl der Reiskörner für das 4. Feld, das 5. Feld, das 10. Feld. Gib jedes Ergebnis als Potenz und als Zahl an.
b) Berechne die Anzahl der Reiskörner, die bei einem 8×8 Schachbrett auf dem letzten, dem 64. Feld, liegen müssten.
c) Berechne die Masse der Reiskörner auf dem 64. Feld, wenn 100 Reiskörner etwa 3 g wiegen.

23. Ausblick: Schreibe die Potenzen als Produkte und berechne den Termwert.
a) $6^5 : 6^7$
b) $3^5 \cdot \frac{1}{3^7}$
c) $3^5 : 3^5$
d) $\frac{2^4}{2^6}$
e) $2^4 \cdot \frac{1}{2^4}$
f) $(\sqrt{25})^2$

1.2 Mit Potenzen a^n ($n \in \mathbb{Z}$) rechnen

■ Julian betrachtet die nebenstehende Aufgabenfolge und stellt fest, dass auf der linken Seite der Exponent n bei der Potenz 3^n immer um 1 kleiner wird. Auf der rechten Seite werden die Potenzwerte nacheinander immer gedrittelt.

Setze das Prinzip fort und gib dann die Ergebnisse der noch nicht gelösten Aufgaben an. ■

Erinnere dich:
$a^n = a \cdot a \cdot a \cdot \ldots \cdot a$
Es sind n Faktoren.

Wissen: Potenzen mit ganzen Zahlen als Exponenten

Für alle reellen Zahlen a gilt folgende Festlegung: $a^1 = a$ und $a^0 = 1$ $(a \neq 0)$

Für alle reellen Zahlen a und alle natürlichen Zahlen $n \neq 0$ gilt folgende Festlegung: $a^{-n} = \frac{1}{a^n}$ $(a \neq 0)$

Auch für Potenzen mit ganzzahligen Exponenten m und n gelten die Potenzgesetze.

	Potenzen mit gleichen Basen	Potenzen mit gleichen Exponenten
Multiplizieren	$a^m \cdot a^n = a^{m+n}$ $(a \neq 0)$	$a^n \cdot b^n = (a \cdot b)^n$ $(a \neq 0;\ b \neq 0)$
Dividieren	$\frac{a^m}{a^n} = a^{m-n}$ $(a \neq 0)$	$\frac{a^n}{b^n} = \left(\frac{a}{b}\right)^n$ $(a \neq 0;\ b \neq 0)$
Potenzieren	$(a^m)^n = a^{m \cdot n} = (a^n)^m$ $(a \neq 0)$	

Auch diese Potenzgesetze können von beiden Seiten gelesen werden.

Potenzen mit ganzzahligen Exponenten berechnen

Beispiel 1:

a) Schreibe $(-5)^{-2}$ als Potenz mit positivem Exponenten und berechne den Termwert.

b) Gib $\frac{1}{3} \cdot \frac{1}{3} \cdot \frac{1}{3} \cdot \frac{1}{3} \cdot \frac{1}{3}$ als Potenz mit negativem Exponenten an.

c) Berechne die Termwerte von: 2^{-3}; $\left(\frac{1}{2}\right)^{-1}$; $\left(\frac{2}{3}\right)^{-2}$

Lösung:

a) Forme die Potenz gemäß Festlegung $\left(a^{-n} = \frac{1}{a^n}\right)$ um und berechne den Termwert.
$(-5)^{-2} = \frac{1}{(-5)^2} = \frac{1}{(-5) \cdot (-5)} = \frac{1}{25}$

b) Schreibe das Produkt im Nenner als Potenz. Forme den Term gemäß Festlegung $\left(\frac{1}{a^n} = a^{-n}\right)$ um.
$\frac{1}{3} \cdot \frac{1}{3} \cdot \frac{1}{3} \cdot \frac{1}{3} \cdot \frac{1}{3} = \frac{1}{3 \cdot 3 \cdot 3 \cdot 3 \cdot 3} = \frac{1}{3^5} = 3^{-5}$
$2^{-3} = \frac{1}{2^3} = \frac{1}{8}$; $\left(\frac{1}{2}\right)^{-1} = \frac{1}{\left(\frac{1}{2}\right)^1} = \frac{1}{\frac{1}{2}} = 2$

c) Forme die Potenz gemäß Festlegung $\left(a^{-n} = \frac{1}{a^n}\right)$ um und berechne den Termwert.
$\left(\frac{2}{3}\right)^{-2} = \frac{1}{\left(\frac{2}{3}\right)^2} = \frac{1}{\frac{4}{9}} = \frac{9}{4} = 2\frac{1}{4}$

Basisaufgaben

1. Schreibe die Potenz als Potenz mit positivem Exponenten und berechne den Termwert.
   a) 5^{-3} b) $(-2)^{-3}$ c) $(-3)^{-4}$ d) 2^{-4} e) $(2 \cdot 3)^{-2}$

2. Schreibe das Produkt als Potenz mit negativem Exponenten.
a) $\frac{1}{2} \cdot \frac{1}{2} \cdot \frac{1}{2}$ b) $\frac{1}{4 \cdot 4}$ c) $\frac{1}{5} \cdot \frac{1}{5} \cdot \frac{1}{5} \cdot \frac{1}{5}$ d) $\left(-\frac{1}{3}\right) \cdot \left(-\frac{1}{3}\right) \cdot \left(-\frac{1}{3}\right)$ e) $\frac{1}{(-2) \cdot (-2)}$

3. Berechne den Wert des Terms.
a) 4^{-3} b) $(-5)^{-1}$ c) $(-3)^{-4}$ d) $\left(\frac{1}{4}\right)^{-2}$ e) $\left(\frac{2}{5}\right)^0$ f) $0{,}75^{-2}$

Potenzen mit gleichen Basen und ganzzahligen Exponenten multiplizieren und dividieren

Beispiel 2: Vereinfache den Term und berechne den Termwert für $x = 3$.
a) $x^3 \cdot x^{-5}$ b) $x^3 : x^7$

Lösung:

a) Untersuche die Struktur des Terms. — $x^3 \cdot x^{-5}$ ist ein **Produkt** aus zwei Potenzen mit **gleichen Basen**.

Wende das entsprechende Potenzgesetz an. — $x^3 \cdot x^{-5} = x^{3+(-5)} = x^{-2} = \frac{1}{x^2}$

Berechne den Termwert. — Für $x = 3$ gilt: $\frac{1}{3^2} = \frac{1}{9}$

b) Gehe wie bei a) vor. — $x^3 : x^7$ Term ist ein **Quotient** aus zwei Potenzen mit **gleichen Basen**.
$x^3 : x^7 = x^{3-7} = x^{-4} = \frac{1}{x^4}$
Für $x = 3$ gilt: $\frac{1}{3^4} = \frac{1}{81}$

Basisaufgaben

4. Vereinfache den Term.
a) $x^3 \cdot x^4$ b) $x^{-3} \cdot x^4$ c) $a^3 \cdot a^{-2} \cdot a^2$ d) $b^4 : b^6$ e) $(xy)^{-3} : (xy)^{-4}$
f) $a^3 : a^5$ g) $a^3 \cdot b \cdot a^2 \cdot b^{-3}$ h) $\frac{a^3 b^4}{a^5}$ i) $\frac{1}{x^3} : x^4$ j) $y^3 \cdot \frac{1}{y^4}$

5. Berechne den Termwert.
a) $2^3 \cdot 2^{-4}$ b) $3^4 : 3^2$ c) $3^3 : 3^5$ d) $2^2 : 2^{-2}$ e) $\left(\frac{1}{2}\right)^3 : \left(\frac{1}{2}\right)^{-1}$ f) $2^2 \cdot \left(\frac{1}{2}\right)^2$

Potenzen mit unterschiedlichen Basen und gleichen ganzzahligen Exponenten multiplizieren und dividieren

Beispiel 3: Vereinfache den Term und berechne den Termwert für $v = 2$.
a) $3^{-3} \cdot v^{-3}$ b) $u^{-2} : (uv)^{-2}$

Lösung:

a) Untersuche die Struktur des Terms. — $3^{-3} \cdot v^{-3}$ ist ein **Produkt** aus zwei Potenzen mit **gleichen Exponenten**.

Wende das entsprechende Potenzgesetz an. — $3^{-3} \cdot v^{-3} = (3 \cdot v)^{-3} = \frac{1}{(3v)^3} = \frac{1}{27v^3}$

Berechne den Termwert. — Für $v = 2$ gilt: $\frac{1}{27 \cdot 2^3} = \frac{1}{27 \cdot 8} = \frac{1}{216}$

b) Gehe wie bei a) vor. — $u^{-2} : (uv)^{-2}$ ist ein **Quotient** aus zwei Potenzen mit **gleichen Exponenten**.
$u^{-2} : (uv)^{-2} = \left(\frac{u}{uv}\right)^{-2} = \left(\frac{1}{v}\right)^{-2} = v^2$
Für $v = 2$ gilt: $2^2 = 4$

Basisaufgaben

6. Vereinfache den Term.

a) $a^4 : b^4$ b) $x^3 \cdot y^3$ c) $u^{-2} \cdot v^{-2}$ d) $\left(\frac{1}{2u}\right)^3 : \left(\frac{1}{2}\right)^3$ e) $\left(\frac{1}{ab}\right)^{-2} \cdot a^{-2}$

f) $3^{-3} \cdot (2x)^{-3}$ g) $\left(x^2 - y^2\right)^3 : (x+y)^3$ h) $(a+b)^4 : (a^2 - b^2)^4$ i) $(ab)^{-2} : (ac)^{-2}$

7. Berechne den Termwert.

a) $3^4 : 6^4$ b) $2^2 \cdot 3^2$ c) $5^2 \cdot 12^2$ d) $6^{-4} : 2^{-4}$ e) $2{,}5^{-2} \cdot 2^{-2}$

f) $0{,}6^2 : 2^2$ g) $(-4)^4 \cdot \left(\frac{1}{4}\right)^4$ h) $4^3 : 6^3$ i) $\left(\frac{2}{3}\right)^{-2} \cdot 12^{-2}$ j) $(-2)^4 \cdot 5^4$

Potenzen mit ganzzahligen Exponenten potenzieren

Beispiel 4: Vereinfache den Term $(a^3)^{-2}$ und berechne den Termwert für $a = -2$.

Lösung:

Untersuche die Struktur des Terms.	$(a^3)^{-2}$ ist eine **Potenz** einer **Potenz**.
Wende das entsprechende Potenzgesetz an.	$(a^3)^{-2} = a^{3 \cdot (-2)} = a^{-6} = \frac{1}{a^6}$
Berechne den Termwert.	Für $a = -2$ gilt: $\frac{1}{(-2)^6} = \frac{1}{64}$

Basisaufgaben

8. Vereinfache den Term und berechne den Termwert sowohl für $x = 3$ als auch für $x = -3$.

a) $(x^2)^{-2}$ b) $(x^{-2})^{-2}$ c) $\left[(2x)^3\right]^{-2}$ d) $\left[\left(\frac{3}{x}\right)^2\right]^{-2}$ e) $\left[\left(\frac{x}{6}\right)^{-1}\right]^{-3}$

9. Vereinfache den Term und gib das Ergebnis mit positivem Exponenten an.

a) $\left[(ab)^{-2}\right]^{-3}$ b) $\left[\left(\frac{a}{b}\right)^{-2}\right]^2$ c) $(a^2)^2 \cdot (a^2)^{-3}$ d) $x^4 : (x^{-2})^3$ e) $x^{-6} : (y^3)^{-2}$

Weiterführende Aufgaben

10. Berechne den Termwert.

a) 2^{-3} b) $\frac{1}{3^{-2}}$ c) 5^{-1} d) $\left(\frac{2}{3}\right)^{-2}$ e) $\frac{1}{0{,}5^{-2}}$

f) 2^{-4} g) $(-3)^{-3}$ h) $-(5^{-2})$ i) $0{,}25^{-2}$ j) $\left(\frac{1}{3}\right)^{-1}$

11. Vereinfache den Term und beschreibe dein Vorgehen.

a) $(4ab)^3 : (2a)^3$ b) $a^4 \cdot b \cdot a^2 \cdot b^5$ c) $x^7 : x^3$ d) $(3a)^3 \cdot \left(\frac{2}{3}b\right)^3$ e) $(a^2)^3$

12. Forme dem Term so um, dass keine negativen Exponenten auftreten.

a) a^{-3} b) $\frac{1}{x^{-2}}$ c) $x^2 \cdot y^{-3}$ d) $\frac{u^{-2}}{v^{-2}}$ e) $\frac{1}{a^{-2} \cdot b^3}$

13. Vereinfache soweit wie möglich.

a) $a^4 \cdot a^{-2}$ b) $x^4 \cdot x^6 \cdot x^{-7}$ c) $a^{-3} \cdot \left(\frac{a}{b}\right)^2$ d) $x^{-2} \cdot x^2$ e) $(a \cdot b)^2 \cdot \left(\frac{a}{b}\right)^2$

f) $x^3 : x^2$ g) $y^2 : y^{-2}$ h) $\frac{ab^2}{(ab)^2}$ i) $u^{-3} : u^{-2}$ j) $a^3 : (ab)^3$

14. Vereinfache soweit wie möglich.

a) $a^2 \cdot \left(\frac{3}{a^4}\right)^2$ b) $(2x)^3 : (4xy)^3$ c) $[(2u)^2]^3$ d) $\left[\left(\frac{2}{3}x\right)^2\right]^3$ e) $(x^2)^4 : x^{-3}$

15. Berechne den Termwert. Kürze, wenn möglich.

a) $10 \cdot 5^{-2}$ b) $12 : 3^3$ c) $\frac{8}{2^{-2}}$ d) $625 \cdot 5^{-2}$ e) $0{,}1 : 10^3$

f) $-8 \cdot 2^{-3}$ g) $(2^{-3})^2$ h) $(2^{-3})^{-2}$ i) $0{,}6^0 : 3^{-3}$ j) $\frac{3^{-3}}{3^{-2}}$

16. Ersetze im Heft ■ so durch „=“,„>“ oder „>“, dass eine wahre Aussage entsteht.

a) 7^{-3} ■ 7^{-2} b) $0{,}04$ ■ $\frac{1}{0{,}2^{-2}}$ c) $0{,}1^3$ ■ $0{,}1^2$ d) 8^{-2} ■ 2^{-8} e) $(-2)^5$ ■ $(-2)^2$

17. Stolperstelle:

a) Auf die Frage nach der größten Zahl, die man mit zwei Ziffern darstellen kann, gibt Julia 99 an. Ist das korrekt? Begründe deine Entscheidung.

b) Gib die größte Zahl an, die man mit drei Ziffern darstellen kann.

18. Gib an, welche Potenzen positiv, welche negativ sind. Begründe deine Aussage.

a) -2^4 b) -2^3 c) $(-2)^4$ d) $(-2)^3$ e) $(-2)^{-4}$ f) $(-2)^{-3}$

19. Mit welchem Exponenten muss man -7 potenzieren, um die gegebene Zahl zu erhalten?

a) 49 b) -343 c) -7 d) 1 e) $\frac{1}{-7}$ f) $\frac{1}{49}$

Hinweis zu 19:
Hier findest du Lösungen.

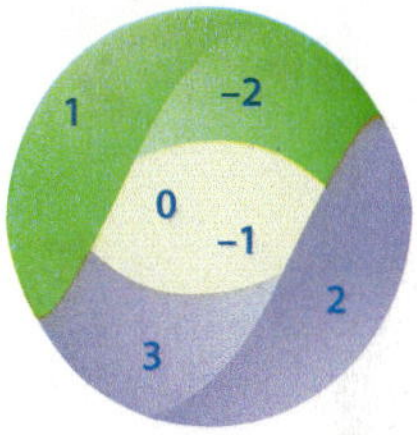

20. Löse die Gleichungen.

a) $3^4 \cdot 3^m = 9$ b) $17^2 : 17^x = 289$ c) $(2^{-2})^y = 4$ d) $(x^2)^2 = \frac{1}{16}$

e) $4^2 : (4^2)^x = 16$ f) $(2^2)^y : (-2^3)^2 = 0$ g) $7^y \cdot 49 = 7^2$ h) $2^{2+x} = 0{,}25$

21. Aus einer Bakterie wird eine Bakterienkolonie gezüchtet. Bei günstigen Lebensbedingungen, beispielsweise bei genügend Nahrung, Feuchtigkeit und Temperaturen zwischen +10 °C bis +30 °C, können sich Bakterien alle 20 min teilen. Berechne, wie viele Bakterien die Bakterienkultur nach 8 Stunden umfasst.

● **22.** Für welche reellen Zahlen x gilt die Ungleichung oder Gleichung?

a) $x^2 > x$ b) $x^2 < x$ c) $x^2 = x$ d) $x^3 > x$ e) $x^3 < x^2$

● **23.** Überprüfe und begründe, welche der Aussagen falsch ist.
Für alle reellen Zahlen x und natürliche Exponenten n gilt:

a) Wenn $x < 0$, ist $x^{2n} > 0$. b) Wenn $x < 0$, ist $x^{-n} > 1$. b) Wenn $x^{2n+1} < 0$, ist $x < 0$.

● **24.** Formuliert die Potenzgesetze für Potenzen mit gleichen Exponenten in Worten.

25. Im Tiefkühlschrank liegt eine Packung mit 500 g Eis. Eva nascht jeden Tag die Hälfte des vorhandenen Eises. Ermittle, nach wie vielen Tagen noch etwa 5 g Eis übrig sind.

● **26. Ausblick:** Ersetze im Heft ■ so durch „=“,„>“ oder „<“, dass eine wahre Aussage entsteht.

a) $\sqrt{4} \cdot \sqrt{9}$ ■ $\sqrt{4 \cdot 9}$ b) $\sqrt{16} : \sqrt{64}$ ■ $\sqrt{\frac{16}{64}}$ c) $\sqrt{0{,}01}$ ■ $\sqrt{0{,}02^2}$

1.3 Potenzen a^n ($n \in \mathbb{Q}$) und n-te Wurzeln

■ Leon meint, wenn $\sqrt[2]{4} = \sqrt[2]{2^2} = 2$ und $\sqrt[3]{8} = \sqrt[3]{2^3} = 2$ gilt, dann müsste auch gelten: $\sqrt[4]{16} = \sqrt[4]{2^4} = 2$

Erinnere dich:
Beim Quadratwurzelziehen aus einer nichtnegativen Zahl a muss eine nichtnegative Zahl b gefunden werden, für die gilt: $b^2 = a$

Berechne, so wie Leon, die Werte folgender Terme: $\sqrt[5]{32}$, $\sqrt[5]{243}$ und $\sqrt[6]{64}$
Berechne auch $\sqrt[4]{6561}$ und $\sqrt[5]{16807}$ mit einem Taschenrechner und kontrolliere deine Rechnung, indem du den Termwert von $\sqrt[4]{6561}$ mit 4 und den Termwert von $\sqrt[5]{16807}$ mit 5 potenzierst. ■

Hinweis:
radix [lat.] – Wurzel

Wissen: n-te Wurzel
$\sqrt[n]{a}$ ist diejenige nichtnegative Zahl b, für die gilt: (**a** heißt **Radikand**)
$b^n = a$ ($a \geq 0$, $n \in \mathbb{N}$, $n \geq 2$) (**n** heißt **Wurzelexponent**)

Das Ermitteln der n-ten Wurzel aus einer Zahl nennt man **Radizieren** oder **Wurzelziehen**.

Es wird festgelegt: $\sqrt[n]{a} = a^{\frac{1}{n}}$ ($a \in \mathbb{R}$; $a \geq 0$; $n \in \mathbb{N}$; $n \geq 2$)
Somit ergibt sich: $\sqrt{0} = 0$

Die Festlegung $\sqrt[n]{a} = a^{\frac{1}{n}}$ ist sinnvoll, da beispielsweise für $\left(\sqrt[2]{16}\right)^2$ unter Nutzung der Potenzgesetze gilt: $\left(\sqrt[2]{16}\right)^2 = \left(16^{\frac{1}{2}}\right)^2 = 16^{\frac{1}{2} \cdot 2} = 16^1 = 16$

Beispiel 1:
a) Berechne $\sqrt[3]{125}$ ohne Taschenrechner. b) Berechne $16^{\frac{1}{4}}$ ohne Taschenrechner.
c) Berechne $\sqrt[5]{10}$ mit einem Taschenrechner. Runde das Ergebnis auf Tausendstel.

Lösung:
a) Suche diejenige nichtnegative Zahl, für die $b^3 = 125$ ist. — $\sqrt[3]{125} = 5$, denn $5^3 = 125$
b) Schreibe als Wurzel und suche diejenige Zahl, für die $b^4 = 16$ ist. — $16^{\frac{1}{4}} = \sqrt[4]{16} = 2$, denn $2^4 = 16$
c) Schreibe als Potenz. — $\sqrt[5]{10} = 10^{\frac{1}{5}}$
Wähle eine geeignete Tastenfolge. — Mögliche Tastenfolge: [10] [y^x] [5] [$\frac{1}{x}$] [=]
Runde das Ergebnis. — Gerundeter Termwert: 1,585

Hinweis:
Einige Taschenrechner verfügen auch über andere Tasten.

Basisaufgaben

1. Berechne ohne Taschenrechner.
a) $\sqrt{121}$ b) $\sqrt{49}$ c) $\sqrt{\frac{1}{81}}$ d) $\sqrt[3]{64}$ e) $\sqrt[4]{\frac{16}{81}}$
f) $\frac{1}{\sqrt[5]{32}}$ g) $\sqrt[4]{0{,}0001}$ h) $\sqrt[3]{0{,}027}$ i) $\frac{0{,}3}{\sqrt[4]{0{,}0081}}$ j) $\frac{1}{\sqrt[4]{10\,000}}$

2. Berechne ohne Taschenrechner.
a) $9^{\frac{1}{2}}$ b) $32^{\frac{1}{5}}$ c) $1^{\frac{1}{7}}$ d) $144^{\frac{1}{2}}$ e) $625^{\frac{1}{4}}$
f) $0{,}0016^{\frac{1}{4}}$ g) $2 : 8^{\frac{1}{3}}$ h) $81^{\frac{1}{2}}$ i) $\frac{1}{16^{\frac{1}{4}}}$ j) $\left(\frac{4}{9}\right)^{\frac{1}{2}}$

3. Berechne mit einem Taschenrechner. Runde auf Tausendstel. Prüfe durch Potenzieren.
a) $10^{\frac{1}{3}}$ b) $\sqrt[4]{100}$ c) $\frac{1}{5^{\frac{1}{4}}}$ d) $\sqrt[5]{100}$ e) $\frac{1}{\sqrt{8}}$

Wenn das Gesetz für das Potenzieren von Potenzen mit ganzzahligen Exponenten auch für rationale Exponenten anwendbar sein soll, müsste beispielsweise gelten:

$4^{\frac{3}{2}} = 4^{3 \cdot \frac{1}{2}} = (4^3)^{\frac{1}{2}} = \sqrt[2]{4^3}$

Es ist somit sinnvoll, für positive Basen a festzulegen, dass $a^{\frac{m}{n}}$ die n-te Wurzel aus a^m ist.

Wissen: Potenzen mit rationalen Exponenten

Für Potenzen mit rationalen Exponenten wird festgelegt:

$$a^{\frac{m}{n}} = (a^m)^{\frac{1}{n}} = \sqrt[n]{a^m} \quad (a \in \mathbb{R}, a > 0; m, n \in \mathbb{Z}; n \geq 2)$$

Beispiel 2:

a) Berechne $\sqrt[4]{3^8}$ ohne Taschenrechner.

b) Berechne $4^{-\frac{3}{2}}$ ohne Taschenrechner.

c) Berechne $\sqrt[6]{7^5}$ mit einem Taschenrechner. Runde das Ergebnis auf Hundertstel.

Lösung:

a) Schreibe die Wurzel als Potenz.
Kürze, wenn möglich, den Exponenten.
Berechne den Termwert.

$\sqrt[4]{3^8} = 3^{\frac{8}{4}}$
$= 3^2$
$= 9$

b) Schreibe die Potenz mit positivem Exponenten.
Schreibe die Potenz als Wurzel und berechne den Termwert.

$4^{-\frac{3}{2}} = \frac{1}{4^{\frac{3}{2}}}$
$= \frac{1}{\sqrt{4^3}} = \frac{1}{\sqrt{64}} = \frac{1}{8}$

c) Ob es erforderlich ist, die Wurzel in eine Potenz zu überführen, hängt vom Taschenrechner ab.

$\sqrt[6]{7^5} = 7^{\frac{5}{6}}$

Mögliche Tastenfolgen:

[7] [y^x] [5] [=] [y^x] [6] [$\frac{1}{x}$] [=]

oder:

[7] [y^x] [5] [(] [5] [÷] [6] [)] [=]

Gerundeter Termwert:
5,06

Hinweis zu Beispiel 2b:
Es sind noch andere Lösungswege möglich:

$4^{-\frac{3}{2}} = \frac{1}{4^{\frac{3}{2}}} = \frac{1}{\sqrt{(2^2)^3}}$
$= \frac{1}{\sqrt{2^6}}$
$= \frac{1}{2^3} = \frac{1}{8}$

Basisaufgaben

4. Berechne den Termwert ohne Taschenrechner.

a) $32^{\frac{2}{5}}$ b) $16^{\frac{3}{2}}$ c) $(9^4)^{\frac{1}{8}}$ d) $(16^2)^{0,25}$

e) $\sqrt[4]{25^2}$ f) $\sqrt[3]{7^3}$ g) $\sqrt[3]{5^6}$ h) $16^{-0,25}$

i) $8^{-\frac{2}{6}}$ j) $\frac{1}{\sqrt[4]{4^2}}$ k) $625^{-\frac{3}{12}}$ l) $\sqrt[10]{81^5}$

5. Berechne den Termwert mit einem Taschenrechner auf Hundertstel genau. Kontrolliere die Rechnung durch einen anderen Rechenweg oder durch eine andere Tastenfolge.

a) $4^{\frac{2}{3}}$ b) $9^{\frac{3}{4}}$ c) $5^{-\frac{3}{5}}$ d) $\sqrt[3]{6^2}$

e) $\sqrt[6]{10^3}$ f) $0,5 \cdot \sqrt[3]{7}$ g) $\sqrt{2} + \sqrt[3]{3}$ h) $\left(2,5 - \frac{1}{4}\right)^{-0,5}$

i) $\frac{\sqrt{5}}{2^3}$ j) $\sqrt[5]{2^{-4}}$ k) $\sqrt[3]{2} + \sqrt{3}$ l) $\frac{\sqrt[3]{2}}{\sqrt{3}}$

Potenzgesetze für Potenzen mit rationalen Exponenten

Die bekannten Potenzgesetze gelten auch für Potenzen mit rationalen Exponenten.

Hinweis:
Im Folgenden ist die Basis bei allen Potenzen positiv.

Wissen: Potenzgesetze für Potenzen mit rationalen Exponenten
Für Potenzen mit rationalen Exponenten m und n sowie positiven reellen Basen gilt:

	Potenzen mit gleichen Basen	Potenzen mit gleichen Exponenten
Multiplizieren	$a^m \cdot a^n = a^{m+n}$	$a^n \cdot b^n = (a \cdot b)^n$
Dividieren	$\frac{a^m}{a^n} = a^{m-n}$	$\frac{a^n}{b^n} = \left(\frac{a}{b}\right)^n$
Potenzieren	$(a^m)^n = a^{m \cdot n} = (a^n)^m$	

Beispiel 3: Vereinfache den Term.

a) $a^{\frac{1}{4}} \cdot a^{\frac{5}{4}}$ b) $a^{\frac{1}{4}} : \left(a^{\frac{3}{8}}\right)^2$ c) $\left(a^{\frac{1}{6}}\right)^3 \cdot b^{\frac{1}{2}}$

Lösung:

a) Untersuche die Struktur des Terms und wende die entsprechenden Potenzgesetze an.

$a^{\frac{1}{4}} \cdot a^{\frac{5}{4}}$ ist ein Produkt aus zwei Potenzen mit gleicher Basis.

$a^{\frac{1}{4}} \cdot a^{\frac{5}{4}} = a^{\frac{1}{4}+\frac{5}{4}} = a^{\frac{6}{4}} = a^{\frac{3}{2}} = \sqrt[2]{a^3} = \sqrt{a \cdot a^2} = a \cdot \sqrt{a}$

b) Gehe wie bei a) vor.

$a^{\frac{1}{4}} : \left(a^{\frac{3}{8}}\right)^2$ ist ein Quotient aus zwei Potenzen mit gleicher Basis. Der Divisor ist die Potenz einer Potenz.

$a^{\frac{1}{4}} : \left(a^{\frac{3}{8}}\right)^2 = a^{\frac{1}{4}} : a^{\frac{3 \cdot 2}{8}} = a^{\frac{1}{4}} : a^{\frac{3}{4}}$

$= a^{\frac{1}{4}-\frac{3}{4}} = a^{-\frac{2}{4}} = a^{-\frac{1}{2}} = \frac{1}{a^{\frac{1}{2}}} = \frac{1}{\sqrt{a}}$

c) Gehe wie bei a) vor.

$\left(a^{\frac{1}{6}}\right)^3 \cdot b^{\frac{1}{2}}$ ist ein Produkt aus zwei Potenzen. Der erste Faktor ist die Potenz einer Potenz.

$\left(a^{\frac{1}{6}}\right)^3 \cdot b^{\frac{1}{2}} = a^{\frac{3}{6}} \cdot b^{\frac{1}{2}} = a^{\frac{1}{2}} \cdot b^{\frac{1}{2}} = (a \cdot b)^{\frac{1}{2}} = \sqrt{a\,b}$

Basisaufgaben

6. Vereinfache den Term.

a) $a^{\frac{2}{3}} \cdot a^{\frac{5}{3}}$ b) $\left(x^{\frac{2}{3}}\right)^2 \cdot x^{\frac{2}{3}}$ c) $y^{\frac{1}{4}} : y^{\frac{1}{2}}$ d) $\left(a^{\frac{3}{2}}\right)^2 : \left(a^{\frac{1}{3}}\right)^6$

e) $a^2 : a^{\frac{3}{4}}$ f) $a^{\frac{2}{3}} \cdot b^{\frac{2}{3}}$ g) $(xy^2)^{\frac{1}{4}} : (xy)^{0,25}$ h) $(x^2-4)^{0,5} : (x-2)^{\frac{1}{2}}$

7. Berechne den Termwert ohne Taschenrechner.

a) $10^{\frac{3}{4}} \cdot 10^{\frac{1}{4}}$ b) $5^{\frac{2}{3}} \cdot 5^{\frac{4}{3}}$ c) $3^{0,5} \cdot 48^{0,5}$ d) $4^{-\frac{1}{2}} \cdot 4^{\frac{3}{4}} \cdot 4^{\frac{3}{4}}$

e) $49^{\frac{2}{3}} \cdot 49^{-\frac{1}{6}}$ f) $\left(7^{\frac{1}{4}}\right)^2 \cdot 7^{0,5}$ g) $8^{\frac{2}{3}} : 27^{\frac{1}{3}}$ h) $\left(27^{\frac{1}{3}} : 27^{\frac{1}{3}}\right)^2$

i) $16^{0,5} : 16^{0,75}$ j) $16^{-0,5} : 4^{-0,5}$ k) $256^{\frac{1}{2}} : \left(256^{\frac{1}{2}}\right)^{0,5}$ l) $25^{-\frac{1}{3}} \cdot 5^{-\frac{1}{3}}$

8. Berechne mit einem Taschenrechner. Runde auf Tausendstel.

a) $7^3 : 7^{0,5}$ b) $5^{\frac{1}{4}} \cdot 7^{0,25}$ c) $121^{0,2} : \left(11^{\frac{1}{10}}\right)^2$ d) $13^2 \cdot 13^{-\frac{3}{4}}$

Werden Potenzgesetze in Wurzelschreibweise dargestellt, spricht man von Wurzelgesetzen.

Wissen: Wurzelgesetze
Für positive reelle Zahlen a, b und natürliche Zahlen m, n ($m \geq 2$; $n \geq 2$) gilt:

	Potenzen mit gleichen Basen	Potenzen mit gleichen Exponenten
Multiplizieren	$\sqrt[m]{a} \cdot \sqrt[n]{a} = \sqrt[mn]{a^{m+n}}$	$\sqrt[n]{a} \cdot \sqrt[n]{b} = \sqrt[n]{a \cdot b}$
Dividieren	$\sqrt[m]{a} : \sqrt[n]{a} = \sqrt[mn]{a^{m-n}}$	$\sqrt[n]{a} : \sqrt[n]{b} = \sqrt[n]{\frac{a}{b}}$
Potenzieren	$\left(\sqrt[m]{a}\right)^n = \sqrt[m]{a^n}$ bzw. $\sqrt[m]{\sqrt[n]{a}} = \sqrt[m \cdot n]{a}$	

Hinweis:
Die Wurzelgesetze sind Spezialfälle der Potenzgesetze.

Wurzeln mit gleichen Wurzelexponenten multiplizieren und dividieren

Beispiel 4: Vereinfache den Term.
a) $\sqrt[3]{a} \cdot \sqrt[3]{b}$
b) $\sqrt{xy} : \sqrt{2y}$

Lösung:
a) Untersuche die Struktur des Terms und wende das entsprechende Wurzelgesetz (Potenzgesetz) an.
Der Term ist ein Produkt zweier Wurzeln mit gleichen Wurzelexponenten.
$\sqrt[3]{a} \cdot \sqrt[3]{b} = \sqrt[3]{ab}$

b) Gehe wie bei a) vor.
Der Term ist ein Quotient zweier Wurzeln mit gleichen Wurzelexponenten.
$\sqrt{xy} : \sqrt{2y} = \frac{\sqrt{xy}}{\sqrt{2y}} = \sqrt{\frac{x}{2}}$

Hinweis:
Will man den Nenner von $\frac{\sqrt{x}}{\sqrt{2}}$ rational machen, muss man den Bruch $\frac{\sqrt{x}}{\sqrt{2}}$ mit $\sqrt{2}$ erweitern:
$\frac{\sqrt{x} \cdot \sqrt{2}}{\sqrt{2} \cdot \sqrt{2}} = \frac{\sqrt{2} \cdot \sqrt{x}}{2}$

Basisaufgaben

9. Vereinfache den Term.
a) $\sqrt{ab^3} : \sqrt{ab}$
b) $\sqrt[3]{9x} : \sqrt[3]{3x^2}$
c) $\sqrt[4]{(x+y)^2} : \sqrt[4]{x+y}$
d) $\sqrt[3]{4^{-2}} : \sqrt[3]{2a}$

10. Vereinfache den Term und berechne den Termwert.
a) $\sqrt[3]{x} \cdot \sqrt[3]{y}$ ($x = 6$; $y = 36$)
b) $\sqrt[4]{a} \cdot \sqrt[4]{b}$ ($a = 125$; $b = 5$)
c) $\sqrt{2u} : \sqrt{v}$ ($u = 24$; $v = 3$)

Wurzeln potenzieren und Wurzeln radizieren

Beispiel 5: Vereinfache den Term.
a) $\left(\sqrt[3]{b}\right)^4$
b) $\sqrt[3]{\sqrt[2]{c}}$

Lösung:
a) Untersuche die Struktur des Terms. Wende das entsprechende Wurzelgesetz an.
$\left(\sqrt[3]{b}\right)^4$ ist eine Potenz einer Wurzel:
$\left(\sqrt[3]{b}\right)^4 = \sqrt[3]{b^4} = \sqrt[3]{b^3 \cdot b} = b \cdot \sqrt[3]{b}$

b) Gehe wie bei a) vor.
$\sqrt[3]{\sqrt[2]{c}}$ ist eine Wurzel, deren Radikand eine Wurzel ist.
$\sqrt[3]{\sqrt[2]{c}} = \sqrt[3 \cdot 2]{c} = \sqrt[6]{c}$

Basisaufgaben

11. Vereinfache den Term.

a) $\left(\sqrt[2]{a}\right)^4$ b) $\sqrt{\sqrt{(ab)^4}}$ c) $\sqrt[2]{\sqrt[3]{a^2}}$ d) $\left(\sqrt[6]{x^3}\right)^2$ e) $\left(\sqrt[2]{ab^{-4}}\right)^4$

12. Vereinfache den Term und berechne den Termwert.

a) $\sqrt[3]{a^6}$ für $a = 0{,}09$ b) $(\sqrt{z})^{0,5}$ für $z = 10^4$ c) $\sqrt[3]{\sqrt{a}}$ für $a = 64$ d) $\sqrt{\left(\sqrt[3]{y}\right)^2}$ für $y = 5^{-6}$

Weiterführende Aufgaben

13. Berechne den Termwert ohne Taschenrechner und erkläre dein Vorgehen.

a) $\sqrt[3]{125}$ b) $\sqrt[4]{0{,}0016}$ c) $\sqrt[3]{\frac{27}{1000}}$ d) $169^{\frac{1}{2}}$ e) $0{,}001^{\frac{1}{3}}$

f) $8^{\frac{2}{3}}$ g) $16^{-\frac{1}{4}}$ h) $\sqrt[4]{9^2}$ i) $\sqrt[3]{3^{-3}}$ j) $\sqrt{7^4}$

k) $\sqrt{28} : \sqrt{7}$ l) $\sqrt[3]{2{,}5} \cdot \sqrt[3]{50}$ m) $288^{0,5} : 2^{\frac{1}{2}}$ n) $54^{-\frac{1}{3}} : 2^{-\frac{1}{3}}$ o) $\sqrt{2} \cdot \sqrt{8} \cdot \sqrt{4}$

14. Berechne den Termwert ohne Taschenrechner.

a) $\left(\sqrt[3]{x}\right)^6$ für $x = 0{,}04$ b) $\sqrt{\sqrt{z}}$ für $z = 0{,}0016$ c) $\sqrt[3]{\sqrt[3]{u}}$ für $u = 64 \cdot 2^3$

d) $\sqrt{\sqrt{a}}$ für $a = 0{,}0001$ e) $\sqrt{y^{\frac{-1}{2}}}$ für $y = 16$ f) $\left(u^{\frac{2}{3}}\right)^{\frac{3}{2}}$ für $u = 1{,}7$

g) $\sqrt{\sqrt[3]{z}} : \sqrt[3]{\sqrt{z}}$ für $z = 7$ h) $\left(\sqrt[5]{a}\right)^{10} \cdot 0{,}5^2$ für $a = 4$ i) $\left(\sqrt{\sqrt[3]{v}}\right)^6$ für $v = 11$

15. Vereinfache den Term und berechne den Termwert ohne Taschenrechner.

a) $\frac{(\sqrt{5})^2}{\left(\sqrt[3]{4}\right)^6}$ b) $\frac{\sqrt{\sqrt{25}}}{\sqrt[3]{\sqrt{125}}}$ c) $\sqrt[6]{(-4)^3}$ d) $\frac{\sqrt{\sqrt[3]{8}}}{\sqrt{8}}$ e) $\frac{\sqrt[6]{50^3}}{\sqrt{2}}$

16. Berechne den Termwert mit einem Taschenrechner. Runde auf Hundertstel.

a) $7^{\frac{1}{2}} \cdot 4^{\frac{1}{2}}$ b) $13^{\frac{1}{3}} : 0{,}5^{\frac{1}{3}}$ c) $\sqrt[4]{3} \cdot \sqrt[4]{5}$ d) $\sqrt[3]{5} \cdot \sqrt[3]{7}$ e) $\sqrt[3]{7^2}$

f) $\left(\sqrt[4]{120}\right)^2$ g) $\sqrt[3]{\sqrt{11}}$ h) $\frac{\sqrt[3]{5}}{\sqrt[3]{2} \cdot \sqrt[3]{2}}$ i) $\sqrt{169} \cdot \sqrt{\sqrt{2}}$ j) $\frac{\sqrt{5}}{\sqrt{3} \cdot \sqrt[4]{5}}$

17. Überprüfe und korrigiere, falls erforderlich.

a) $3\sqrt{8} - 3\sqrt{2} = 3\sqrt{2}$ b) $\sqrt{18} - \sqrt{8} = \sqrt{10}$

c) $\sqrt{27} + \sqrt{75} = 8\sqrt{3}$ d) $(3 + 2\sqrt{2}) \cdot \sqrt{2} = 5\sqrt{2}$

18. Stolperstelle: Überprüfe die Rechnung.

a) $\sqrt[3]{(-27)^4} = \sqrt[3]{(-27) \cdot (-27)^3} = -3 \cdot (-27) = 3 \cdot 27 = 81$

b) $\sqrt[3]{28} = \sqrt[3]{27 + 1} = \sqrt[3]{27} + \sqrt[3]{1} = 3 + 1 = 4$

19. Fasse zusammen.

a) $5\sqrt{2} + 7\sqrt{2} - 2\sqrt{2}$ b) $2\sqrt[3]{3} - 4\sqrt[3]{3} + \sqrt[3]{3}$ c) $a\sqrt{5} + b\sqrt{5} + 2a\sqrt{5} + b\sqrt{5}$

● **20.** Erweitere den Bruch mit dem angegebenen Erweiterungsfaktor.

a) $\frac{1}{\sqrt{2}}$; $\sqrt{2}$ b) $\frac{1}{\sqrt[3]{7}}$; $\sqrt[3]{7^2}$ c) $\frac{2}{1 + \sqrt{5}}$; $1 - \sqrt{5}$ d) $\frac{\sqrt{2} - \sqrt{5}}{\sqrt{2} + \sqrt{5}}$; $\sqrt{2} - \sqrt{5}$

Hinweis zu 21:
Solche Gleichungen nennt man Exponentialgleichungen.

● **21. Ausblick:** Löse die Gleichung.

a) $2^x = 64$ b) $5^y = \frac{1}{25}$ c) $\left(\frac{1}{4}\right)^x = 16$ d) $125^z = 5$ e) $6^m + 1 = 37$

f) $1^y - 1 = 0$ g) $2^n + 3 = 0$ h) $1000^y = 0{,}001$ i) $10^x = 0{,}01$ j) $3^y - 1 = 2^{y+1}$

1.4 Potenzen beim Rechnen mit Größen nutzen

■ Elias soll den Bruch $\frac{1\,650\,000\,000\,000}{0{,}000\,000\,55}$ vereinfachen.
Julia, die ihm zusieht, meint:
„Schreib doch die Zahlen mit abgetrennten Zehnerpotenzen, dann geht es leichter.
Du kannst dabei auch Potenzgesetze nutzen."

Wie würdest du mit den Hinweisen von Julia die Aufgabe lösen? ■

Erinnere dich:
$1000 = 10^3$
$100 = 10^2$
$10 = 10^1$
$1 = 10^0$
$0{,}1 = 10^{-1}$
$0{,}01 = 10^{-2}$

Sehr große und sehr kleine Zahlen lassen sich besser vergleichen, wenn sie als Produkte geschrieben werden, in denen einer der beiden Faktoren eine Zehnerpotenz ist.

Wissen: Zahlendarstellungen mit abgetrennten Zehnerpotenzen
Jede Zahl a kann mit **abgetrennten Zehnerpotenzen** dargestellt werden:

$$\mathbf{a = a_0 \cdot 10^p} \qquad (p \in \mathbb{Z};\ p \neq 0)$$

Der Faktor a_0 ist zumeist einen Dezimalbruch mit $1 \le a_0 < 10$.

Hinweis:
Die Schreibweise $a_0 \cdot 10^p$ mit $1 \le a_0 < 10$ wird auch wissenschaftliche Schreibweise genannt.

Größenangaben mit abgetrennten Zehnerpotenzen werden in der Regel in der jeweiligen Grundeinheit angegeben. Die Zehnerpotenzen werden häufig durch „Vorsätze" ersetzt.
Gebräuchliche Vorsätze sind:

Zehnerpotenz	Vorsatz	Beispiel		
10^9	Giga-	3,2 GV	(Gigavolt)	3,2 GV $= 3{,}2 \cdot 10^9$ V = 3 200 000 000 V
10^6	Mega-	1,8 MHz	(Megahertz)	1,8 MHz $= 1{,}8 \cdot 10^6$ Hz = 1 800 000 Hz
10^3	Kilo-	5,7 kg	(Kilogramm)	5,7 kg $= 5{,}7 \cdot 10^3$ g = 5 700 g
10^2	Hekto-	6,8 hl	(Hektoliter)	6,8 hl $= 6{,}8 \cdot 10^2$ ℓ = 680 ℓ
10^{-1}	Dezi-	3,1 dm	(Dezimeter)	3,1 dm $= 3{,}1 \cdot 10^{-1}$ m = 0,31 m
10^{-2}	Zenti-	1,2 cm	(Zentimeter)	1,2 cm $= 1{,}2 \cdot 10^{-2}$ m = 0,012 m
10^{-3}	Milli-	1,5 mA	(Milliampere)	1,5 mA $= 1{,}5 \cdot 10^{-3}$ A = 0,001 5 A
10^{-6}	Mikro-	3,9 µg	(Mikrogramm)	3,9 µg $= 3{,}9 \cdot 10^{-6}$ g = 0,000 003 9 g
10^{-9}	Nano-	1,5 nm	(Nanometer)	1,5 nm $= 1{,}5 \cdot 10^{-9}$ m = 0,000 000 001 5 m

Beispiel 1:
a) Gib die Zahl 241 000 mit abgetrennten Zehnerpotenzen an.
b) Gib die Zahlen $1{,}345 \cdot 10^5$ und $9{,}1 \cdot 10^{-3}$ ohne abgetrennte Zehnerpotenzen an.

Lösung:
a) Schreibe die Zahl als Produkt mit einem Dezimalbruch a_0 $(1 \le a_0 < 10)$ und einer Zehnerpotenz mit ganzzahligem Exponenten.

$241\,000 \rightarrow a_0 = 2{,}41$
$241\,000 = 2{,}41 \cdot 100\,000$
$= 2{,}41 \cdot 10^5$

b) $a_0 \cdot 10^p$ $(p \in \mathbb{Z};\ p \neq 0)$ bedeutet, dass das Komma in a_0 um p Stellen nach rechts verschoben wird, wenn $p > 0$. Wenn p negativ ist, muss das Komma nach links verschoben werden.

$1{,}345 \cdot 10^5 \rightarrow a_0 = 1{,}345$
$1{,}345 \cdot 10^5 = 134\,500$
$9{,}1 \cdot 10^{-3} \rightarrow a_0 = 9{,}1$
$9{,}1 \cdot 10^{-3} = 0{,}0091$

Hinweis:
Wird beim Multiplizieren mit Zehnerpotenzen das Komma verschoben, müssen mitunter *Nullen „aufgefüllt"* werden.

Basisaufgaben

1. Gib die Zahl mit abgetrennter Zehnerpotenz an.

a) 24 060 b) 6 579 000 c) 4200 d) 6000 e) 375 000
f) 0,0001 g) 0,000 005 h) 0,0708 i) 5 780 000 j) 0,000 78

2. Gib die Zahl ohne abgetrennte Zehnerpotenzen an.

a) $9{,}53 \cdot 10^4$ b) $7{,}2 \cdot 10^{-3}$ c) $2{,}57 \cdot 10^4$ d) $3{,}6 \cdot 10^{-4}$ e) $9{,}00 \cdot 10^5$
f) $7{,}8 \cdot 10^{-5}$ g) $1{,}55 \cdot 10^{-7}$ h) $0{,}7 \cdot 10^3$ i) $0{,}7 \cdot 10^{-3}$ j) $0{,}009 \cdot 10^5$

Hinweis:

Einheit:	(Abkürzung):
Ampere	(A)
Ar	(a)
Byte	(B)
Hertz	(Hz)
Volt	(V)
Watt	(W)

3. Gib in der in Klammern stehenden Einheit an.

a) 1,2 km (m) b) 3,4 MW (W) c) 7,9 µm (m) d) 1,9 ng (g)
e) 2,3 GHz (Hz) f) 5 mV (V) g) 4,5 dl (l) h) 3,6 cm (m)

4. Schreibe ohne Potenzschreibweise mithilfe eines geeigneten Vorsatzes.
Beispiel: 10^{-1} m = 1 dm

a) 10^3 Hz b) 10^{-2} m c) 10^6 W d) 10^{-6} g e) 10^{-9} m
f) 10^3 m g) 10^3 g h) 10^2 m i) 10^{-3} l j) 10^{-3} m

Weiterführende Aufgaben

5. Schreibe die Zahl ohne abgetrennte Zehnerpotenz. Beschreibe dein Vorgehen.

a) $7{,}2 \cdot 10^5$ b) $2{,}3 \cdot 10^{-5}$ c) $8{,}4 \cdot 10^1$ d) $3{,}2 \cdot 10^6$ e) $5{,}2 \cdot 10^{-3}$

6. Berechne und gib das Ergebnis mit abgetrennter Zehnerpotenz an.

a) $5{,}1 \cdot 10^3 \cdot 10^4$ b) $2{,}3 \cdot 10^5 \cdot 2{,}0 \cdot 10^3$ c) $2{,}2 \cdot 10^3 : (1{,}1 \cdot 10^5)$ d) $\frac{1{,}6 \cdot 10^7}{2 \cdot 10^4 \cdot 4}$

7. Gib die Größe in der in Klammern stehenden Einheit an.

a) 5 km (m) b) 9 kW (W) c) 2 ha (a) d) 1 GW (kW)
e) 40 kg (g) f) 5 GB (B) g) 8 mA (A) h) 6,2 nm (m)

8. Begründe, warum eine wahre Aussage vorliegt.

a) 1 MV = 1000 kV b) 1,1 GV = $1{,}1 \cdot 10^6$ kV c) 2 nm = $2 \cdot 10^{-3}$ µm

9. **Stolperstelle:** Überprüfe und korrigiere Fehler.

a) $3{,}2 \cdot 10^2$ m = $3{,}2 \cdot 10^{-9}$ nm b) 10 GW = 10^4 MW c) 0,1 mA = 10^{-3} A

10. Schreibe die Größenangabe mithilfe von Vorsätzen.

a) 10^6 m b) 10^{-3} s c) 10^9 Hz d) 10^{-9} A e) 10^{-2} m f) 10^6 V

11. Schreibe mit abgetrennten Zehnerpotenzen.

a) 2015 betrug die Erdbevölkerung 7,35 Milliarden Menschen.
b) Die Dauer eines Blitzes beträgt 0,0001 s.
c) Die Masse der Erde beträgt 5 972 000 000 000 000 000 000 000 kg.

● **12.** **Ausblick:** Informiere dich im Internet oder in einem Lexikon, was man unter einem Lichtjahr versteht und gib an, wie viele Kilometer (km) einem Lichtjahr (1 Lj) entsprechen. Berechne den Abstand des Polarsterns von der Erde in Kilometer, wenn er etwa 431,6 Lichtjahre von der Erde entfernt ist.

1.5 Mit Logarithmen rechnen

■ Bei einer Bank werden 1000 € mit einem Zinssatz von 1,5 % gespart. Berechne, wie viel Jahre das Geld mit Zinseszins angelegt werden muss, damit es auf 1250 € anwächst. Lena rechnet mit der Formel $K_n = \left(1 + \frac{p}{100}\right)^n \cdot K$. Anna meint, dass man nun nur noch die Gleichung $1250 = 1{,}015^n \cdot 1000$ lösen muss.

Begründe, warum die Überlegungen von Anna korrekt sind.
Löse die Gleichung $1{,}250 = 1{,}015^n$ durch Probieren. ■

Gleichungen der Form $a^x = b$ nennt man Exponentialgleichungen.

Wissen: Logarithmus
Die (eindeutig bestimmte) reelle Lösung x der **Exponentialgleichung** $a^x = b$ $(a > 0;\ a \neq 1;\ b > 0)$ nennt man **Logarithmus von b zur Basis a.**

Kurzschreibweise: $\mathbf{\log_a b}$
Es wird festgelegt: $x = \log_a b$ genau dann, wenn $a^x = b$ $(a > 0;\ a \neq 1;\ b > 0)$.
Daher gilt immer: $\mathbf{\log_a 1 = 0}$ und $\mathbf{\log_a a = 1}$

Hinweis:
Der Logarithmus zur Basis 10 heißt Zehnerlogarithmus oder dekadischer Logarithmus:
$\log_{10} z = \lg z$

Logarithmieren ist, neben dem Radizieren, eine weitere **Umkehroperation des Potenzierens:**

$a^x = b$ (ges.: Potenzwert b)

Radizieren: $a^x = b$ (ges.: Basis a)
$a = \sqrt[x]{b}$

Logarithmieren: $a^x = b$ (ges.: Exponent x)
$x = \log_a b$

Erinnere dich:
Die Subtraktion ist die Umkehroperation zur Addition.
Die Division ist die Umkehroperation zur Multiplikation.

Beispiel 1: Ermittle den Logarithmus ohne Taschenrechner.
a) $\log_2 16$ b) $\log_3 \sqrt{3}$ c) $\lg 0{,}01$

Lösung:

a) Schreibe als Potenz $a^x = b$.
Suche diejenige Zahl x, die Lösung der Eponentialgleichung $a^x = b$ ist.

$\log_2 16 \rightarrow a = 2;\ b = 16 \rightarrow 2^x = 16$
$x = 4$, denn $2^4 = 16$
$\log_2 16 = 4$

b) Gehe wie bei a) vor.

$\log_3 \sqrt{3} \rightarrow a = 3;\ b = \sqrt{3} \rightarrow 3^x = \sqrt{3}$
$x = \frac{1}{2}$, denn $3^{\frac{1}{2}} = \sqrt{3}$
$\log_3 \sqrt{3} = 0{,}5$

c) Beachte: $\lg b = \log_{10} b$
Gehe wie bei a) vor.

$\lg 0{,}01 = \log_{10} 0{,}01 \rightarrow a = 10;\ b = 0{,}01$
$10^x = 0{,}01$
$x = -2$, denn $10^{-2} = \frac{1}{10^2} = 0{,}01$
$\lg 0{,}01 = -2$

Basisaufgaben

1. Ermittle den Logarithmus ohne Taschenrechner.
a) $\log_2 32$ b) $\log_3 27$ c) $\log_2 64$ d) $\log_3 81$ e) $\log_5 25$
f) $\lg 100$ g) $\lg 10$ h) $\lg 10^4$ i) $\log_2 \frac{1}{4}$ j) $\log_3 \frac{1}{9}$

2. Löse die Gleichung.
a) $2^x = 8$ b) $2 \cdot 3^x = 162$ c) $5^x - 5 = 120$ g) $2^x = \frac{1}{\sqrt[3]{4}}$ i) $5^x = \frac{1}{5^3}$

3. Ermittle den Termwert ohne Taschenrechner.

a) $\log_7 49$ b) $\log_2 2$ c) $\log_2 \frac{1}{8}$ d) $\log_5 625$ e) $\log_7 7^3$

f) $\lg 1000$ g) $\lg \frac{1}{10}$ h) $\lg \sqrt{10}$ i) $\lg 0{,}0001$ j) $\lg 10 : \lg 100$

Wenn man in $a_n = \left(1 + \frac{1}{n}\right)^n$ für n die natürlichen Zahlen 1; 2; 3; 4; 5; 6; 7 einsetzt und den Termwert mit einem Taschenrechner berechnet, so erhält man eine Zahlenfolge, die sehr langsam wächst, aber stets kleiner als 2,8 ist:

$a_1 = 2$; $a_2 = 2{,}25$; $a_3 = 2{,}37037$; $a_4 = 2{,}44141$; $a_5 = 2{,}48832$; $a_6 = 2{,}52163$; $a_7 = 2{,}5465$

Hinweis:
Die Zahl e wird nach dem berühmten Schweizer Mathematiker Leonhard Euler als Eulersche Zahl bezeichnet.

Wählt man immer größere Werte für n, so strebt a_n gegen einen konstanten Wert:

e = 2,71828 18284 59045 23536 02874 71352 66249 77572 47093 69995 …

Die irrationale Zahl e ist wie die irrationale Zahl π (Kreiszahl) eine Art Naturkonstante.

Wissen: Natürlicher Logarithmus – Logarithmen mit der Basis e

Die **irrationale Zahl e** ist Basis für den **natürlichen Logarithmus:** $\log_e x = \ln x$

Es gilt immer: $\ln 1 = 0$ und $\ln e = 1$

Beispiel 2: Berechne mit einem Taschenrechner und runde auf Hundertstel.

a) $\lg 38$ b) $\ln 29$ c) $\lg \frac{4\pi}{\ln \frac{6}{5}}$

Lösung:

a) Berechne den Termwert mit einem Taschenrechner. Kontrolliere dein Ergebnis.

[log] [38] [=]

Ergebnis (gerundet): 1,58

Kontrolle: $10^1 < 10^{1{,}58} < 10^2$

b) Gehe wie bei a) vor.

[ln] [29] [=]

Ergebnis (gerundet): 3,37

Kontrolle: $e^{3{,}37} \approx 29{,}09$

c) Gehe wie bei a) vor.

[log] [(] [4] [·] [π] [÷] [ln] [1,2] [)] [=]

Ergebnis (gerundet): 1,84

Kontrolle: $\lg \frac{12}{\ln 1{,}2} \approx \lg \frac{12}{0{,}2} = \lg 60 \approx 1{,}8$

Basisaufgaben

4. Berechne mit einem Taschenrechner und runde auf Hundertstel.

a) $\lg 87$ b) $\lg 378{,}3$ c) $\ln 88$ d) $\ln 54$ e) $\ln 2{,}718$

f) $\lg 35^2$ g) $2 \cdot \lg 35$ h) $2 \cdot \ln 4$ i) $\lg \frac{\pi}{\ln \text{We}}$ j) $\lg 378 : \lg 100$

5. Die Ziffernfolge des Ergebnisses ist korrekt. Entscheide ohne Taschenrechner, ob das Komma an der richtigen Stelle steht. Korrigiere, falls erforderlich.

a) $\lg 876 = 29{,}43$ b) $\ln 9{,}94 = 22{,}97$ c) $\ln 89 = 4{,}49$

d) $\lg 40\,899 = 4{,}61$ e) $\lg 0{,}002 = -0{,}270$ f) $\lg 0{,}5 = -0{,}301$

Beim Rechnen mit Potenzen können Potenzgesetze und beim Rechnen mit Wurzeln können Wurzelgesetze genutzt werden. Auch für das Rechnen mit Logarithmen gibt es Rechengesetze, die aus den Potenzgesetzen hergeleitet werden können.

Beispiel für die Herleitung eines Logarithmengesetzes:

(1) $a^r \cdot a^s = a^{r+s}$ (Potenzgesetz)

(2) $a^r = u \leftrightarrow r = \log_a u$ (Definition des Logarithmus)

$a^s = v \leftrightarrow s = \log_a v$ (Definition des Logarithmus)

(3) $u \cdot v = a^{r+s}$ (wegen (1), und (2))

(4) $r + s = \log_a (u \cdot v)$ (Definition des Logarithmus)

(5) $\log_a u + \log_a v = \log_a (u \cdot v)$ (wegen (2), (3) und (4))

Wissen: Logarithmengesetze

Für a, u, v ∈ ℝ und a, u, v > 0 gilt:

$\mathbf{\log_a (u \cdot v) = \log_a u + \log_a v}$ $\mathbf{\log_a (u : v) = \log_a u - \log_a v}$ $\mathbf{\log_a u^v = v \cdot \log_a u}$

Beispiel 3:

a) Löse die Gleichung $\lg x = \lg 5 + \lg 2$.

b) Löse die Gleichung $\ln 4 = \ln x - \ln 2$.

c) Stelle die Gleichung $\log_a x = 2 \cdot \log_a m + 3 \cdot \log_a n$ nach der Variablen x um.

Lösung:

a) Forme mit Logarithmengesetzen in die Form $\log_a x = \log_a y$ um. Löse die Gleichung. Führe eine Probe durch.

Der rechte Term der Gleichung ist eine Summe von zwei Logarithmen zu Basis 10. Also gilt:

$\lg x = \lg(5 \cdot 2) \quad \rightarrow \quad x = 10$

Probe: $\lg 10 = \lg 5 + \lg 2$

$\lg 10 = \lg(5 \cdot 2)$ (wahre Aussage)

b) Gehe wie bei a) vor.

$\ln 4 = \ln x - \ln 2$ | Logarithmengesetz

$\ln 4 = \ln \frac{x}{2} \quad \rightarrow \quad 4 = \frac{x}{2} \quad \rightarrow \quad x = 8$

Probe: $\ln 4 = \ln 8 - \ln 2$

$\ln 4 = \ln(8 : 2)$ (wahre Aussage)

c) Gehe wie bei a) vor.

$\log_a x = 2 \cdot \log_a m + 3 \cdot \log_a n$ | Logarithmengesetz

$\log_a x = \log_a m^2 + \log_a n^3$ | Logarithmengesetz

$\log_a x = \log_a (m^2 \cdot n^3)$

$x = m^2 n^3$

Basisaufgaben

6. Löse die Gleichung.

a) $\lg x = \lg 20 + \lg 50$ b) $\log_6 x = \log_6 2 + \log_6 3$ c) $\ln x = \ln 2 + \ln 32$

d) $\lg x = \lg 400 - \lg 4$ e) $-\ln 108 = -\ln x - \ln 4$ f) $\log_2 4 = 2 \cdot \log_2 4 - \log_2 x$

g) $2 \cdot \log_3 x = 3 \cdot \log_3 x - 3$ h) $5 \cdot \log_2 x - 3 \cdot \log_7 49 = 2 \cdot \log_2 x$

7. Stelle die Gleichung nach der Variablen x um.

a) $\lg x = \lg m + \lg n$ b) $\ln y + \ln x = \ln z$ c) $a \cdot \log_2 b = \log_2 x - c \cdot \log_2 b$

d) $\log_7 x = \frac{1}{3} \cdot \log_7 y$ e) $\ln x = \frac{1}{2} \cdot (\ln m + \ln n)$ f) $\lg x = \frac{3 \cdot \lg m}{2} - 4 \cdot \frac{\lg n}{3}$

8. Vereinfache mithilfe von Logarithmengesetzen.
(Beispiel: $2 \log_y a - \log_y b = \log_y a^2 - \log_y b = \log_y \frac{a^2}{b}$)

a) $\log_y a + \log_y b$ b) $\log_y u^2 + \log_y v^2$ c) $\log_x z + \log_x z + \log_x z$

d) $0{,}5 \cdot \ln k^2$ e) $\lg 4ab - \lg 3c$ f) $\frac{1}{4} \cdot \ln a^2$ g) $\lg a - \lg \sqrt{a}$

Weiterführende Aufgaben

9. Schreibe die Gleichung in Logarithmenschreibweise.
a) $2^3 = 8$ b) $14^2 = 196$ c) $8^4 = 4096$ d) $10^3 = 1000$ e) $e^2 \approx 7{,}389056$

10. Schreibe die Gleichung in Potenzschreibweise (ohne Logarithmus).
a) $\log_2 16 = 4$ b) $\log_9 729 = 3$ c) $\lg 0{,}1 = -1$ d) $\ln 20{,}086 \approx 3$ e) $\log_5 125 = 3$

Hinweis zu 11:
Hier findest du Lösungen von a) bis h):

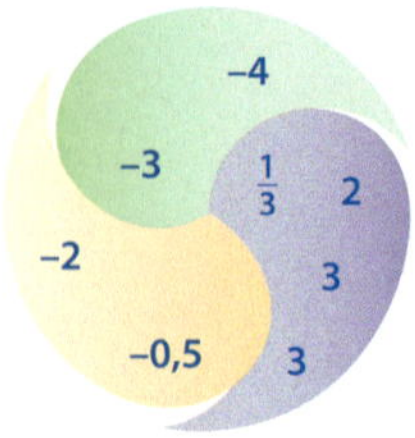

11. Ermittle den Termwert ohne Taschenrechner. Begründe dein Ergebnis.
a) $\log_3 \frac{1}{27}$ b) $\lg 10^3$ c) $\lg 0{,}01$ d) $\log_5 25$
e) $\log_7 \sqrt[3]{7}$ f) $\log_3 \frac{1}{\sqrt{3}}$ g) $\lg 100 \cdot \lg 0{,}01$ h) $\lg 100 + \lg 10$
i) $\lg 1000 - \lg \frac{1}{10}$ j) $\lg 100 \cdot \lg 1000$ k) $\frac{\lg 1000}{\lg 100}$ l) $\log_2 \sqrt{2}$

12. Nutze Logarithmengesetze und vereinfache den Term.
a) $\log_x a + \log_x b + \log_x c$ b) $2 \cdot \log_a (x+2) - \log_a (x+2)$ c) $3 \cdot \ln x - 0{,}5 \cdot \ln y$
d) $\frac{1}{3} \cdot \lg x + 2 \cdot \lg \sqrt[3]{x}$ e) $\ln(x^2 y) + \ln y$ f) $\frac{1}{4} \cdot \ln x + \log_e e^2$

13. Löse die Gleichung.
a) $3^x = \frac{1}{27}$ b) $7^{x+2} = \frac{1}{49}$ c) $4 + 2^y = 4{,}5$
d) $3^z = \frac{1}{\sqrt{3}}$ e) $\frac{5^x}{5} = 25$ f) $\log_3 (x+1) = 4$
g) $\lg(3x+1) = 0$ h) $2 \cdot \lg z = 0$ i) $\ln\left(\frac{1}{3x-1}\right) = 0$
j) $(x+1) \cdot \lg\left(\frac{2}{1-3x}\right) = 0$ k) $x \cdot \lg 0{,}01 = 4$ l) $\frac{\lg x}{4} = 0$

14. Formuliert die Logarithmengesetze mit Worten.

15. Stolperstelle: Überprüfe und korrigiere alle Fehler.
a) $\log_5 \frac{1}{25} = 2$ b) $-2^3 = -8$ c) $\log_2 (2 \cdot 8) = 4$ d) $\lg 0{,}01 = \frac{1}{-2}$ e) $\ln \frac{1}{\sqrt{e}} = 0{,}5$

Hinweis zu 16:
Es gilt: $\log_a b = \frac{\lg b}{\lg a}$ und $\log_a b = \frac{\ln b}{\ln a}$

● **16.** Max behauptet, dass er mit den Zehnerlogarithmen und seinem Taschenrechner alle Logarithmen berechnen kann, denn: $\log_a b = x \quad \rightarrow \quad a^x = b$
Nun kann man beide Seiten der Gleichung $a^x = b$ logarithmieren (mit der Basis 10) und danach x ermitteln.
a) Überprüfe den Vorschlag mit $\log_3 81 = 4$.
b) Berechne folgende Logarithmen mit einem Taschenrechner. Runde das Ergebnis auf Hundertstel.
(1) $\log_2 17$ (2) $\ln 39{,}7$ (3) $\lg 67{,}8$
(4) $\log_{11} 130$ (5) $\log_7 53{,}8$ (6) $\log_{13} 151$

17. Leite das Logarithmengesetz $\log_a (u : v) = \log_a u - \log_a v$ aus einem Potenzgesetz her.

● **18. Ausblick:** Die Stärke von Erdbeben wird nach der Richter-Skala angegeben. Die Einteilung ist logarithmisch zur Basis 10. Bei einem Beben der Stärke 3 wird demnach 100-mal soviel Energie freigesetzt wie bei einem Beben der Stärke 1. Vergleiche zwei Beben der Stärke 1,7 und 4,2 hinsichtlich der freigesetzen Energie.

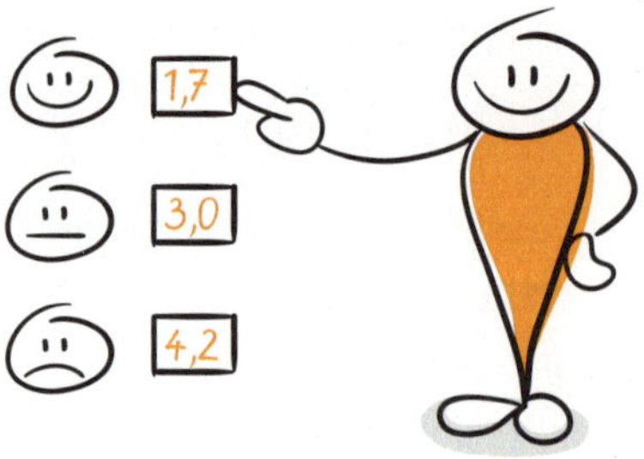

Heron-Verfahren

■ Herr Marx, der Mathematiklehrer der Klasse 9a hat sich etwas Besonderes ausgedacht, eine kleine Mathe-Olympiade. Es geht u. a. um die Disziplin „Quadratumkehren“. Dabei darf aber die Wurzeltaste des Taschenrechners nicht benutzt werden.

Erläutere, wie du die Gleichung $x^2 = 5$ lösen würdest. ■

Quadratwurzeln lassen sich ohne Taschenrechner mit dem Intervallschachtelungsverfahren oder mit dem „Heron-Verfahren“ ermitteln.

Beim Heron-Verfahren wird ausgenutzt, dass die Länge der Seite a eines Quadrates gleich der Wurzel aus dem Flächeninhalt A ist. Es wird nun versucht, aus einem Rechteck durch Veränderung der Seitenlängen ein flächengleiches Quadrat zu erzeugen.
So erhält man schrittweise einen immer besseren Näherungswert für $\sqrt{A}$.

Beispiel 1: Berechne $\sqrt{3}$ nach dem Heronverfahren.
Runde auf die dritte Stelle nach dem Komma.

Lösung:
Wähle die Seitenlängen a und b eines Rechtecks so, dass der Flächeninhalt die Maßzahl 3 hat.

$a = 3$ und $b = 1$
$A = a \cdot b = 3 \cdot 1 = 3$

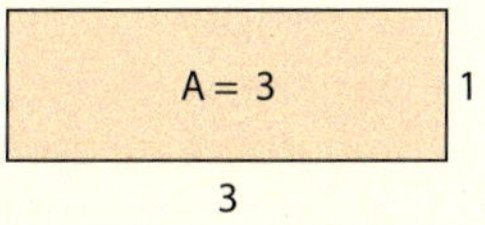

Bilde den Mittelwert von a und b. Der Mittelwert ist die Länge der neuen Seite a.
Die Seite b muss so angepasst werden, dass der Flächeninhalt dabei weiterhin den Wert 3 annimmt. Für die neuen Seitenlängen von a und b muss also weiterhin gelten:
$a \cdot b = 3$ und somit $b = \frac{3}{a}$

1. Veränderung
der Seitenlängen a und b:
$\frac{a+b}{2} = \frac{3+1}{2} = \frac{4}{2} = 2$
Mit der veränderten Seitenlänge $a = 2$ erhält man für die Seitenlänge b:
$\frac{3}{a} = \frac{3}{2} = 1{,}5$

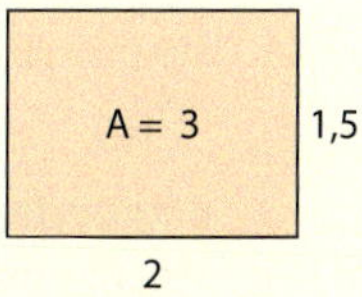

Wiederhole das Vorgehen mit den neuen Seitenlängen.
Die Form des Rechtecks nähert sich immer weiter der eines Quadrates an.

2. Veränderung
der Seitenlängen a und b:
$\frac{2+1{,}5}{2} = \frac{3{,}5}{2} = 1{,}75$
$\frac{3}{a} = \frac{3}{1{,}75} \approx 1{,}714$

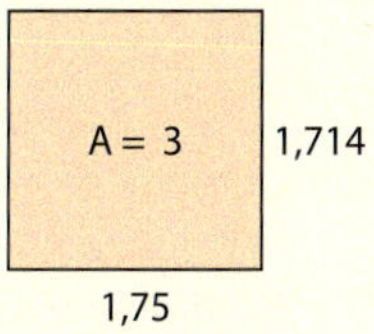

Nach dem dritten Schritt sind die gerundeten Seitenlängen an der dritten Dezimalstelle gleich.

Mit diesem Verfahren kannst du den Wert für $\sqrt{3}$ beliebig genau annähern.

3. Veränderung
der Seitenlängen a und b:
$\frac{1{,}75+1{,}714}{2} = \frac{3{,}464}{2} = 1{,}732$
$\frac{3}{a} = \frac{3}{1{,}732} \approx 1{,}732\,101$
$\sqrt{3} = 1{,}732\ldots$

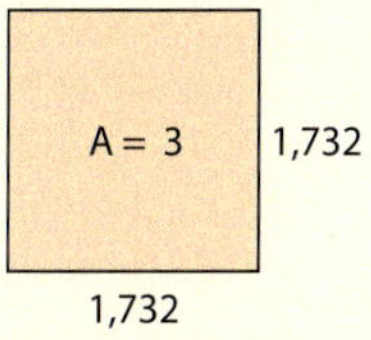

Aufgaben

1. Berechne näherungsweise mit dem Heron-Verfahren auf die dritte Dezimalstelle.
a) $\sqrt{6}$ b) $\sqrt{12}$ c) $\sqrt{21}$ d) $\sqrt{11}$

2. a) Berechne $\sqrt{8}$ ($\sqrt{15}$; $\sqrt{24}$; $\sqrt{63}$) näherungsweise sowohl mit dem Intervallschachtelungs- als auch mit dem Heron-Verfahren. Runde auf die dritte Dezimalstelle.
b) Vergleiche beide Verfahren. Für welches Verfahren würdest du dich entscheiden, wenn du ohne Hilfsmittel Wurzeln berechnen müsstest. Begründe deine Aussage.

3. Quadratwurzeln mithilfe des Heron-Verfahrens können auch mit einer Tabellenkalkulation ermittelt werden.
a) Gib an, welche Formel in welches Feld gehört.
b) Erstelle die Tabelle mit den entsprechenden Formeln in einer Tabellenkalkulation.
c) Berechne mit einer Tabellenkalkulation.
① $\sqrt{120}$ ② $\sqrt{156}$ ③ $\sqrt{2048}$
d) Wie viele Schritte werden in c) jeweils benötigt, um die Wurzeln mit einer höheren Genauigkeit zu bestimmen als mit deinem Taschenrechner?

	A	B	C
1	Seite a	Seite b	Flächeninhalt
2	12	10	120
4	11	10,90909091	
5	10,95454545	10,92435685	

=(A2+B2)/2 =C2/A3

=(A3+B3)/2 =C2/A4

4. Um Näherungswerte für Quadratwurzeln mit dem Heron-Verfahren schnell berechnen zu können, wird meist eine Formel verwendet, bei der man von einem vorgegebenen Näherungswert auf den nachfolgenden Näherungswert schließen kann.
a) Felix benutzt das Heron-Verfahren, um $\sqrt{10}$ zu berechnen.
Nach der dritten Veränderung hat er als Wert $\sqrt{10} \approx 3{,}162$ erhalten.
Mona behauptet: „Wenn du einen Näherungswert kennst, kannst du den nächsten Näherungswert immer ganz leicht berechnen."
Sie schreibt für den folgenden Näherungswert auf:
$\left(3{,}162 + \frac{10}{3{,}162}\right) : 2 \approx 3{,}1622.$
Begründe, warum Mona recht hat.
b) Möchte man allgemein zu einer Zahl a die Quadratwurzel $\sqrt{a}$ berechnen und ist ein beliebiger Näherungswert a_n bekannt, so kann man den nächsten Näherungswert stets mit der folgenden Formel berechnen:
$a_{n+1} = \left(a_n + \frac{a}{a_n}\right) : 2$
Berechne mit dieser Formel einen Näherungswert für $\sqrt{7}$.
Starte mit $a_1 = 3$ und berechne a_2, a_3, a_4, a_5 und a_6.

5. Untersuche mit dem Heron-Verfahren, ob die Gleichung $\sqrt{a+b} = \sqrt{a} + \sqrt{b}$ gilt.
Setze für a und b Werte ein. (Beispiel: $a = 2$ und $b = 3$)
Bestimme dann jeweils $\sqrt{2}$, $\sqrt{3}$ und $\sqrt{2+3} = \sqrt{5}$ mit dem Heron-Verfahren und vergleiche.

6. Erforsche weitere Verfahren zur Bestimmung von Quadratwurzeln.
a) Recherchiere im Internet oder in der Bibliothek deiner Schule nach weiteren Verfahren zur Bestimmung von Quadratwurzeln ohne Hilfsmittel. Hierzu gehört beispielsweise das „schriftliche Wurzelziehen".
b) Recherchiere auch nach Verfahren der „vedischen Mathematik" zum Ermitteln von Quadratwurzeln. Vedische Rechenmeister ziehen Wurzeln im Kopf. Wähle ein Verfahren und trainiere es solange, bis du es selbst blitzschnell im Kopf ausführen kannst.

1.6 Anwendungsaufgaben lösen

■ Im Jahr 2015 lebten auf der Erde 7,35 Mrd. Menschen. Zur Prognose für die Entwicklung der Erdbevölkerung wurde angenommen, dass die Anzahl der Menschen jährlich um 1,2 % wächst. Die Tabelle enthält entsprechende Daten.

Jahr	2015	2016	2017	2018
Anzahl (in Mrd.)	7,35	7,44	7,53	7,62

Erinnere dich:
Die Formel zum Berechnen des Kapitals bei Zinseszinsen lautet:
$K_n = \left(1 + \frac{p}{100}\right)^n \cdot K$

Begründe, warum man für diese Prognose die Formel zur Berechnung des Kapitals bei Zinseszinsen nutzen kann. Berechne die voraussichtliche Anzahl der Menschen auf der Erde für das Jahr 2025. ■

Wissen: Exponentielles Wachstum

Exponentielles Wachstum liegt vor, wenn sich die Veränderung einer Größe W mit einer Gleichung folgender Form beschreiben lässt:

$\mathbf{W_n = W_0 \cdot q^n}$ (W_0 ist der Anfangswert, q der Wachstumsfaktor; $q > 0$; $q \neq 1$; $n \in \mathbb{N}$; $n \geq 0$)

Für exponentielles Wachstum gilt: $\mathbf{\frac{W_{n+1}}{W_n} = q}$

Hinweis:
Für $q > 1$ liegt exponentielle Zunahme, für $0 < q < 1$ exponentielle Abnahme vor.

Bei Veränderungen ist immer zu prüfen, welche Art von Wachstum vorliegt.

Beispiel 1: Untersuche, wie das Guthaben wächst, wenn das Sparschwein am Anfang leer ist.

a) Eva legt in ihr Sparschwein an den ersten fünf Tagen jeweils 2 €.
b) Kurt legt in sein Sparschwein am ersten Tag 1 €, am zweiten Tag 3 €, am dritten Tag 5 €, am vierten Tag 7 € und am fünften Tag 9 €.
c) Lisa legt in ihr Sparschwein am ersten Tag 0,50 €, am zweiten Tag 0,50 €, am dritten Tag 1 €, am vierten Tag 2 € und am fünften Tag 4 €.

Lösung:

Lege eine Tabelle an und prüfe, wie sich das Sparguthaben in gleichen Zeitabschnitten ändert. Beschreibe das täglich vorhandene Sparguthaben mit einer Gleichung.

a)

n (Tage)	1	2	3	4	5
G_n (Guthaben)	2 €	4 €	6 €	8 €	10 €

Das Sparguthaben wächst täglich um 2 €. Es liegt lineares Wachstum vor:
$G_n = 2\,€ \cdot n$

b)

n (Tage)	1	2	3	4	5
G_n (Guthaben)	1 €	4 €	9 €	16 €	25 €

Es liegt quadratisches Wachstum vor:
$G_n = 1\,€ \cdot n^2$

c)

n (Tage)	1	2	3	4	5
G_n (Guthaben)	0,50 €	1 €	2 €	4 €	8 €

Es gilt: $\frac{1\,€}{0{,}50\,€} = \frac{2\,€}{1\,€} = \frac{4\,€}{2\,€} = \frac{8\,€}{4\,€} = 2$
Somit liegt exponentielles Wachstum vor:
$G_n = 0{,}50\,€ \cdot 2^{n-1}$

Basisaufgaben

1. Untersuche, ob exponentielles Wachstum vorliegt.

a)

x	0	1	2	3
y	1	2	4	8

b)

x	0	1	2	3
y	3	3,9	5,07	7,605

2. Untersuche, ob exponentielles Wachstum vorliegt.

a)

x	0	1	2	3
y	18	27	40,5	60,75

b)

x	0	1	2	3
y	0,5	1,5	2	2,5

3. Untersuche, ob eine exponentielle Zu- oder Abnahme vorliegt.
Gib gegebenenfalls den Wachstumsfaktor q an.

a)

x	0	1	2	3
y	2	2,8	3,92	5,488

b)

x	0	1	2	3
y	15	12	9,6	7,68

Beispiel 2: Familie Schnelle kaufte sich ein neues Auto für 22 000 € (Neuwert).
Berechne den Zeitwert des Autos nach 7 Jahren, wenn es jährlich 20 % des Wertes verliert.

Lösung:

Ermittle die gegebenen und die gesuchten Größen.

Gegeben: 22 000 € (Neuwert des Pkw)
jährlich 20 % Verlust

Gesucht: Zeitwert des Pkw nach 7 Jahren

Untersuche die Zusammenhänge zwischen den gesuchten und gegebenen Größen und wende sie an.

Der Wert des Pkw verringert sich jährlich um 20 % auf 80 % zum Vorjahr.
Es liegt exponentielle Abnahme vor:
$W_7 = 22\,000\,€ \cdot 0{,}8^7 = 4613{,}73\,€$

Formuliere einen Antwortsatz.

Der Zeitwert beträgt nach 7 Jahren 4613,73 €.

Basisaufgaben

4. An der Oberfläche eines 10 m tiefen Waldsees wurde eine Lichtstärke von 5 000 Lux gemessen. Berechne die Lichtstärke in 5 m Tiefe, wenn diese um 40 % je Meter abnimmt.

5. Der Gewinn eines Unternehmens betrug im laufenden Jahr 400 000 €. Für die nächsten 5 Jahre wird ein Gewinnzuwachs von jährlich 1,5 % prognostiziert. Berechne den voraussichtlichen Gewinn des Unternehmens im 4. Jahr.

Weiterführende Aufgaben

TK

6. Untersuche, ob lineares, quadratisches oder exponentielles Wachstum vorliegt und gib gegebenenfalls eine Gleichung in Abhängigkeit von der Zeit t an.
Beschreibe dein Vorgehen.

Hinweis zu 6:
Du kannst auch eine Tabellenkalkulation nutzen.

Zeit t (in Tagen)	0	1	2	3	4	5
Masse (m in g)	10	52	270,4	1406,08	7311,616	38 020,4032
Geldbetrag G (in ct)	0	10	40	90	160	250
Länge ℓ (in m)	1,60	1,58	1,56	1,54	1,52	1,50

7. Der Holzbestand eines Waldes mit geschätzten 100 000 Festmeter nahm in den letzten Jahren jährlich um 3 % zu. Mit diesem Wachstum ist auch in den nächsten Jahren zu rechnen.

a) Mit welchem Holzbestand ist in 3 Jahren zu rechnen?

b) Berechne den Holzbestand des Waldes von vor 2 Jahren.

Hinweis zu 7:
1 Festmeter (1 fm) entspricht 1 m^3 feste Holzmasse.

8. Eine Bakterienkultur vermehrt sich unter günstigen Bedingungen in den ersten fünf Stunden exponentiell:

Zeit (in h)	0	1	2	3	4	5
m (in mg)	1,2	2,16	3,89			

a) Ermittle den Wachstumsfaktor.

b) Berechne die fehlenden Werte in der Tabelle.

c) Welche Masse von Bakterien ist nach 2,5 h zu erwarten?

d) Nach welcher Zeit sind etwa 132 mg Bakterienmasse vorhanden?

9. Stolperstelle: Einem Patienten werden 100 mg eines Medikaments verabreicht, das stündlich um 15 % abgebaut wird.
Max erklärt, dass es sich hier um eine exponentielle Abnahme handelt und stündlich 15 % des jeweils vorhandenen Medikaments abgebaut werden. Nach jeder Stunde sind also noch 85 % des Medikaments der vergangenen Stunde wirksam:
$W_t = W_0 \cdot (1 - 0{,}85)^t$ $\quad$ ($W_0 = 100\,mg$; $t = 1\,h$; $2\,h$; $3\,h$; …)
$W_5 = 100\,mg \cdot 0{,}15^5 \approx 0{,}0076\,mg$
Überprüfe die Lösung von Max und korrigiere sie, falls erforderlich.

10. Eine Algenart verbreitet sich in 10 Jahren von 6 ha auf 36 ha. Berechne den jährlichen Wachstumsfaktor der Algenart bei exponentiellem Wachstum.

11. Das radioaktive Caesium 137 gelangte bei der Reaktorkatastrophe in Tschernobyl 1986 in die Umwelt und wurde über die Luft verteilt. Im Labor wurden Tests gemacht, um die Gefahren einzuschätzen. Zu Beginn waren $m_0 = 10$ mg Caesium 137 vorhanden. Die Halbwertszeit T_H von Caesium 137 beträgt 30 Jahre. Der Zerfallsprozess kann mit der Gleichung $m(t) = m_0 \cdot q^t$ (t Anzahl der Jahre) beschrieben werden.
Es gilt: $q = (0{,}5)^{\frac{1}{T_H}}$
Berechne, wie viele Jahre es dauert, bis nur noch 1 mg Caesium vorhanden ist.

● **12.** Ein Kapital x (in €) wird zu einem festen Zinssatz von p % (mit Zinseszins) angelegt. Berechne, nach wie vielen Jahren sich das Kapital verdoppelt hat.

● **13. Ausblick:** Anja fasst die Gleichung $W_n = W_0 \cdot q^n$ als Gleichung einer Funktion $f(x) = W_0 \cdot q^x$ auf und meint, dass sich Wachstumsprozesse mit dem Anfangswert 1 durch die Funktionen $f(x) = q^x$ ($q > 0$; $q \neq 1$) beschreiben lassen.
Alle Graphen dieser Funktionen haben nur positive Funktionswerte und einen gemeinsamen Punkt.

GS a) Überprüfe Anjas Aussage mit den Funktionsgraphen von $f(x) = 2^x$ und $g(x) = \left(\frac{1}{2}\right)^x$ mithilfe einer dynamischen Geometriesoftware.

b) Begründe, dass Anjas Aussagen für alle Funktionen $f(x) = q^x$ zutreffen.

Hinweis zu 13:
Funktionen mit der Gleichung $y = f(x) = a^x$ nennt man Exponentialfunktionen.

1.7 Vermischte Aufgaben

1. Berechne die Termwerte ohne Taschenrechner.

a) $4^{\frac{2}{5}} \cdot 8^{\frac{2}{5}}$ b) $\sqrt{\sqrt[3]{0{,}000064}}$ c) $(2+\sqrt{5})(2-\sqrt{5})$ d) $(\sqrt{625})^{0{,}5}$

e) $\sqrt[3]{40} \cdot \sqrt[3]{25}$ f) $250^{\frac{2}{3}} : \sqrt[3]{2^2}$ g) $\lg 10 : \lg 1000$ h) $\log_6 36$

2. Erläutere an Beispielen, warum das Potenzieren zwei Umkehrungen und das Addieren nur eine Umkehrung hat.

3. Wo steckt der Fehler?

a) $\frac{1}{4}€ = 25\,\text{ct}$, also gilt $\sqrt{\frac{1}{4}€} = \sqrt{25\,\text{ct}}$,
somit gilt auch $\frac{1}{2}€ = 5\,\text{ct}$.

b) Aus $\lg x^2 = \lg(-x)^2$ folgt $2\lg x = 2\lg(-x)$,
also gilt auch $\lg x = \lg(-x)$.

4. Löse die Gleichung.

a) $2 \cdot \sqrt[3]{x} \cdot \sqrt[3]{9} = 6$ b) $\sqrt[4]{10^3} \cdot \sqrt[x]{10} = 10$ c) $1{,}6^x - 2{,}56 = 0$ d) $\log_2 x = 3$

e) $4 \cdot \ln x = 2$ f) $3^{0{,}75} : 3^{-x} = 3$ g) $(7^{-0{,}5})^x = 49$ h) $\lg 100 + 5^x = 3$

5. Zwischen welchen benachbarten ganzen Zahlen liegt der angegebene Termwert?

a) $\sqrt[3]{100}$ b) 7^{-2} c) $\log_2 10$ d) $\left(\frac{1}{2}\right)^{-\frac{1}{2}}$ e) $\ln 5$

6. Unter welchen Bedingungen ist der Term nicht definiert?

a) $\sqrt{x-1}$ b) $\lg(x^2-4)$ c) $\sqrt[4]{-1+x^2}$ d) $\sqrt[6]{x^3}$ e) $\ln(2x-1)$

7. Um das Produkt $9 \cdot 27$ zu ermitteln, kann man in der Tabelle die Zahlen addieren, die über den Zahlen 9 und 27 stehen, also 2 und 3. Das Ergebnis des Produkts steht dann unter der Summe aus 2 und 3, also unter der Zahl 5. Es ist die Zahl 243.

n	1	2	3	4	5	6	7	8	9	10
3^n	3	9	27	81	243	729	2187	6561	19683	59049

a) Gib drei weitere Multiplikationsaufgaben an, die du mit dieser Tabelle lösen kannst.

b) Erläutere und begründe am Beispiel $6561 : 27$, wie man mithilfe der Tabelle Divisionsaufgaben lösen kann.

8. Warum ist beim Potenzgesetz $a^m \cdot a^n = a^{m+n}$ (mit $m, n \in \mathbb{Q}$) die Einschränkung $a > 0$ erforderlich?

9. Wenn man mit einem Taschenrechner $\sqrt{2}$ ermittelt, so erhält man je nach Modell einen bestimmten Dezimalbruch, beispielsweise 1,4142136. Drückt man unmittelbar danach die Quadrat-Taste, so erhält man in der Anzeige 2.

a) Begründe, dass 1,4142136 nicht der genaue Wert für die Quadratwurzel aus 2 sein kann.

b) Ist die Zahl 1,4142136 größer oder kleiner als $\sqrt{2}$? Begründe deine Aussage.

10. Ein Foto von einer Digitalkamera benötigt etwa 5 MB Speicherplatz.
Wie viele derartige Fotos passen dann auf einen 32 GB-Speicherstick?

A: 12800 B: 6400 C: 3200 D: 1600

11. Gib, wenn möglich Zahlen an, für die der dekadische Logarithmus negativ ist.

12. Gib die Einheit als Vielfaches der Grundeinheit an. Verwende Zehnerpotenzen.
a) Hektoliter b) Megatonne c) Mikrometer d) Gigawatt e) Milliampere

13. Die Masse der Erde beträgt rund $6{,}0 \cdot 10^{24}\,\text{kg}$ und die Masse der Sonne etwa $2{,}0 \cdot 10^{30}\,\text{kg}$.
a) Berechne, welchen Anteil an Masse die Erde im Vergleich zur Sonne besitzt.
b) Berechne, welchen Anteil an Masse der Mond ($7{,}4 \cdot 10^{22}\,\text{kg}$) im Vergleich zur Erde besitzt.

14. Das „Schneeballprinzip" ist eine beliebte Art, Gäste zum Tanzen aufzufordern. Ein Paar beginnt und sucht sich nach einer gewissen Zeit neue Tanzpartner. Auch die so entstandenen Partner suchen sich dann wieder neue Tanzpartner usw.
Zum Semperopernball 2016 in Dresden waren in der Semperoper 2500 Gäste und auf dem Platz vor der Semperoper 15 000 Gäste.

a) Berechne, wie oft die Tanzpartner nach dem Schneeballprinzip gewechselt werden müssten, damit etwa 250 Paare in der Semperoper auf der Tanzfläche sind.
b) Berechne, wie oft die Tanzpartner im Saal gewechselt werden müssten, damit alle 2500 Gäste auf der Tanzfläche wären.
c) Nach wie vielen Minuten wären auf dem Vorplatz der Oper 4096 Tanzpaare, wenn jedes Tanzpaar nur 1,5 Minuten (einschließlich Wechsel) zusammen tanzen und nach dem Schneeballprinzip ein Partnerwechsel erfolgen würde?
d) Reflektiere die Ergebnisse mit Blick auf die Realität.

15. Berechne die Kantenlänge a des Würfels mit der gegebenen Eigenschaft.
a) Der Oberflächeninhalt ist $A_O = 864\,\text{cm}^2$.
b) Ein großer Würfel mit einem Volumen von $2916\,\text{cm}^3$ setzt sich aus acht gleich großen, kleinen Würfeln mit jeweils der Kantenlänge a zusammen.
c) Der Würfel hat das gleiche Volumen wie ein Quader (8 cm lang, 4 cm breit, 2 cm hoch).

Erinnere dich:
Ein Würfel der Kantenlänge a cm hat ein Volumen von $a^3\,\text{cm}^3$ und einen Oberflächeninhalt von $6\,a^2\,\text{cm}^2$.

16. China ist weltweit der führende Produzent von Hühnereiern. In den letzen Jahren produzierte das Land jährlich etwa $4{,}97 \cdot 10^{11}$ Eier (Tendenz steigend).

- Wie hoch wäre ein solcher Eierstapel, wenn sie in den üblichen 10er- oder 6er-Packungen (Höhe jeweils 6 cm) abgepackt und aufeinander geschichtet würden? Gebt die Höhe in Kilometer an.
- Ein Ei wiegt durchschnittlich 55 g. Gebt das Gewicht der Gesamtproduktion in Gramm, in Kilogramm und in Tonnen an. Vergleicht das Gewicht der Eier mit dem Gewicht eines ausgewachsenen Elefanten (etwa 5 t).
- Deutschland produzierte in einem Jahr etwa 12 430 000 000 Hühnereier. Formuliert eine geeignete Aufgabenstellung.
- Ein Huhn legt im Jahr etwa 300 Eier. Gebt an, wie viele Hühner zur Jahresproduktion an Eiern in China (Deutschland) etwa benötigt werden.

17. Ein Organismus wird von Viren des Typs X befallen, die sich in einem Zeitraum von 6 h sehr stark vermehren und zwar in jeder Stunde um 20 %. Berechne, wie viele Viren es dann nach 2 (4; $5\frac{1}{2}$) Stunden wären, wenn man zunächst von 600 Viren ausgeht.

Prüfe dein neues Fundament

Lösungen ↗ S. 196

1. Schreibe Produkte als Potenzen und Potenzen als Produkte. Berechne den Termwert ohne Taschenrechner

a) $2 \cdot 2 \cdot 2 \cdot 2 \cdot 2$ b) $\frac{1}{3} \cdot \frac{1}{3} \cdot \frac{1}{3}$ c) 4^{-3} d) $(-3)^{-3}$
e) $\left(-\frac{1}{3}\right)^3$ f) 3^{-3} g) $-0{,}3 \cdot (-0{,}3) \cdot (-0{,}3)$ h) $\left(-\frac{2}{3}\right)^{-4}$

2. Berechne den Termwert ohne Taschenrechner.

a) $7^5 : 7^3$ b) $0{,}1^2 \cdot 0{,}1^{-5}$ c) $2^{0,5} : 8^{0,5}$ d) $9^{\frac{1}{3}} \cdot 3^{\frac{1}{3}}$ e) $8^{\frac{1}{4}} \cdot 2^{\frac{1}{4}}$
f) $0{,}01^{-3} : \left(\frac{1}{10}\right)^{-3}$ g) $2^0 : 2^1$ h) $\left(\left(\frac{1}{2}\right)^3\right)^2$ i) $(0{,}1^2)^{-1}$ j) $16^3 : 8^3$
k) $\frac{5^4}{5^2 \cdot 5^3}$ l) $\frac{20^2}{5^{-3}} \cdot 5^{-4}$ m) $169^{\frac{1}{2}} : 13^2$ n) $\frac{2 \cdot 3^3}{27^{\frac{1}{3}}}$ o) $\frac{0{,}5^2}{2^0}$

3. Vereinfache mithilfe von Potenzgesetzen.

a) $b^{-3} \cdot b^5$ b) $x^7 : x^3$ c) $a^3 b a^{-1} b^{-2}$ d) $\sqrt{3^0} : y$ e) $(b^{-2})^{-1}$
f) $\frac{x \cdot x^{-2} \cdot y^3}{x^3 \cdot y}$ g) $a^{0,25} \cdot a^{\frac{3}{4}}$ h) $(a^1)^{-2}$ i) $(u^{-3} \cdot v^6)^{\frac{2}{3}}$ j) $2 \cdot (y^0)^3$

4. Berechne ohne Taschenrechner.

a) $\sqrt{\frac{9}{25}}$ b) $\sqrt[3]{125}$ c) $\sqrt[5]{2 \cdot 16}$ d) $\sqrt[4]{-625}$ e) $\sqrt[-4]{81^2}$
f) $\sqrt[10]{7^5 \cdot 7^5}$ g) $\sqrt[5]{0{,}00001}$ h) $\sqrt[9]{7^0}$ i) $\sqrt[4]{196^2}$ j) $\sqrt[5]{7^{-5}}$
k) $\sqrt{2} \cdot \sqrt{32}$ l) $\sqrt[3]{54} : \sqrt[3]{2}$ m) $\sqrt[3]{\sqrt{1\,000\,000}}$ n) $\frac{\sqrt[3]{7^7}}{\sqrt[3]{7^4}}$ o) $\sqrt{\sqrt[3]{27^2}}$

5. Ermittle den Logarithmus ohne Taschenrechner.

a) $\log_2 32$ b) $\log_3 \frac{1}{9}$ c) $\log_4 \sqrt{4}$ d) $\log_7 7$ e) $\log_5 5^3$
f) $\lg 100$ g) $\ln 1$ h) $\lg \sqrt{10}$ i) $2 \cdot \ln \sqrt[3]{e}$ j) $\log_{\frac{3}{4}} \frac{64}{27}$

6. Berechne den Termwert.

a) $\log_3 (9 \cdot 27)$ b) $\log_6 9 + \log_6 4$ c) $\log_3 72 - \log_3 8$ d) $\log_2 \frac{2}{8}$
e) $3 \cdot \lg 100$ f) $\lg 1^3$ g) $\ln \sqrt[3]{e^2}$ h) $3 \cdot \ln (e^{-2})$

7. Gib den Termwert als Dezimalbruch an.

a) $\frac{1}{\sqrt{4}}$ b) 2^{-3} c) $\sqrt[3]{0{,}125}$ d) $\log_2 \sqrt[4]{8}$ e) $1 : \lg 100$
f) $\ln \sqrt[3]{e}$ g) $3{,}14 : \log_5 \sqrt{25}$ h) $1{,}5 \cdot \ln e$ i) $\left(\frac{\sqrt{2}}{\sqrt{5}}\right)^2$ j) $\lg 100 \cdot \log_{100} 10$

8. Ermittle die Lösungen der Gleichung.

a) $x^4 = 625$ b) $7^x = 49$ c) $\sqrt[x]{125} = 5$ d) $\log_3 x = 4$ e) $\lg x = 3$
f) $2^{x+2} = 8$ g) $\frac{3^{x-2}}{9} = 3$ h) $\lg (x+4) = 2$ i) $\log_x 121 = 2$ j) $x \cdot \log_2 4 = 4$
k) $2 \cdot \ln x = 1$ l) $x \cdot \ln x = 0$ m) $\frac{1}{4} \cdot x^3 = 54$ n) $2 \cdot \lg x = 4$ o) $\log_2 (\sqrt{x}) = 3$

9. Berechne mit einem Taschenrechner. Runde das Ergebnis auf Hundertstel.

a) $1{,}7^3$ b) $2{,}9^{\frac{2}{3}}$ c) $4{,}7^{\frac{3}{2}}$ d) $2{,}1^3 : 1{,}5^3$ e) $\sqrt[3]{340}$
f) $\sqrt[4]{24^2}$ g) $\frac{1}{\sqrt[3]{34} \cdot \sqrt{10}}$ h) $\sqrt{\sqrt[3]{9}}$ i) $\frac{1}{(\sqrt[3]{2})^2}$ j) $\lg 9{,}5$
k) $\ln 7 \cdot \ln 9$ l) $\ln 3 \cdot \lg 5$ m) $\pi^2 \cdot \ln 3$ n) $\frac{1}{\sqrt{7} \cdot \ln 2}$ o) $e \cdot \lg \pi$

10. Übertrage ins Heft und ersetze **T** sinnvoll durch einen Term unter Beachtung der Potenz-, Wurzel- und Logarithmengesetze.

a) $ab^3 \cdot T = a^{-2} b^4$ b) $\sqrt{a} : T = \sqrt{a \cdot b^{-1}}$ c) $\sqrt{y} \cdot T = 1$ d) $\lg 3 + T = \lg 27$

11. Gib die Größenangabe in der in Klammern angegebenen Einheit an. Nutze Zehnerpotenzen.

a) 59 km (m) b) 3,1 MW (W) c) 3,9 µA (A) d) 113 µm (m) e) $3{,}4 \cdot 10^2$ hℓ (ℓ)
f) 13,7 GW (W) g) 13 nm (m) h) 0,3 dℓ (ℓ) i) 73,5 mℓ (ℓ) j) 360 s (min)

12. Ermittle, für welche Startzahl die Bedingung erfüllt ist.

a) Nach vier Verdopplungen wird 100 erreicht.
b) Nach sechs Verdopplungen lautet das Ergebnis 1.

13. Herr Durstewitz legt bei der Bank ein Kapital von 5000 € zu einem Zinssatz von 2 % (mit Zinseszins) an.

a) Berechne, wie groß das Kapital nach 5 Jahren (nach 10 Jahren) ist.
b) Ermittle, nach wie vielen Jahren sich das Kapital verdoppelt (verdreifacht) hat.
c) Ermittle, wie groß der Zinssatz sein müsste, damit sich das Kapital nach 20 Jahren verdoppelt.

14. Zeige mithilfe der Potenzgesetze, dass Folgendes gilt:

a) $\sqrt[3]{\sqrt[3]{x}} = \sqrt[9]{x}$ b) $\sqrt{\sqrt{\sqrt{x}}} = x^{\frac{1}{8}}$

15. Jens behauptet, dass $\log_a b \cdot \log_b a = 1$ ist.

a) Prüfe die Behauptung mit verschiedenen Zahlenbeispielen.
b) Zeige, dass die Behauptung immer gilt.
Hinweis: Schreibe die Logarithmen zunächst mithilfe von Potenzen.

Wiederholungsaufgaben

1. Entscheide, ob eine proportionale Zuordnung, eine umgekehrt proportionale Zuordnung oder keine von beiden vorliegt.

a) Anzahl der Lkw ↦ Anzahl der Fahrten pro Lkw (Abtransport einer großen Schutthalde)
b) Gewicht eines Briefes ↦ Porto für einen Brief
c) Dauer einer Fernsehsendung ↦ Anzahl der eingeschlafenen Zuschauer
d) Geldbetrag ↦ Anzahl der dafür mindestens benötigten Münzen

2. Im nebenstehenden Kreisdiagramm sind die Anteile der Lackierungsfarben von 1 200 neu zugelassenen Fahrzeugen dargestellt. Gib an, wie viele Fahrzeuge weiß und wie viele Fahrzeuge grau lackiert wurden.

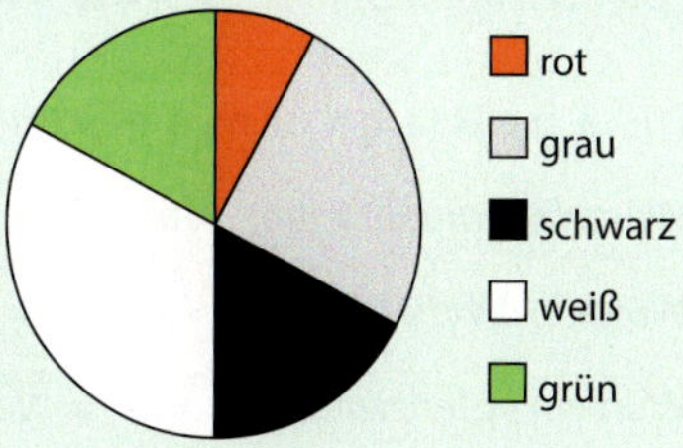

3. Konstruiere ein Dreieck ABC mit $b = 4\,\text{cm}$, $c = 5\,\text{cm}$ und $\alpha = 38°$.

4. Entscheide, ob die grünen Dreiecke rechtwinklig sind. Begründe deine Aussage.

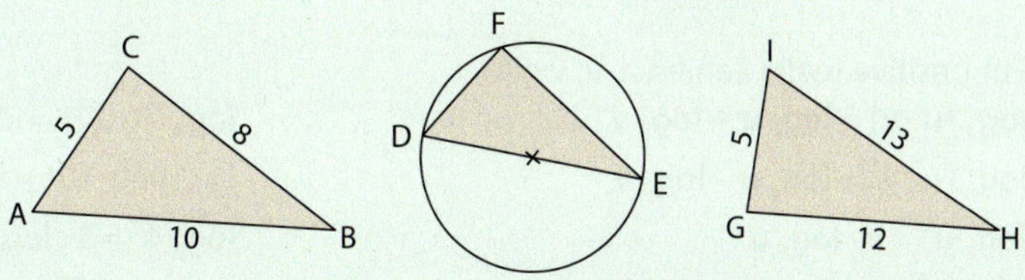

Zusammenfassung

Potenzieren	Für $a \in \mathbb{R}$ und $n \in \mathbb{N}$ gilt: $\mathbf{a^0 = 1}$ $(a \neq 0)$; $\mathbf{a^1 = a}$ $\underbrace{a \cdot a \cdot a \cdot \ldots \cdot a}_{\text{n Faktoren}} = a^n$ (für $n > 1$) Exponent: n; Basis: a $a^{-n} = \frac{1}{a^n} = \frac{1}{\underbrace{a \cdot a \cdot a \cdot \ldots \cdot a}_{\text{n Faktoren}}}$ mit $a \neq 0$	$5^0 = 1$; $\left(-\frac{3}{7}\right)^0 = 1$; **$0^0$ ist nicht definiert** $7^1 = 7$; $(-0{,}5)^1 = -0{,}5$; $0^1 = 0$ $3 \cdot 3 \cdot 3 \cdot 3 = 3^4$; $a \cdot a \cdot a = a^3$ $3^{-2} = \frac{1}{3^2} = \frac{1}{3 \cdot 3} = \frac{1}{9}$; $\left(\frac{2}{3}\right)^{-1} = \frac{1}{\left(\frac{2}{3}\right)^1} = \frac{3}{2}$
Radizieren	$\sqrt[n]{a}$ ist diejenige nichtnegative Zahl b, für die $b^n = a$ ist. $(a \geq 0;\ n \in \mathbb{N};\ n \geq 2)$ **a** heißt **Radikand**; **n** heißt **Wurzelexponent** *Es wird festgelegt:* $\sqrt[n]{a} = a^{\frac{1}{n}}$ $(a \in \mathbb{R}, a \geq 0; n \in \mathbb{N}; n \geq 2)$ $\sqrt[n]{a^m} = (a^m)^{\frac{1}{n}} = a^{\frac{m}{n}}$ $(a \in \mathbb{R}, a > 0; n, m \in \mathbb{Z}; n \geq 2)$	$\sqrt[3]{27} = 3$, denn $3^3 = 27$. $\sqrt{(-2)^2} = \sqrt{4} = 2$, denn $2^2 = 4$ $\sqrt[3]{27} = 27^{\frac{1}{3}}$; $\sqrt{5} = 5^{\frac{1}{2}}$ $\sqrt[3]{2^5} = 2^{\frac{5}{3}}$
Logarithmieren	Die reelle Lösung x der Exponentialgleichung $a^x = b$ $(a > 0, a \neq 1, b > 0)$ heißt **Logarithmus von b zur Basis a**. *Symbol*: $\log_a b$ $\mathbf{x = \log_a b \leftrightarrow a^x = b}$ *Es gilt immer:* $\mathbf{\log_a 1 = 0}$ und $\mathbf{\log_a a = 1}$ $\log_{10} z = \lg z$ (**dekadischer** Logarithmus) $\log_e z = \ln z$ (**natürlicher** Logarithmus) $e \approx 2{,}718281\ldots$ (irrationale Zahl)	$\log_5 25 = 2$, denn $5^2 = 25$ $\log_7 1 = 0$, denn $7^0 = 1$; $\log_3 3 = 1$, denn $3^1 = 3$ $\lg 0{,}1 = -1$, denn $10^{-1} = \frac{1}{10} = 0{,}1$ $\ln \sqrt{e} = \frac{1}{2}$, denn $e^{\frac{1}{2}} = \sqrt{e}$
Potenzgesetze	Für $a, b \in \mathbb{R}$ $(a, b > 0)$ und $r, s \in \mathbb{Q}$ gilt: *Potenzen multiplizieren:* $a^r \cdot a^s = a^{r+s}$ (**gleiche Basen**) $a^r \cdot b^r = (a \cdot b)^r$ (**gleiche Exponenten**) *Potenzen dividieren:* $a^r : a^s = a^{r-s}$ (**gleiche Basen**) $a^r : b^r = (a : b)^r$ (**gleiche Exponenten**) *Potenzen potenzieren:* $\mathbf{(a^r)^s = a^{r \cdot s} = (a^s)^r}$	$3^2 \cdot 3^3 = 3^{2+3} = 3^5 = 243$ $2^2 \cdot 1{,}5^2 = (2 \cdot 1{,}5)^2 = 3^2 = 9$ $5^4 : 5^3 = 5^{4-3} = 5^1 = 5$ $0{,}4^3 : 0{,}2^3 = (0{,}4 : 0{,}2)^3 = 2^3 = 8$ $\left(4^{\frac{1}{3}}\right)^6 = 4^{\frac{1}{3} \cdot 6} = 4^2 = 16$
Wurzelgesetze	Für $a, b \in \mathbb{R}$ $(a, b > 0)$; $m, n \in \mathbb{N}$ $(m \geq 2)$ gilt: *Wurzeln multiplizieren:* $\mathbf{\sqrt[m]{a} \cdot \sqrt[m]{b} = \sqrt[m]{a \cdot b}}$ *Wurzeln dividieren:* $\mathbf{\sqrt[m]{a} : \sqrt[m]{b} = \sqrt[m]{a : b}}$ *Wurzeln potenzieren:* $\mathbf{(\sqrt[m]{a})^n = \sqrt[m]{a^n}}$ *Wurzeln radizieren:* $\mathbf{\sqrt[m]{\sqrt[n]{a}} = \sqrt[m \cdot n]{a}}$; $(n \geq 2)$	$\sqrt[4]{3} \cdot \sqrt[4]{27} = \sqrt[4]{3 \cdot 27} = \sqrt[4]{81} = 3$ $\sqrt{72} : \sqrt{2} = \sqrt{72 : 2} = \sqrt{36} = 6$ $(\sqrt[3]{3})^6 = \sqrt[3]{3^6} = 3^{\frac{6}{3}} = 3^2 = 9$ $\sqrt[3]{\sqrt{64}} = \sqrt[3 \cdot 2]{64} = \sqrt[6]{64} = 2$
Logarithmengesetze	Für positive reelle Zahlen a, u, v gilt: $\mathbf{\log_a (u \cdot v) = \log_a u + \log_a v}$ $\mathbf{\log_a (u : v) = \log_a u - \log_a v}$ $\mathbf{\log_a u^v = v \cdot \log_a u}$ *Außerdem gilt:* $\mathbf{\log_a b = \frac{\lg b}{\lg a}}$ und $\mathbf{\log_a b = \frac{\ln b}{\ln a}}$	$\log_3 (9 \cdot 27) = \log_3 9 + \log_3 27 = 2 + 3 = 5$ $\lg (1000 : 10) = \lg 1000 - \lg 10 = 3 - 1 = 2$ $\log_2 4^5 = 5 \cdot \log_2 4 = 5 \cdot 2 = 10$ $\log_2 5 = \frac{\lg 5}{\lg 2} = \frac{0{,}69897}{0{,}30103} \approx 2{,}3$

2. Trigonometrie

Zum Messen von Horizontalrichtungen und Vertikalwinkeln werden bei der Landvermessung (Geodäsie) sogenannte Theodolite verwendet. Sie werden auf einem Stativ senkrecht über einem Punkt aufgestellt. Aus den Messwerten und Entfernungen lassen sich unzugängliche Seitenlängen von Dreiecken im Gelände berechnen.

Dein Fundament

Lösungen ↗ S. 197

Winkel

1. Ordne nach Winkelarten: 100°; 75°; 200°; 91°; 25°; 180°; 2°; 345°; 90°

2. Gib alle fehlenden Innenwinkelgrößen im Dreieck ABC an.
a) rechtwinkliges Dreieck ABC mit $\beta = 65°$
b) Dreieck ABC mit $\gamma = 150°$ und $\alpha = 10°$
c) Dreieck mit $\alpha = 80°$ und $\beta = 45°$
d) gleichseitiges Dreieck ABC
e) gleichschenkliges Dreieck ABC mit $a = b$ und $\gamma = 74°$

3. Schreibe auf, welche der dir bekannten Winkelarten kleiner als 120° (größer als 90°) sind.

4. Gib die Winkelgröße und die Winkelart an.

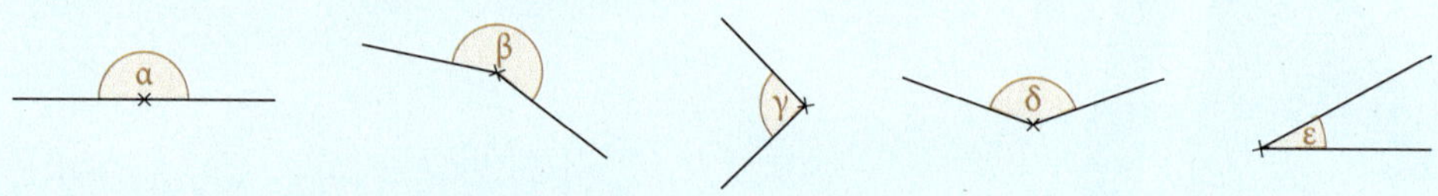

5. Berechne die fehlenden Innenwinkelgrößen der Dreiecke in nebenstehender Zeichnung.

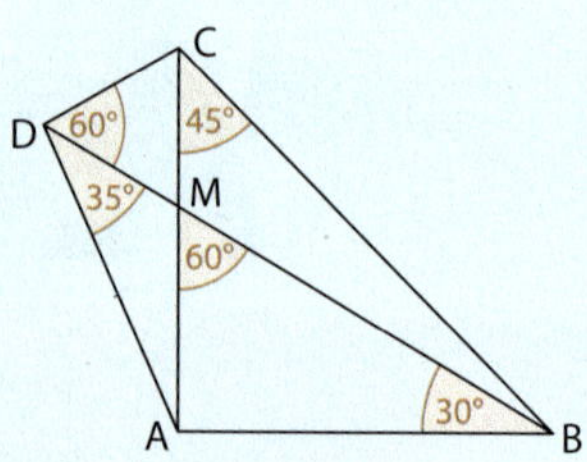

Dreiecke und Vierecke

6. Zeichne das Dreieck ABC mit A(8|2), B(0|8) und C(0|2) in ein Koordinatensystem.
a) Begründe, warum das Dreieck ABC rechtwinklig ist.
b) Miss alle Seitenlängen und Innenwinkelgrößen des Dreiecks ABC.

7. Prüfe, ob sich mit den gegebenen Bestimmungsstücken ein Dreieck zeichnen lässt. Begründe deine Aussage.
a) $a = 5\,cm$; $b = 6\,cm$; $c = 7\,cm$
b) $a = 8\,dm$; $b = 5\,dm$; $c = 3\,dm$
c) $a = 8{,}4\,cm$; $b = 17\,cm$
d) $\alpha = 100°$; $\beta = 90°$
e) $a = 5\,cm$; $b = 6\,cm$; $\alpha = 80°$; $\beta = 70°$

8. Zeige, dass folgende Aussagen wahr sind:
a) Rechtwinklige Dreiecke können nicht gleichseitig sein.
b) Jedes rechtwinklige Dreieck hat zwei spitze Innenwinkel.
c) In einem Dreieck mit $\gamma = 90°$ gilt $\alpha + \beta = 90°$.
d) Es gibt keine stumpfwinkligen Dreiecke, die gleichseitig sind.

9. Berechne, wie lang die fehlende Seite im rechtwinkligen Dreieck ABC mit $\gamma = 90°$ ist.
a) $a = 22{,}3\,cm$; $b = 15{,}5\,cm$
b) $b = 15\,mm$; $c = 15\,cm$
c) $a = b = 12{,}7\,dm$

10. Berechne sowohl Umfang als auch Flächeninhalt der Dreiecke aus Aufgabe 9.

11. Untersuche, ob das Dreieck ABC rechtwinklig ist. Erläutere dein Vorgehen.
a) $a = 5\,cm$; $b = 7\,cm$; $c = 9\,cm$
b) $a = 16\,mm$; $b = 12\,mm$; $c = 20\,mm$

12. a) Übertrage die Vierecke ins Heft und zerlege jedes Viereck jeweils durch eine Hilfslinie in zwei Dreiecke.
b) Kennzeichne in jedem Dreieck eine Seite und die zugehörige Höhe.
c) Berechne von jedem Viereck den Flächeninhalt.

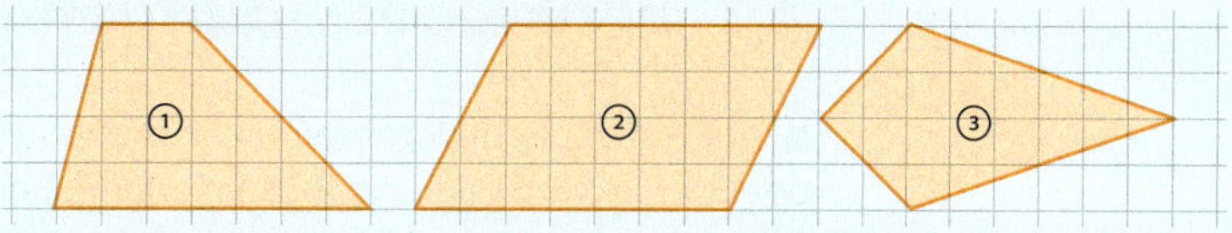

13. Von einem rechtwinkligen Dreieck ABC mit dem rechten Winkel bei C sind jeweils zwei Stücke gegeben. Konstruiere das Dreieck und miss die fehlenden Stücke.

	a	b	c	h_c	p	q
a)	3 cm		5 cm			
b)					5 cm	4 cm
c)		7 cm				6 cm

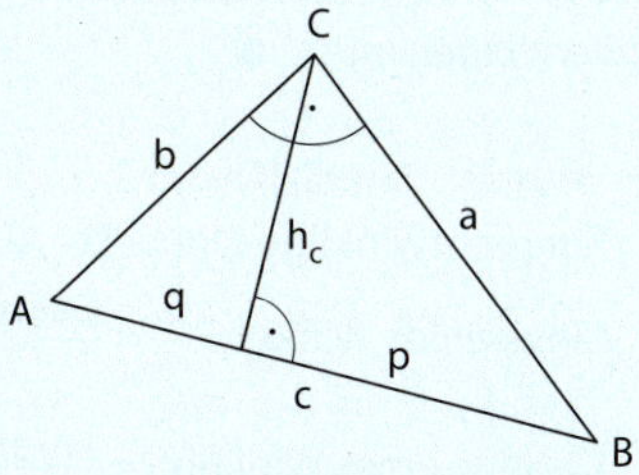

14. Berechne die fehlenden Stücke von einem rechtwinkligen Dreieck ABC mit dem rechten Winkel bei C.
a) $c = 5\,cm$; $h_c = 2\,cm$ b) $c = 6\,cm$; $a = 5\,cm$ c) $b = 6\,cm$; $q = 4\,cm$

15. Berechne die Länge der Raumdiagonale eines Würfels mit einer Kantenlänge von 4 cm.

Vermischtes

16. Rechne zuerst im Kopf und dann mit dem Taschenrechner.
a) $2 \cdot 15 + 5$ b) $2 \cdot (15 + 5)$ c) $\frac{5 \cdot 5 + 2 \cdot 5}{7}$ d) $\frac{5 \cdot (5 + 2) \cdot 5}{7}$ e) $\frac{1{,}2 \cdot 5 + 0{,}2 \cdot 10}{0{,}4}$

17. Betrachte das Verhältnis der gegebenen Zahlen. Welche Verhältnisse sind gleich?
a) 12 zu 3 b) 6 zu 9 c) 1,2 zu 0,4 d) 1 zu 0,5 e) $\frac{4}{5}$ zu $\frac{5}{6}$
f) 2 zu 1 g) 3 zu 1 h) 4 zu 1 i) 2 zu 3 j) 24 zu 25

18. Gegeben sind zwei Terme: (1) $5(3 - 4x) + 10$ (2) $(2 + 2x^2) + 2x$
a) Beschreibe die Termstruktur.
b) Berechne den Termwert für $x = 0$ (1; 10; 0,5; $\frac{3}{2}$; −5).
c) Für welche Werte x beträgt der Termwert 0 (−1; 1)?

19. Berechne x für den Fall, dass das arithmetische Mittel der Zahlen 12,5; 14,5; 8,3 und x gleich 12,5 beträgt.

20. Fertige eine Planfigur an und kennzeichne darin die gegebenen Stücke.
a) Die längste Seite eines gleichschenklig-rechtwinkligen Dreiecks ist 7 cm lang.
b) Ein Parallelogramm hat eine Seite $a = 7\,cm$ und eine Diagonale $e = 9\,cm$.

21. Prüfe, ob folgende Aussagen gleichwertig sind. Begründe deine Aussage
a) Jeder Peripheriewinkel über dem Durchmesser eines Kreises ist ein rechter Winkel.
b) Jeder Peripheriewinkel, der zu einem gestreckten Zentriwinkel gehört, beträgt 90°.
c) Ist die Seitenhalbierende zu einer Dreieckseite halb so lang wie die Seite selbst, liegt dieser Seite ein rechter Winkel gegenüber.

2.1 Winkelbeziehungen am rechtwinkligen Dreieck

■ Auf Verkehrsschildern werden Anstiege oder Gefälle für Straßen in Prozent angegeben. Die steilste Straße der Welt mit einem Anstieg von 19,3° oder 35 % liegt in Neuseeland.

$$\frac{10\,\text{m}}{100\,\text{m}} = \frac{5\,\text{m}}{50\,\text{m}} = \frac{1\,\text{m}}{10\,\text{m}} = 0{,}1 = 10\,\%$$

Ermittle den Höhenunterschied, den man auf dieser Straße über einer Distanz von 100 m (50 m, 10 m) in der Horizontalen überwinden muss. ■

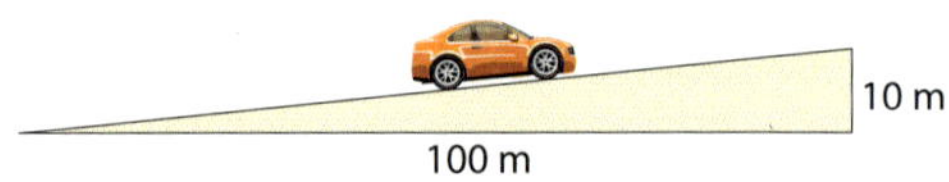

Wissen: Sinus, Kosinus und Tangens eines Winkels

Für rechtwinklige Dreiecke ABC mit $\gamma = 90°$ wird für die spitzen Innenwinkel festgelegt:

$$\text{Sinus eines Winkels} = \frac{\text{Gegenkathete des Winkels}}{\text{Hypotenuse}}$$

$$\text{Kosinus eines Winkels} = \frac{\text{Ankathete des Winkels}}{\text{Hypotenuse}}$$

$$\text{Tangens eines Winkels} = \frac{\text{Gegenkathete des Winkels}}{\text{Ankathete}}$$

Es gelten folgende Gleichungen:

$\sin\alpha = \frac{a}{c}$ $\quad \sin\beta = \frac{b}{c}$ $\quad \tan\alpha = \frac{a}{b}$

$\cos\alpha = \frac{b}{c}$ $\quad \cos\beta = \frac{a}{c}$ $\quad \tan\beta = \frac{b}{a}$

$\tan\alpha = \frac{\sin\alpha}{\cos\alpha}$

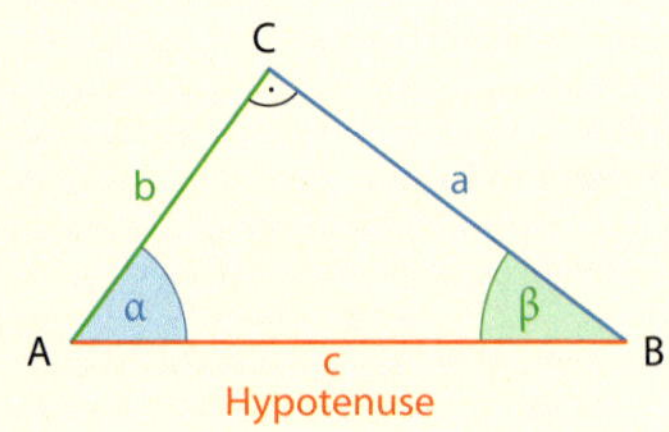

a ist Gegenkathete von α und Ankathete von β.
b ist Gegenkathete von β und Ankathete von α.

Hinweis:
sin α wird gesprochen: sinus Alpha

Beispiel 1: Skizziere ein rechtwinkliges Dreieck ABC mit $a = 4\,\text{cm}$, $b = 3\,\text{cm}$, $c = 5\,\text{cm}$. Berechne dann den Sinus, den Kosinus und den Tangens des Winkels α.

Lösung:

Ermittle im Dreieck ABC die Ankathete (die Gegenkathete) des Winkels α.

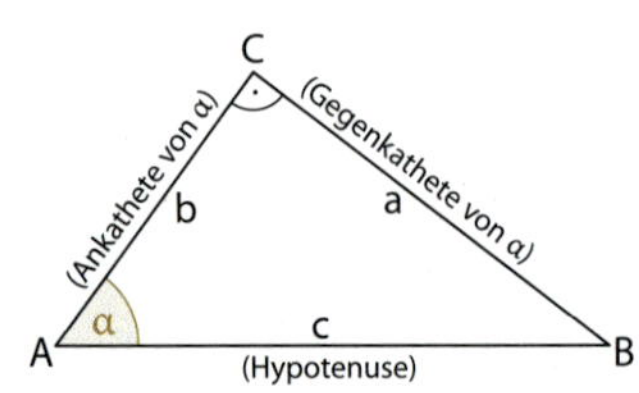

Bilde folgende Streckenverhältnisse:

$\sin\alpha = \frac{a}{c}$; $\cos\alpha = \frac{b}{c}$; $\tan\alpha = \frac{a}{b}$

$$\sin\alpha = \frac{4\,\text{cm}}{5\,\text{cm}} = 0{,}8$$

$$\cos\alpha = \frac{3\,\text{cm}}{5\,\text{cm}} = 0{,}6$$

$$\tan\alpha = \frac{4\,\text{cm}}{3\,\text{cm}} = 1{,}\overline{3}$$

Basisaufgaben

1. Berechne jeweils den Sinus, den Kosinus und den Tangens für die Winkel α und β.

①
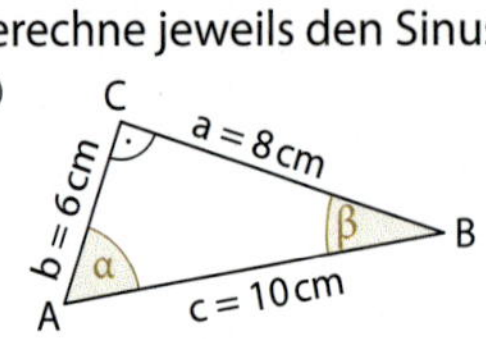

②
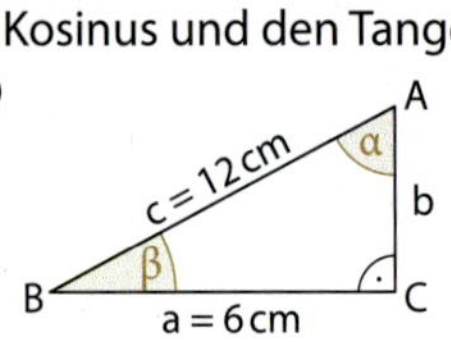

③
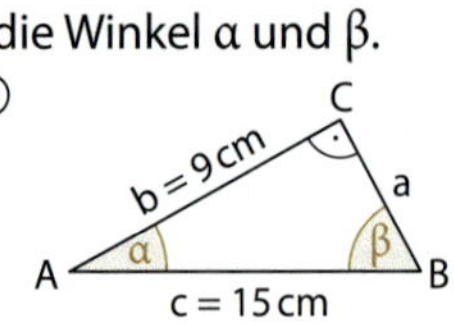

2. Gib für das Dreieck DEF an:
a) Hypotenuse b) Ankathete zu ε
c) Ankathete zu δ d) Gegenkathete zu ε
e) Gegenkathete zu δ

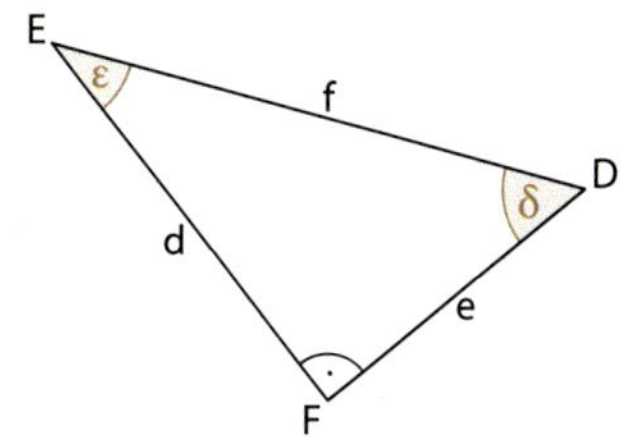

3. Gib für das Dreieck DEF jeweils den Sinus, den Kosinus und den Tangens des Winkels durch Angabe des richtigen Seitenverhältnisses an.
a) sin δ b) cos δ c) tan δ d) sin ε e) cos ε f) tan ε

Sowohl der Sinus, der Kosinus oder der Tangens eines Winkels als auch die Größe des Winkels selbst kann mithilfe eines Taschenrechners ermittelt werden.

Wissen: Trigonometrische Berechnungen am Taschenrechner
Sinus-, Kosinus- und Tangenswerte eines Winkels ermitteln:

1. Stelle den Winkelmodus mit der Taste DEG ein.
2. Verwende zur Berechnung eine der Tasten SIN, COS, TAN.
3. Schließe die Berechnung (wenn nötig) mit der Taste ENTER ab.

Gradmaß eines Winkels ermitteln:

1. Nutze die Taste SHIFT und die Tasten SIN, COS, TAN.
2. Schließe die Berechnung (wenn nötig) mit der Taste ENTER ab.

Hinweis:
DEGREE heißt Gradmaß.

Hinweis:
Erkunde, welche Möglichkeiten dein Taschenrechner für trigonometrische Berechnungen hat.

Beispiel 2: Berechne mit dem Taschenrechner und runde auf zwei Dezimalstellen.
a) Sinus von 40° b) Winkel α für tan α = 0,8

Lösung:

a) Stelle (wenn nötig) den Winkelmodus ein.
Verwende die entsprechende Tastenfolge:
DEG, SIN oder SIN, DEG
Lies das Ergebnis ab und runde (auf drei Stellen nach dem Komma).

Taste:	DEG
Tastenfolge:	SIN, 4, 0
Ergebnis:	0,642787609
gerundet:	0,64

b) Stelle (wenn nötig) den Winkelmodus ein.
Verwende die entsprechende Tastenfolge:
DEG, SHIFT, TAN
Lies das Ergebnis ab und runde (auf zwei Stellen nach dem Komma).

Taste:	DEG
Tastenfolge:	4, 0, SHIFT, TAN
Ergebnis:	53,13010236°
gerundet:	53,13°

Hinweis:
Manche Taschenrechner haben die Taste TAN^{-1}.

Basisaufgaben

4. Berechne mit dem Taschenrechner.
a) sin 30° b) cos 60° c) tan 30°
d) tan 60° e) sin 45° f) cos 45°

5. Ermittle die Größe des Winkels α mit dem Taschenrechner.
a) sin α = 0,5 b) cos α = 0,866 c) tan α = 0,4
d) tan α = 3,575 e) sin α = 1,5 f) cos α = 1,5

Weiterführende Aufgaben

6. Gegeben ist ein rechtwinkliges Dreieck. Berechne die Winkelgrößen α und β.

a)

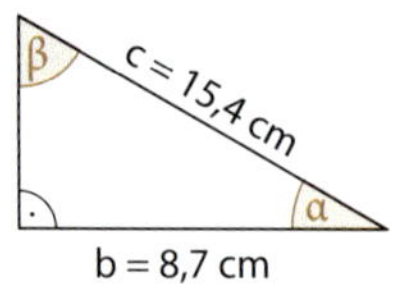

b)

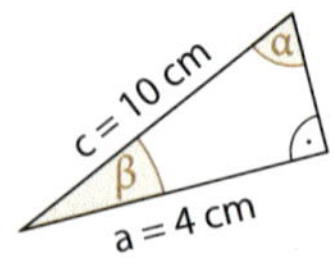

c)

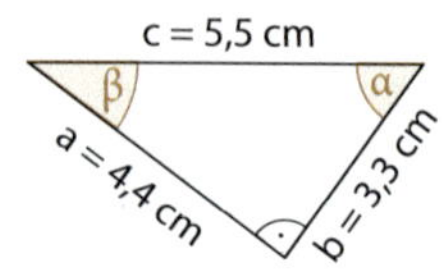

7. Von einem rechtwinkligen Dreieck ABC mit $c = 25\,\text{cm}$ und $\gamma = 90°$ ist ein weiteres Bestimmungsstück bekannt. Berechne die fehlenden Seitenlängen und Winkelangaben.

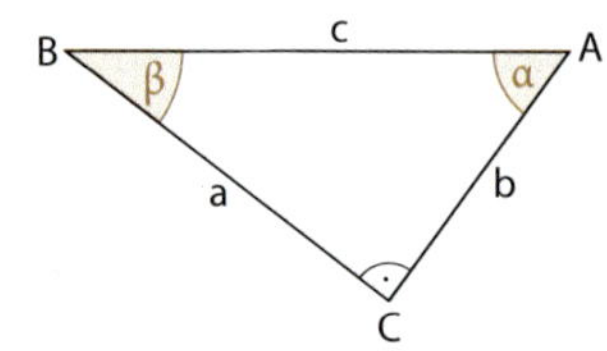

a) $a = 15\,\text{cm}$ b) $a = 1\,\text{dm}$ c) $b = 50\,\text{mm}$
d) $b = 7\,\text{cm}$ e) $\alpha = 60°$ f) $\beta = 65°$
g) $\alpha = 55°$ h) $\beta = 20°$ i) $\beta = 45°$

8. Zeichne ein rechtwinkliges Dreieck mit dem rechten Winkel bei A und der Höhe h_a.
a) Bezeichne alle Seiten und Winkel des Dreiecks und auch die Hypotenusenabschnitte.
b) Stelle Gleichungen für Sinus, Kosinus und Tangens aller spitzen Winkel im Dreieck auf.

Hinweis zu 9:
Hier findest du Lösungen:

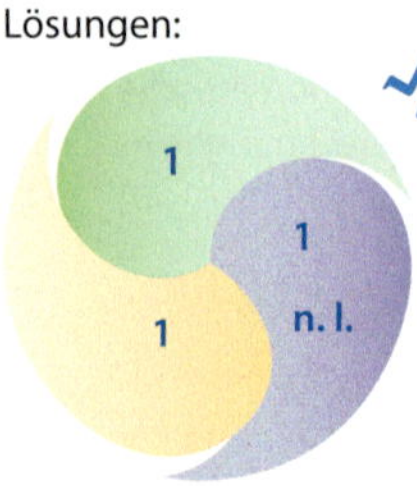

9. Ermittle mit dem Taschenrechner sin 90°, cos 0°, tan 45° und tan 90° und begründe die abgelesenen Ergebnisse aus geometrischer Sicht.

10. Stolperstelle: Anika formuliert in ihrer Hausaufgabe einen Zusammenhang: *„Wenn der Kosinus von 60° genau $\frac{1}{2}$ ist, dann müsste der Kosinus von 30° halb so groß sein, also $\frac{1}{4}$."* Prüfe, ob Anika recht hat und begründe deine Aussage.

11. Zeichne die Punkte $A(-4|0)$, $B(1|0)$ und $C(0|2)$ in ein Koordinatensystem.
a) Begründe, dass Δ ABC rechtwinklig ist. b) Ermittle sin α und cos β.

12. Skizziere das Schrägbild eines Quaders mit den Kantenlängen a, b und c, die alle verschieden lang sind und eine Diagonale der Deckfläche, eine Diagonale einer Seitenfläche und eine Raumdiagonale ein. Die Diagonalen bilden mit den Seitenkanten des Quaders Winkel. Schreibe für jeden dieser Winkel auf, wie sein Sinus (Kosinus, Tangens) berechnet werden könnte.

DGS **13.** Zeichne mit einer Geometriesoftware einen Halbkreis über dem Durchmesser $\overline{AB} = r = 5\,\text{cm}$ und lege auf diesem Halbkreis einen Punkt C fest. Verbinde C mit A und B zu einem Dreieck.
a) Beschreibe zwei Möglichkeiten zum Ermitteln von sin α in diesem Dreieck.
b) Bewege Punkt C auf dem Halbkreis und ermittle sin α für verschiedene Lagen von C.
c) Erläutere, wie beim Ermitteln von tan α vorzugehen wäre.

● **14.** Skizziere in einem Würfel im Schrägbild den Neigungswinkel einer Raumdiagonale zur „Grundfläche". Berechne die Größe dieses Winkels für Kantenlängen von 2 cm, 4 cm und 6 cm. Was stellst du fest? Begründe deine Aussage.

● **15. Ausblick:** Wie lang müssten die Strecken a, b und c in nebenstehender Zeichnung sein, wenn die Strecke g eine Länge von 4 cm haben soll.

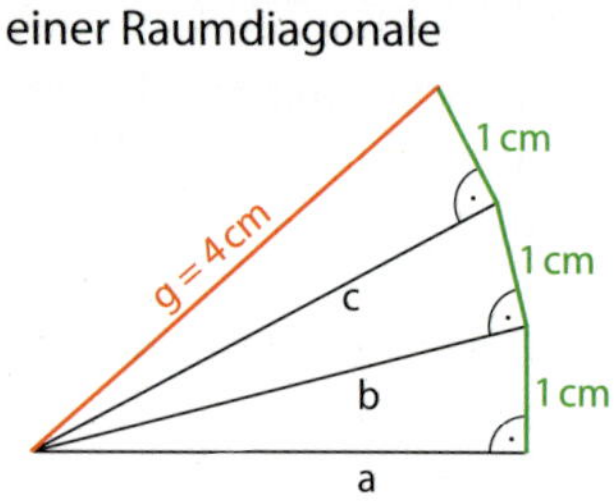

2.2 Winkelbeziehungen nutzen

■ Bei einem Riesenrad bewegen sich die Gondeln auf einer Kreisbahn. Die Höhe h einer Gondel hängt (entsprechend nebenstehender Zeichnung) von der Größe des Winkels α ab.

Prüfe, ob man jeder Höhe eindeutig einen Winkel zuordnen kann. Nutze zur Veranschaulichung einen Halbkreis. ■

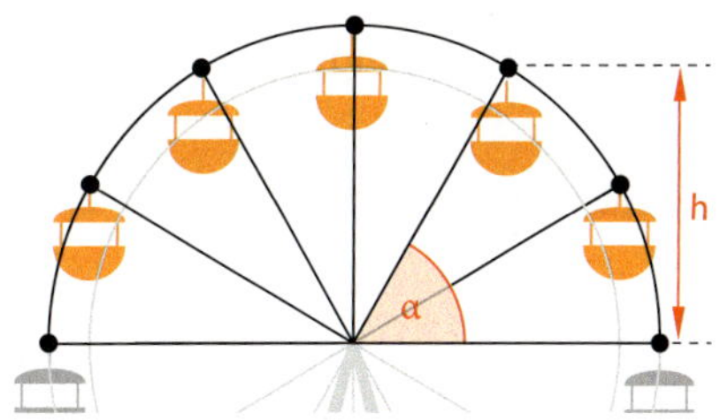

In der Veranschaulichung bewegt sich Punkt P in positiver Drehrichtung auf dem Kreis. Jedem α zwischen 0° und 180° ($\alpha \neq 90°$), der kein Vielfaches von 90° ist, kann ein rechtwinkliges Dreieck mit dem Kreisradius r als Hypotenuse zugeordnet werden. Hat r die Maßzahl 1, entsprechen die Koordinaten des Punktes P für $0° \leq \alpha \leq 90°$ den Sinus- und Kosinuswerten von α.

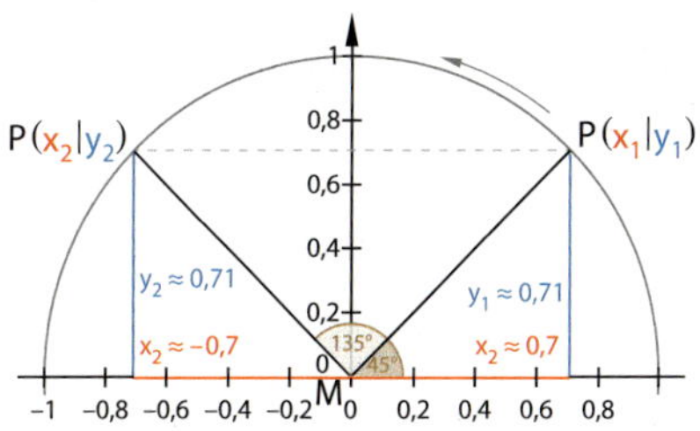

Wissen: Quadrantenbeziehungen
Für zwei Winkel α und β mit $\alpha + \beta = 180°$ gilt:

$\sin\alpha = \sin(180° - \alpha) = \sin\beta$
$\cos\alpha = -\cos(180° - \alpha) = -\cos\beta$

Hinweis:
Die Winkel α und β sind hier positiv.

Beispiel 1: Ermittle für α den Sinuswert (Kosinuswert) auf zwei Dezimalstellen. Ermittle dann den Sinuswert (Kosinuswert) von β mit einer Quadrantenbeziehung. Verwende für $\alpha = 45°$ und $\beta = 135°$.

a) $\sin\alpha$ und $\sin\beta$
b) $\cos\alpha$ und $\cos\beta$

Lösung:

Prüfe, ob $\alpha + \beta = 180°$ gilt.	$45° + 135° = 180°$ (wahre Aussage)
a) Ermittle $\sin\alpha$ mit dem Taschenrechner.	$\sin 45° \approx 0{,}71$
Nutze $\sin\beta = \sin(180° - \alpha)$.	$\sin 135° = \sin 45° = \sin(180° - 45°) \approx 0{,}71$
b) Ermittle $\cos\alpha$ mit dem Taschenrechner.	$\cos 45° \approx 0{,}71$
Nutze $\cos\beta = -\cos(180° - \beta)$.	$\cos 135° = -\cos(180° - 135°) = -\cos 45°$
	$\cos 135° = -\cos 45° \approx -0{,}71$

Basisaufgaben

1. Ermittle die Sinus- und Kosinuswerte von 15° (37°, 111°, 165°, 79°, 0°, 143°, 101°, 180°, 69°) und wende die Quadrantenbeziehungen an.

TR 2. Berechne $\sin 94{,}3°$; $\cos 135{,}2°$ und $\tan 120°$ mithilfe des Taschenrechners und der Quadrantenbeziehungen.

Wissen: Trigonometrischer Pythagoras
Für die Sinuswerte und die Kosinuswerte ein und desselben Winkels α gilt:

$\sin^2\alpha + \cos^2\alpha = 1$

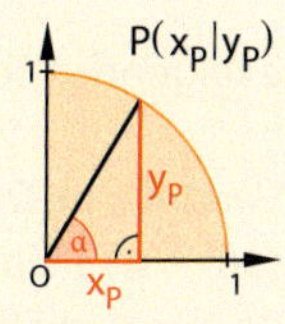

Hinweis:
Die Schreibweise $\sin^2\alpha$ kürzt die Schreibweise $(\sin\alpha)^2$ ab.

Beispiel 2: Ermittle $\cos\alpha$ mithilfe des trigonometrischen Pythagoras, wenn $\sin\alpha = \frac{1}{2}$ gilt.

Lösung:

Stelle die Gleichung $\sin^2\alpha + \cos^2\alpha = 1$ nach $\cos^2\alpha$ um

$$\sin^2\alpha + \cos^2\alpha = 1 \quad | -\sin^2\alpha$$
$$\cos^2\alpha = 1 - \sin^2\alpha$$

Ersetze $\sin\alpha$ durch $\frac{1}{2}$ und vereinfache.

$$\cos^2\alpha = 1 - \frac{1}{4}$$
$$\cos^2\alpha = \frac{3}{4} \quad \rightarrow \quad \cos\alpha = \pm\frac{1}{2}\cdot\sqrt{3}$$

Basisaufgaben

3. Ermittle $\cos\alpha$ mithilfe des trigonometrischen Pythagoras, wenn gilt:
$\sin\alpha = \frac{1}{2}\cdot\sqrt{2}$ $\left(\sin\alpha = \frac{1}{2}\cdot\sqrt{3}\right)$

4. Ermittle $\sin\alpha$ mithilfe des trigonometrischen Pythagoras, wenn gilt:
$\cos\alpha = \frac{1}{2}$ $\left(\cos\alpha = \frac{1}{2}\cdot\sqrt{3}\right)$

Weiterführende Aufgaben

5. Löse die Aufgaben mithilfe der Quadrantenbeziehungen. Runde auf zwei Dezimalstellen.
a) $\sin 5°$; $\sin 175°$ b) $\sin 20°$; $\sin 160°$ e) $\cos 10°$; $\cos 170°$ f) $\cos 25°$; $\cos 155°$

6. Berechne $\sin 124°$; $\cos 124°$; $\tan 120°$ und $\tan 60°$.

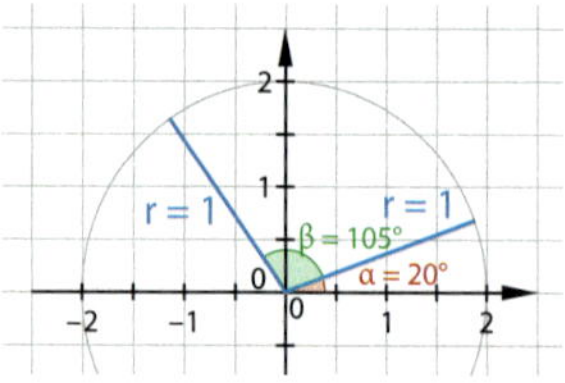

7. Übertrage nebenstehende Abbildung ins Heft.
Zeichne zu α und β jeweils die Sinus- und Kosinuswerte als Strecken unterschiedlicher Farbe.
Lies die Werte ab. Beachte den Maßstab.

8. **Stolperstelle:** Tim meint, dass die Gleichung $\tan(180° - \alpha) = -\tan\alpha$ für $0° \leq \alpha \leq 90°$ stimmt. Was meinst du?

DGS 9. Ermittle mit einer dynamischen Geometriesoftware jeweils zehn Sinus- und zehn Kosinuswerte für Winkel von 0° bis 90° (von 90° bis 180°). Gehe in 5°-Schritten vor. Stelle die Ergebnisse grafisch dar.

10. Berechne die jeweils fehlenden Winkel für die gegebenen Werte von Sinus, Kosinus und Tangens des Winkels α im Intervall von 0° bis 180°.
a) $\sin\alpha = \frac{4}{5}$ b) $\cos\alpha = \frac{3}{4}$ c) $\tan\alpha = \sqrt{3}$ d) $\cos\alpha = \frac{\sqrt{10}}{10}$

11. Gib an, für welche Winkel α ($0° \leq \alpha \leq 180°$) der Term nicht definiert ist und in welchen Intervallen er positiv (negativ) ist.
a) $\tan\alpha\cdot\sin\alpha$ b) $\frac{\sin\alpha}{\tan\alpha}$ c) $\tan\alpha\cdot\cos\alpha$ d) $\frac{\tan\alpha}{\sin\alpha}$

● 12. Vereinfache folgenden Term: $\sin 46\alpha + \sin(180° - \alpha) + \cos\alpha + \cos(180° - \alpha)$

● 13. **Ausblick:** Vereinfache folgenden Term:
$\sin\alpha - \cos(90° - \alpha) + \sin(90° - \alpha) + \cos\alpha + \sin(90° + \alpha)$
Welche neue Gesetzmäßigkeit für Winkel ist erkennbar?

2.3 Dreiecke maßstäblich konstruieren

■ Bei der Landvermessung werden Geländeabschnitte durch Netze von Dreiecken beschrieben. Die Dreiecke sind durch ihre Winkel und Seiten bestimmt.
Alle gemessenen Streckenlängen und Winkelgrößen werden in Vermessungskarten eingetragen, die maßstäbliche Darstellungen des Geländes sind.

Schätze, in welchem Maßstab die Erde im abgebildeten Dreiecksnetz dargestellt ist. ■

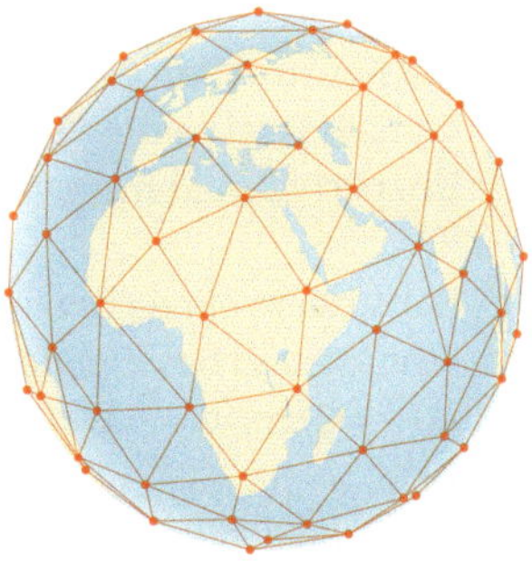

Wissen: Bestimmungsstücke maßstäblich konstruieren
Gehe beim maßstäblichen Ermitteln von Bestimmungsstücken wie folgt vor:
- Wähle unter Beachtung der gegebenen Größenangaben einen sinnvollen Maßstab.
- Fertige eine Planfigur an und entwirf einen Konstruktionsplan.
- Führe die Konstruktion aus und prüfe, ob das Ergebnis eindeutig ist.

Beispiel 1: Beim Vermessen eines Grundstücks werden zwei Punkte A und B von einem Messpunkt P unter einem Winkel von 70° angepeilt. Die Entfernung des Punktes P zum Punkt A beträgt 420 m. Die Entfernung des Punktes P zum Punkt B beträgt 645 m. Ermittle durch eine maßstäbliche Konstruktion, wie weit A und B voneinander entfernt sind.

Lösung:

Wähle einen geeigneten Maßstab. Fertige eine Planfigur an. — Ein Maßstab von 1 : 10 000 ist geeignet.

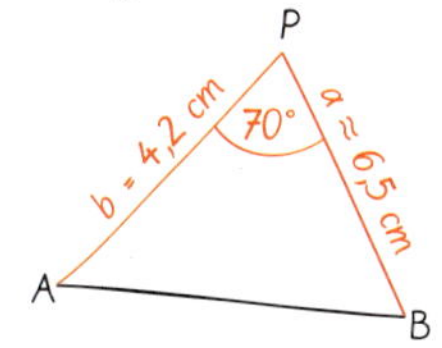

Entwirf einen Konstruktionsplan. — Gegeben sind zwei Seiten und der eingeschlossene Winkel. Es gilt der Kongruenzsatz (sws).

Führe die Konstruktion aus und prüfe, ob das Ergebnis eindeutig ist. — Auf den Schenkeln des Winkels von 70° werden jeweils Strecken von 6,5 cm bzw. 4,2 cm abgetragen. Die Dreiecksungleichung ist erfüllt und die Konstruktion ist nach Kongruenzsatz (sws) eindeutig.

Miss die gesuchte Länge, rechne diese mithilfe des Maßstabs um. Formuliere ein Ergebnis. — Da $\overline{AB} \approx 6{,}4$ cm, liegen beide Punkte etwa 640 m weit voneinander entfernt.

Basisaufgaben

1. Konstruiere ein rechtwinkliges Dreieck ABC. Wähle, wenn erforderlich, einen geeigneten Maßstab und gib eine Konstruktionsbeschreibung an.
   a) $c = 420\,\text{m};\ b = 645\,\text{m};\ \beta = 90°$
   b) $c = 10{,}5\,\text{cm};\ \beta = 40{,}3°;\ \gamma = 90°$
   c) $c = 14{,}5\,\text{cm};\ b = 29{,}0\,\text{cm};\ \alpha = 90°$
   d) $b = 120\,\text{m};\ \beta = 36{,}2°;\ \alpha = 90°$

2. Ermittle die fehlenden Stücke des Dreiecks ABC durch Konstruktion.
   a) $b = 55{,}6\,\text{m};\ a = 24{,}3\,\text{m};\ \beta = 108{,}6°$
   b) $a = 8{,}4\,\text{km};\ \alpha = 72°;\ \beta = 56°$
   c) $a = 24{,}3\,\text{dm};\ b = 556\,\text{cm};\ \gamma = 30°$
   d) $a = 132{,}7\,\text{km};\ b = 128{,}6\,\text{km};\ c = 145{,}5\,\text{km}$

Weiterführende Aufgaben

3. Zur Konstruktion eines rechtwinkligen Dreiecks müssen neben der Kenntnis des rechten Winkels zwei weitere Bestimmungsstücke bekannt sein. Bildet Gruppen und stellt in einer Übersicht zusammen, welche unterschiedlichen Möglichkeiten es dafür gibt.

4. Konstruiere ein rechtwinkliges Dreieck ABC mit $\gamma = 90°$ mit p und q als Hypotenusenabschnitte und beschreibe dein Vorgehen.
   a) $a = 8\,cm;\ \alpha = 40°$ b) $c = 9\,cm;\ p = 3\,cm$ c) $h_c = q = 3{,}5\,cm$

5. Konstruiere ein rechtwinkliges Dreieck ABC mit dem rechten Winkel bei C in einem geeigneten Maßstab und gib die Größen der fehlenden Bestimmungsstücke an (p, q sind Hypotenusenabschnitte).
   a) $c = 15{,}5\,dm;\ p = 3{,}8\,dm$ b) $h_c = 224\,dm;\ b = 25{,}3\,m$ c) $p = 10{,}4\,cm;\ \alpha = 36{,}5°$
   d) $a = 146\,dm;\ h_c = 430\,cm$ e) $h_c = 9{,}2\,cm;\ \beta = 47{,}5°$ f) $b = 80{,}7\,m;\ \beta = 62{,}4°$

6. Die Seite c eines rechtwinkligen Dreiecks ABC ist 10 cm lang.
   a) Konstruiere ein ΔABC mit c als Hypotenuse und einem möglichst großen Flächeninhalt.
   b) Konstruiere über der Strecke von 10 cm rechtwinklige Dreiecke, deren Flächeninhalte die Hälfte (ein Viertel) des Inhaltes des Dreiecks aus Aufgabe a) betragen.
   c) Überprüfe mit einer dynamischen Geometriesoftware, ob über c auch ein rechtwinkliges Dreieck größtmöglichen Umfangs existiert.

7. **Stolperstelle:** Lea behauptet, dass man mithilfe eines rechtwinkligen Dreiecks Winkelgrößen von $30°, 45°$ und $60°$ konstruieren kann. Was meinst du? Begründe deine Aussage.

DGS 8. Erläutere die Konstruktion eines Dreiecks mit den gegebenen Stücken. Du kannst für das Finden einer Konstruktionsidee auch eine dynamische Geometriesoftware verwenden.
   a) Konstruiere ein gleichschenkliges Dreieck, wenn seine Höhe über der Basis gegeben ist.
   b) Konstruiere ein gleichseitiges Dreieck, wenn eine Höhe gegeben ist.

9. Die Diagonalen eines Rechtecks mit je 7,5 cm Länge schneiden einander unter einem Winkel von 54°. Ermittle die Seitenlängen des Rechtecks konstruktiv. Beschreibe dein Vorgehen.

10. Konstruiere ein rechtwinkliges Dreieck ABC und gib eine Konstruktionsbeschreibung an. Führe die Konstruktion dann noch einmal mit anderen Konstruktionsschritten durch.
   a) $c = 420\,m;\ b = 645\,m;\ \beta = 90°$ b) $c = 10{,}5\,cm;\ \beta = 40{,}3\,°;\ \gamma = 90°$
   c) $c = 14{,}5\,cm;\ b = 29{,}0\,cm;\ \alpha = 90°$ d) $b = 120\,m;\ \beta = 36{,}2°;\ \alpha = 90°$

11. Bildet Dreier-Gruppen und verwendet die Übersichten aus Aufgabe 3 Seite 48 zur Vorbereitung eines Vortrags. Berücksichtigt dabei auch folgende Gesichtspunkte:
   – Äußert euch für jeden der möglichen Fälle zur Eindeutigkeit der Konstruktion.
   – Gebt für jeden Fall eindeutiger Konstruierbarkeit eine Konstruktionsbeschreibung an und führt die Konstruktion mit selbst gewählten Maßangaben durch.

12. **Ausblick:** Eine der Höhen eines stumpfwinkligen Dreiecks ist 4 cm lang.
   a) Konstruiere ein solches Dreieck mit zwei Innenwinkeln von 30° und 45°.
   b) Prüfe, ob sich ein solches stumpfwinkliges Dreieck auch mit einem Innenwinkel von 60° konstruieren lässt.
   c) Gib an, welche Bestimmungsstücke des gesuchten Dreiecks durch die Vorgabe in Aufgabe a) jeweils eindeutig festgelegt sind. Begründe deine Aussage.

2.4 Berechnungen an rechtwinkligen Dreiecken

■ Janina hat ein rechtwinkliges Dreieck konstruiert und möchte ihre Lösung durch Rechnung überprüfen. Gegeben waren die Länge der Hypotenuse und die Größe eines der Hypotenuse anliegenden Innenwinkels.

Erläutere, wie du dabei vorgehen würdest. ■

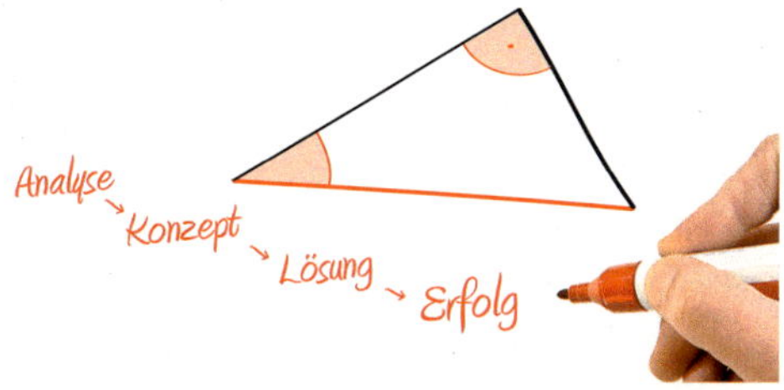

Wissen: Bestimmungsstücke rechtwinkliger Dreiecke berechnen

Sind von einem rechtwinkligen Dreieck neben dem rechten Innenwinkel noch zwei Seiten oder eine Seite und ein weiterer Innenwinkel bekannt, ist es eindeutig bestimmt.
Alle anderen Stücke können dann berechnet werden.

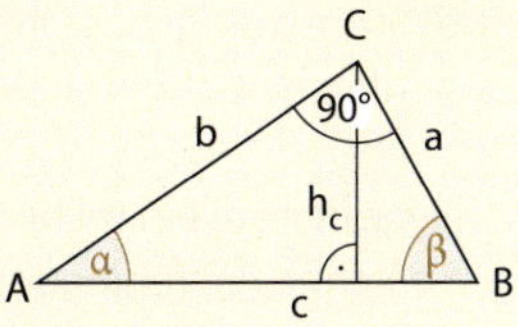

Gehe dabei wie folgt vor:
- Kennzeichne in einer **Planfigur** gesuchte und gegebene **Bestimmungsstücke**.
- Schreibe **Zusammenhänge** zwischen den gegebenen und gesuchten Stücken auf.
- Suche und verwende **Formeln** für diese Zusammenhänge.

Hinweis:
Auch der Umfang und der Flächeninhalt des rechtwinkligen Dreiecks können dann berechnet werden.

Beispiel 1: Ein rechtwinkliges Dreieck ABC mit $\gamma = 90°$ hat die Seitenlängen $a = 16\,\text{cm}$ und $c = 20\,\text{cm}$. Berechne b, h_c, α, β, sowie u und A.

Lösung:

Kennzeichne Gegebenes und Gesuchtes in einer Planfigur unterschiedlich.

Planfigur:

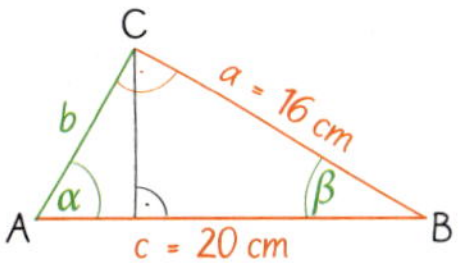

Setze die gegebenen Größen in eine passende Formel ein und berechne.

Satz des Pythagoras:
$b = \sqrt{c^2 - a^2} = \sqrt{400\,\text{cm}^2 - 256\,\text{cm}^2} = 12\,\text{cm}$

trigonometrische Beziehung:
$\sin\alpha = \frac{a}{c} = \frac{16\,\text{cm}}{20\,\text{cm}} = 0{,}8 \quad \rightarrow \quad \alpha \approx 53{,}1°$

Nutze gegebene und berechnete Größen für weitere Berechnungen.

Innenwinkelsumme: $\beta = 90° - \alpha \approx 36{,}9°$

Nutze Zusammenhänge in Teilfiguren.

trigonometrische Beziehung:
$\sin\alpha = \frac{h_c}{b} \quad \rightarrow \quad h_c = b \cdot \sin\alpha = 9{,}6\,\text{cm}$

Umfang und Flächeninhalt:
$u = a + b + c = (16 + 12 + 20)\,\text{cm} = 48\,\text{cm}$
$A = \frac{a \cdot b}{2} = \frac{16\,\text{cm} \cdot 12\,\text{cm}}{2} = 96\,\text{cm}^2$

Basisaufgaben

1. Gegeben sei ein rechtwinkliges Dreieck ABC mit $\gamma = 90°$.
   a) Berechne die Länge der Seite c, wenn $\alpha = 37°$ und $a = 7\,\text{cm}$ betragen.
   b) Berechne die Länge der Seite a, wenn $\alpha = 30°$ und $c = 14\,\text{cm}$ betragen.
   c) Berechne die Größe des Winkels β sowie Umfang und Flächeninhalt des Dreiecks, wenn $a = 5{,}4\,\text{cm}$ und $c = 9{,}6\,\text{cm}$ betragen.

Weiterführende Aufgaben

2. Gegeben sei ein rechtwinkliges Dreieck ABC mit $\gamma = 90°$. Berechne die fehlenden Seitenlängen, Innenwinkelgrößen sowie den Umfang und den Flächeninhalt des Dreiecks.
a) $a = 12{,}5\,\text{cm}$; $b = 4{,}8\,\text{cm}$ b) $a = 400\,\text{m}$; $c = 600\,\text{m}$ c) $a = 125\,\text{m}$; $\alpha = 36°$
d) $a = 83\,\text{mm}$; $\alpha = 42{,}5°$ e) $a = 13{,}7\,\text{m}$; $b = 26{,}8\,\text{m}$ f) $a = 145\,\text{mm}$; $c = 2a$
g) $c = 10{,}5\,\text{km}$; $\beta = 60°$ h) $b = 80{,}7\,\text{m}$; $\beta = 62{,}4°$ i) $a = 2{,}5\,\text{dm}$; $\beta = 50°$

3. Von einem rechtwinkligen Dreieck HKL mit dem rechten Winkel bei K sind die Seitenlängen $\overline{HL} = 8{,}7\,\text{cm}$ und $\overline{KL} = 4{,}2\,\text{cm}$ bekannt.
a) Berechne die Größen der beiden fehlenden Innenwinkel.
b) Konstruiere das Dreieck, miss die Innenwinkel und vergleiche die Messergebnisse mit den berechneten Werten.

4. Gegeben sei ein rechtwinkliges Dreieck ABC mit $\gamma = 90°$. Berechne die fehlenden Seitenlängen, Innenwinkelgrößen sowie den Umfang des Dreiecks.
a) $A = 54\,\text{cm}^2$; $a = 10\,\text{cm}$ b) $A = 1{,}2\,\text{m}^2$; $b = 2{,}25\,\text{m}$
c) $A = 320\,\text{cm}^2$; $\beta = \gamma$ d) $A = 66{,}4\,\text{m}^2$; $b = 11{,}5\,\text{m}$
e) $A = 0{,}8\,\text{dm}^2$; $c = 0{,}145\,\text{m}$ f) $A = 0{,}6\,\text{dm}^2$; $\beta = 42{,}5°$

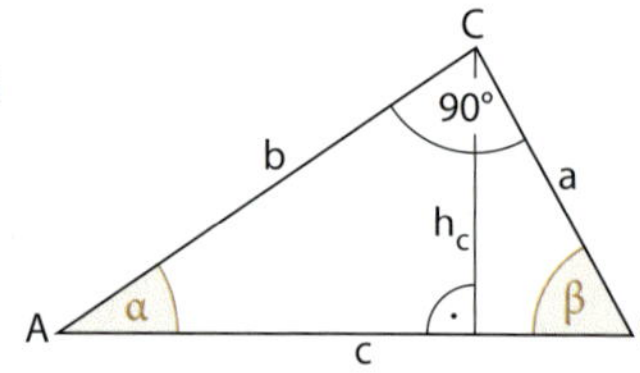

5. Gegeben sei ein rechtwinkliges Dreieck ABC mit $\gamma = 90°$. Berechne die fehlenden Größen.

a	b	c	p	q	h_c	α	β
4,5 cm		7,5 cm					
$5 \cdot \sqrt{5}$ cm				2 cm			
		18,5 m	4,2 m				
			10,2 dm			37,5°	
			64 m	36 m			
10 cm	10 cm						
					8,8 cm		35,5°

6. Die größte Steigung der Harzquerbahn beträgt $\frac{1}{30}$. Berechne den Steigungswinkel.

7. a) Berechne die Anstiegswinkel für folgende Anstiege:
1 %, 3,5 %, 10 %, 14 %, 100 %
b) Gib einen sinnvollen Maßstab für eine Zeichnung an, in der die genannten Anstiege eingetragen werden sollen.

8. Sucht nach Sachverhalten in eurer Umwelt, bei denen Berechnungen von Seitenlängen und Winkelgrößen bei rechtwinkligen Dreiecke erforderlich sein können.

9. **Stolperstelle:** Lars behauptet, dass ein beliebiges Dreieck (ein Parallelogramm, ein Trapez, ein Halbkreis) durch Einzeichnen von Hilfslinien immer vollständig in Dreiecke zerlegt werden kann. Prüfe, ob das stimmt. Entscheide auch, ob dies gegebenenfalls nur mit rechtwinkligen Dreiecken möglich ist.

10. Gegeben sei ein rechtwinkliges Dreieck ABC mit $\gamma = 90°$. Berechne die Längen der Seiten a und c auf Millimeter genau, wenn $\beta = 17°$ und $b = 6{,}0\,\text{cm}$ betragen.

11. Die Seiten eines Rechteckes seien 5 cm und 8 cm lang. Berechne die Größe der Winkel, die die Diagonalen des Rechtecks miteinander einschließen.

12. Berechne jeweils die rot markierten Größenangaben.

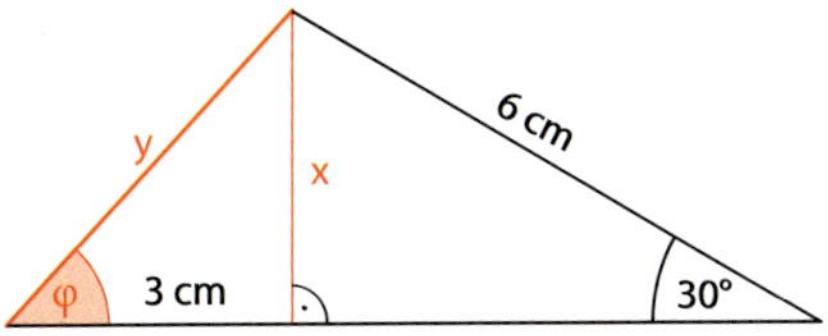

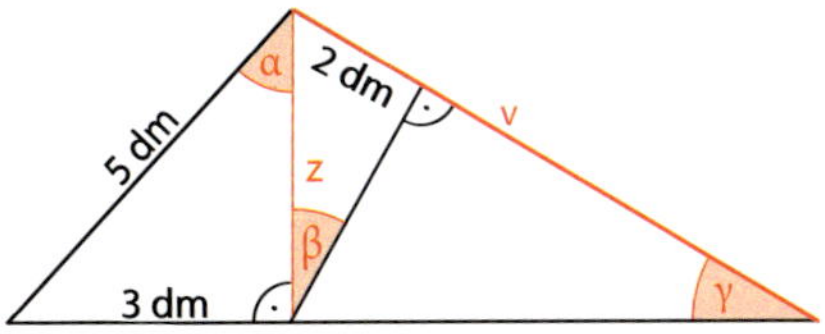

13. Eine Rampe hat die in der Zeichnung angegebenen Maße.
a) Berechne den Flächeninhalt der farbigen Fläche.
b) Gib den Flächeninhalt in Quadratmeter an.

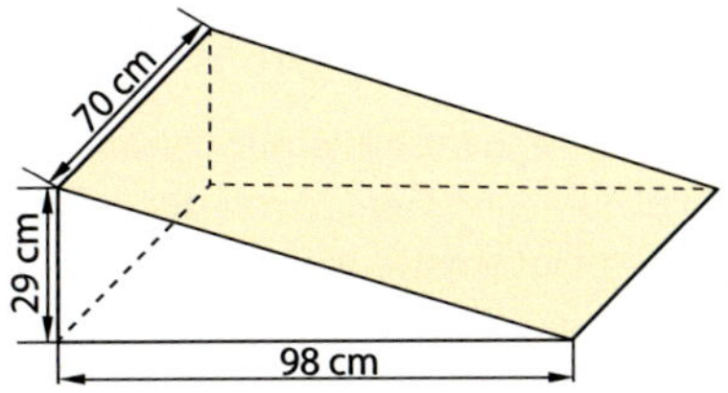

14. Berechne von jedem der beiden Trapeze jeweils den Umfang und den Flächeninhalt.

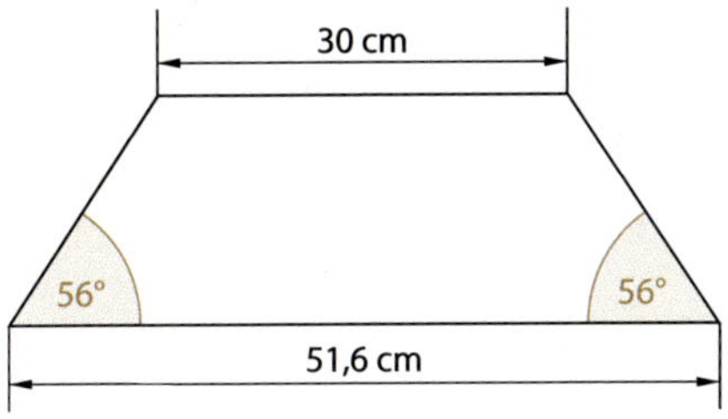

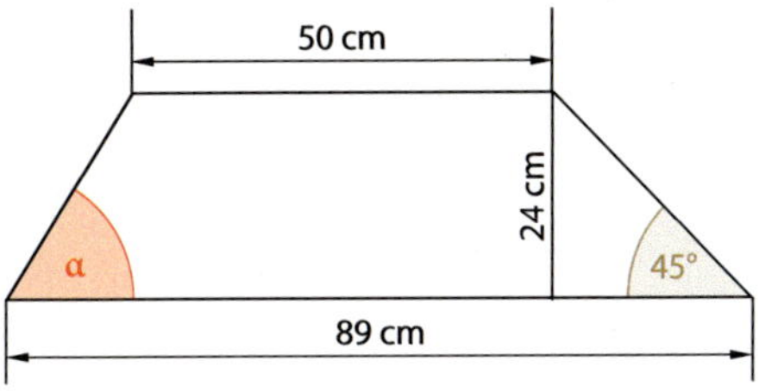

● **15.** Zwei Radien ein und desselben Kreises schließen miteinander einen Winkel von 94° ein. Berechne, welchen Abstand die auf dem Kreis liegenden Endpunkte der Radien voneinander haben.

● **16.** Ein Sandhaufen hat die Form eines geraden Kreiskegels. Die Grundfläche hat einen Umfang von 6,28 m. Die Mantellinien sind um 62° gegen die Grundfläche geneigt.
a) Berechne das Volumen dieses Sandhaufens.
b) Die Spitze S des Sandhaufens wird von einem Punkt P unter einem Winkel von 22° angepeilt. Berechne den kürzesten Abstand dieses Punktes zur Kreislinie.

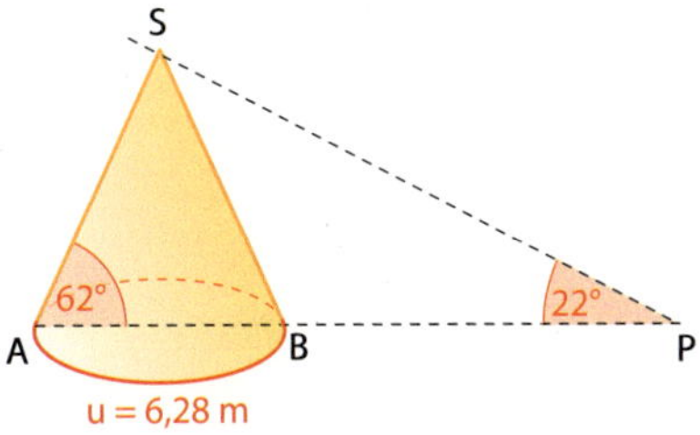

● **17. Ausblick:** Die Spitze eines 55 m hohen Brückenpfeilers wird von zwei Punkten unter Winkeln von 24° und 49° angepeilt.
Berechne den Abstand der beiden Punkte zueinander, wenn diese auf einer Geraden mit dem Fußpunkt des Brückenpfeilers liegen.

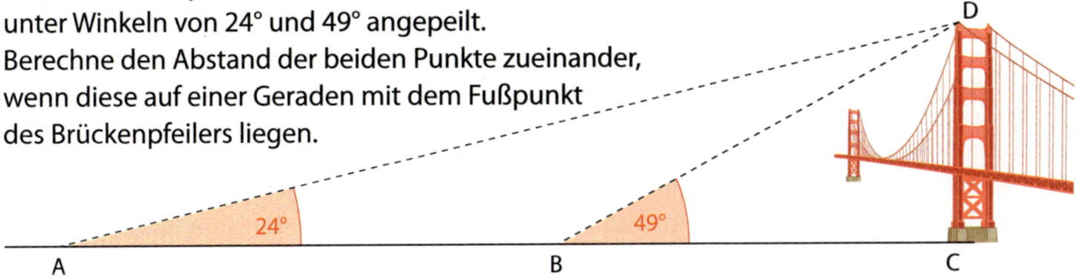

2.5 Schnittwinkel von Geraden ermitteln

Paul hat in seiner dynamischen Geometriesoftware die Graphen zweier linearer Funktionen gezeichnet und den Schnittwinkel zwischen beiden Geraden mit etwa 85° gemessen.
Tim meint, dass die Gerade g_2 mit der x-Achse einen Winkel von 45° einschließt und der Schnittwinkel über die Kosinusbeziehung berechnet werden kann.

Was meinst du? Begründe deine Aussage.

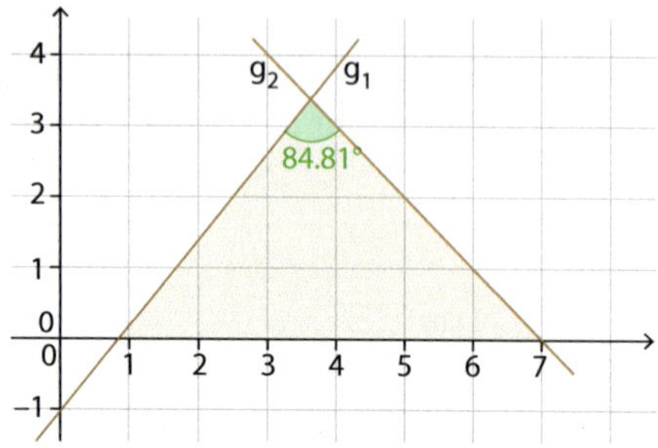

Wissen: Anstiegswinkel einer Geraden
Der Winkel, den eine Gerade mit der x-Achse einschließt, heißt **Anstiegswinkel α**.
Der Anstieg einer Geraden ist an allen Stellen x gleich und kann mithilfe von Anstiegsdreiecken veranschaulicht und mithilfe des **Diffenzenquotienten** berechnet werden:

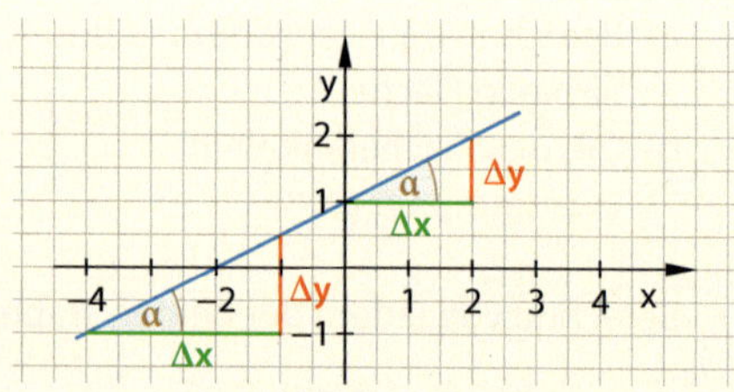

$\mathbf{m = \tan\alpha} = \frac{\Delta y}{\Delta x} = \frac{y_2 - y_1}{x_2 - x_1}$

Es gilt: Für $0° < \alpha < 90°$ ist $m\ (\tan\alpha) > 0$.
Für $90° < \alpha < 180°$ ist $m\ (\tan\alpha) < 0$.

Hinweis:
Δx ist immer positiv.

Anstiegswinkel einer Geraden berechnen

Beispiel 1: Berechne den Anstiegswinkel der Geraden P_1P_2.
a) $P_1(2|5)$ und $P_2(4|10)$
b) $P_1(3|7)$ und $P_2(8|2)$

Lösung:
a) Berechne mit $m = \frac{y_2 - y_1}{x_2 - x_1}$ den Anstieg. Berechne mit $m = \tan\alpha$ den Anstiegswinkel α.

$m = \frac{y_2 - y_1}{x_2 - x_1} = \frac{10 - 5}{4 - 2} = \frac{5}{2} = 2{,}5$

$\tan\alpha = 2{,}5 \quad \rightarrow \quad \alpha \approx 68{,}2°$

b) Gehe wie bei a) vor.

$m = \frac{y_2 - y_1}{x_2 - x_1} = \frac{2 - 7}{8 - 3} = \frac{-5}{5} = -1$

$\tan\alpha = -1 \quad \rightarrow \quad \alpha = 135°$

Hinweis:
Manche Taschenrechner geben für negative m mit
m SHIFT TAN
keine positiv orientierten Winkel aus:
− 1 SHIFT TAN
liefert also nicht 135° sondern −45°.
Addiere in einem solchen Fall 180° zum Ergebnis.

Basisaufgaben

1. Eine Gerade verläuft durch die Punkte $A(1|3)$ und $B(0|-1)$. Ermittle den Anstiegswinkel α.

2. Eine Gerade hat einen Anstiegswinkel von 75° (162°). Berechne den Anstieg m.

3. Eine Gerade hat einen Anstieg von $m = \sqrt{3}$ $\left(m = -\frac{\sqrt{3}}{3}\right)$. Berechne den Anstiegswinkel α.

Schnittwinkel zweier Geraden berechnen

Zwei einander schneidende Geraden bilden immer zwei Scheitelwinkelpaare.
Bei unterschiedlich großen Winkeln wird der kleinere Winkel als Schnittwinkel bezeichnet.
Die Größe des Schnittwinkels kann mithilfe der Anstiegswinkel beider Geraden berechnet werden. Sind beide Geraden zueinander senkrecht, beträgt der Schnittwinkel 90°.

Beispiel 2: Zeichne in einer dynamischen Geometriesoftware eine Gerade g_1 durch die Punkte $A(-1|0)$ und $B(6|7)$ und eine Gerade g_2 durch die Punkte $C(7|0)$ und $D(0|7)$.
a) Ermittle die Anstiegswinkel α_1 und α_2 der beiden Geraden und ihren Schnittwinkel σ.
b) Bewege Punkt S auf x-Achse bis zur Stelle $x = 0$ und beschreibe, wie sich σ ändert.
c) Prüfe, ob der erkannte Zusammenhang aus Aufgabe b) immer gilt.

Lösung:
a) Miss die Anstiegs- und den Schnittwinkel. Wähle dazu mit dem Cursor die entsprechenden Geraden.
($\alpha_1 = 135°$; $\alpha_2 = 45°$; $\sigma = 90°$)
b) Bewege Punkt S auf der x-Achse nach links. Der Schnittwinkel wird kleiner. Es gilt: $\sigma = \alpha_1 - \alpha_2$
c) Bewege Punkt S auf der x-Achse nach rechts. Für den kleineren Winkel, den die beiden Geraden einschließen, gilt die in b) gefundene Beziehung nicht mehr.

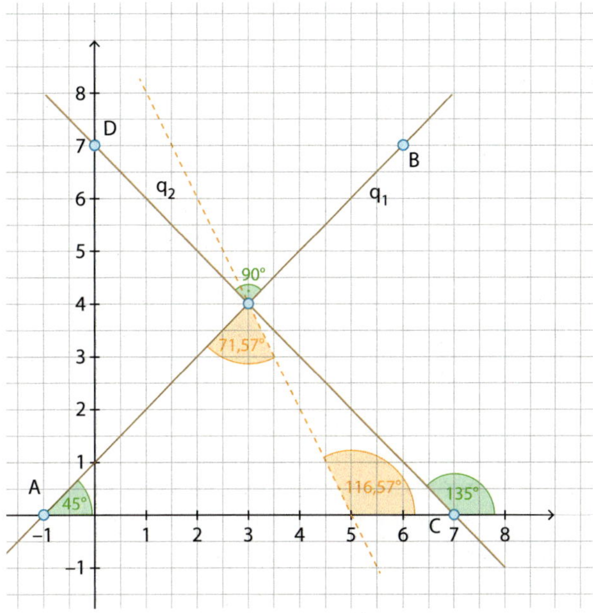

Basisaufgaben

4. Berechne, wie groß der Schnittwinkel der beiden Funktionsgraphen ist.
a) $y = f_1(x) = 0{,}5x - 7$; $y = f_2(x) = 2x - 2$
b) $y = f_1(x) = 0{,}5x - 7$; $y = f_2(x) = -1{,}5x + 8{,}5$

5. Berechne, wie groß alle Schnittwinkel sind, die durch die Geraden entstehen.
$y = f_1(x) = -\frac{1}{3}x + \frac{7}{3}$; $y = f_2(x) = -4x + 17$; $y = f_3(x) = \frac{3}{2}x + \frac{1}{2}$

6. Zwei Geraden g_1 und g_2 haben die Anstiege $m_1 = \sqrt{3}$ und $m_2 = -\frac{\sqrt{3}}{3}$.
Berechne die Größe des Schnittwinkels beider Geraden.

7. a) Ermittle die Gleichungen der dargestellten Geraden und berechne die Größe aller auftretenden Schnittwinkel.
DGS b) Überprüfe die Ergebnisse mithilfe einer dynamischen Geometriesoftware.
c) Erläutere, in welchen Fällen die Winkelgröße zwar zeichnerisch, aber nicht rechnerisch ermittelt werden kann. Begründe deine Aussage.

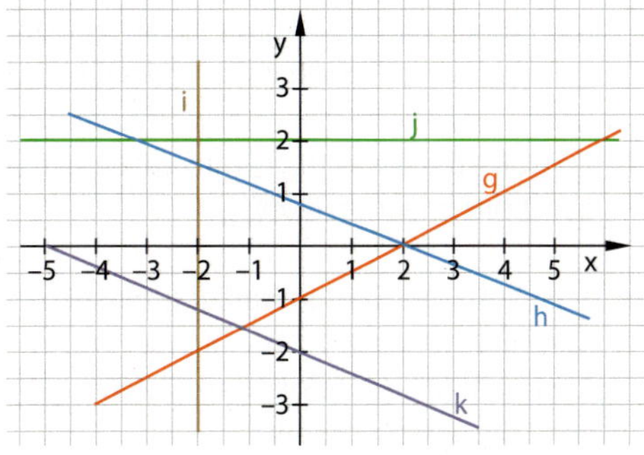

Weiterführende Aufgaben

8. Der Graph einer linearen Funktion verläuft durch den Koordinatenursprung.
Gib den Anstieg, den Anstiegswinkel und die zugehörige Gleichung des Graphen an.
a) Der Anstiegswinkel beträgt 68° (151°). b) Der Anstieg beträgt $\frac{1}{2}$ (1; $\frac{3}{4}$; 50; −1; $-\frac{2}{7}$)

9. Ermittle die Gleichung einer Geraden, die mit der x-Achse einen Winkel von 70° einschließt und durch den Punkt $P(3|-2)$ verläuft.

10. Der Graph g_1 einer linearen Funktion $y = f_1(x) = mx$ hat den Anstieg $m = 8$.
a) Zeichne g_1 in eine Koordinatensystem. Ermittle den Anstiegswinkel von g_1 rechnerisch.
b) Ermittle den Anstiegswinkel, den der Graph g_2 einer zweiten linearen Funktion haben muss, damit g_1 und g_2 zueinander senkrecht sind.
c) Gib zwei mögliche Gleichungen für g_2 an.

11. Gegeben sei eine Gerade g_1 durch die Gleichung $y = -\frac{4}{3}x + \frac{4}{5}$.
a) Berechne die Größe des Anstiegswinkels von g_1.
b) Berechne die Koordinaten der Schnittpunkte und die Größen der Schnittwinkel von g_1 mit den Koordinatenachsen.
c) Gib den Anstiegswinkel und eine Gleichung für eine zweite Gerade g_2 an, die durch den Punkt $P(-2|1)$ verläuft und parallel (senkrecht) zur Geraden g_1 verläuft.

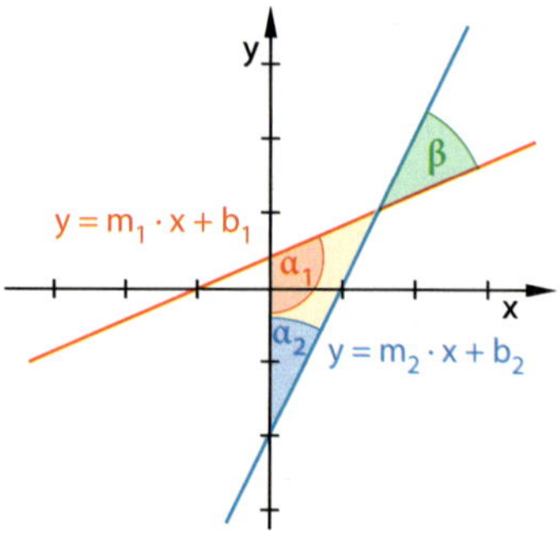

12. **Stolperstelle:** Lara behauptet, dass für den Schnittwinkel β der beiden Geraden in der nebenstehenden Zeichnung die Gleichung $\alpha = \alpha_1 - \alpha_2$ gelten muss. Was meinst du? Begründe deine Aussage.

13. Der Graph einer linearen Funktion verläuft durch den Punkt $P(3|2)$ und hat einen Anstiegswinkel von 68° (151°).
Ermittle eine Gleichung der Funktion rechnerisch und kontrolliere das Ergebnis zeichnerisch. Erläutere dein Vorgehen.

Hinweis:
Aus Sicherheitsgründen müssen Anlegeleitern mit der Standfläche etwa einen Winkel von 70° bilden.

14. Eine vier Meter lange Anlegeleiter wird an eine Hauswand gestellt. Ermittle, wie hoch die Leiter bei einer Neigung von 45° (60°, 75°) reichen würde.
a) Stelle den Sachverhalt in einem Koordinatensystem dar.
b) Löse die Aufgabe sowohl zeichnerisch als auch rechnerisch.

15. Die Tabelle enthält Angaben über eine Bahnstrecke zwischen zwei Ortschaften. Stelle den Streckenverlauf in einem Koordinatensystem dar. Beginne im Koordinatenursprung. Nimm an, dass jeder Streckenabschnitt linear verläuft.

Abschnitt	Länge	Steigung
1	850 m	$\frac{1}{40}$
2	150 m	1 %
3	1000 m	0
4	500 m	$-\frac{1}{30}$

● 16. **Ausblick:** Der Schnittwinkel α zweier Geraden mit den Gleichungen $y = m_1 \cdot x + n_1$ und $y = m_2 \cdot x + n_2$ kann mithilfe der folgenden Gleichung berechnet werden: $\tan\alpha = \frac{m_2 - m_1}{1 + m_1 \cdot m_2}$
Leite die Gleichung her.

2.6 Berechnungen an beliebigen Dreiecken

■ Tina soll aus der Seitenlänge a, der Seitenlänge b und dem Innenwinkel α eines Dreiecks ABC berechnen, wie groß die anderen Innenwinkel des Dreiecks sind.
Zur Hilfe hat sie in ihre Planfigur die Höhe h_c eingezeichnet.

Wie würdest du weiter vorgehen? ■

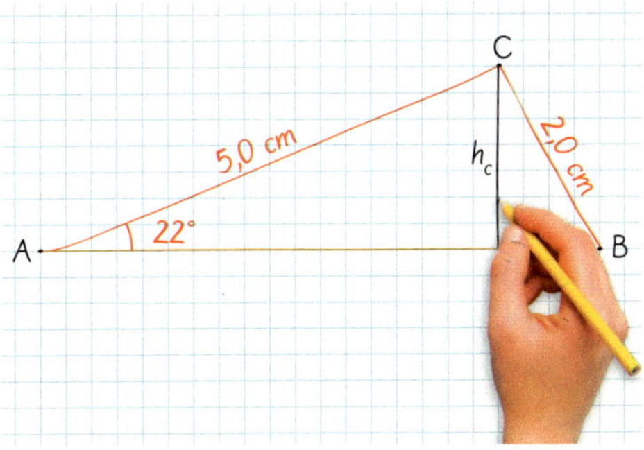

Für rechtwinklige Dreiecke ABC mit der Hypotenuse c gilt: $\sin\alpha = \frac{a}{c}$ und $\sin\beta = \frac{b}{c}$

Diese Zusammenhänge können auf beliebige Dreieck ABC mit der Hypotenuse c angewendet werden, wenn es durch eine Höhe in zwei rechtwinklige Dreiecke zerlegt wird.

Wissen: Sinussatz

In beliebigen Dreiecken ist das Verhältnis zweier Seitenlängen gleich dem Verhältnis der Sinuswerte der gegenüberliegenden Winkel:

Es gilt: $\frac{a}{b} = \frac{\sin\alpha}{\sin\beta}$; $\frac{b}{c} = \frac{\sin\beta}{\sin\gamma}$; $\frac{a}{c} = \frac{\sin\alpha}{\sin\gamma}$

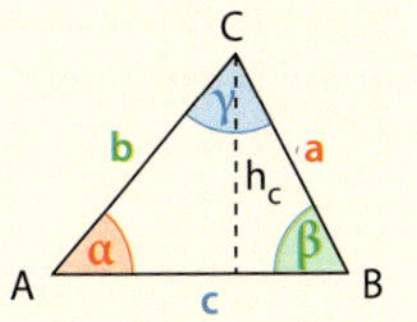

Mithilfe des Sinussatzes lassen sich Seitenlängen (Innenwinkelgrößen) von Dreiecken berechnen. Beachte immer, welche Bestimmungsstücke gegeben sind.

Hinweis:
Es müssen immer zwei Seiten und die ihnen gegenüberliegenden Winkel bekannt sein.

Beispiel 1: Drei Bestimmungsstücke eines Dreiecks ABC sind bekannt.
Berechne die gesuchte Seitenlänge bzw. die gesuchte Innenwinkelgröße.

a) *Gegeben:* α = 45°; β = 30°; b = 7 cm
Gesucht: a

b) *Gegeben:* b = 10 cm; c = 8 cm; β = 30°
Gesucht: γ

Lösung:

a) Wähle eine Gleichung mit den gegebenen Größen nach dem Sinussatz. $\frac{a}{b} = \frac{\sin\alpha}{\sin\beta} \quad |\cdot b$

Stelle die Gleichung nach der gesuchten Größe um. $a = b \cdot \frac{\sin\alpha}{\sin\beta}$

Setze gegebene Größen ein, berechne. $a = 7\,\text{cm} \cdot \frac{\sin 45°}{\sin 30°} \approx 9{,}9\,\text{cm}$

b) Gehe wie bei a) vor.

$\frac{c}{b} = \frac{\sin\gamma}{\sin\beta} \quad |\cdot \sin\beta$

$\sin\gamma = \frac{c}{b} \cdot \sin\beta$

$\sin\gamma = \frac{8\,\text{cm}}{10\,\text{cm}} \cdot \sin 30° = 0{,}4 \quad \rightarrow \quad \gamma \approx 23{,}6°$

Da die Vorgaben bei Aufgabe b) keinem Kongruenzsatz entsprechen und die Gleichung $\sin\gamma = \sin(180° - \gamma)$ gilt, gibt es eine zweite Lösung: $\gamma \approx 138{,}2°$

Hinweis:
Prüfe, ob die gegebenen Stücke einem Kongruenzsatz genügen.

Basisaufgaben

1. Ergänze im Heft zu wahren Aussagen. Verwende den Sinussatz.
   a) $x : y = \ldots$ b) $\sin\gamma : \sin\beta = \ldots$ c) $\sin\gamma \cdot x = \ldots$
   d) $\frac{x}{z} = \ldots$ e) $\frac{z}{\sin\beta} = \ldots$ f) $y \cdot \sin\gamma = \ldots$

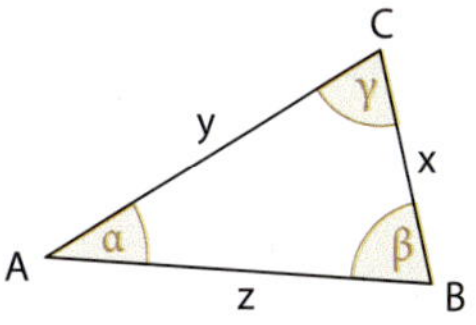

2. Verwende den Sinussatz und stelle möglichst viele Gleichungen auf.

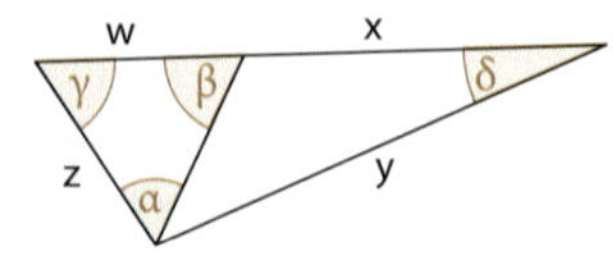

3. Berechne die in Klammern angegebene Größe des Dreiecks ABC.

a) $a = 8{,}4\,cm;\ \alpha = 72°;\ \beta = 56°$ (b)
b) $b = 55{,}6\,dm;\ a = 24{,}3\,dm;\ \beta = 108°$ (α)
c) $b = 3{,}8\,m;\ c = 4{,}5\,m;\ \gamma = 54{,}5°$ (β)
d) $c = 14{,}2\,dm;\ \alpha = 45°;\ \gamma = 112{,}4°$ (a)

4. Berechne die fehlenden Seitenlängen und Winkelgrößen des Dreiecks ABC.

a) $a = 24{,}5\,cm;\ b = 259\,mm;\ \beta = 72{,}4°$
b) $b = 17{,}2\,cm;\ \alpha = 43{,}4°;\ \gamma = 66{,}8°$
c) $a = 70\,mm;\ b = 0{,}58\,dm;\ \alpha = 43{,}7°$
d) $c = 145\,km;\ \alpha = 20{,}2°;\ \beta = 74{,}5°$

Seitenlängen können bei rechtwinkligen Dreiecken mithilfe des Satzes von Pythagoras berechnet werden. Für beliebige Dreiecke gibt es einen ähnlichen Satz, der den Zusammenhang zwischen drei Seiten eines Dreiecks und einem Innenwinkel beschreibt.

Hinweis:
$\cos\gamma = \frac{a_1}{b}$
$b^2 = h_a^2 + a_1^2$
$c^2 = h_a^2 + a_2^2$

Wissen: Kosinussatz

Für beliebige Dreieck gilt:
$$a^2 = b^2 + c^2 - 2bc \cdot \cos\alpha$$
$$b^2 = a^2 + c^2 - 2ac \cdot \cos\beta$$
$$c^2 = a^2 + b^2 - 2ab \cdot \cos\gamma$$

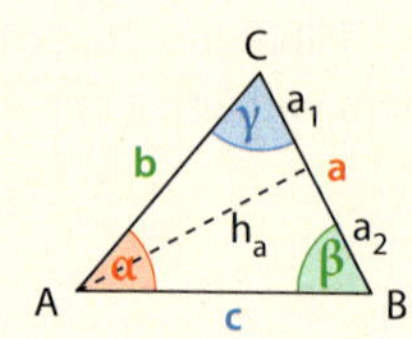

Der Satz des Pythagoras ist ein Spezialfall des Kosinussatzes.

Auch mithilfe des Kosinussatzes lassen sich Seitenlängen (Innenwinkelgrößen) von Dreiecken berechnen. Beachte immer, welche Bestimmungsstücke gegeben sind.

Hinweis:
Eine Planfigur kann hilfreich sein.

Beispiel 2: Drei Bestimmungsstücke eines Dreiecks ABC sind bekannt.
Berechne die gesuchte Seitenlänge bzw. die gesuchte Innenwinkelgröße.

a) Gegeben: $a = 8\,cm;\ b = 14\,cm;\ \gamma = 60°$
Gesucht: c

b) Gegeben: $a = 13\,cm;\ b = 24\,cm;\ c = 15\,cm$
Gesucht: β

Lösung:

a) Wähle eine Gleichung mit den gegebenen Größen nach dem Kosinussatz und stelle die Gleichung (wenn nötig) nach der gesuchten Größe um.

$c^2 = a^2 + b^2 - 2ab \cdot \cos\gamma$

(Keine Umstellung erforderlich.)

Setze die gegebenen Größen ein und berechne.

$c^2 = (8\,cm)^2 + (14\,cm)^2 - 2 \cdot 8\,cm \cdot 14\,cm \cdot \cos 60°$
$c^2 = 148\,cm^2 \quad \rightarrow \quad c \approx 12{,}2\,cm$

b) Gehe wie bei a) vor.

$b^2 = a^2 + c^2 - 2ac \cdot \cos\beta$
$\cos\beta = \frac{a^2 + c^2 - b^2}{2ac} = \frac{169\,cm^2 + 225\,cm^2 - 576\,cm^2}{390\,cm^2}$
$\cos\beta = -0{,}4\overline{6} \quad \rightarrow \quad \beta \approx 117{,}8°$

Basisaufgaben

5. Ergänze im Heft zu wahren Aussagen.
Verwende den Kosinussatz.

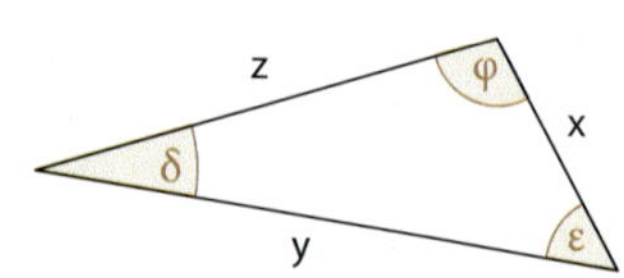

a) $y^2 = \ldots$
b) $z^2 = \ldots$
c) $\cos\varphi =$

6. Berechne die in Klammern angegebene Größe des Dreiecks ABC .

a) $a = 14\,cm$; $b = 12\,cm$; $\gamma = 60°$ (c)
b) $a = 24{,}5\,dm$; $c = 33{,}5\,dm$; $\beta = 57{,}8°$ (b)
c) $b = 3{,}8\,m$; $c = 4{,}5\,m$; $a = 4{,}4\,m$ (β)
d) $a = 5\,m$; $b = 35\,dm$; $c = 650\,cm$ (α)

7. Berechne alle Innenwinkelgrößen des Dreiecks ABC.

a) $a = 14{,}5\,km$; $b = 16\,400\,m$; $c = 13{,}2\,km$
b) $a = 5{,}38\,m$; $b = 1{,}97\,m$; $c = 4{,}75\,m$
c) $a = 27{,}2\,m$; $b = 33{,}9\,m$; $c = 35{,}1\,m$
d) $a = 248\,dm$; $b = 38{,}2\,m$; $c = 1390\,cm$

8. Berechne die fehlende Seitenlänge des Dreiecks ABC mit dem Kosinussatz.

a) $a = 6{,}1\,m$; $c = 4{,}7\,m$; $\beta = 63°$
b) $a = 123{,}5\,m$; $b = 134{,}2\,m$; $\gamma = 102{,}2°$
c) $b = 17{,}2\,m$; $c = 13{,}9\,m$; $\alpha = 74{,}32°$
d) $a = 245{,}9\,dm$; $b = 3925\,cm$; $\gamma = 47°$

Weiterführende Aufgaben

9. Berechne die fehlenden Seitenlängen und Winkelgrößen des Dreiecks ABC. Verwende den Innenwinkelsatz für Dreiecke und den Sinussatz.

a) $a = 5{,}6\,cm$; $\beta = 84°$; $\alpha = 70°$
b) $a = 4{,}0\,cm$; $\beta = 42°$; $\alpha = 104°$
c) $c = 121{,}56\,m$; $\gamma = 101{,}25°$; $\beta = 13{,}47°$
d) $b = 2{,}389\,km$; $\beta = 68°$; $\alpha = 39°$

10. DGS Ein Dreieck sei gegeben durch seine Eckpunkte $A(3|2)$, $B(9|4)$ und $C(6|7)$. Berechnet die Seitenlängen des Dreiecks und die Innenwinkelgrößen. Prüft dann mit einer dynamischen Geometriesoftware.

11. Zeichne das Dreieck ABC mit $A(-3|1)$, $C(-3|4)$, $\sphericalangle BAC = 63°$ und $\sphericalangle ACB = 95°$ in ein rechtwinkliges Koordinatensystem. Berechne die Seitenlängen $\overline{AB}$ und $\overline{BC}$ des Dreiecks.

12. Bei Vermessungsaufgaben werden stets Längenangaben oder Winkelgrößen ermittelt. Entscheide und begründe, in welchem der abgebildeten Fälle der Sinussatz und in welchem der Kosinussatz zur Berechnung der gesuchten Größe herangezogen werden kann.

a)
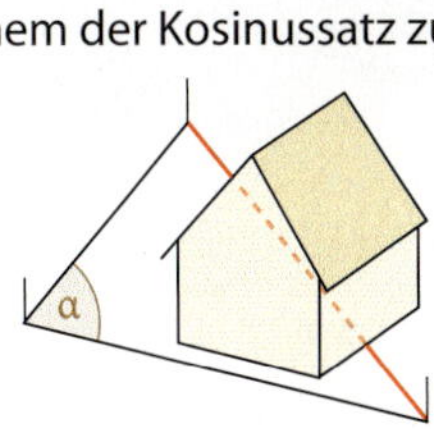

b)
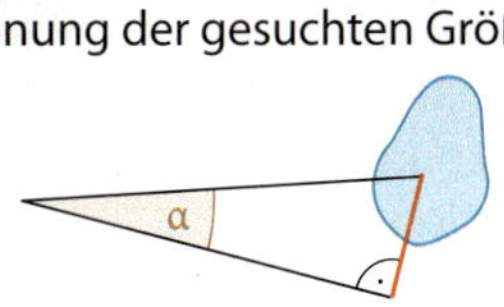

c)
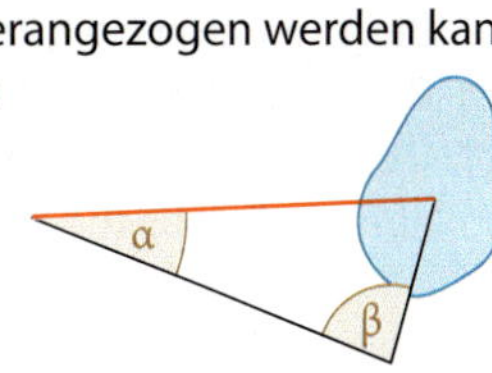

13. Berechne die fehlenden Größen des Dreiecks ABC.

a) $a = 4\,cm$; $\alpha = 60°$; $\beta = 50°$
b) $a = 7{,}5\,cm$; $b = 4{,}5\,cm$; $\alpha = 75°$
c) $c = 14\,m$; $b = 10\,m$; $\gamma = 100°$
d) $a = 8\,km$; $\beta = 77°$; $\gamma = 32°$

14. Übertrage die Tabelle in dein Heft und fülle sie aus. Konstruiere dann das Dreieck in einem geeigneten Maßstab und miss die Seitenlängen und Winkelgrößen. Vergleiche deine Messwerte mit den Werten in der Tabelle.

ΔABC	a	b	c	α	β	γ
a)			1,46 m	20°	75°	
b)	4,0 m				43°	55°
c)	44,8 cm			60°	40°	
d)		8,5 cm		81,3°		54,5°

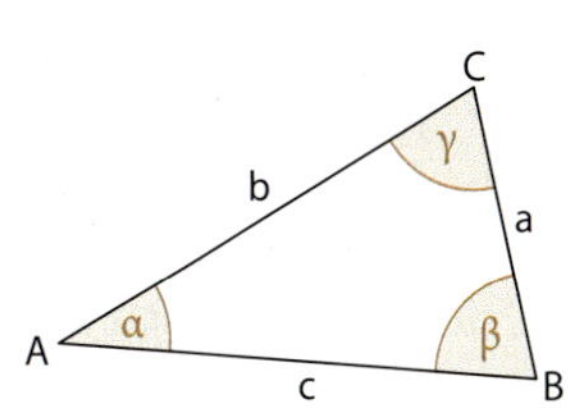

15. Übertrage die Tabelle ins Heft und fülle sie aus. Berechne die fehlenden Größen.

ΔABC	a	b	c	α	β	γ
a)	35,75 m		26,48 m	93,57°		
b)		4,3 cm	4,6 cm			20°
c)	2,458 km	3,019 km	1,389 km			

16. Für rechtwinklige Dreiecke ABC (Hypotenuse b) gilt der Satz des Pythagoras: $b^2 = a^2 + c^2$. Erklärt, warum diese Gleichung ein Sonderfall des Kosinussatzes ist.

17. Ein Dreieck hat zwei 4,0 cm und 8,0 cm lange Seiten, die einen Winkel von 40° einschließen.

a) Ermittle die dritte Seitenlänge und die fehlenden Innenwinkel zeichnerisch.

b) Ermittle die dritte Seitenlänge und die fehlenden Innenwinkel rechnerisch.

18. Stolperstelle: Tom errechnet mit seinem Taschenrechner unter Nutzung des Sinussatzes die Seitenlänge $b = 4{,}2\,\text{cm}$ für ein Dreieck ABC mit $a = 4{,}0\,\text{cm}$; $\alpha = 110°$ und $\beta = 80°$. Dann merkt er, dass dies im Widerspruch zur Seiten-Winkel-Beziehung steht. Lea meint, dass der Taschenrechner einen falschen Wert angezeigt hat. Was meinst du?

TK **19.** Im Gelände ist eine Strecke $s = \overline{AB}$ am Ufer eines Flusses vermessen worden. Ein dritter Punkt P liegt auf der anderen Flussseite und ist von A und B aus nicht zugänglich. Zur Ermittlung der Abstände $\overline{AP}$ und $\overline{BP}$ werden die Winkel $\sphericalangle BAP = \alpha$ und $\sphericalangle PBA = \beta$ gemessen. Veranschauliche den Sachverhalt in einer Skizze und ermittle zunächst die Längen der Strecken $\overline{AP}$ und $\overline{BP}$ durch maßstäbliche Konstruktion. Prüfe dann rechnerisch.

a) $s = 220\,\text{m}$; $\alpha = 52{,}3°$; $\beta = 42{,}3°$ b) $s = 220\,\text{m}$; $\alpha = 117{,}4°$; $\beta = 28{,}6°$

c) $s = 160\,\text{m}$; $\alpha = 34{,}1°$; $\beta = 70{,}2°$ d) $s = 886\,\text{dm}$; $\alpha = 24{,}7°$; $\beta = 130{,}8°$

20. Ein Pkw wird nach einem Unfall über eine Rampe auf einen Lkw verladen.

a) Berechne den Neigungswinkel α.

b) Berechne die Länge der Rampe.

c) Überprüfe deine Ergebnisse durch eine maßstäbliche Konstruktion.

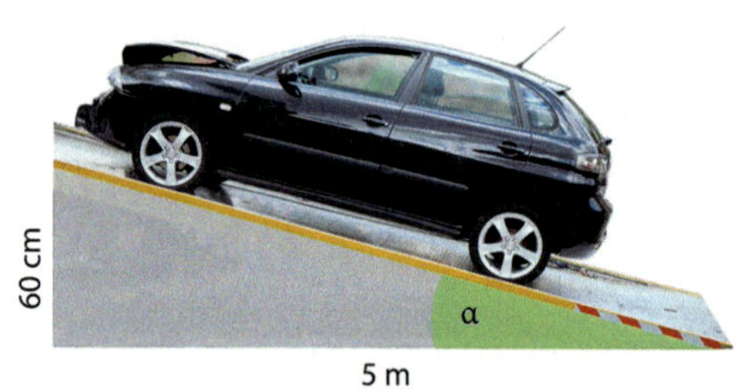

21. Die Diagonalen $e = \overline{AC}$ und $f = \overline{BD}$ teilen das Trapez ABCD in Dreiecke. Ergänze unter Verwendung des Sinussatzes zu wahren Aussagen.

a) $e : b$ b) $\frac{d}{c}$

c) $\frac{\sin \alpha_1}{\sin \gamma_2}$ d) $\frac{f}{\sin \alpha}$

e) $\frac{\sin \alpha_2}{b}$ f) $\sin \alpha : \sin \beta_1$

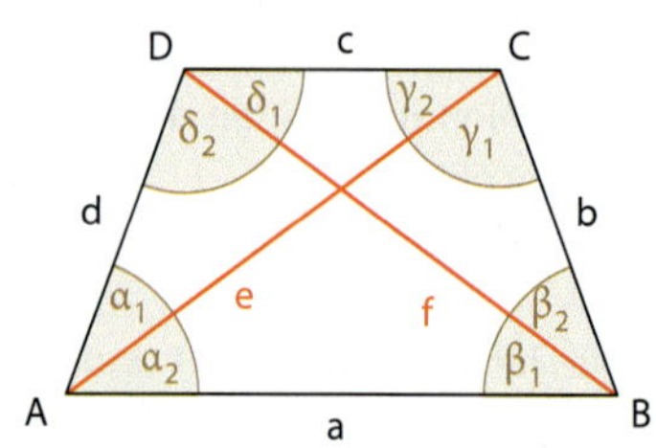

$\alpha = \alpha_1 + \alpha_2$
$\beta = \beta_1 + \beta_2$
$\gamma = \gamma_1 + \gamma_2$
$\delta = \delta_1 + \delta_2$

22. a) Erläutere die Herleitung des Sinussatzes für ein gleichschenkliges Dreieck.

b) Erläutere, die Herleitung des Sinussatzes für ein stumpfwinkligen Dreieck.

c) Was ändert sich, wenn das Dreieck rechtwinklig ist?

$\sin \alpha = \frac{h_c}{b}$ $\sin \beta = \frac{h_c}{a}$

$b \cdot \sin \alpha = a \cdot \sin \beta$

$\frac{\sin \alpha}{\sin \beta} = \frac{a}{b}$

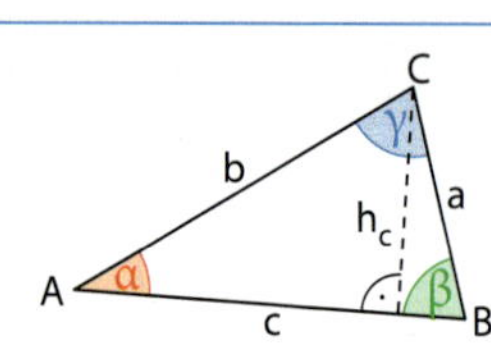

23. Um von A nach B zu gelangen, musste bisher ein Umweg über P genommen werden.
Daher soll eine neue Straße angelegt werden, die geradlinig durch das Waldgebiet direkt von A nach B führt.
Die Länge dieser Straße soll berechnet werden.
Aus Vermessungen ist bekannt: $\overline{PA} = 25\,\text{km}$; $\overline{PB} = 45\,\text{km}$; $\alpha = 43°$
Begründe, warum die Aufgabe nicht mithilfe des Sinussatzes gelöst werden kann.

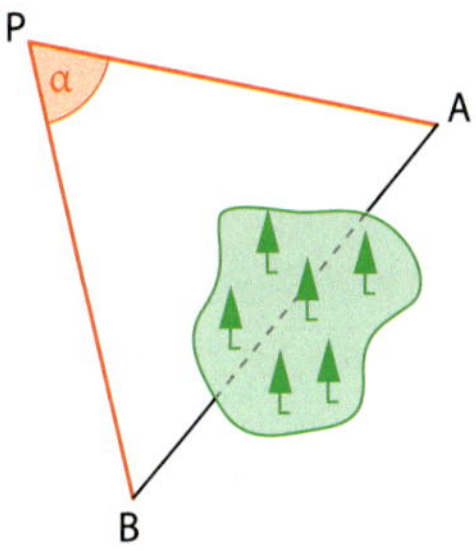

24. Zwei Wohngebiete A und B sollen von einer Verteilerstation C mit Strom versorgt werden.
a) Berechne, wie weit A und B auseinanderliegen.
b) Berechne die Winkelgrößen ∢ CBA und ∢ BAC.

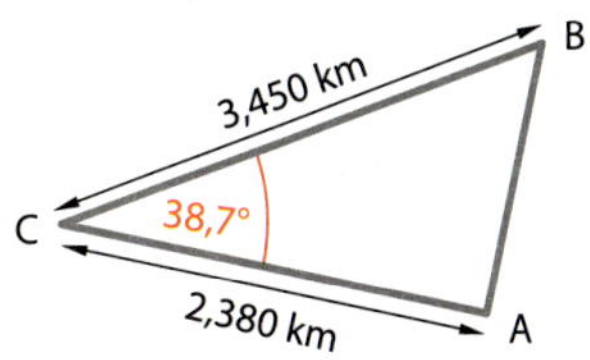

25. Zur Positionsbestimmung eines Schiffes wurden zwei Winkelgrößen durch Peilung ermittelt. Die Größe des dritten Winkels und der Abstand des Leuchtturmes zum Hafen wurden einer Karte entnommen. Berechne, wie weit das Schiff bei der Peilung vom Hafen entfernt war.

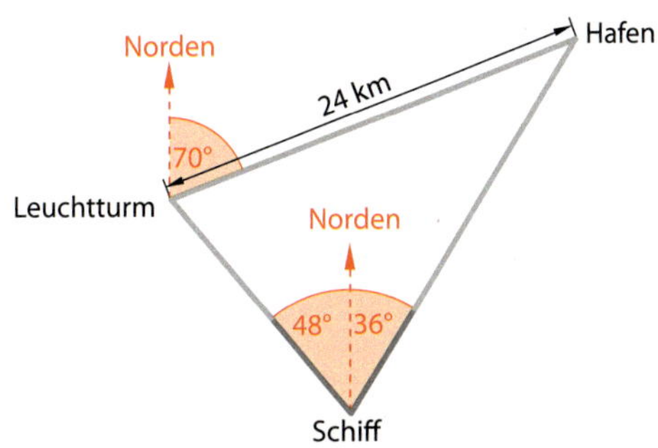

26. Zwei Straßen kreuzen einander unter einem Winkel von 120°. Vor der Kreuzung soll eine Querverbindung zwischen den beiden Straßen gebaut werden. Berechne, um wie viel Meter sich die Streckenlänge im Kreuzungsbereich verkürzt, wenn die beiden neuen Anschlussstellen jeweils 500 m vom bisherigen Kreuzungspunkt entfernt liegen.

27. Auf einem Hang steht ein Baum, dessen Höhe ermittelt werden soll. Dazu werden Spitze und Fuß des Baumes wie dargestellt angepeilt. Berechne die Baumhöhe.

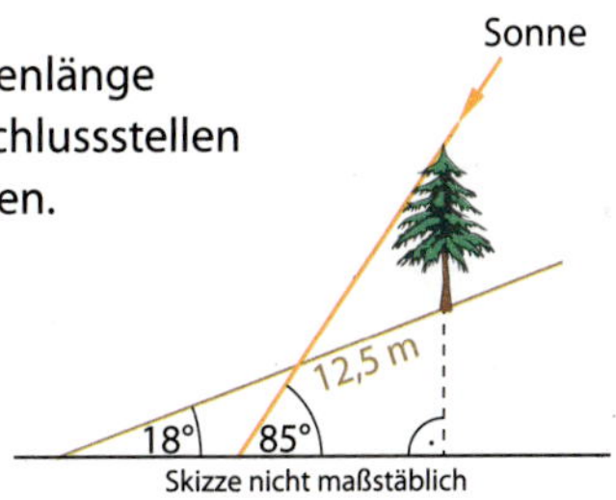

● **28.** Zwei U-Boote verlassen bei gleichem Tiefgang einen Hafen. Das erste U-Boot fährt mit 20 Knoten auf Nordwest-Kurs, das zweite U-Boot mit 18 Knoten in Richtung Süd-Südwest.
a) Fertige eine Planfigur an.
b) Berechne, wie weit beide U-Boote nach einer Stunde voneinander entfernt sind, wenn sie gleichzeitig den Hafen verlassen.
c) Gib an, welchen Winkel eine Echolotung vom Schiff 1 zum Schiff 2 nach einer Stunde mit der Nordrichtung ausweist.

● **29. Ausblick:** Gestaltet eine systematisierende Übersicht zu Aufgaben, bei denen Berechnungen von Bestimmungsstücken an Dreiecken auszuführen sind. Unterscheidet dabei nach gegebenen und gesuchten Größen und berücksichtigt unterschiedliche Dreiecksarten. Skizziert jeweils eine Lösungsidee und erläutert einen Lösungsweg an einem Beispiel.

2.7 Flächeninhalte beliebiger Dreiecke berechnen

■ Lina hat in einem alten Mathematikbuch eine Gleichung zur Berechnung des Flächeninhaltes von Vierecken mit Umkreis gefunden. Danach gilt:

$A = \sqrt{(s-a)\cdot(s-b)\cdot(s-c)\cdot(s-d)}$

Die Variable s gibt die Länge des Umfangs des Viereckes an. Lina möchte aus dieser Gleichung eine Gleichung zur Berechnung des Flächeninhalts beliebiger Dreiecke ableiten.

Kannst du helfen? ■

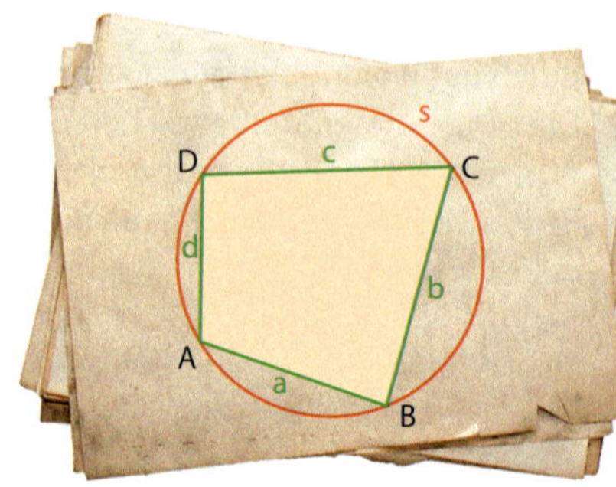

Hinweis:
$A = \frac{1}{2} a \cdot h_a$

$h_a = b \cdot \sin\gamma$

Hinweis:
Hier müssen immer zwei Seiten und der eingeschlossene Winkel beim Dreieck bekannt sein.

Wissen: Flächeninhaltssatz für beliebige Dreiecke

Für beliebige Dreiecke gilt:

$A = \frac{1}{2} a \cdot b \cdot \sin\gamma = \frac{1}{2} b \cdot c \cdot \sin\alpha = \frac{1}{2} a \cdot c \cdot \sin\beta$

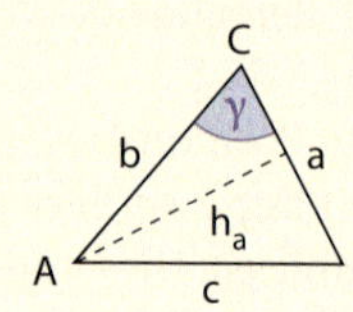

Beispiel 1: Berechne den Flächeninhalt A des Dreiecks ABC mit a = 8 cm; b = 14 cm und γ = 30°.

Lösung:

Veranschauliche die gegebenen Größen in einer Planfigur.

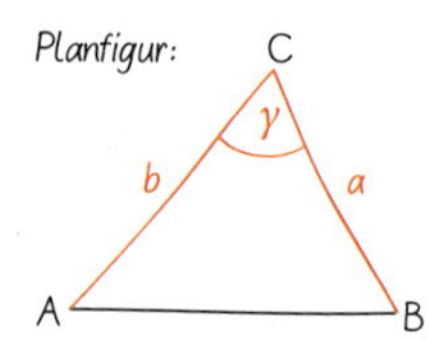

Wähle eine Flächeninhaltsformel mit den gegebenen Größen. $A = \frac{1}{2} a \cdot b \cdot \sin\gamma$

Setze die gegebenen Größen ein und berechne. $A = \frac{1}{2} \cdot 8\text{ cm} \cdot 14\text{ cm} \cdot \sin 30° = 28\text{ cm}^2$

Basisaufgaben

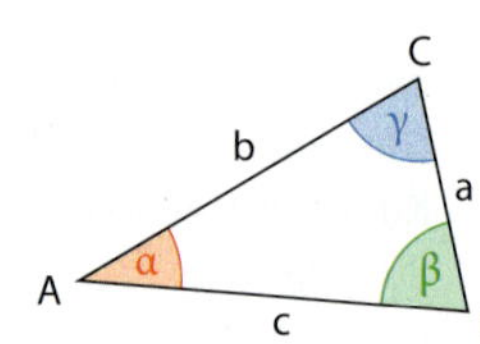

1. Berechne den Flächeninhalt des Dreiecks ABC.

a) $\overline{BC} = 8{,}7$ m; $\overline{AC} = 7{,}1$ m; $\sphericalangle ABC = 44{,}6°$

b) $\overline{BC} = 52{,}85$ m; $\overline{AB} = 75{,}23$ m; $\sphericalangle CBA = 56{,}91°$

c) a = 8,7 cm; b = 7,2 cm; γ = 50°,

d) a = 5,3 dm; c = 752 mm; β = 57°

Weiterführende Aufgaben

2. Berechne den Flächeninhalt des Dreiecks ABC.

a) $\overline{AB} = 1{,}385$ m; $\overline{AC} = 171{,}8$ cm; α = 74,32°

b) a = 5,14 m; b = 1,97 m; c = 4,75 m

c) a = 8,7 cm; b = 7,2 cm; β = 50°

d) a = 5,3 dm; c = 752 mm; α = 57°

e) a = 7 cm; b = 10 cm; α = 39,35°; β = 64,87°

f) a = 35 dm; β = 59,2°; γ = 79,3°

3. Ein Dreieck ABC hat die Seitenlängen $a = x$, $b = \frac{4}{3}x$ und $c = \frac{5}{3}x$. Gib den Flächeninhalt des Dreiecks in Abhängigkeit von x an.

4. Berechne den Flächeninhalt des Dreiecks ABC.

ΔABC	a	b	c	α	β	γ
a)	35,75 m		26,48 m	93,57°		
b)		4,3 cm	4,6 cm			20°
c)	2,458 km	3,019 km	1,389 km			
d)		4,475 km			59,3°	41,3°

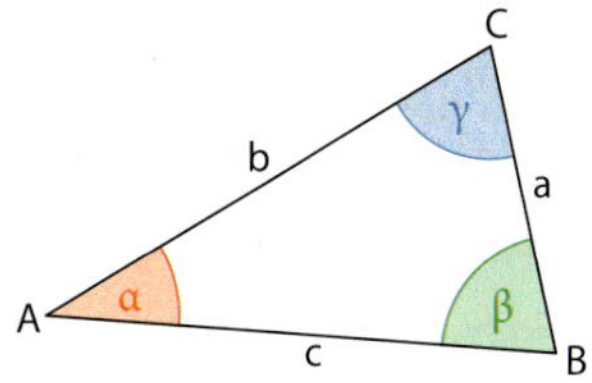

5. Die Seiten eines Dreiecks betragen das Fünffache, das Zwölffache und das Dreizehnfache einer Zahl x. Berechne x für den Fall, dass der Flächeninhalt des Dreiecks 60 m^2 beträgt.

6. Stolperstelle: Rica meint, dass man aus der Flächeninhaltsformel für beliebige Dreiecke $A = \frac{1}{2} \cdot a\,b \cdot \sin\gamma$ auf die Flächeninhaltsformel für rechtwinklige Dreiecke $A = \frac{1}{2} \cdot g \cdot h$ schließen kann. Was meinst du?
Begründe deine Aussage.

7. Zwei Grundstücke bilden ein Viereck APBC. Es wird vorgeschlagen, die alte Grundstücksgrenze $\overline{AB}$ durch die neue Grundstücksgrenze $\overline{PC}$ zu erstzen. Prüfe, ob durch die neue Grundstücksgrenze die Maßzahlen der Grundstücksflächen ABC und APC gleich bleiben.

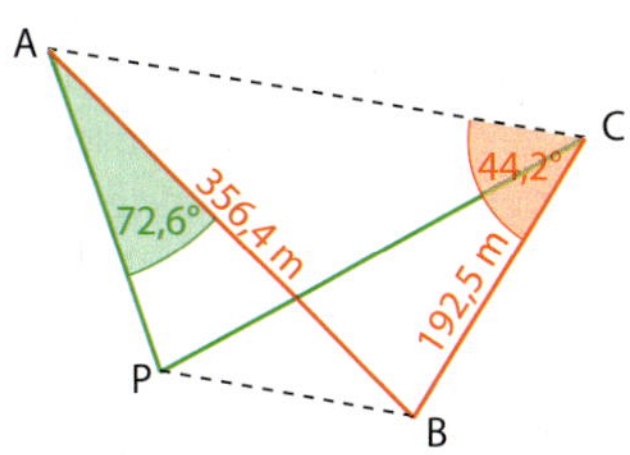

8. Gegeben sind vom Viereck RSTU die Punkte R(−3|1), T(3|5,5), U(−3|4), die Seite $\overline{RS} = 5$ cm und die Diagonale $\overline{US} = 7$ cm.
a) Berechne die Größen der Winkel ∢SRU und ∢RUT.
b) Ermittle den Flächeninhalt des Vierecks auf zwei unterschiedlichen Lösungswegen. Erläutere jeweils dein Vorgehen.

9. Das Wiesenstück ABCD soll gemäht werden. Berechne, wie viel Hektar Land das sind.

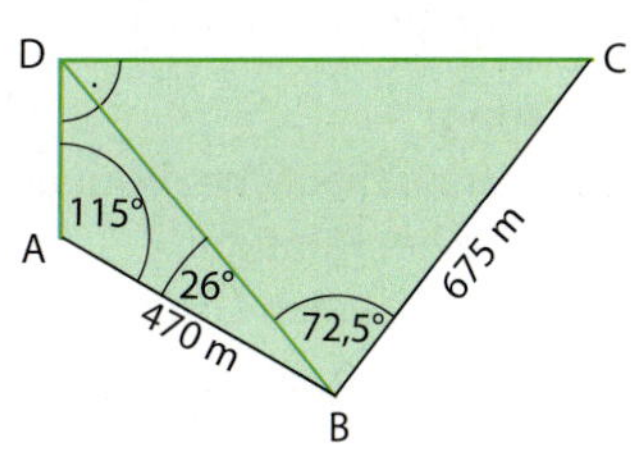

10. In einem Dreieck ABC sei β = 45° gleich dem Winkel ∢ BMC. Der Punkt M ist der Mittelpunkt der Seite, die β gegenüber liegt.
GS a) Zeichne ein solches Dreieck mithilfe einer dynamischen Geomtriesoftware.
b) Ermittle den Flächeninhalt des Dreiecks ABC. Drücke diesen in Abhängigkeit von nur einem Bestimmungsstück des Dreiecks aus.

11. Ausblick: Die abgebildete symmetrische Figur lässt sich in ein gleichschenkliges Dreieck und einen Halbkreis zerlegen.
a) Berechne die Länge von $\overline{AB}$ und den Flächeninhalt von Δ ABC.
b) Entscheide und begründe, wie sich der Durchmesser des Halbkreises ändert und wie sich der Flächeninhalt des Dreiecks ändern, wenn sich Punkt C nach unten bewegt und sich der Winkel an der Spitze dadurch in 5°-Schritten ändert. Du kannst dazu auch eine Tabellenkalkulation nutzen.
c) Prüfe und begründe, welche Größe der Winkel bei Punkt C haben muss, damit der Flächeninhalt des Halbkreises und der des Dreiecks gleich groß sind.

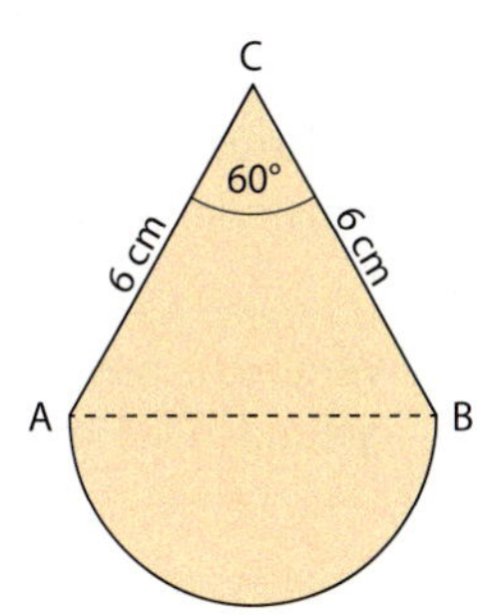

2.8 Anwendungsaufgaben lösen

■ Wie ein Winkel konstruktiv halbiert werden kann, ist dir bekannt. Die nebenstehende Abbildung zeigt einen Vorschlag zur „Dreiteilung" eines Winkels aus einem alten Mathematikbuch.

Beschreibe das gewählte Vorgehen und wende die Konstruktion auf ein selbst gewähltes Beispiel an. ■

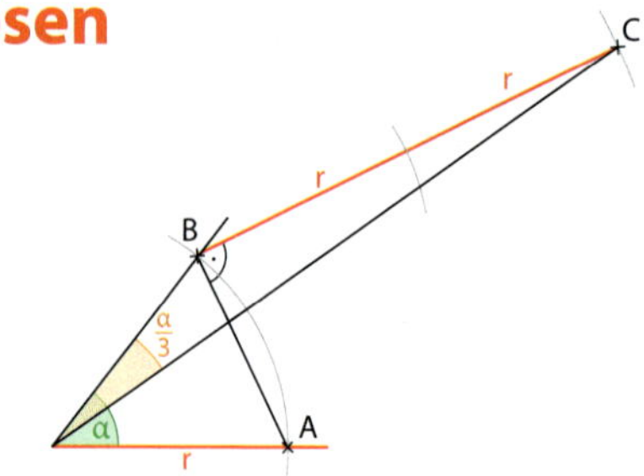

Wissen: Berechnen und Zeichnen

Beim Lösen geometrischer Aufgaben ergänzen Berechnungen und Zeichnungen einander.

Zeichnungen dienen insbesondere zum:
- Entwickeln von **Lösungsstrategien** (Planfigur)
- **Prüfen** rechnerischer Lösungen (Eindeutigkeit der Lösung)
- **Lösen** der Aufgabe **selbst** (keine Berechnungsmöglichkeit)

Berechnungen dienen insbesondere:
- dem **Prüfen** zeichnerischer Lösungen (anderer Lösungsweg)
- der Ermittlung **exakter Ergebnisse** (ohne Nutzung von Messergebnissen)

Beispiel 1: Um die Höhe h eines Berges zu ermitteln, wird eine horizontale Standlinie $\overline{AB}$ festgelegt. Von B aus wird der Höhenwinkel δ gemessen, unter dem der Gipfel S des Berges erscheint. In der Ebene werden die Winkel α und β wie dargestellt gemessen.

a) Berechne h für $\overline{AB} = 1315\,\text{m}$; $\alpha = 59{,}5°$; $\beta = 37{,}1°$ und $\delta = 43{,}3°$.

b) Überprüfe die Lösung zeichnerisch.

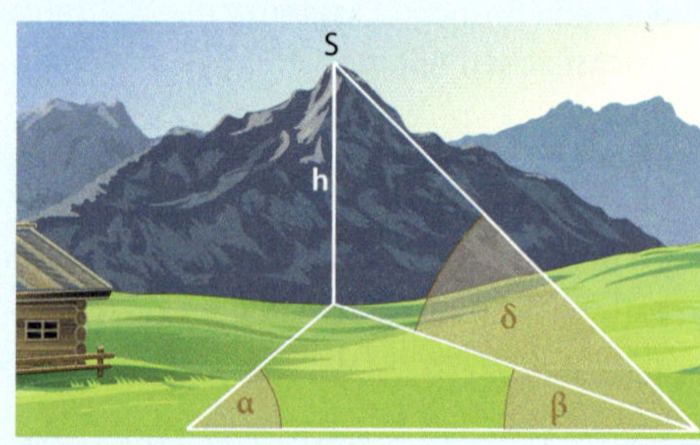

Lösung:

Planfigur:

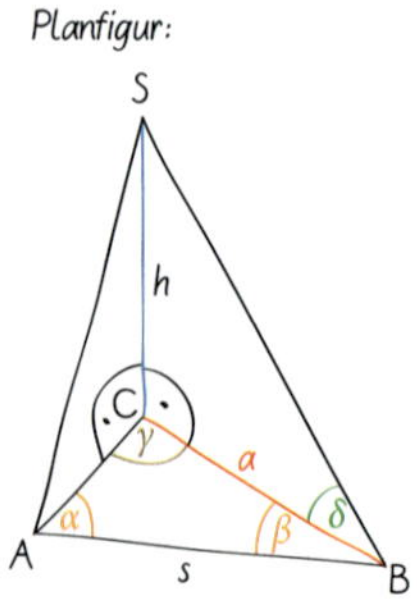

a) Veranschauliche die gegebenen Größen in einer Planfigur. Entwirf einen Lösungsweg und arbeite diesen ab.

h ist Kathete im Δ CBS
h kann aus $\overline{BC}$ und δ berechnet werden.
$\gamma = 180° - (\alpha + \beta) = 83{,}4°$
$\overline{BC} = \frac{\sin\alpha}{\sin\gamma} \cdot \overline{AB} = 1140{,}6\,\text{m}$
$h = \overline{BC} = \tan\delta = 1074{,}8\,\text{m}$
Die Höhe des Berges beträgt etwa 1075 m.

b) Wähle einen geeigneten Maßstab. Konstruiere Δ ABC und entnimm der Konstruktion die Länge von $a = \overline{BC}$.

1 : 100 000 (Maßstab)

Konstruiere Δ BCS und entnimm der Konstruktion die Länge von $h = \overline{CS}$.

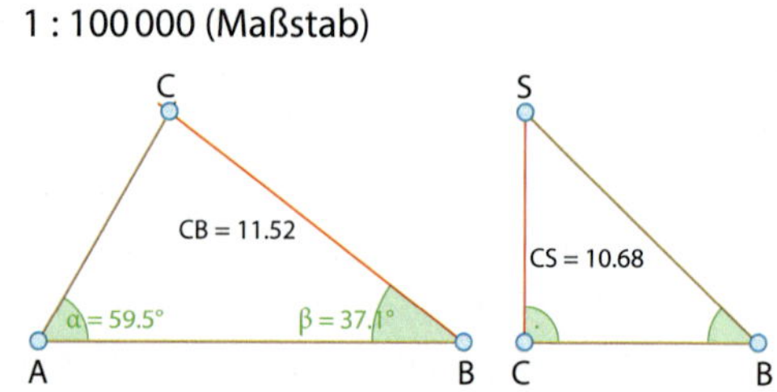

Vergleiche mit der durch Rechnung gefundenen Höhe.

$a = \overline{BC} \approx 1320\,\text{m}$; $h \approx 10{,}7\,\text{cm}$

Die Berghöhe beträgt nach Konstruktion etwa 1070 m und bestätigt die Berechnung.

Basisaufgaben

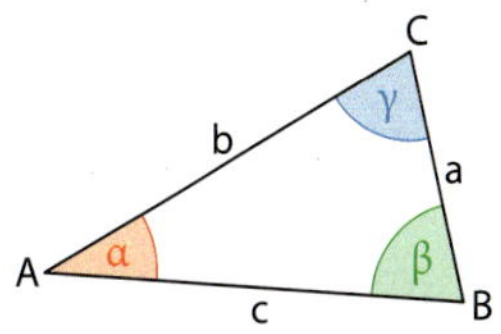

1. Berechne γ im Dreieck ABC für $b = 5{,}2\,\text{km}$; $c = 8{,}4\,\text{km}$ und $\beta = 117{,}6°$. Prüfe das Ergebnis durch Konstruktion.

2. Im Gelände ist $\overline{AB}$ vermessen worden. Ein dritter Geländepunkt C ist von A und B aus nicht zugänglich. Berechne $\overline{AC}$ und $\overline{BC}$. Prüfe die Ergebnisse durch Konstruktion.
   a) $\overline{AB} = 220\,\text{m}$; $\sphericalangle BAC = 75{,}3°$; $\sphericalangle CBA = 42{,}4°$
   b) $\overline{AB} = 220\,\text{m}$; $\sphericalangle BAC = 117{,}4°$; $\sphericalangle CBA = 28{,}6°$

Sind von einem Dreieck drei Bestimmungsstücke bekannt, können weitere Seitenlängen und Innenwinkelgrößen mithilfe des Sinus- und des Kosinussatzes berechnet werden. Genügen die gegebenen Stücke einem Kongruenzsatz, sind die Ergebnisse eindeutig.

Wissen: Berechungen an Dreiecken mit dem Sinus- und dem Kosinussatz

Gegeben	Kongruenzsatz	Empfohlene Schrittfolge
drei Seiten	(sss)	(1) Kosinussatz (größter Winkel) (2) Sinussatz (zweiter Winkel) (3) Innenwinkelsatz (dritter Winkel)
zwei Seiten und der eingeschlossene Winkel	(sws)	(1) Kosinussatz (dritte Seite) (2) Sinussatz oder Kosinussatz (zweiter Winkel) (3) Innenwinkelsatz (dritter Winkel)
eine Seite und beide anliegenden Winkel	(wsw)	(1) Innenwinkelsatz (dritter Winkel) (2) Sinussatz (zweite Seite) (3) Sinussatz (dritte Seite)
zwei Seiten und der Winkel, der der größeren Seite gegenüberliegt	(SsW)	(1) Sinussatz (zweiter Winkel) (2) Innenwinkelsatz (dritter Winkel) (3) Kosinussatz (größter Winkel)

Hinweis:
Prüfe auch andere Zusammenhänge, beispielsweise:
- Innenwinkelsatz
- Dreiecksungleichung
- Seiten-Winkel-Beziehung

Beispiel 2: Für ein Dreieck ABC gilt: $b = 24{,}3\,\text{cm}$; $c = 14{,}1\,\text{cm}$; $\alpha = 38{,}0°$
Berechne die Seitenlänge a und die Innenwinkelgrößen β und γ.

Hinweis:
Gegeben sind zwei Seiten und der eingeschlossene Winkel.

Lösung:

(1) Berechne mit dem Kosinussatz die Seitenlänge a.
$a^2 = b^2 + c^2 - 2bc \cdot \cos\alpha$
$a \approx 15{,}8\,\text{cm}$

(2) Berechne mit dem Sinussatz den Winkel γ.
$\frac{a}{c} = \frac{\sin\alpha}{\sin\gamma} \quad\rightarrow\quad \sin\gamma = \frac{c}{a} \cdot \sin\alpha$
$\sin\gamma \approx 0{,}5494$
$\gamma \approx 33{,}3°$

(3) Berechne mit dem Innenwinkelsatz den Winkel β.
$\alpha + \beta + \gamma = 180°$
$\beta = 180° - \gamma - \alpha \approx 108{,}7°$

Basisaufgaben

3. Berechne die fehlende Seitenlängen und Winkelgrößen des Dreiecks ABC.
   a) $a = 3{,}56\,\text{cm}$; $c = 2{,}78\,\text{cm}$; $\beta = 82°$
   b) $b = 2{,}5\,\text{m}$; $\alpha = 59°$; $\gamma = 47°$
   c) $b = 87\,\text{cm}$; $c = 93\,\text{cm}$; $\gamma = 87°$
   d) $a = 74{,}5\,\text{mm}$; $b = 23{,}4\,\text{mm}$; $c = 63{,}7\,\text{mm}$

Weiterführende Aufgaben

4. Zwei Straßen schneiden einander unter einem Winkel von 65,2°. Auf einer der beiden Straßen liegt vom Kreuzungspunkt 750 m entfernt eine Haltestelle, auf der anderen Straße von diesem Punkt 630 m entfernt ein Gasthaus. Zwischen Gasthaus und Haltestelle soll eine direkte geradlinige Verbindung angelegt werden. Berechne, wie viel Meter Fußweg dadurch gespart werden. Löse die Aufgabe sowohl rechnerisch als auch konstruktiv.

5. Erarbeitet an einem selbstgewählten Beispiel eine Schrittfolge zum Berechnen von Seitenlängen und Winkelgrößen eines Dreiecks für den Fall, dass die drei gegebenen Stücke keinem Kongruenzsatz genügen.

6. Für Δ ABC gilt: $b = 5\,\text{cm}$; $\sphericalangle\, BAC = 53{,}13°$ und $a = 3\,\text{cm}$ (4 cm, 4,3 cm bzw. 5,5 cm)
   a) Entscheide und begründe, für welche a das Δ ABC eindeutig konstruierbar ist.
   b) Konstruiere Δ ABC (wenn möglich) und prüfe die Konstruktion rechnerisch.

7. Bei einem Δ ABC mit $c = 6\,\text{cm}$ teilt die Höhe h_c den Winkel γ in die Teilwinkel γ_1 und γ_2.
   a) Fertige eine Planfigur an und konstruiere das Dreieck für $\gamma_1 = 55°$ und $\gamma_2 = 25°$.
   c) Berechne den Flächeninhalt des Dreiecks.
   d) Erläutere Möglichkeiten der Kontrolle.

8. a) Entscheide, ob das Δ ABC mit $a = 5\,\text{cm}$; $b = 7\,\text{cm}$; $\beta = 40°$ stumpfwinklig ist und begründe deine Entscheidung sowohl rechnerisch als auch zeichnerisch.
   b) Berechne den Flächeninhalt des Dreiecks.

9. Auf einem Halbkreis mit dem Durchmesser $c = \overline{AB} = 6{,}5\,\text{cm}$ liegt ein Punkt C.
   a) Ermittle konstruktiv $a = \overline{BC}$ und $b = \overline{AC}$ für $\alpha = 20°$ (30°, 45°, 60°, 77°, 85°).
   c) Prüfe das Ergebnis rechnerisch.

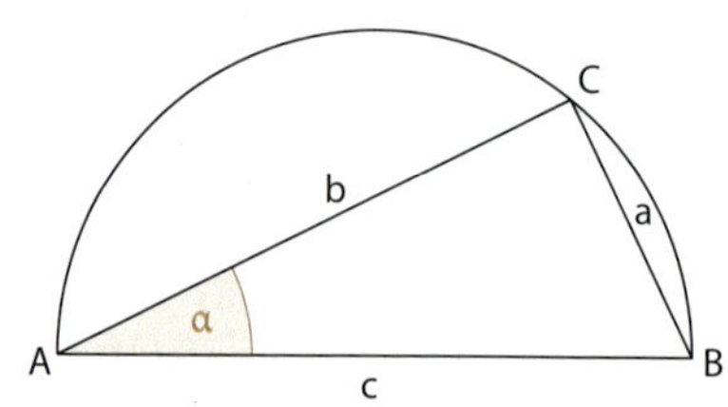

10. Ermittle zeichnerisch den Wert von $\sqrt{5}$ durch zwei unterschiedliche Konstruktionen und begründe die Verfahren durch Angabe von Gleichungen.

Hinweis zu 9:
Für regelmäßige Achtecke gilt:
s_8 (Seitenlänge)
u_8 (Umfang)

11. Einem Kreis mit $r = 1\,\text{cm}$ seien regelmäßige n-Ecke mit der Seitenlänge s_n und dem Umfang u_n einbeschrieben. Der zur Seite s_n gehörende Mittelpunktswinkel sei φ_n.
   a) Stelle eine Gleichung zur Berechnung von s_n in Abhängigkeit von n auf.
   b) Erstelle eine Wertetabelle für φ_n, s_n und u_n. Verwende für n die Zahlen 12, 20, 60 und 100

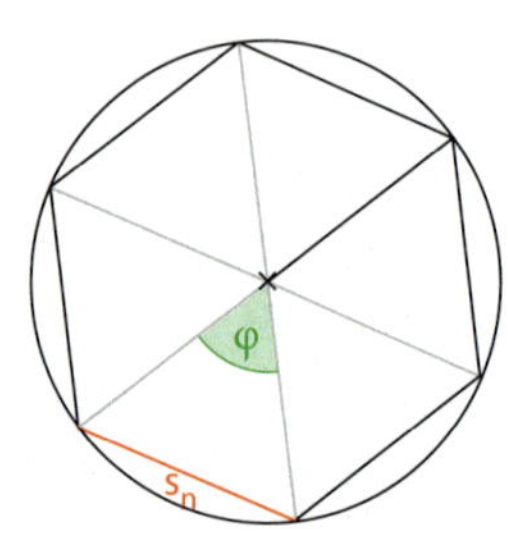

12. Bei einem Drachenviereck ABCD mit $\overline{AB} = \overline{BC} = 4{,}0\,\text{cm}$, $\overline{AC} = 4{,}8\,\text{cm}$ und $\overline{DE} = 1{,}8\,\text{cm}$ ist E der Schnittpunkt der Diagonalen.
   a) Veranschauliche den Sachverhalt in einer Planfigur.
   b) Berechne die Innenwinkelgrößen und prüfe die Ergebnisse zeichnerisch.

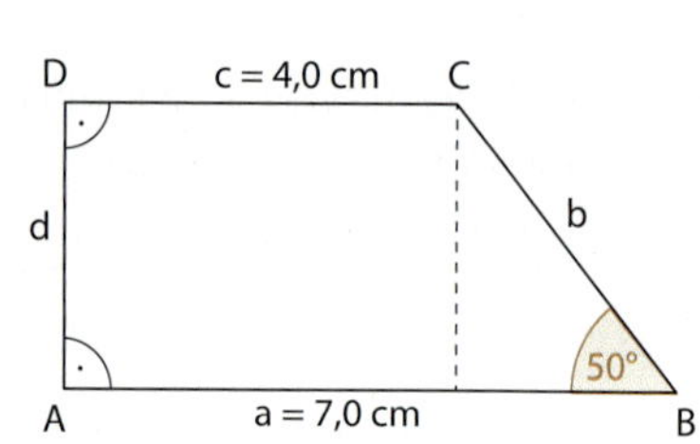

13. Berechne den Umfang des nebenstehenden Trapezes und kontrolliere zeichnerisch.

14. Die Innenwinkelgrößen eines Dreiecks ABC verhalten sich wie 1 : 3 : 5 zueinander. Berechne die Seitenverhältnisse für den Fall, dass $a = 10\,\text{cm}$ ist.

15. Von der Plattform eines 30 m hohen Aussichtsturmes erscheinen zwei Punkte A und B einer geradlinig auf den Turm zulaufenden Straße unter Winkeln von 50° und 60°. Berechne $\overline{AB}$ unter Berücksichtigung einer Augenhöhe von 1,50 m des Beobachters.

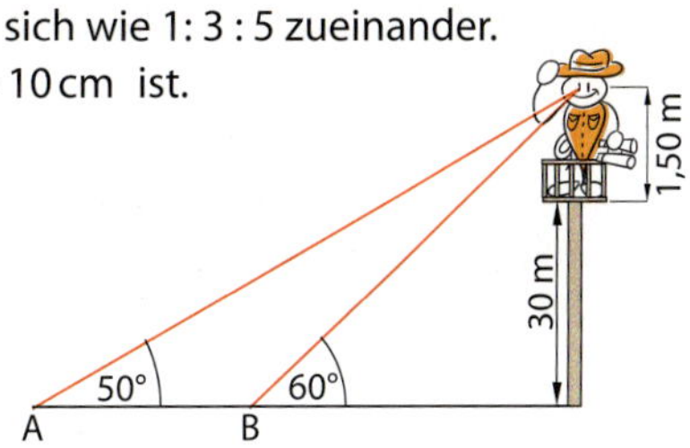

16. Stolperstelle: Pia meint, dass bei einem Dreieck ABC bei gegebener Seite a und den angegebenen Stücken die fehlenden Stücke des Dreiecks berechnet werden können. Was meinst du? Gib, wenn möglich, eine Reihenfolge der Berechnung der Stücke an.

a) α, β b) α, γ c) b, γ
d) β, γ e) c, β f) b, β

17. Für ein Parallelogramm ABCD gilt: $a = \overline{AB} = 5\,\text{cm}$ und $d = \overline{AD} = 4\,\text{cm}$
Die beiden Seiten $\overline{AB}$ und $\overline{AD}$ schließen einen Winkel von 45° ein.

a) Ermittle die Längen der Diagonalen des Parallelogramms durch Konstruktion.
b) Überprüfe die gefundenen Ergebnisse rechnerisch.
c) Löse die Aufgabe für $a = d = 4{,}5\,\text{cm}$ und erläutere deinen Lösungsweg. In diesem Fall liegt ein Rhombus vor.

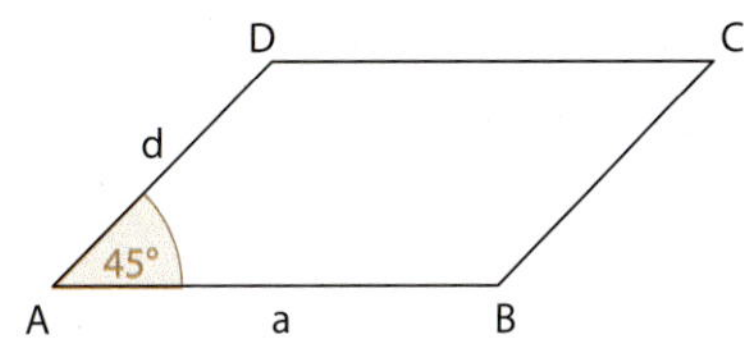

$\overline{AB} \parallel \overline{CD}$
$\overline{BC} \parallel \overline{DA}$

18. Für ein fünfeckiges Geländestück ABCDE gilt:
$\overline{AB} = 334\,\text{m}$; $\sphericalangle BAC = 42{,}2°$; $\sphericalangle BAD = 74{,}7°$;
$\sphericalangle BAE = \sphericalangle CBA = 90°$; $\sphericalangle DBA = 71{,}8°$; $\sphericalangle EBA = 44{,}3°$

DGS

a) Konstruiere das Fünfeck maßstäblich mit einer dynamischen Geometriesoftware in einem Koordinatensystem.
b) Schätze den Flächeninhalt des Grundstückes anhand der Zeichnung.
c) Berechne den Flächeninhalt des Grundstückes exakt.

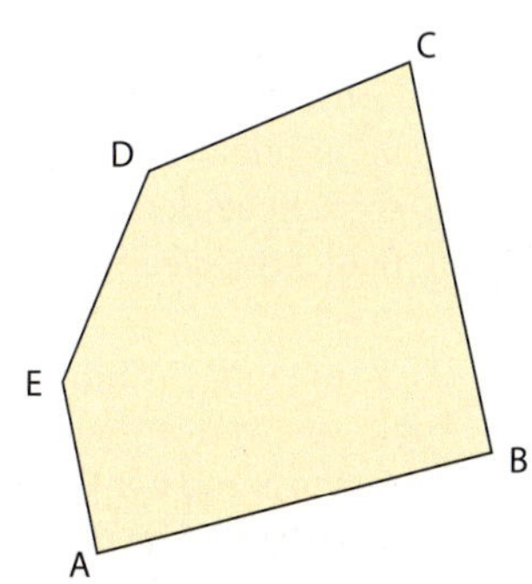

19. Ausblick: Konstruiere ein regelmäßiges Siebeneck wie folgt:
(1) Zeichne einen Winkel von 51,4° mit dem Scheitelpunkt S.
(2) Zeichne einen Kreis mit beliebigem Radius um S.
(3) Der Kreis schneidet die Schenkel des Winkels in den Punkten A und B. Zeichne $\overline{AB}$.
(4) Trage $\overline{AB}$ noch sechsmal auf dem Kreis ab und verbinde alle entstandenen Punkte zum Siebeneck.

a) Begründe, warum mit einem Winkel von 51,4° gearbeitet werden muss.
b) Konstruiere einen Winkel von 51,4° in einem rechtwinkligen Dreieck mit den Kathetenlängen von 4 cm und 5 cm. Überprüfe das Ergebnis rechnerisch.

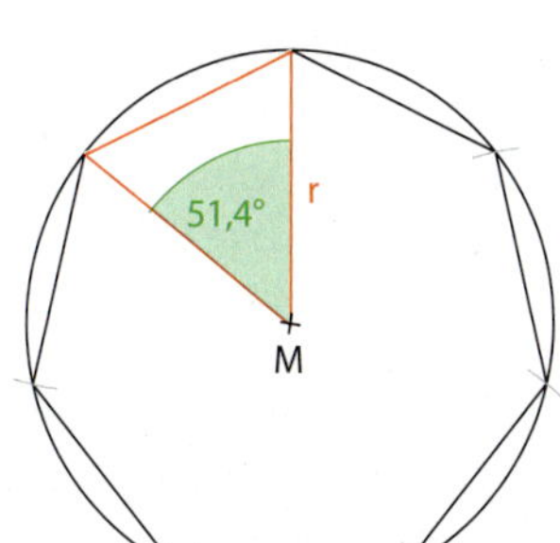

2.9 Vermischte Aufgaben

1. Die beiden Verkehrszeichen beschreiben die Steigung und das Gefälle von Straßen.
   a) Ermittle den Höhenunterschied für eine waagerechte Straßenlänge von 100 m (350 m, 2,5 km).
   b) Welcher waagerechten Streckenlänge entspricht der Höhenunterschied von 7 m (25 m, 1,2 km)?
   c) Ermittle die Anstiegswinkel für die jeweiligen Höhenangaben in den Aufgaben a) und b).

2. a) Überprüfe mit einem Taschenrechner.
   (1) $\cos 0° = \frac{1}{2} \cdot \sqrt{4}$ (2) $\cos 30° = \frac{1}{2} \cdot \sqrt{3}$ (3) $\cos 45° = \frac{1}{2} \cdot \sqrt{2}$
   b) Gib einen spitzen Winkel an, dessen Kosinuswert $\frac{1}{2}$ beträgt.
   c) Gib eine natürliche Zahl n an, für die $\cos 60° = \frac{1}{2} \cdot \sqrt{n}$ wahr ist.

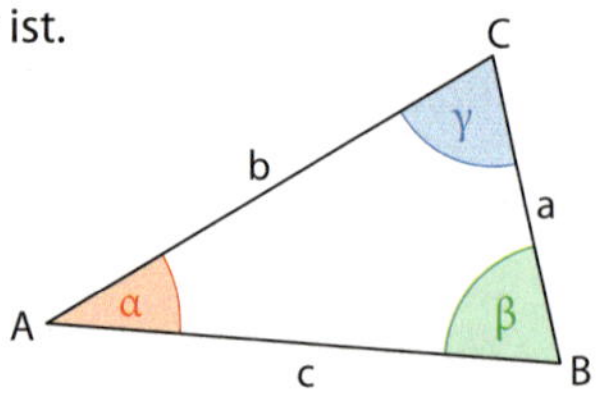

3. a) In einem Dreieck ABC gilt: $\alpha = 90°$; $b = 5\,\text{cm}$; $\gamma = 40°$. Berechne die Seitenlängen a und c.
   b) Für ein Dreieck ABC gilt $a = 6\,\text{cm}$; $b = 10\,\text{cm}$; $\alpha = 41°$. Prüfe und begründe, ob $\beta = 90°$ sein kann.

4. Ermittle zeichnerisch die Werte $\sin 43°$, $\cos 43°$ und $\tan 43°$ auf zwei Dezimalstellen genau. Vergleiche dann die ermittelten Werte mit den Werten, die dein Taschenrechner anzeigt.

5. Für ein rechtwinkliges Dreieck ABC gilt:
   a) $b = 25\,\text{cm}$ und $\alpha = 39°$ b) $b = 25\,\text{cm}$ und $\tan \beta = 1{,}5$
   Berechne die fehlenden Bestimmungsstücke und den Flächeninhalt des Dreiecks.

6. Ein rechtwinkliges Δ ABC hat eine Hypotenuse c, die das Vierfache der Kathete b beträgt.
   a) Konstruiert ein solches Dreieck.
   b) Begründet, warum das Dreieck so nicht eindeutig bestimmt ist.
   c) Berechnet die Innenwinkelgrößen des Dreiecks.

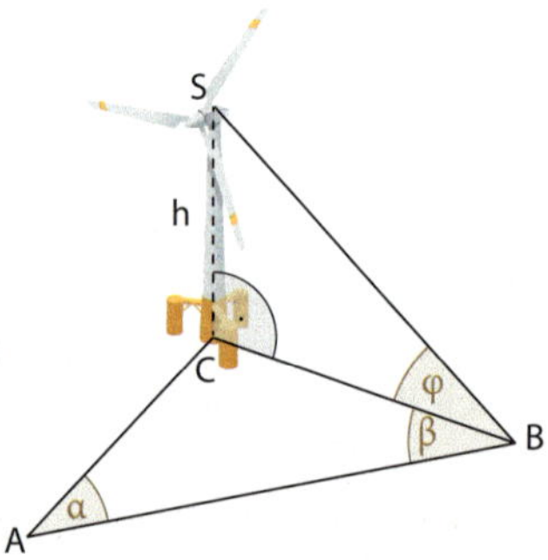

7. Die Spitze eines Windrades dient als trigonometrischer Punkt zur Landvermessung. Von einer Standlinie $\overline{AB}$ werden die Spitze S und der Fußpunkt C des Windrades angepeilt. Berechne die Höhe des Windrades für:
   $\alpha = 71°$; $\beta = 49°$; $\varphi = 15°$

8. Bei Steckleitern der Feuerwehr werden je nach Arbeitshöhe bis zu vier Leiterteile ineinander gesteckt, die sich jeweils 80 cm „überlappen". Wird die Leiter direkt an eine Hauswand angelehnt, muss ein Neigungswinkel von 65° bis 75° eingehalten werden.
   a) Fertige eine Skizze an und markiere darin die Länge der Leiter mit l, die Arbeitshöhe mit h und den Neigungswinkel mit α.
   b) Prüfe, ob der vorgeschriebene Neigungswinkel eingehalten wurde, wenn eine 2,70 m lange Leiter eine Arbeitshöhe von 2,10 m hat.
   c) Eine 6,50 m lange Leiter wird an eine Hauswand gelehnt. Welche Höhe kann die Leiter unter Berücksichtigung des vorgeschriebenen Neigungswinkels mindestens (höchstens) erreichen?
   d) Welche Länge muss die Leiter mindestens haben, wenn sie in 7 m Höhe an eine Hauswand gelehnt werden soll. Wie weit ist sie dann am Boden von der Hauswand entfernt?

9. Nora löst die Gleichung $\sin\alpha = 0{,}4$ durch folgende Taschenrechnereingabe. Prüfe, ob es weitere Lösungen gibt. Begründe deine Aussage.

10. Bei folgenden Fahrzeugen ist die maximale Steigfähigkeit angegeben. Es ist die Steigung, die das Fahrzeug maximal „erklimmen" kann. Berechne die zugehörige Neigungswinkel der Fahrbahn.
(1) Lkw (ca. 20 %) (2) Pkw mit Allradantrieb (ca. 80 %) (3) Planierraupe (ca. 100 %)

11. Ein ΔABC hat eine Seitenlänge b, die das Vierfache der Seitenlänge von a beträgt.
a) Entwickle einen Gleichung zur Berechnung der Seitenlänge c, wenn die Länge von a als bekannt vorausgesetzt und $\sphericalangle CBA = 120°$ als gegeben angenommen wird.
b) Berechne die beiden anderen Innenwinkelgrößen des Dreiecks.
c) Beim Rotieren des Dreiecks ABC um die Seite b entsteht ein sogenannter „Rotationskörper". Beschreibe diesen Körper und berechne sein Volumen.

12. Die Dachneigung bezeichnet das Gefälle einer Dachfläche. Je nach Neigungswinkel gibt es Flachdächer, flachgeneigte Dächer oder Steildächer. In Bebauungsplänen wird neben der Dachform auch vorgeschrieben, welche Neigung ein Dach haben muss. Flachdächer haben beispielsweise eine geringere Dachneigung als 25°.
a) Ermittle die maximale Höhe, die ein Flachdach haben darf, das ein Grundmaß bis First von 5,20 m aufweist.
b) Der Giebel eines Daches hat eine Breite von 10,60 m und eine Höhe von 3,80 m. Entscheide, ob dieses Dach als Flachdach bezeichnet werden darf.
c) Familie Meier baut ein Haus, dessen Dachfläche 5,50 m lang ist. Der Neigungswinkel des Daches beträgt 30°. Beurteile, ob es sinnvoll ist, den Dachboden auszubauen.

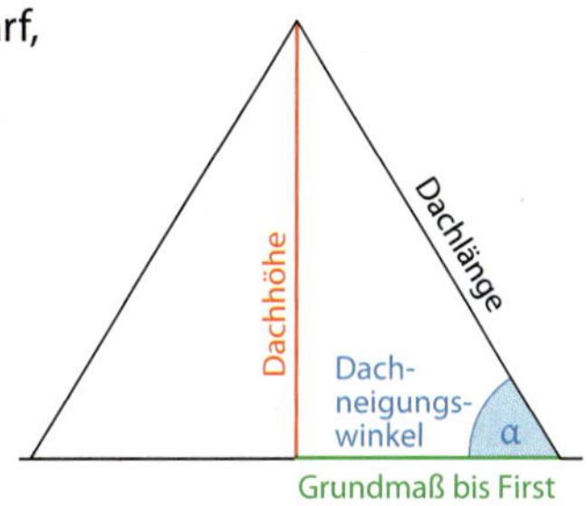

13. Eine Personenseilbahn überwindet auf einer Gesamtlänge von 890 Metern einen Höhen unterschied von 112 Metern. Sie kann maximal pro Stunde 7600 Fahrgäste befördern.

- Berechne die durchschnittliche Größe des Steigungswinkels.
- Die Seilbahn bewegt sich mit einer durchschnittlichen Geschwindigkeit von $20\frac{\text{km}}{\text{h}}$. Berechne, wie viel Minuten sie für eine „Bergauffahrt" benötigt.
- Eine Materialseilbahn hat bei einer Seillänge von 34,4 km einen durchschnittlichen Steigungswinkel von 6°. Vergleiche die horizontalen Entfernungen und die dabei überwundenen Höhenunterschiede der Materialseilbahn mit denen der Personenseilbahn.
- Formuliere anhand folgender Angaben drei mathematische Aufgaben und löse diese:
  - *Die Gondelbahn über einem Fluss, die von März bis November betrieben wird und 41 Kabinen für jeweils maximal 4 Personen hat, kann bis zu 1600 Personen pro Stunde befördern.*
  - *Ihre Stützen sind auf der linken Flussseite 36,4 Meter und auf der rechten Flussseite 50,3 Meter hoch. Die Fahrstrecke beträgt 935 Meter, die Fahrzeit etwa 6 Minuten.*
  - *Im vergangenen Jahr wurden 525 400 Fahrgäste gezählt.*

Additionstheoreme

■ Der Wert für $\sqrt{11}$ kann näherungsweise zeichnerisch durch eine Konstruktion ermittelt werden. Dabei wird der Satz des Pythagoras zweimal angewendet.
Die Winkel α und β können aus den Katheten des jeweiligen Dreiecks berechnet werden.
Es gilt: $\alpha \approx 18{,}4°$; $\beta \approx 17{,}5°$ und $(\alpha + \beta) \approx 35{,}9°$

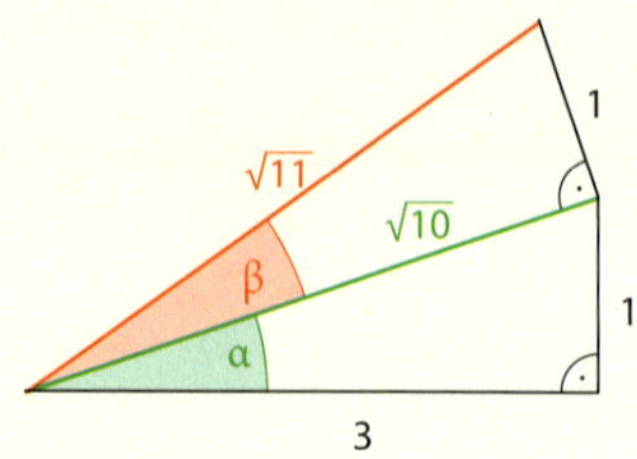

Prüfe, ob auch $\sin(\alpha+\beta) = \sin\alpha + \sin\beta$ *gilt.* ■

Wissen: Additionstheoreme der Trigonometrie
Additionstheoreme führen trigonometrische Berechnungen für Summen, Differenzen und Vielfache von Winkeln auf die ursprünglichen Werte zurück.
Es gilt:

$$\sin(\alpha \pm \beta) = \sin\alpha \cdot \cos\beta \pm \cos\alpha \cdot \sin\beta$$
$$\cos(\alpha \pm \beta) = \cos\alpha \cdot \cos\beta \mp \sin\alpha \cdot \sin\beta$$
$$\sin\alpha + \sin\beta = 2 \cdot \sin\frac{\alpha+\beta}{2} \cdot \cos\frac{\alpha-\beta}{2}$$
$$\sin\alpha - \sin\beta = 2 \cdot \cos\frac{\alpha+\beta}{2} \cdot \sin\frac{\alpha-\beta}{2}$$
$$\cos\alpha + \cos\beta = 2 \cdot \cos\frac{\alpha+\beta}{2} \cdot \cos\frac{\alpha-\beta}{2}$$
$$\cos\alpha - \cos\beta = -2 \cdot \sin\frac{\alpha+\beta}{2} \cdot \sin\frac{\alpha-\beta}{2}$$
$$\sin 2\alpha = 2 \cdot \sin\alpha \cdot \cos\alpha$$
$$\tan 2\alpha = \frac{2 \cdot \tan\alpha}{(1 - \tan\alpha)^2} \quad (\tan\alpha \neq 1)$$

Beispiel 1: Gegeben sind die Winkel $\alpha = 45°$; $\beta = 30°$ und $\gamma = 60°$.
Berechne die Termwerte auf zwei Wegen, einmal direkt und einmal über ein geeignetes Additionstheorem.

a) $\sin(\beta + \gamma)$ b) $\cos(\alpha - \beta)$ c) $\cos\alpha + \cos\beta$ d) $\tan 2\alpha$

Lösung:

a) Wähle das entsprechende Theorem aus. Setze die Winkelgrößen ein und berechne.

$$\sin(\beta+\gamma) = \sin\beta \cdot \cos\gamma + \cos\beta \cdot \sin\gamma$$
$$\sin(30° + 60°) = \sin 90° = 1$$
$$= \sin 30° \cdot \cos 60° + \cos 30° \cdot \sin 60°$$
$$= \frac{1}{2} \cdot \frac{1}{2} + \frac{1}{2} \cdot \sqrt{3} \cdot \frac{1}{2} \cdot \sqrt{3} = \frac{1}{4} + \frac{3}{4} = 1$$

b) Gehe wie bei a) vor.

$$\cos(45° - 30°) = \cos 15° \approx 0{,}97$$
$$= \cos 45° \cdot \cos 30° + \sin 45° \cdot \sin 30°$$
$$= \frac{1}{2} \cdot \sqrt{2} \cdot \frac{1}{2} \cdot \sqrt{3} + \frac{1}{2} \cdot \sqrt{2} \cdot \frac{1}{2}$$
$$= \frac{1}{4} \cdot (\sqrt{6} + \sqrt{2}) \approx 0{,}97$$

c) Gehe wie bei a) vor.

$$\cos\alpha + \cos\beta = 2 \cdot \cos\frac{\alpha+\beta}{2} \cdot \cos\frac{\alpha-\beta}{2}$$
$$\cos 45° + \cos 30° \approx 1{,}57$$
$$= 2 \cdot \cos\frac{45° + 30°}{2} \cdot \cos\frac{45° - 30°}{2}$$
$$\approx 2 \cdot 0{,}79 \cdot 0{,}99 \approx 1{,}56$$

d) Gehe wie bei a) vor.

$$\tan 2\alpha = \frac{2 \cdot \tan\alpha}{1 - (\tan\alpha)^2}$$
$$\tan 2 \cdot 45° = \tan 90° \text{ (nicht definiert)}$$
$$= \frac{2 \cdot \tan 45°}{1 - (\tan 45°)^2} = \frac{1}{1 - 1^2} = \frac{1}{1-1} = \frac{1}{0}$$

Der Nenner darf nicht Null sein, also existiert tan 90° nicht.

Aufgaben

1. Gegeben sind die Winkel $\alpha = 25°$; $\beta = 30°$ und $\gamma = 75°$. Berechne die Termwerte auf zwei Wegen, einmal direkt und einmal über ein geeignetes Additionstheorem.
a) $\sin(\alpha + \beta)$ b) $\cos(\gamma - \alpha)$ c) $\tan 2\beta$ d) $\sin\beta + \sin\gamma$ e) $\cos\alpha - \cos\gamma$

2. Gegeben sind die drei Winkelgrößen $15°$; $75°$ und $105°$.
a) Berechne sowohl den Sinus als auch den Kosinus von jedem der gegebenen Winkel.
b) Stelle jeden Winkel als Summe (Differenz) aus den $30°$; und $60°$ dar.
c) Ermittle sowohl den Sinus als auch den Kosinus von jedem der gegebenen Winkel mithilfe der Gleichung aus b).
d) Vergleiche die Ergebnisse aus a) und b) miteinander.

3. a) Berechne $\sin(45° + \alpha)$ aus $\cos\alpha = -0{,}5$ für $90° < \alpha < 180°$.
b) Berechne $\cos(\alpha \pm \beta)$ aus $\cos\alpha = 0{,}6$ und $\cos\beta = \frac{5}{13}$ für $0° < \alpha < 90°$; $270° < \beta < 360°$.
c) Berechne $\cos(\alpha + \beta + \gamma)$ für spitze Winkel α, β, γ aus $\sin\alpha = 0{,}6$; $\sin\beta = \frac{12}{13}$, $\sin\gamma = \frac{7}{25}$.

4. Zeige, dass für spitze Winkel α und β mit $\alpha > 0°$ und $\beta > 0°$ gilt:
$\sin(\alpha + \beta) < \sin\alpha + \sin\beta$
a) Führe dafür Betrachtung an einem Kreis mit $r = 1\,\text{cm}$ durch.
b) Nutze dazu die Additionstheoreme.

5. Weise die Gleichheit nach.
a) $\sin(45° - \alpha) = \cos(45° + \alpha)$
b) $\sin(30° + \alpha) + \cos(60° + \alpha) = \cos\alpha$
c) $\tan(\alpha + \beta) = \dfrac{\tan\alpha + \tan\beta}{1 - \tan\alpha \cdot \tan\beta}$
d) $\sin(\alpha + \beta) \cdot \sin(\alpha - \beta) = (\sin\alpha)^2 - (\cos\alpha)^2$

6. Vereinfache den Ausdruck.
a) $\dfrac{\sin(\alpha + \beta) + \sin(\alpha - \beta)}{\sin(\alpha + \beta) - \sin(\alpha - \beta)}$
b) $\dfrac{\cos(\alpha + \beta) - \cos(\alpha - \beta)}{\cos(\alpha + \beta) + \cos(\alpha - \beta)}$
c) $\dfrac{\cos\alpha \cdot \cos\beta - \cos(\alpha + \beta)}{\cos(\alpha - \beta) - \sin\alpha \cdot \sin\beta}$
d) $\dfrac{\sin(\alpha + \beta) - \cos\alpha \cdot \sin\beta}{\sin(\alpha - \beta) + \cos\alpha \cdot \sin\beta}$
e) $\dfrac{\sin(45° + \alpha) - \cos(45° + \alpha)}{\sin(45° + \alpha) + \cos(45° + \alpha)}$

7. Prüfe, ob es einen Winkel α gibt, für den folgende Gleichung gilt: $2 \cdot \tan\alpha = \tan 2\alpha$

8. **Forschungsauftrag:** In der Abbildung sind an einem Kreis mit $r = 1\,\text{cm}$ zwei Winkel α und β dargestellt.
a) Ermittle anhand der Abbildung die Werte $\sin\alpha$; $\sin\beta$ und $\sin(\alpha + \beta)$ sowie $\sin\alpha \cdot \cos\beta + \cos\alpha \cdot \sin\beta$.
Welche Aussagen kannst du treffen?
b) Entwickle anhand der Darstellung das Additionstheorem für $\sin(\alpha + \beta)$.

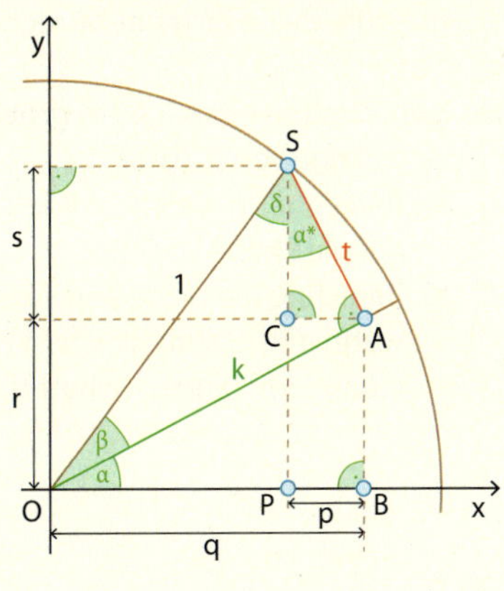

Prüfe dein neues Fundament

Lösungen
↗ S. 199

1. Berechne folgende Werte: sin 37°, cos 102°, tan 45°, sin 143°, cos 78°, tan 90°

2. Zeichne einen Kreis mit $r = 1\,cm$ und ermittle damit Näherungswerte für Sinus, Kosinus und Tangens sowohl von 45° als auch von 160°.

3. Gegeben ist ein Dreieck ABC mit $\beta = 90°$.
a) Berechne die fehlenden Seitenlängen für:
① $b = 6\,cm;\ \alpha = 30°$ ② $c = 4\,cm;\ \gamma = 42°$ ③ $a = 5{,}5\,cm;\ \alpha = 21°$
b) Berechne die Winkelgröße für α:
① $a = 4\,cm;\ b = 7\,cm$ ② $b = 3\,cm;\ c = 2\,cm$ ③ $a = 7{,}7\,cm;\ b = 15{,}1\,cm$

4. Gegeben ist ein Dreieck ABC mit $\gamma = 90°$.
a) Berechne die Längen der fehlenden Seiten:
① $b = 1\,cm;\ \alpha = 35°$ ② $a = 4{,}5\,cm;\ \beta = 42°$ ③ $a = 5{,}1\,cm;\ \alpha = 23°$
b) Berechne die Winkelgrößen für α und β:
① $c = 10\,cm;\ b = 6\,cm$ ② $c = 8{,}5\,cm;\ b = 3{,}5\,cm$ ③ $c = 17{,}3\,cm;\ b = 12{,}9\,cm$

5. Berechne die fehlenden Seitenlängen, Winkelgrößen und den Flächeninhalt des Dreiecks.

a)
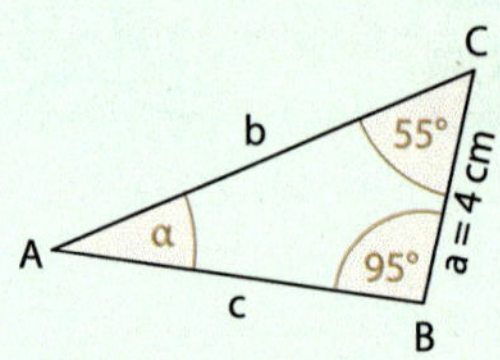

b)
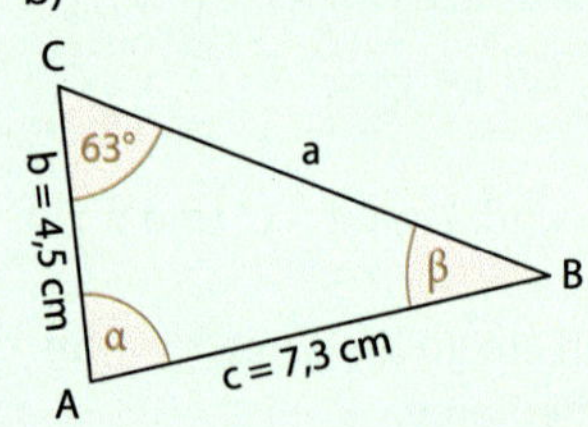

c)
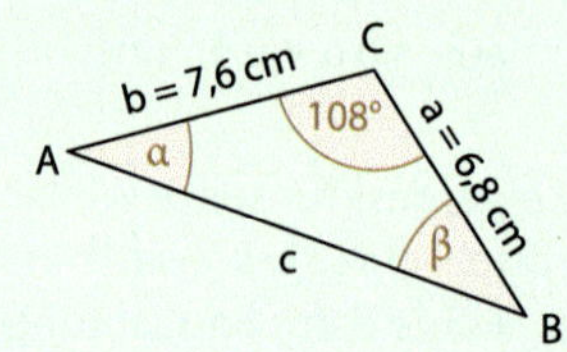

6. Gib unter Verwendung der Werte von sin 30°, sin 45° und cos 60° die Sinuswerte und die Kosinuswerte von 120°, 135° und 150° an.

7. Gib alle Winkel im Intervall $0° \leq \alpha \leq 180°$ an, für die gilt:
$\sin\alpha = 0{,}5\ (-0{,}5;\ \frac{1}{2}\sqrt{2};\ \frac{1}{2}\sqrt{3};\ 0;\ 1)$

8. Begründe ohne Verwendung eines Taschenrechners, dass folgende Aussage wahr ist:
Da $\sin 45° = \frac{1}{2}\sqrt{2}$ gilt, muss auch $\cos 45° = \frac{1}{2}\sqrt{2}$ gelten.

9. Für Δ ABC gilt: $a = 12\,m;\ b = 5\,m;\ c = 13\,m$
a) Konstruiere das Dreieck ABC maßstäblich und ermittle die Größen aller Innenwinkel durch Messen.
b) Prüfe deine Ergebnisse rechnerisch. Begründe dein Vorgehen.

10. Der Schatten eines 1,80 m großen Skiläufers hat eine Länge von 2,70 m.
a) Berechne, in welchem Winkel die Sonnenstrahlen auf die Ebene treffen.
b) Berechne die Höhe eines Seilbahnmastes, wenn dieser zum gleichen Zeitpunkt einen 15 m langen Schatten wirft.

11. Berechne den Flächeninhalt des Dreiecks $M_1M_2M_3$ für:
$r_1 = 6{,}5\,cm$;
$r_2 = 5{,}2\,cm$
und
$r_3 = 3{,}8\,cm$

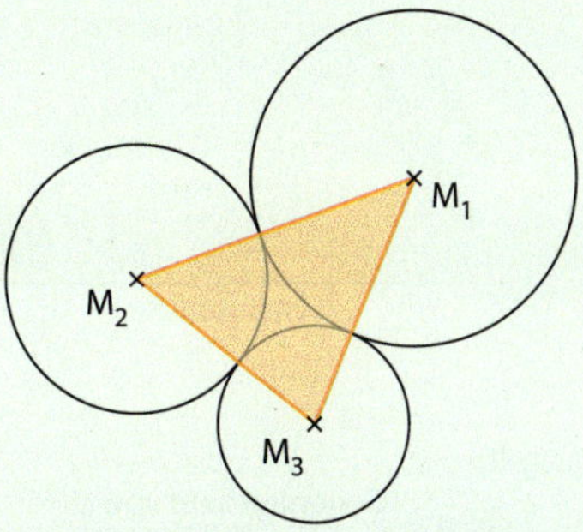

12. Der Jahrtausendturm im Magdeburger Elbauenpark, der anlässlich der Bundesgartenschau 1999 errichtet wurde, hat eine Höhe von 60 m.

a) Unter welchem Winkel erscheint der Turm einem Betrachter in etwa 150 m Entfernung, wenn seine Augenhöhe 1,50 m beträgt.

b) Um wie viel Meter ist die Angabe der Turmhöhe zu niedrig, wenn die in a) ermittelte Angabe auf die nächste ganzzahlige Winkelangabe abgerundet wird?

Wiederholungsaufgaben

1. Bestimme die Nullstelle der Funktion sowohl graphisch als auch rechnerisch.

a) $y = f(x) = -3x + 6$ b) $y = g(x) = \frac{1}{2}x - 4$

2. In einer Lostrommel liegen 150 Nieten, 40 Trostpreise und 10 Gewinne. Berechne die Wahrscheinlichkeit dafür, dass man beim ersten zufälligen Ziehen keine Niete zieht.

3. 100 ml Vanille-Eiscreme enthalten 220 kcal. Das kalorienreduzierte Eis desselben Herstellers enthält 90 kcal. Berechne, wie viel Prozent weniger Kalorien die zweite Eissorte enthält.

4. Übertrage die Buchstaben A, E, H, I, L, M und X ins Heft.

a) Entscheide, welche achsensymmetrisch und welche punktsymmetrisch sind.

b) Markiere die Symmetrieachse und das Symmetriezentrum farbig.

5. Ein Quader hat die Kantenlängen $a = 2\,cm$; $b = 3\,cm$ und $c = 5\,cm$. Berechne die Gesamtkantenlänge des Quaders, sein Volumen und seinen Oberflächeninhalt.

6. Max behauptet, dass sich der Quader aus Aufgabe 5 entlang der kleinsten Flächendiagonalen in zwei zueinander kongruente Teilkörper zerlegen lässt.
Dabei halbieren sich das Volumen und die Gesamtkantenlänge.
Fertige eine Skizze an.
Prüfe ob das stimmt. Begründe deine Auffassung.

7. Berechne ohne Taschenrechner.

a) $20015{,}2016 \cdot 10^2$ b) $2015{,}2016 : 10^2$ c) $24{,}876 \cdot 10^4$ d) $24{,}876 : 10^4$

Zusammenfassung

Sinus, Kosinus und Tangens; Berechnungen am rechtwinkligen Dreieck

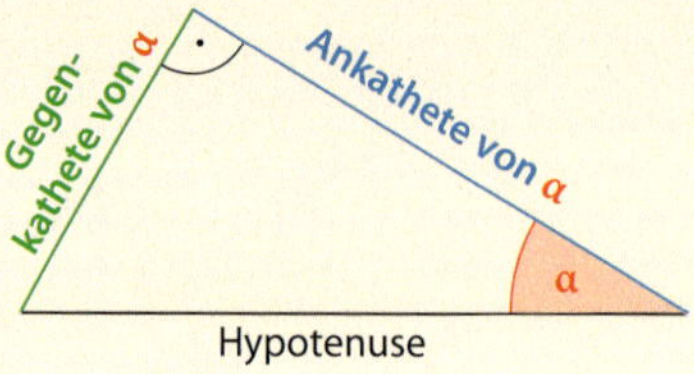

Es gilt:

$$\sin\alpha = \frac{\text{Gegenkathete von }\alpha}{\text{Hypotenuse}}$$

$$\cos\alpha = \frac{\text{Ankathete von }\alpha}{\text{Hypotenuse}}$$

$$\tan\alpha = \frac{\text{Gegenkathete von }\alpha}{\text{Ankathete von }\alpha}$$

$$\tan\alpha = \frac{\sin\alpha}{\cos\alpha}$$

Mithilfe der Gleichungen können in rechtwinkligen Dreiecken Innenwinkelgrößen und Seitenlängen berechnet werden.

Geg.: ΔABC mit $\beta = 90°$; $\alpha = 30°$; $a = 5\,\text{cm}$
Ges.: b und γ
Lösung:

$\sin\alpha = \frac{a}{b} \quad |\cdot b$

$b\cdot\sin\alpha = a \quad |:\sin\alpha$

$b = \frac{a}{\sin\alpha} = \frac{5\,\text{cm}}{\sin 30°}$

$b = \frac{5\,\text{cm}}{0{,}5} = 10\,\text{cm}$

$\cos\gamma = \frac{a}{b}$

$\cos\gamma = \frac{5\,\text{cm}}{10\,\text{cm}}$

$\cos\gamma = 0{,}5$

$\gamma = 60°$

Probe mit dem Innenwinkelsatz:
$\gamma = 180° - 90° - 30° = 60°$

Geg.: $\Delta ABC\ (\beta = 90°)$; $a = 60\,\text{cm}$; $c = 40\,\text{cm}$
Ges.: α
Lösung:

$\tan\alpha = \frac{a}{c}$

$\tan\alpha = \frac{60\,\text{cm}}{40\,\text{cm}} = 1{,}5$

$\alpha \approx 56°$

Trigonometrische Beziehungen

Für Winkel zwischen 0° und 180° gilt:
$0 \le \sin\alpha \le 1$ für $0° \le \alpha \le 180°$
$0 \le \cos\alpha \le 1$ für $0° \le \alpha \le 90°$

$\sin 40° \approx 0{,}64$
$\cos 40° \approx 0{,}77$

Für Winkel, die sich zu 180° ergänzen gilt:
$\sin\alpha = \sin(180° - \beta) = \sin\beta$
$\cos\alpha = -\cos(180° - \beta) = -\cos\beta$

$\sin 140° = \sin(180° - 40°) = \sin 40°$
$\cos 140° = \cos(180° - 40°) = -\cos 40°$

Für den Sinus und den Kosinus eines Winkels gilt:
$\sin^2\alpha + \cos^2\alpha = 1$

$\sin 45° = \frac{1}{2}\sqrt{2}$
$\sin^2 45° + \cos^2 45° = 1$
$\cos^2 45° = 1 - \sin^2 45° = \left(\frac{1}{2}\sqrt{2}\right)^2$
$\cos 45° = \frac{1}{2}\sqrt{2}$

Sinussatz, Kosinussatz, Flächeninhaltssatz

In jedem **beliebigen Dreieck** ABC gilt
– der **Sinussatz**:

$$\frac{a}{b} = \frac{\sin\alpha}{\sin\beta};\quad \frac{b}{c} = \frac{\sin\beta}{\sin\gamma};\quad \frac{a}{c} = \frac{\sin\alpha}{\sin\gamma}$$

– der **Kosinussatz**:

$$a^2 = b^2 + c^2 - 2bc\cdot\cos\alpha$$
$$b^2 = a^2 + c^2 - 2ac\cdot\cos\beta$$
$$c^2 = a^2 + b^2 - 2ab\cdot\cos\gamma$$

– der **Flächeninhaltssatz**:

$$A = \frac{1}{2}a\cdot b\cdot\sin\gamma$$
$$A = \frac{1}{2}b\cdot c\cdot\sin\alpha$$
$$A = \frac{1}{2}a\cdot c\cdot\sin\beta$$

Geg.: ΔABC mit $\beta = 60°$;
$a = 6\,\text{cm}$; $c = 8\,\text{cm}$
Ges.: b; γ; A

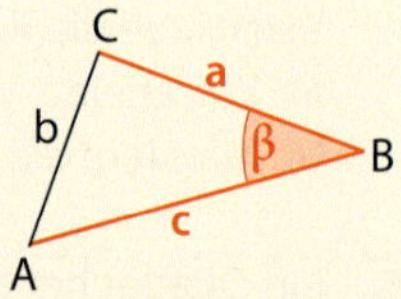

Lösung:

$b^2 = a^2 + c^2 - 2ac\cdot\cos\beta = 52\,\text{cm}^2$
$b \approx 7{,}2\,\text{cm}$

$\sin\gamma = \frac{c}{b}\cdot\sin\beta = \frac{8\,\text{cm}}{7{,}2\,\text{cm}}\cdot\sin 60° = 0{,}9622\ldots$
$\gamma \approx 74{,}2°$

$A = \frac{1}{2}\cdot a\cdot c\cdot\sin\beta = \frac{1}{2}\cdot 6\,\text{cm}\cdot 8\,\text{cm}\cdot\sin 60°$
$A \approx 20{,}8\,\text{cm}^2$

3. Aufgabenpraktikum (Teil 1)

Schon vor Jahrhunderten wurden beim Bau von Häusern oder Brücken Dreiecke zur Stabilisierung verwendet. Das ist auch heute noch so.
Bei vielen Aufgaben in diesem Aufgabenpraktikum stehen Berechnungen an Dreiecken im Mittelpunkt.
Beim Suchen nach Lösungswegen kann das bewusste Anwenden von Lösungsstrategien schneller zum Ziel führen.

Lösungsstrategien nutzen

■ Die Wiesenfläche einer Grünanlage soll von einer Firma gemäht werden. Für den Kostenvoranschlag wird die Größe dieser Fläche in Quadratmeter benötigt. ■

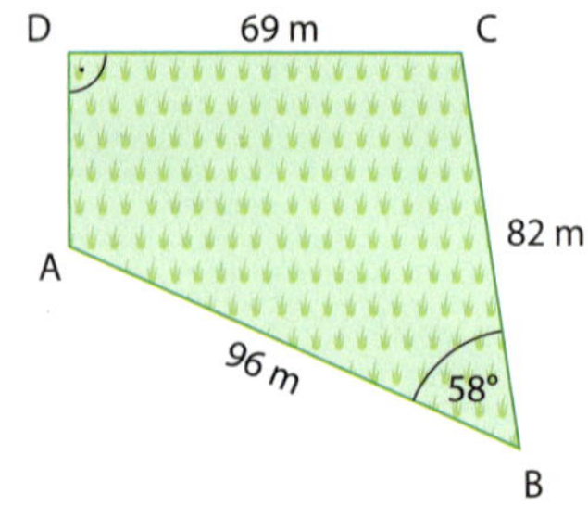

Beim Lösen von Anwendungsaufgaben erleichtert das bewusste Nutzen von Lösungsstrategien, wie beispielsweise das Vorwärts- und Rückwärtsarbeiten, das Finden von Lösungswegen. Die folgenden Orientierungen können beim Anwenden dieser Strategien helfen.

Beim Vorwärtsarbeiten vom Gegebenen ausgehen

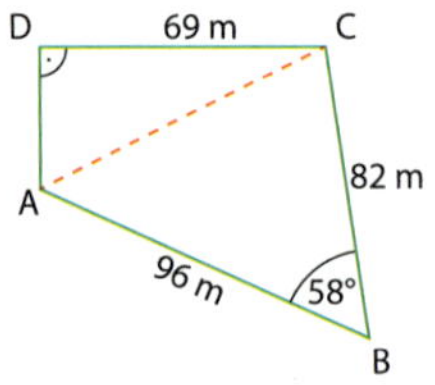

- Ermittle die gegebenen Stücke.

Vom Viereck ABCD sind 5 Stücke (zwei Innenwinkel und drei Seiten) gegeben.

- Untersuche, was sich aus den gegebenen Stücken berechnen lässt, um das Gesuchte oder eine Hilfsgröße zu ermitteln.

Aus dem Winkel β und den Strecken $\overline{AB}$ und $\overline{BC}$ kann der Flächeninhalt des Dreiecks ABC und die Diagonale $\overline{AC}$ berechnet werden.

$A_1 = \frac{1}{2} \cdot 96\text{ m} \cdot 82\text{ m} \cdot \sin 58° \approx 3338\text{ m}^2$

$\overline{AC} = \sqrt{96^2 + 82^2 - 2 \cdot 96 \cdot 82 \cdot \cos 58°}\text{ m}$

$\overline{AC} \approx 87{,}2\text{ m}$

- Untersuche, was sich aus den noch nicht verwendeten Stücken und den schon berechneten Stücken berechnen lässt, um das Gesuchte zu ermitteln.

Im rechtwinkligen Dreieck ACD kann aus der Hypotenuse $\overline{AC}$ und der Kathete $\overline{CD}$ die Kathete $\overline{AD}$ und damit der Flächeninhalt A_2 des Dreiecks ACD berechnet werden:

$\overline{AD} = \sqrt{87{,}2^2 - 69^2}\text{ m} \approx 53{,}3\text{ m}$

$A_2 = \frac{1}{2} \cdot 69\text{ m} \cdot 53{,}3\text{ m} \approx 1839\text{ m}^2$

Aus A_1 und A_2 ergibt sich der Flächeninhalt $A = A_1 + A_2 \approx 5177\text{ m}^2$.

Beim Rückwärtsarbeiten vom Gesuchten ausgehen

- Gib an, welche Größen gesucht sind und wie sie berechnet werden können.

Gesucht ist der Flächeninhalt des Vierecks ABCD. Er kann als Summe der Flächeninhalte zweier Dreiecke berechnet werden.

- Untersuche, welche weiteren Größen wie zu berechnen sind.

Für ΔABC gilt: $A_1 = \frac{1}{2} \cdot \overline{AB} \cdot \overline{BC} \cdot \sin\beta$

Für ΔACD gilt: $A_2 = \frac{1}{2} \cdot \overline{AD} \cdot \overline{CD}$

- Stelle fest, welche Größen in den Formeln nicht gegeben sind und wie diese ermittelt werden können. Dieser Schritt wird wiederholt, bis alle erforderlichen Größen bekannt sind.

Es fehlt noch die Kathete $\overline{AD}$:

$\overline{AD} = \sqrt{\overline{AC}^2 - \overline{CD}^2}$

Dafür fehlt noch die Hypotenuse $\overline{AC}$:

$\overline{AC} = \sqrt{\overline{AB}^2 + \overline{BC}^2 - 2 \cdot \overline{AB} \cdot \overline{BC} \cdot \cos\beta}$

Jetzt können nacheinander alle Größen (so wie oben) berechnet werden.

Beide Strategien werden zumeist kombiniert angewendet. In der Regel wird dabei die Aufgabe in Teilaufgaben zerlegt und Unbekanntes auf Bekanntes zurückgeführt.

Grundlegendes

Die Aufgaben erfordern grundlegende Kenntnisse und Fähigkeiten.

Aufgabenmix zu „Potenzen"

1. Berechne ohne Taschenrechner.
   a) $(-4)^3$ b) $-0{,}5^3$ c) $\left(\frac{1}{5}\right)^2 - \left(-\frac{2}{5}\right)^3$ d) $4 \cdot 2^4 - 2 \cdot (-1)^6$
   e) $0{,}1^2 \cdot (\sqrt{10})^4$ f) $((-2)^2)^3$ g) $(-(-2)^2)^3$ h) $\frac{0{,}5^8}{0{,}5^6}$

2. Wende Potenzgesetze an und vereinfache soweit wie möglich.
   a) $x^4 \cdot x^2 \cdot x^{-1}$ b) $2a^2 \cdot 3a^3$ c) $2a^3b : 2a^2$ d) $xy^2z^3 \cdot x^2y$
   e) $a^{12} : a^{17}$ f) $(n-1)^5 : (n-1)^3$ g) $a^2b^3 : (-ab)^3$ h) $(2u^2v^3)^4$

3. a) Forme so um, dass keine negativen Exponenten auftreten.
   (1) b^{-3} (2) $\frac{a}{3^{-5}}$ (3) $\frac{m^{-2}}{n^{-3}}$ (4) $x^{-5} \cdot y^{-3}$ (5) $\frac{a+b}{(a-b)^{-1}}$

   b) Schreibe als Potenz mit negativem Exponenten.
   (1) $\frac{1}{8}$ (2) $\frac{1}{1000}$ (3) $\frac{1}{a^2}$ (4) $\frac{1}{s}$ (5) $\frac{1}{(a-b)^3}$

4. Löse die Gleichung.
   a) $4^3 \cdot 4^5 = 4^x$ b) $3^x \cdot 3^4 = 3^8$ c) $2^4 : 2^x = 2^8$ d) $(5^5 : 5^2) \cdot 5^3 = x^3$

5. Untersuche, ob die Aussage wahr ist.
   a) Für alle reellen Zahlen a gilt: $a^3 > a$
   b) Es gibt reelle Zahlen a mit $-1 < a < 0$, für die gilt: $a^3 < a$
   c) Für alle reellen Zahlen $a < -1$ gilt: $a^5 < a^3$

Aufgabenmix zu „Wurzeln und Logarithmen"

1. Schreibe den Term als Wurzel und ermittle den Termwert ohne Taschenrechner.
   a) $32^{\frac{1}{5}}$ b) $27^{\frac{2}{3}}$ c) $25^{-\frac{1}{2}}$ d) $16^{-0{,}25}$ e) $0{,}09^{0{,}5}$

2. Vereinfache so weit wie möglich.
   a) $\sqrt[4]{6} \cdot \sqrt[4]{8}$ b) $\sqrt[3]{a^2 \cdot \sqrt{a^3}}$ c) $\sqrt{\frac{20}{21}} \cdot \sqrt{\frac{27}{35}}$ d) $\sqrt[4]{x^9} : \sqrt[4]{x^5}$ e) $\sqrt[3]{16a^3b^2}$

3. Begründe das Wurzelgesetz mithilfe von Potenzgesetzen.
   Für positive reelle Zahlen a, b und natürliche Zahlen n, p, q ($n \geq 2$; $p \geq 2$; $q \geq 2$) gilt:
   a) $\sqrt[n]{a} \cdot \sqrt[n]{b} = \sqrt[n]{a \cdot b}$ b) $\frac{\sqrt[n]{a}}{\sqrt[n]{b}} = \sqrt[n]{\frac{a}{b}}$ c) $\left(\sqrt[p]{a}\right)^q = \sqrt[p]{a^q}$

4. a) Ermittle x.
   (1) $32 = 2^x$ (2) $\frac{1}{27} = 3^x$ (3) $144 = 12^x$ (4) $0{,}0081 = 0{,}3^x$ (5) $4^x = \sqrt[10]{4}$

   b) Schreibe die in a) gegebene Gleichung mithilfe von Logarithmen.

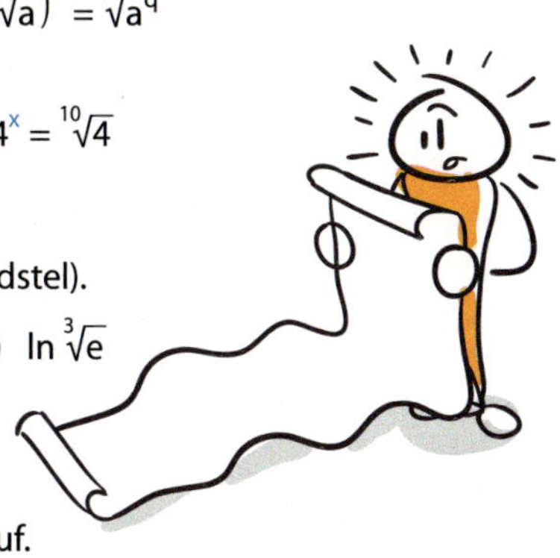

5. Berechne die Logarithmen mithilfe eines Taschenrechners (Runde auf Tausendstel).
   a) $\lg 5$ b) $\lg 0{,}125$ c) $\ln 2$ d) $\ln 0{,}2$ e) $\lg \sqrt{0{,}02}$ f) $\ln \sqrt[3]{e}$

6. Wende Logarithmengesetze an.
   a) $\log_a 2pq$ b) $\lg k^{-3}$ c) $\ln \frac{a^2}{b}$ d) $\log_a \sqrt{x}$ e) $\ln (u-v)^3$

7. a) Stelle eine Wertetabelle für $y = \lg x$ mit $x = 0{,}01;\ 0{,}1;\ 0{,}5;\ 1;\ 2;\ 5;\ 10$ auf.
   b) Trage die Punkte $P(x|y)$ in ein Koordinatensystem ein.
   c) Erläutere, wovon es abhängt, ob der Logarithmus einer Zahl positiv oder negativ ist. Begründe deine Aussagen.

Aufgabenmix zu „Potenzen beim Rechnen mit Größen"

1. Übernimm die Tabelle ins Heft und vervollständige sie.

Zahl	400 000		8 200 000	−820 000		0,0008	
Zahl mit abgetrennten Zehnerpotenzen	$4 \cdot 10^5$	$5{,}1 \cdot 10^3$			$-3{,}4 \cdot 10^4$		$1{,}2 \cdot 10^{-2}$

2. Die Vorsätze Nano (n), Mikro (μ), Milli (m), Zenti (c), Dezi (d), Hekto (h), Kilo (k), Mega (M) und Giga (G) stehen für Zehnerpotenzen.
   a) Gib zur Längeneinheit Meter zugehörige weitere Einheiten mit diesen Vorsätzen sowie den jeweils bestehenden Zusammenhang mit der Einheit Meter an.
   Beispiel: $1\,\text{cm} = 10^{-2}\,\text{m} = 0{,}01\,\text{m}$
   b) Gib die Größe mit der in Klammer stehenden Einheit und mit Zehnerpotenzen an.
   (1) Der Mond hat eine Masse von etwa 73 500 000 000 000 000 000 000 kg. (t)
   (2) Die Ultrakurzwelle liegt im Frequenzbereich von 30 MHz bis 300 MHz. (Hz = Hertz)
   (3) Die Wellenlängen von infrarotem Licht liegen zwischen 1 nm und 780 nm. (m)

Hinweis:
Hz – Hertz
W – Watt
Ω – Ohm
V – Volt
A – Ampere

3. Gib x an.
   a) $1\,\text{GV} = x\,\text{kV}$ b) $1\,\text{m}\Omega = x\,\text{k}\Omega$ c) $1\,\text{kWh} = x\,\text{Ws}$ d) $1\,\frac{\ell}{\text{m}^2} = x\,\frac{\text{m}\ell}{\text{cm}^2}$ e) $1\,\frac{\text{kg}}{\text{m}^2} = x\,\frac{\text{g}}{\text{cm}^2}$

4. Ein Akku vom Typ AA hat eine Kapazität von 2 Ah (0,8 Ah).
   Es gilt: Kapazität = Entladestrom · Entladezeit
   (A ist eine Einheit der Stromstärke)
   a) Gib die Kapazität des Akkus in der Einheit mAh an.
   b) Bei voller Ladung kann in einer Zeit x ein Entladestrom y entnommen werden.
   Gib die Zeit x für einen Entladestrom y = 0,2 A (1 A; 20 mA; 10 A) an.
   Gib den Entladestrom y für die Zeit x = 20 h (50 h; 5 h; 30 min) an.

Aufgabenmix zu „Berechnungen an rechtwinkligen Dreiecken"

1. Gib die trigonometrischen Beziehungen für den Sinus, den Kosinus und den Tangens der Winkel α, β, γ_1 und γ_2 in nebenstehender Abbildung an.

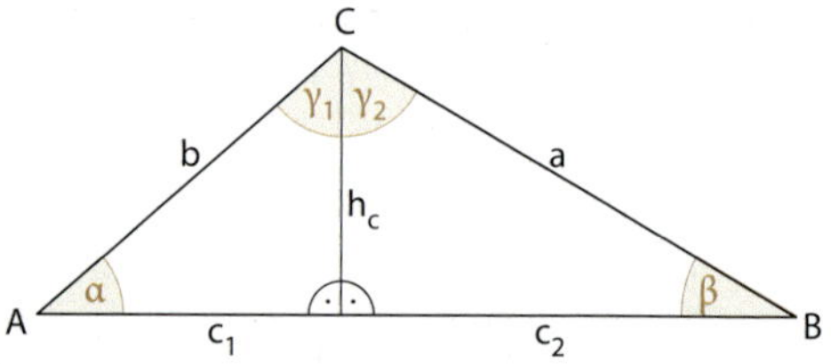

2. Von einem rechtwinkligen Dreieck XYZ sind die Katheten x = 2,8 cm und y = 3,9 cm bekannt. Berechne die Hypotenuse z, die Innenwinkel α, β und γ, den Umfang u und den Flächeninhalt A des Dreiecks XYZ.

3. Von einem rechtwinkligen Dreieck ABC mit γ = 90° sind zwei Stücke gegeben. Stelle für die in Klammern stehenden (gesuchten) Größen einen Ansatz auf.
   a) A, a; (b, β) b) b, c; (u) c) a, β; (A) d) A, α; (a, b)

4. Die Stufen einer Treppe haben jeweils eine Höhe von 15,0 cm und eine Tiefe von 25,0 cm. Fertige eine Skizze dazu an. Berechne die Größe des Neigungswinkels, den ein Treppengeländer mit der Horizontalen einschließen sollte.

5. Der Graph der Funktion $y = f(x) = 3x + 2$ und die Koordinatenachsen bilden ein Dreieck ABC. Zeichne dieses Dreieck ABC und berechne alle Seitenlängen und Innenwinkelgrößen.

6. Erkläre die Begriffe Anstieg m und Anstiegswinkel α am Beispiel linearer Funktionen und begründe den bestehenden Zusammenhang $m = \tan \alpha$.

Aufgabenmix zu „Berechnungen an beliebigen Dreiecken"

1. Stelle jeweils einen Ansatz zur Berechnung der blau markierten Stücke auf, wenn die rot markierten Stücke gegeben sind. Wende dazu auf die Dreiecke in den Abbildungen (1) bis (4) den Sinussatz und auf die Abbildungen (5) bis (8) den Kosinussatz an.

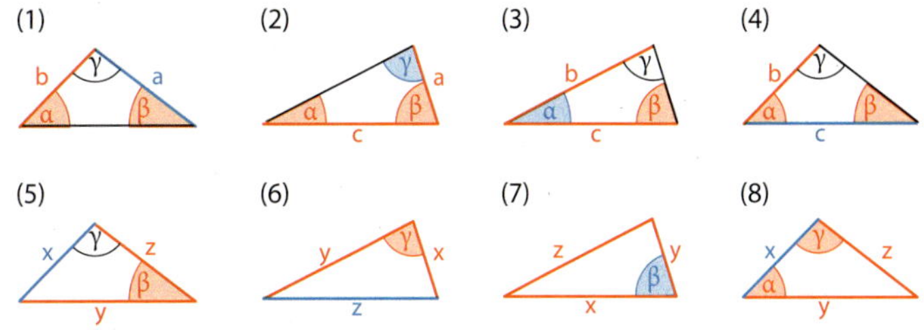

2. Berechne die nicht angegebenen Seitenlängen und Innenwinkelgrößen sowie den Flächeninhalt und den Umfang des Dreiecks ABC. Überprüfe die Seitenlängen durch Konstruktion.
   a) $\alpha = 42{,}5°$; $\beta = 63{,}0°$; $b = 8{,}4\,\text{cm}$
   b) $a = 4{,}5\,\text{cm}$; $c = 3{,}5\,\text{cm}$; $\beta = 115°$
   c) $\alpha = 43{,}6°$; $\beta = 60{,}4°$; $b = 5{,}7\,\text{cm}$
   d) $a = 4{,}0\,\text{cm}$; $b = 5{,}0\,\text{cm}$; $c = 6{,}5\,\text{cm}$

3. Gegeben ist ein Parallelogramm ABCD mit den Seitenlängen $a = 4{,}5\,\text{cm}$ und $b = 3{,}2\,\text{cm}$ sowie der Innenwinkelgröße $\alpha = 55°$. Berechne die Längen der Diagonalen sowie den Flächeninhalt des Parallelogramms.

4. Um den Flächeninhalt eines Sees näherungsweise ermitteln zu können, wurde ein Viereck vermessen, das den See, so wie abgebildet, einschließt.
   Folgende Stücke wurden gemessen:
   $a = 58\,\text{m}$; $b = 93\,\text{m}$; $c = 69\,\text{m}$; $d = 84\,\text{m}$; $\alpha = 81°$
   Berechne einen Näherungswert für den Flächeninhalt des Sees und gib ihn in Hektar an.

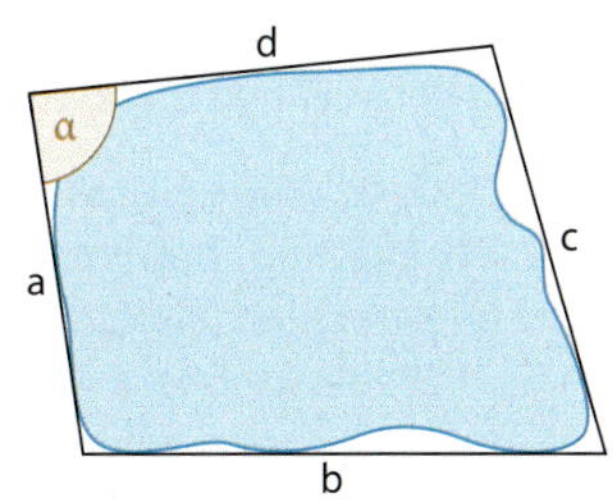

Aufgabenmix zu „Lösungsstrategien anwenden und Lösungspläne entwickeln"

1. Gegeben sind eine Aufgabe und ein zugehöriger, unvollständiger Lösungsplan.
   Aufgabe: Es ist der Flächeninhalt der farbigen Fläche (Kreisabschnitt) bei gegebenem Radius r und gegebenem Zentriwinkel α zu berechnen.

   Lösungsüberlegungen (Rückwärtsarbeiten):
   – *Bezeichnungen festlegen:*
   Gesuchter Flächeninhalt: A;
   Flächeninhalt des Kreissektors: A_S;
   Flächeninhalt des Dreiecks A_D
   – *Lösungsansatz:* $A = A_S - A_D$
   – *Lösungsplan:* (1) $A_S = \ldots$ (2) $A_D = \ldots$ (3) $A = \ldots$

   Vervollständige die rechten Seiten der Gleichungen im Lösungsplan, wobei nur die gegebenen Größen r und α verwendet werden dürfen.

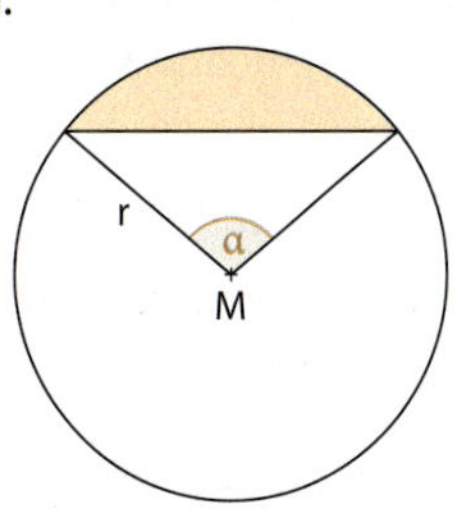

2. Stelle einen Lösungsplan zur Berechnung des Winkels β im abgebildeten Rechteck auf, wenn a gegeben ist. Gib die Lösungsschritte mithilfe von Gleichungen an.

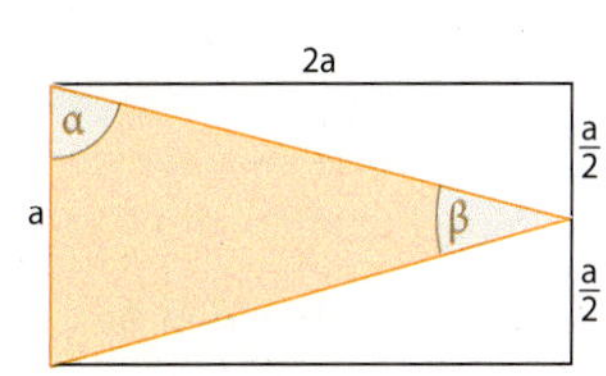

Hinweis: Wende Lösungsstrategien bewusst an.

3. Von einem gleichschenkligen Dreieck sind die Schenkel a und b sowie der Basiswinkel α gegeben. Stelle einen Lösungsplan auf, um die Basis c zu berechnen.
   a) Es soll der Kosinussatz verwendet werden.
   b) Der Sinus- und Kosinussatz sollen nicht verwendet werden.

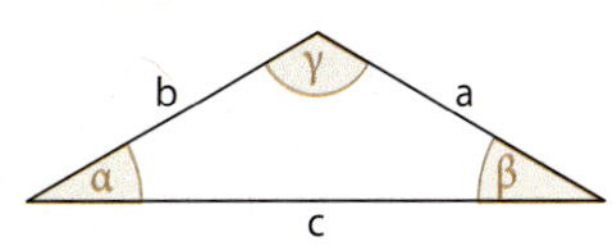

Überall Dreiecke

Arbeitet beim Lösen selbstständig. Vergleicht dann eure Ergebnisse und Argumentationen.

„Aufgabenturm“

Löse möglichst viele Aufgaben. Du kannst in jeder Höhe beginnen. Die Aufgaben werden vom 3-Meter-Brett bis zum 10-Meter-Brett anspruchsvoller.

Hinweis:
N x° O bedeutet

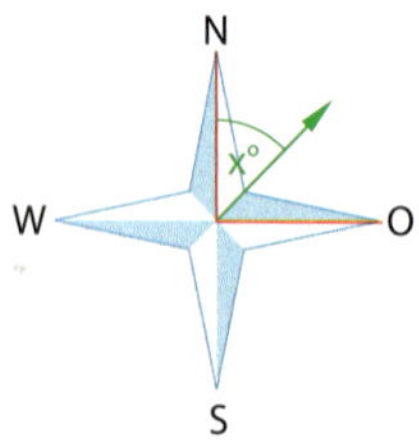

1. Ein Schiff fährt vom Ausgangshafen A in Richtung N 18° O zur 48 Seemeilen entfernten Insel B, von dort aus 87 Seemeilen in Richtung N 72° W zur Insel C, danach 82 Seemeilen in Richtung N 150° W zum Hafen D.
   a) Ermittle konstruktiv sowohl die Entfernung als auch den Kurs (also die Richtung), den das Schiff fahren muss, um vom Hafen D zum Ausgangshafen A zurück zu fahren.
   b) Berechne die Entfernung der Häfen A und D voneinander.

10-m-Brett

1. Gegeben ist ein gleichschenkliges Dreieck ABC mit einem Basiswinkel $\alpha = 70°$ und der Basis $c = 4{,}5\,\text{cm}$. Ermittle sowohl rechnerisch als auch konstruktiv die Schenkellänge und den Umkreisradius.

Hinweis:

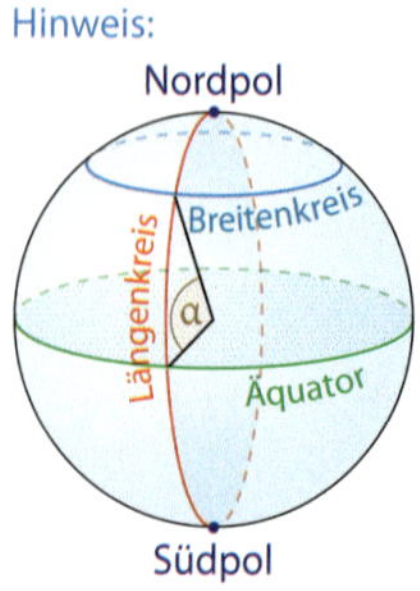

2. Die Erde ist in Längen und Breitenkreise unterteilt. Der Erdradius beträgt $6{,}37 \cdot 10^3$ km.
   a) Berechne den Radius und den Umfang des Breitenkreises $\alpha = 40°$.
   b) Halle liegt auf dem Breitenkreis 51,5° nördlicher Breite und dem Längenkreis 12,0° östlicher Länge. Berechne, wie viel Kilometer es auf diesem Breitenkreis von Halle bis zum Nullmeridian sind.

1. Gegeben ist ein gleichschenkliges Dreieck ABC mit der Basis $c = 3{,}8\,\text{cm}$ und der Schenkellänge $5{,}1\,\text{cm}$. Berechne alle Innenwinkelgrößen und den Inkreisradius.

Hinweis: Der Neigungswinkel eines Satteldachs ist der Winkel zwischen dem Dach und der Horizontalebene.

2. Ein Gebäude hat ein Satteldach mit einem Neigungswinkel von 37°. Das Dach soll neu gedeckt werden. Berechne die Größe der Dachfläche.
   Hinweis:
   Die Abbildung zeigt den Grundriss.

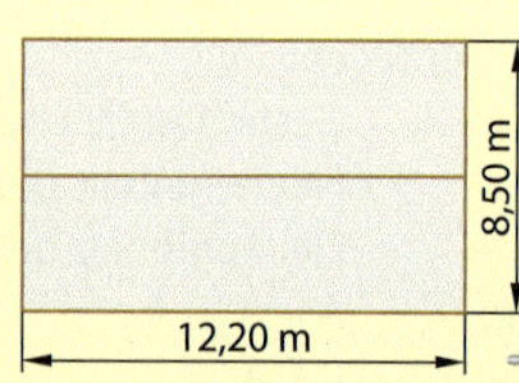

1. Das abgebildete Grundstück soll verpachtet werden. Der Pächter möchte, dass es vorher noch eingezäunt wird. Berechne die Zaunlänge in Meter und den Flächeninhalt des Grundstücks in Hektar.

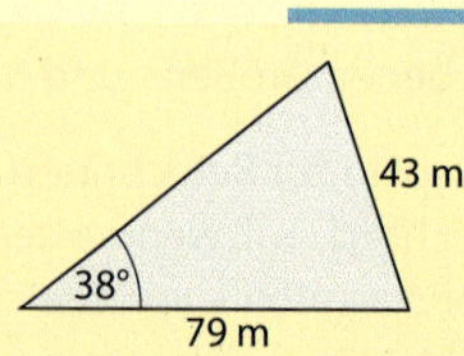

2. a) Berechne den Anstiegswinkel und den Höhenunterschied einer 750 m langen, gleichmäßig ansteigenden Straße, an der das Verkehrszeichen steht.
   b) Erkläre die Bedeutung dieses Verkehrszeichens mithilfe der Begriffe Anstieg und Anstiegswinkel.

„Vermessungen im Gelände"

1. a) Wie weit kann man bei klarem Wetter auf die Ostsee vom Strand aus hinaussehen, wenn man 1,70 m groß ist. Nimm an, dass dies etwa gleich der „Augenhöhe" ist.
   b) Wie groß ist der Winkel zwischen der Person und der gedachten Linie von den Augen bis zum Horizont?
   c) Berechne die Sichtweite und den Winkel wie bei b) von einem Leuchtturm. Die Augenhöhe beträgt dabei etwa 40,8 m.

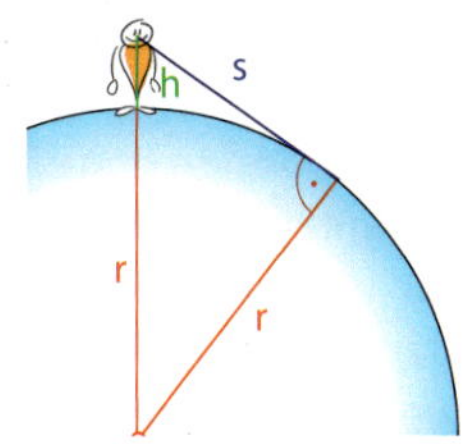

Hinweis zu 1:
Erdradius:
r = 6370 km

2. Bei Vermessungen im Gelände nutzen Vermessungstechniker oft sogenannte "E-Latten" mit einer Dezimeter-Einteilung. Mit einem Theodoliten werden Strecken (o – u) angepeilt, die sich auf der E-Latte befinden, und der zugehörige Öffnungswinkel α wird gemessen.
   Entwickle eine Formel, mit der man unter Verwendung von o, u und α die Streckenlänge d berechnen kann.

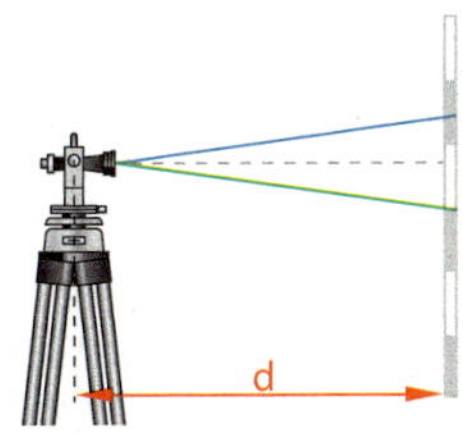

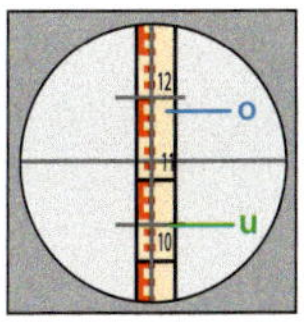

„Dreiecke an Bauwerken und in der Technik"

1. Die Abbildung zeigt eine Zeichnung der 1128 m langen Elbauenbrücke bei Schönebeck. Sie ist eine Schrägkabelbrücke aus Stahlverbund mit 185 m Hauptspannweite zwischen einem 73 m hohen A-Pylon und dem nächsten Stützfeiler am linken Ufer. Links und rechts vom A-Pylon verbinden 9 Tragseilpaare den A-Pylon mit der Brücke.
   Alle Abstände zwischen dem linken Stützpfeiler, dem A-Pylon und den Befestigungsstellen der Tragseile an der Brücke sind gleich groß.

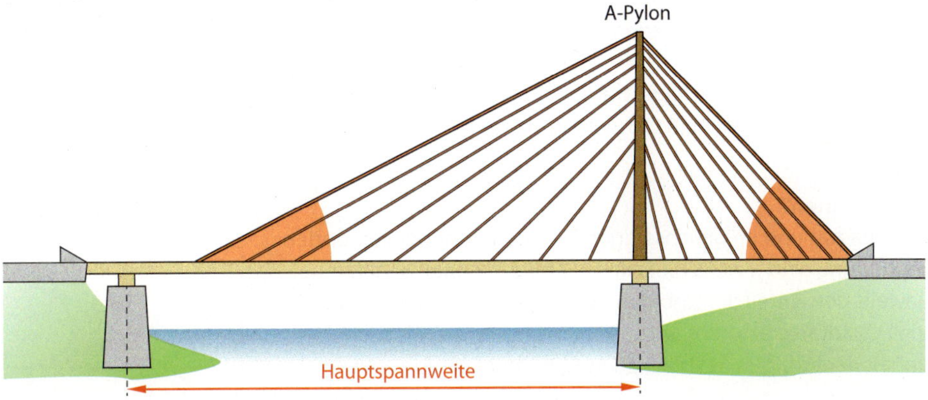

   Betrachte die vom A-Pylon ausgehenden Tragseile und berechne die Länge des ganz linken und des ganz rechten Tragseils sowie die Winkel, die diese beiden Seile jeweils mit der Brücke einschließen. Die Tragseile sind am A-Pylon in Höhen von 60 m bis 48 m über der Fahrbahn angebracht.

2. In Kolbenmotoren werden Schubbewegungen in Drehbewegungen umgewandelt. Dies geschieht mithilfe von Schubkurbelgetrieben. Die Abbildung zeigt die Prinzipskizze solch eines Getriebes.
   Der Kolben bewegt sich geradlinig und die Kurbel dreht sich um den Winkel φ.
   Für das Gestänge gilt:
   $l_1 = 60\,\text{mm}$, $l_2 = 180\,\text{mm}$
   Ermittle x für $\varphi = 0°$ (180°; 90°; 50°).

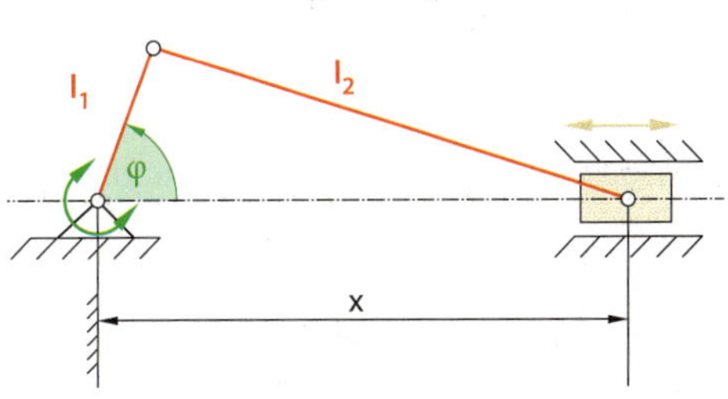

Interessantes und Kniffliges

Die folgenden Aufgaben fordern zum **Knobeln** auf.

„Logarithmen ohne Taschenrechner“

Logarithmen sind eigentlich eine tolle Sache.
Für 10^n mit $n \in \mathbb{Z}$ gilt: $\lg 10^n = n$
Daraus und aus den Logarithmen von 2, 3 und 7 können weitere Logarithmen berechnet werden.
Ermittle die Logarithmen von 4; 5; 6; 8; 9; 20 und 700 aus den gegebenen vierstelligen Logarithmen und begründe dein Vorgehen.

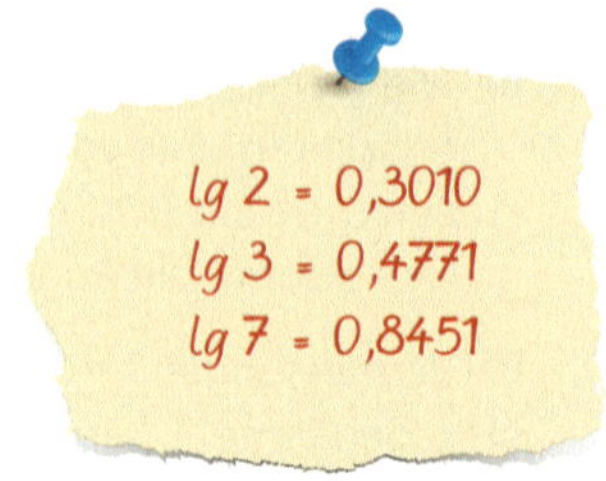

„Magisches Quadrat mit Potenzen“

Trage die Potenzen $2^1, 2^2, 2^3, 2^4, 2^5, 2^6, 2^7, 2^8$ und 2^9 so in ein Neuner-Quadrat ein, dass das Produkt der drei Zahlen in jeder Zeile, in jeder Spalte und in jeder Diagonale jeweils 32 768 beträgt.

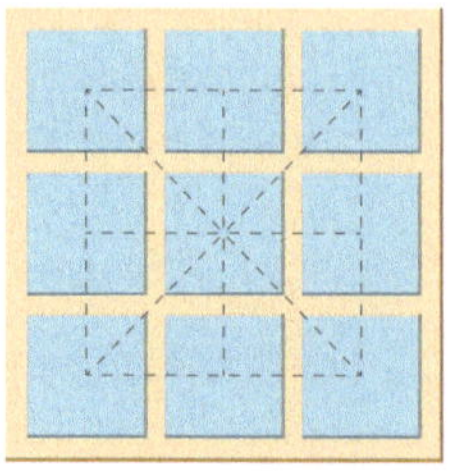

„Ein gefräßiger Drache“

Ein friedliches Städtchen wird von einem gefräßigen Drachen heimgesucht, der die Bewohner zwingt, ihm am ersten Tag vier ganze Ochsen zum Fressen zu bringen. Am nächsten Tag verlangt der Drache zwei Ochsen, am folgenden Tag einen Ochsen. So geht es immer weiter, an jedem Tag halb so viel wie am Tag davor.
Ermittle die Anzahl der Tage, die der Drache benötigt, um 7 Ochsen (8 Ochsen) zu verzehren.

„Restflächen“

Im Quadrat und im gleichseitigen Dreieck der nebenstehenden Abbildung sind jeweils die Inkreise eingezeichnet. Schätze jeweils den Anteil der farbigen Restfläche am Flächeninhalt des Quadrates bzw. des Dreiecks. Gib jeweils den Flächeninhalt der farbigen Restflächen in Abhängigkeit von a an.

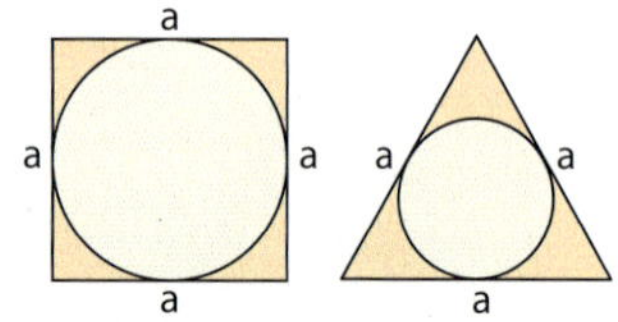

„Alles dreht sich“

Wirken zwei unterschiedlich große Zahnräder direkt aufeinander ein, können Geschwindigkeit und Richtung von Drehbewegungen verändert werden.
In einem Getriebe treibt Zahnrad 1 Zahnrad 2 an.

a) Die Drehzahl von Zahnrad 1 beträgt 2000 Umdrehungen pro Minute. Die Radien der beiden Zahnräder sind:
$r_1 = 15\,\text{cm}$ und $r_2 = 25\,\text{cm}$
Welche Drehzahl hat dann Zahnrad 2?
b) Die Drehzahl von Zahnrad 1 beträgt 40 Umdrehungen pro Minute, die von Zahnrad 2 120 Umdrehungen pro Minute. Gib mögliche Radien für die beiden Zahnräder an.
c) Entscheide, ob zwei Zahnräder, deren Radien sich wie 1 : 2 verhalten, mit gleicher Drehzahl laufen können. Begründe deine Aussage.

4. Quadratische Gleichungen – quadratische Funktionen

Es gibt verschiedene Brückenformen. Dabei treten oft gekrümmte Kurven auf. Solche Kurven lassen sich durch Funktionen beschreiben.

Lösungen ↗ S. 199

Gleichungen lösen

1. Löse die Gleichung im Bereich der reellen Zahlen.

a) $2x + 4 = 24$ b) $3x - 4 = -5x + 12$ c) $0{,}5x - 2 = x$ d) $\frac{1}{3}(x - 8) = 3x$

e) $\frac{1}{3}x - 6 = x - 6$ f) $2(x + 1{,}5x) = 5x$ g) $4 + \frac{1}{2}x = x$ h) $\frac{3}{4}x - 3 = 0$

Erinnere dich: Aus einer negativen Zahl kann keine Quadratwurzel gezogen werden.

2. Gib alle Lösungen der Gleichung im Bereich der reellen Zahlen an.

a) $x^2 - 16 = 0$ b) $\sqrt{9} = x$ c) $x + 1 = \sqrt{-4}$ d) $2x^2 + 2 = 52$

e) $x^2 = 0$ f) $x^2 + 4 = 0$ g) $x^2 - 4 = 0$ h) $x(x - 1) = 0$

i) $(x - 1)(x + 1) = 0$ j) $|x| = 2$ k) $|x - 1| = 2$ l) $2|x - 2| = 8$

Hinweis zu 2 und 3: $|x| = \begin{cases} -x & \text{für } x < 0 \\ x & \text{für } x \geq 0 \end{cases}$

3. Gib alle ganzen Zahlen zwischen -4 und 4 an, die eine Lösung der Gleichung sind.

a) $2|x| = 2$ b) $(x - 3)(x + 1) = 0$ c) $(x + 1)^2 = 4$ d) $x^2 - 2^2 = 0$ e) $x^2 = 1$

4. Gib eine Gleichung der Form $(x + a)(x - b) = 0$ mit der Lösungsmenge $L = \{-2;\ 3\}$ an.

5. Die Gleichung hat zwei Lösungen. Gib die Lösungsmenge an.

a) $x^2 = 16$ b) $(x + 3)^2 = 16$ c) $(x - 2)^2 - 16 = 0$ d) $(x + 1)^2 = 9$

e) $|x| = \sqrt{4}$ f) $|x| = \sqrt{36}$ g) $|x| + 2 = 7$ h) $2|x| = 12$

Binomische Formeln anwenden

6. Löse die Klammern auf.

a) $(2 + x)^2$ b) $(a - 3)(a + 3)$ c) $(a - 2)^2$ d) $(2a + b)^2$ e) $(a - 2b)(a + 2b)$

f) $(2 - 0{,}5x)^2$ g) $(4 - 2x)(4 + 2x)$ h) $\left(\frac{1}{2}u - 2v\right)^2$ i) $\left(x + \frac{1}{2}\right)\left(x + \frac{1}{2}\right)$ j) $\left(\frac{2}{3}u + 3v\right)^2$

7. Übertrage ins Heft und ersetze $\blacksquare$ richtig.

a) $x^2 + 6x + 9 = (\blacksquare + 3)^2$ b) $a^2 + 12a + \blacksquare = (a + 6)^2$

c) $25u^2 - 60uv + \blacksquare = (5u - 6v)^2$ d) $36 + 12x + x^2 = (\blacksquare + 6)^2$

e) $(2u + v)(2u - v) = (2u)^2 - (\blacksquare)^2$ f) $9x^2 + \blacksquare + 1{,}5x = \left(3x + \frac{1}{4}\right)^2$

g) $a^2 + b^2 + \blacksquare = (a + b)^2$ h) $z^2 - 12z + \blacksquare = (z - \blacksquare)^2$

8. Forme mithilfe der binomischen Formeln die Summe in ein Produkt um.

a) $a^2 - 2ab + b^2$ b) $x^2 + 2xy + y^2$ c) $a^2 + 4a + 4$ d) $9 - x^2$ e) $9a^2 + 12ab + 4b^2$

9. Übertrage ins Heft und ersetze $\blacksquare$ richtig.

a) $x^2 + 2x = (x + 1)^2 - \blacksquare$ b) $4x^2 + 2x = \left(2x + \frac{1}{2}\right)^2 - \blacksquare$ c) $\frac{9}{25}x^2 - 6x = \left(\frac{3}{5}x - 5\right)^2 - \blacksquare$

d) $x^2 - x = (x - 0{,}5)^2 - \blacksquare$ e) $x^2 + x + 1 = \left(x + \frac{1}{2}\right)^2 + \blacksquare$ f) $9x^2 - 12x = (3x - 2)^2 - \blacksquare$

10. Bei einem Quadrat wird eine Seite um 1 cm vergrößert und die andere Seite um 1 cm verkleinert, sodass ein Rechteck entsteht. Ermittle den Unterschied zwischen dem Flächeninhalt des Quadrates und dem des Rechtecks.

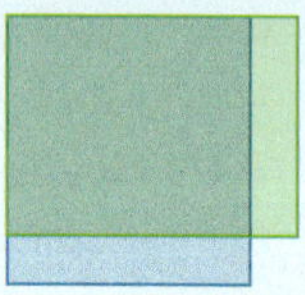

Funktionen darstellen

11. Zeichne die Graphen der linearen Funktionen in ein Koordinatensystem.
a) $y = f(x) = 2x$ b) $y = f(x) = 2x + 3$ c) $y = f(x) = 2x - 2$
d) $y = f(x) = -2x$ e) $y = f(x) = -x - 3$ f) $y = f(x) = -2x + 2$

12. Gib an, welcher Graph zu welcher Funktionsgleichung gehört. Gib für den vierten Graphen eine Funktionsgleichung an.
a) $y = f(x) = x$
b) $y = g(x) = -x + 1$
c) $y = h(x) = 2x - 1$

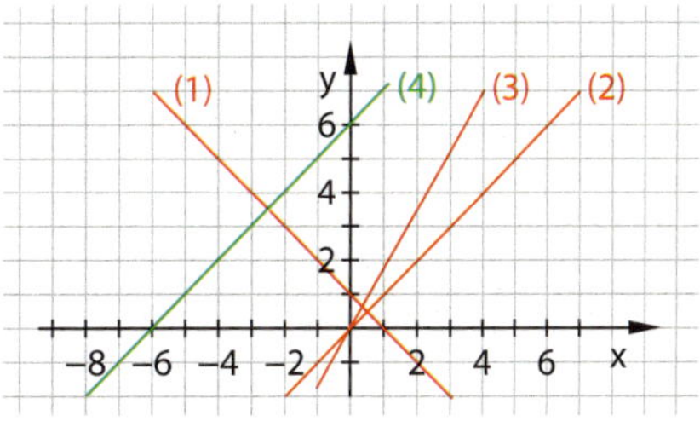

13. Zeichne den Graphen der Funktion in ein Koordinatensystem und gib die Koordinaten der Schnittpunkte mit den Koordinatenachsen an.
a) $y = f(x) = 2x - 2$ b) $y = f(x) = -2x + 1$ c) $y = f(x) = x - 4$ d) $y = f(x) = |x| - 1$

14. Berechne die Nullstelle der linearen Funktion.
a) $y = 2x - 2$ b) $y = x + 0{,}5$ c) $y = -0{,}5x + 4$ d) $y = 0{,}3x - 0{,}3$ e) $y = \frac{2}{3}x - 2$

15. Gib eine Gleichung einer linearen Funktion mit dem Anstieg $m = 2$ und der Nullstelle $x = 2$ an.

16. Untersuche, ob die Graphen der Funktionen einander schneiden.
Gib gegebenenfalls die Koordinaten des Schnittpunktes an.
a) $y = -x + 2;\ y = -2x + 1$ b) $y = x - 3;\ y = 2x - 5$ c) $y = x - 3;\ y = 1 + x$

17. Lineare Funktionen können mit Funktionsgleichungen der Form $y = f(x) = mx + n$ beschrieben werden. Erläutere die Bedeutung der Variablen m und n für den Verlauf des Graphen der linearen Funktion.

Kurz und knapp

18. Quadriere folgende Zahlen: 8; 11; −13; $\frac{1}{2}$; $-\frac{3}{5}$; 0,7; −0,5; 1,2

19. Berechne, wenn möglich, den Termwert ohne Taschenrechner.
a) $\sqrt{121}$ b) $\sqrt{-36}$ c) $\sqrt{0{,}09}$ d) $\sqrt{\frac{1}{4}}$ e) $\sqrt{\frac{16}{25}}$
f) $\sqrt{2 - \left(\frac{3}{2}\right)^2}$ g) $\sqrt{\left(\frac{1}{2}\right)^2 - 1}$ h) $\sqrt{2\frac{1}{4}}$ i) $\frac{1}{3}\sqrt{9}$ j) $\frac{1}{3} - \sqrt{9}$

20. Ermittle die Seitenlänge eines Quadrates, bei dem die Maßzahlen des Flächeninhalts und des Umfangs gleich groß sind.

21. Der Oberflächeninhalt eines Würfels beträgt $13{,}5\ cm^2$.
a) Ermittle die Kantenlänge des Würfels.
b) Berechne das Volumen des Würfels.

4.1 Quadratische Gleichungen erkennen und lösen

■ Die Zuordnung der nebenstehenden Gleichungstypen und Beispiele stimmt nicht.

Ordne den Gleichungstypen G 1 bis G 4 die passenden Beispiele B 1 bis B 4 zu und begründe dein Vorgehen.
Erläutere auch, welches Merkmal für die Zuordnung wesentlich ist. ■

Gleichungssystem	Beispiele
G1: Betragsgleichungen	B1: $\frac{1}{4}x^2 + 2{,}5x = 0$
G2: Lineare Gleichungen	B2: $\lvert x - 3\rvert = 2$
G3: Quadratische Gleichungen	B3: $2(x-3) = x - \frac{1}{7}$
G4: Nichtlineare Gleichungen	B4: $x^2 = 2^x - 1$

Quadratische Gleichungen erkennen

Hinweis:
In einer quadratischen Gleichung kommt die Variable x als Quadrat, aber in keiner höheren Potenz vor.

Wissen: Quadratische Gleichungen
Eine Gleichung heißt **quadratische Gleichung**, wenn sie sich durch äquivalente Umformungen auf folgende Form bringen lässt:
$ax^2 + bx + c = 0 \quad (a, b, c, x \in \mathbb{R}, a \neq 0)$

Aus dieser **allgemeinen Form** einer quadratischen Gleichung erhält man beim Dividieren durch a die **Normalform** einer quadratischen Gleichung.
$\mathbf{x^2 + px + q = 0}$

Beispiel 1: Untersuche, ob eine quadratische Gleichung vorliegt. Forme sie, wenn dem so ist, in die Normalform um.
a) $3x^2 + 15x - 9 = 0$ b) $(x-2)\cdot(x+2) = x^2 + 3x$ c) $3x^2 = 2x(x^2 + 1)$

Lösung:

a) Forme die Gleichung in die Form T = 0 um und überprüfe dann, ob T die Form $ax^2 + bx + c$; $(a \neq 0)$ hat. Dividiere die Gleichung durch den Faktor a vor x^2.

Es gilt: a = 3, b = 15, c = –9
$3x^2 + 15x - 3 = 0$ ist eine quadratischen Gleichung.
$3x^2 + 15x - 9 = 0 \quad |:3$
$x^2 + 5x - 3 = 0$ (Normalform)

b) Forme die Gleichung in die Form T = 0 um und überprüfe dann, ob T die Form $ax^2 + bx + c$; $(a \neq 0)$ hat.

$(x-2)\cdot(x+2) = x^2 + 3x$
$\rightarrow x^2 - 4 = x^2 + 3x \rightarrow -3x - 4 = 0$
Der Term $-3x - 4$ hat nicht die Form $ax^2 + bx + c$.
$(x-2)\cdot(x+2) = x^2 + 3x$ ist keine quadratische Gleichung

c) Forme die Gleichung in die Form T = 0 um und überprüfe dann, ob T die Form $ax^2 + bx + c$; $(a \neq 0)$ hat.

$3x^2 = 2x(x^2 + 1)$
$\rightarrow 3x^2 = 2x^3 + 2x \rightarrow 2x^3 - 3x^2 + 2x = 0$
Da x in der dritten Potenz auftritt, hat der Term $2x^3 - 3x^2 + 2x$ nicht die Form $ax^2 + bx + c$.
$3x^2 = 2x(x^2 + 1)$ ist keine quadratische Gleichung.

Basisaufgaben

1. Untersuche, ob eine quadratische Gleichung vorliegt. Forme sie, wenn dem so ist, in die Normalform um.
a) $2x^2 - 4x - 8 = 0$ b) $x^2 + 2x = 6$ c) $6x = x(1-x) + 2$
d) $x^2 - 1 = (x^2 - 2)^2$ e) $2^x \cdot (x-4) = x^2$ f) $(x^2 - 1)(x^2 + 1) = x^4 - x^2$

2. Untersuche, ob eine quadratische Gleichung vorliegt. Forme sie, wenn dem so ist, in die Normalform um. Beachte dabei, welche Variable gesucht ist.
   a) $2x^2 + px = \sqrt{3} \cdot a$ (gesuchte Variable: x) b) $2b^2 + pb = \sqrt{3} \cdot a$ (gesuchte Variable: p)
   c) $cx^2 + cx + c = 1$ (gesuchte Variable: x) d) $c \cdot a^2 + c \cdot a + c = 1$ (gesuchte Variable: c)

Spezialfälle quadratischer Gleichungen lösen

Bisher wurden einfache quadratische Gleichungen gelöst.
Beispielsweise hat die Gleichung $x^2 - 4 = 0$ die Lösungen $x_1 = -2$ und $x_2 = 2$, denn es gilt: $(-2)^2 = 4$ und $2^2 = 4$

Die Gleichung $x^2 + 3x = 0$ kann durch Ausklammern von x gelöst werden: $x \cdot (x + 3) = 0$
Ein Produkt ist Null, wenn einer der Faktoren Null ist. Somit gilt: $x_1 = 0$ und $x_2 = -3$

Wissen: Spezialfälle quadratischer Gleichungen der Form $x^2 + px + q = 0$

Für $\mathbf{p = 0}$ gilt: $x^2 + q = 0 \rightarrow \mathbf{x^2 = -q}$

1. Fall: $q < 0$	2. Fall: $q = 0$	3. Fall: $q > 0$
$x_{1/2} = \pm\sqrt{-q}$	$x_{1/2} = 0$	keine Lösung

Für $\mathbf{q = 0}$ gilt: $\mathbf{x^2 + px = 0} \rightarrow \mathbf{x \cdot (x + p) = 0}$

1. Fall: $p \neq 0$	2. Fall: $p = 0$
$x_1 = 0$ und $x_2 = -p$	$x_{1/2} = 0$

Hinweis:
Wenn ein Faktor x wie in $x^2 = x \cdot x = 0$ doppelt vorkommt, erhält man eine Doppellösung.

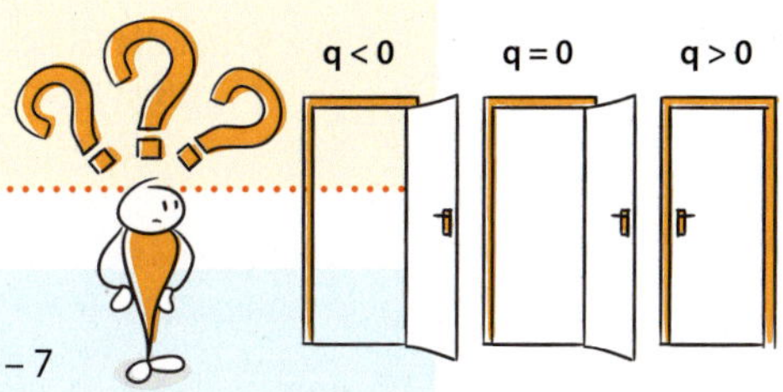

Beispiel 2: Löse die quadratische Gleichung.
a) $x^2 + 8 = 2x^2$ b) $x^2 = 2x(5 - 2x)$ c) $x \cdot (x + 6) = 6x - 7$

Lösung:

a) Forme die Gleichung in die Normalform um.
   (1) Wenn $p = 0$ ist, stelle die erhaltene Gleichung nach x^2 um und ermittle, wenn möglich, die Lösungen durch Quadratwurzelziehen.
   (2) Wenn $q = 0$ ist, klammere x aus und ermittle die Lösungen.
   Kontrolliere durch eine Probe mit der Ausgangsgleichung.

$x^2 + 8 = 2x^2 \rightarrow x^2 - 8 = 0 \rightarrow x^2 = 8$
$x_1 = -\sqrt{8}$; $x_2 = \sqrt{8}$

Probe: l. S.: $(\pm\sqrt{8})^2 + 8 = 16$
r. S.: $2 \cdot (\pm\sqrt{8})^2 = 16$
$\rightarrow 16 = 16$ (w. A.)

Hinweis:
Kommt in einer Gleichung die Variable nur in der zweiten Potenz vor und sind $x_{1/2} = \pm a$ die Lösungen, lässt sich die Probe verkürzen, da $(+a)^2 = (-a)^2$.

b) Gehe wie bei a) vor.

$x^2 = 2x(5 - 2x) \rightarrow x^2 = 10x - 4x^2$
$\rightarrow 5x^2 - 10x = 0 \rightarrow x^2 - 2x = 0$
$\rightarrow x \cdot (x - 2) = 0 \rightarrow x_1 = 0$; $x_2 = 2$

Probe: Für $x_1 = 0$ gilt:
$0^2 = 2 \cdot 0 \cdot (5 - 2 \cdot 0)$, also $0 = 0$
Für $x_2 = 2$ gilt:
$2^2 = 2 \cdot 2 \cdot (5 - 2 \cdot 2)$, also $4 = 4$

c) Gehe wie bei a) vor.

$x(x + 6) = 6x - 7 \rightarrow x^2 + 6x = 6x - 7$
$\rightarrow x^2 + 7 = 0 \rightarrow x^2 = -7$
Die Gleichung hat keine Lösung.

Basisaufgaben

3. Löse die quadratische Gleichung.

a) $x^2 - 36 = 0$ b) $2x^2 + 2 = 34$ c) $0 = 0{,}04 - x^2$ d) $1 = 1{,}9 + 3x^2$

e) $0 = 4v^2 - 0{,}64$ f) $v^2 + 25 = 0$ g) $2v(v-1) = 4 - 2v$ h) $\frac{2}{v^2+1} = 1$

4. Löse die quadratische Gleichung.

a) $x^2 - 0{,}5x = 0$ b) $0 = 3{,}5y + y^2$ c) $7{,}8z = z^2$

d) $-3x^2 = 6x + x^2$ e) $x^2 - 6x = x(2x+1) - 7x$ f) $m^2 - \sqrt{3}m = 0$

5. Löse die Gleichung.

a) $0{,}5x^2 - 12{,}5 = 0$ b) $0{,}5a^2 + 5a = 0$ c) $(b-2)(b+2) = 0$

d) $2y^2 = 1{,}5y^2 - 0{,}3y$ e) $z(2z-3) = 4z(z+1) - 7z$ f) $(x-2)^2 = (x+2)^2$

Binomische Formeln beim Lösen quadratischer Gleichungen nutzen

Wissen: Normalform quadratischer Gleichungen faktorisieren und lösen

Jede quadratische Gleichung der Form $\mathbf{x^2 + px + q = 0}$ lässt sich mithilfe von binomischen Formeln umformen in eine Gleichung der Form $\mathbf{(x + a)^2 = b}$.

Für $b \geq 0$ hat die Gleichung Lösungen, die durch Wurzelziehen ermittelt werden können:
$x + a = \sqrt{b}$ oder $x + a = -\sqrt{b}$

Beispiel 3: Löse die in Normalform gegebene quadratische Gleichung.

a) $x^2 - 14x + 49 = 0$ b) $x^2 - 14x + 48 = 0$ c) $x^2 - 14x + 50 = 0$

Erinnere dich:
$(a+b)^2 = a^2 + 2ab + b^2$
$(a-b)^2 = a^2 - 2ab + b^2$
Terme der Form $a \pm b$ nennt man Binome.

Lösung:

a) Wandle den Term mithilfe einer binomischen Formel so um, dass er ein Quadrat eines Binoms enthält. Löse die Gleichung. Kontrolliere durch eine Probe.

Für den Term gilt: $x^2 - 14x + 49 = (x-7)^2$
Also: $(x-7)^2 = (x-7)\cdot(x-7) = 0$
$x - 7 = 0 \quad \rightarrow \quad x = 7$
Da der Faktor $x - 7$ zweimal vorkommt gilt:
$x_{1/2} = 7$
Probe: $7^2 - 14\cdot 7 + 49 = 0$ (w. A.)

Hinweis zu b:
Einen geeigneten Summanden, um eine binomische Formel anwenden zu können, nennt man quadratische Ergänzung.

b) Gehe wie bei a) vor.

Durch Addition und gleichzeitige Subtraktion von 1 entsteht der Term $x^2 - 14x + 48 + 1 - 1 = 0$.
$x^2 - 14x + 49 - 1 = (x-7)^2 - 1$
$(x-7)^2 - 1 = 0 \quad | +1$
$(x-7)^2 = 1 \quad | \sqrt{1}$
$\rightarrow \quad x - 7 = 1$ oder $x - 7 = -1$
Also: $x_1 = 8;\ x_2 = 6$
Probe: Für $x_1 = 8$ gilt:
$8^2 - 14\cdot 8 + 48 = 0$ (w. A.)
Für $x_2 = 6$ gilt:
$6^2 - 14\cdot 6 + 48 = 0$ (w. A.)

c) Gehe wie bei a) vor.

Durch Subtraktion und gleichzeitige Addition von 1 entsteht der Term $x^2 - 14x + 50 - 1 + 1 = 0$.
$\rightarrow \quad (x-7)^2 + 1 = 0 \quad \rightarrow \quad (x-7)^2 = -1$
Die Gleichung hat keine Lösung.

Basisaufgaben

6. Löse die in Normalform gegebene quadratische Gleichung.
a) $x^2 + 16x + 64 = 0$ b) $x^2 + 16x + 60 = 0$ c) $x^2 + 16x + 70 = 0$
d) $0 = y^2 - 4y + 4$ e) $y^2 - 4y + 1 = 0$ f) $y^2 - 4y + 7 = 0$

7. Forme mithilfe der quadratischen Ergänzung in einen Term der Form $(x + a)^2 + b$ um.
a) $x^2 + 3x + 3$ b) $x^2 - x + 12$ c) $x^2 - 2x - 1$ d) $x^2 + \frac{1}{2}x - \frac{1}{2}$

8. Ersetze in der Gleichung ■ durch eine Zahl so, dass auf der linken Seite eine binomische Formel anwendbar wird. Löse dann die Gleichung.
a) $x^2 - 4x + ■ = 5 + ■$ b) $x^2 + 20x + ■ = -19 + ■$ c) $x^2 - 0{,}8x + ■ = -1 + ■$

Weiterführende Aufgaben

9. Löse die quadratische Gleichung und erkläre dein Vorgehen.
a) $4x^2 = 9$ b) $(y - 0{,}5)y = 2y - y^2$
c) $2z^2 + 10z - 12 = 0$ d) $(2n - 1)(2n - 3) = 3n^2 - 16$

10. Löse die Gleichung.
a) $9x^2 - 80 = 1$ b) $x^2 - \frac{2}{5}x = 0$ c) $(x - 2)(x + 6) = 0$ d) $(x + 0{,}2)^2 = 4$
e) $-\sqrt{2} - a^2 = 0$ f) $a^2 + 24a + 144 = 0$ g) $2b^2 + 16 = 12b$ h) $3c - 5{,}25 = c^2$

Lösungen zu 10:

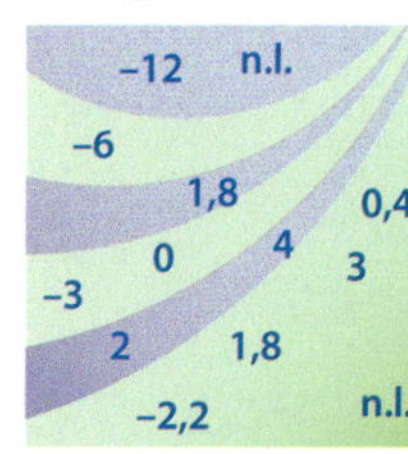

11. Beurteile, ob und (gegebenenfalls) wie sich die Gleichungen $x^2 = 121$ und $x = \sqrt{121}$ hinsichtlich ihrer Lösungen unterscheiden.

● **12.** Gegeben ist die Gleichung $ax^2 + b = 0$ $(a \neq 0)$. Gib Bedingungen für die Variablen a und b an, damit die Gleichung die angegebe Anzahl von Lösungen hat.
a) zwei Lösungen b) genau eine Lösung c) keine Lösung

13. Stolperstelle: Überprüfe den Lösungsweg und die Lösungen.
Korrigiere gegebenenfalls.

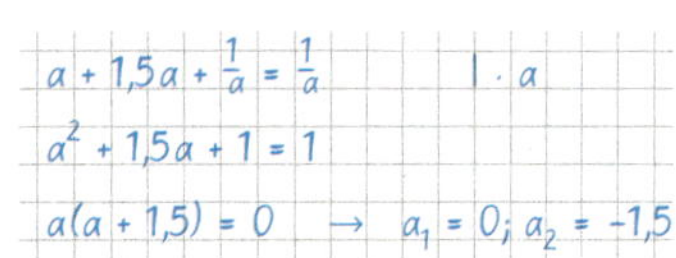

14. Gib je zwei quadratische Gleichungen an, die die angegebenen Lösungen haben.
a) $-7;\ 7$ b) $0;\ 7$ c) 4 d) $-2{,}5;\ 0$ e) keine f) $-1;\ 2$

15. Erkläre den Zusammenhang zwischen den Gleichungen und der Abbildung.

$$x^2 + 6x = 7$$
$$x^2 + 6x + 3^2 = 7 + 3^2$$
$$(x + 3)^2 = 16 \quad |\sqrt{\ }$$

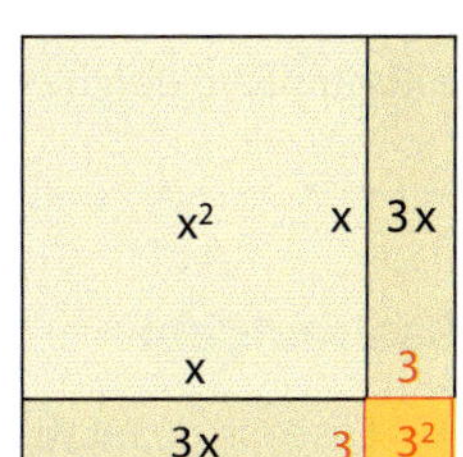

● **16. Ausblick:** Inga behauptet, dass sie aus den Lösungen x_1 und x_2 einer quadratischen Gleichung mit dem Ansatz $(x - x_1) \cdot (x - x_2) = 0$ stets die Werte von p und q in der Normalform der quadratischen Gleichung bestimmen kann.
a) Ermittle p und q für $x_1 = 3$ und $x_2 = -5$ ($x_1 = -2$ und $x_2 = -4$).
b) Ermittle p und q für beliebige x_1 und x_2.

4.2 Lösungsformel anwenden

■ Das Lösen quadratischer Gleichungen der Form $x^2 + px + q = 0$ mithilfe quadratischer Ergänzungen lässt sich rationalisieren, indem man dieses Verfahren auf die Normalform mit den Parametern p und q anwendet. In der nebenstehenden Rechnung ist eine Lösungsformel für quadratische Gleichungen hergeleitet.

Begründe die Umformungen und gib an, unter welchen Bedingungen die Gleichung $x^2 + px + q = 0$ genau eine Lösung, zwei Lösungen, gar keine Lösung hat. ■

(1) $x^2 + px + q = 0$

(2) $x^2 + px + \left(\frac{p}{2}\right)^2 - \left(\frac{p}{2}\right)^2 + q = 0$

(3) $\left(x + \frac{p}{2}\right)^2 - \left(\frac{p}{2}\right)^2 + q = 0$

(4) $\left(x + \frac{p}{2}\right)^2 = \left(\frac{p}{2}\right)^2 - q$

(5) $x_1 + \frac{p}{2} = \sqrt{\frac{p^2}{4} - q}$

$x_2 + \frac{p}{2} = -\sqrt{\frac{p^2}{4} - q}$

Hinweis:
Diskriminante kommt vom lateinischen Wort *discriminare* und bedeutet „unterscheiden".

Wissen: Lösungsformel für quadratische Gleichungen

Für quadratische Gleichungen der Form $\mathbf{x^2 + px + q = 0}$ (p, q ∈ ℝ) gilt die Lösungsformel:

$\mathbf{x_{1/2} = -\frac{p}{2} \pm \sqrt{\left(\frac{p}{2}\right)^2 - q}}$ Der Term $\left(\frac{p}{2}\right)^2 - q$ heißt **Diskriminante D.**

Von der Diskriminante D hängt ab, die Gleichung lösbar ist und wie viele Lösungen sie gegebenenfalls hat:
Für $\mathbf{D > 0}$ hat die quadratische Gleichung **zwei Lösungen.**
Für $\mathbf{D = 0}$ hat die quadratische Gleichung **genau eine Lösung.**
Für $\mathbf{D < 0}$ hat die quadratische Gleichung **keine Lösung.**

Beispiel 1: Löse die Gleichung $2x^2 + 4x - 70 = 0$ mithilfe der Lösungsformel.

Lösung:

Forme die Gleichung (wenn erforderlich) in die Normalform um.

$2x^2 + 4x - 70 = 0 \quad |:2$
$x^2 + 2x - 35 = 0$

Ermittle p und q und berechne die Diskriminante D.

$p = 2;\ q = -35$
$\rightarrow\ D = \left(\frac{p}{2}\right)^2 - q = \left(\frac{2}{2}\right)^2 + 35 = 36$

Prüfe die Lösbarkeit der Gleichung.

$D > 0 \rightarrow$ Es gibt zwei Lösungen.

Berechne mit der Lösungsformel die Lösungen.

$x_{1/2} = -\frac{p}{2} \pm \sqrt{\left(\frac{p}{2}\right)^2 - q} = -1 \pm \sqrt{36}$
$x_1 = -1 + 6 = 5;\ x_2 = -1 - 6 = -7$
$\rightarrow\ L = \{-7;\ 5\}$

Kontrolliere durch eine Probe.

Mit x_1: $2 \cdot 5^2 + 4 \cdot 5 - 70 = 0$ (w. A.)
Mit x_2: $2 \cdot (-7)^2 + 4 \cdot (-7) - 70 = 0$ (w. A.)

Basisaufgaben

1. Löse die quadratische Gleichung mithilfe der Lösungsformel.

a) $x^2 - 4x + 4 = 0$ b) $x^2 + 8x + 15 = 0$ c) $2x^2 + x - 15 = 0$ d) $x^2 + 8x + 15 = 0$
e) $2x^2 + 2x - 4 = 0$ f) $\frac{1}{2}x^2 + 2x + 2 = 0$ g) $x^2 + 3x + 10 = 0$ h) $2x^2 = 4x - 2$

2. Entscheide mithilfe der Diskriminante, wie viele Lösungen die Gleichung hat.

a) $x^2 + 5x - 24 = 0$ b) $x^2 + 0{,}4x = 5{,}25$ c) $x^2 - 3{,}2x + 1{,}75 = 0$ d) $x^2 + 12x + 11 = 0$
e) $x^2 - 5{,}2x = -2{,}35$ f) $2x^2 - x + 14 = 0$ g) $-2x^2 - 4x - 2 = 0$ h) $x^2 - 5x + 6{,}5 = 0$

3. Löse die quadratische Gleichung mithilfe der Lösungsformel. Forme die Gleichung zunächst in die Normalform um, falls sie nicht bereits in dieser Form vorliegt.

a) $x^2 - 12x + 11 = 0$ b) $x^2 + 5x = -2{,}25$ c) $x^2 - 14x = -24$

d) $2x^2 + 8x - 10 = 0$ e) $9x^2 + 27x = 60{,}75$ f) $-x^2 + 16x + 96 + 4x = 0$

g) $x^2 - \frac{1}{4}x - \frac{1}{8} = 0$ h) $x^2 = 0{,}5 - \frac{1}{2}x$ i) $2x^2 - 4x = -2$

Linearfaktoren von $x^2 + px + q$ ermitteln

Sind $x_1 = 0{,}5$ und $x_2 = 3$ Lösungen einer quadratischen Gleichung in Normalform, so kann eine quadratische Gleichung in Produktform wie folgt erstellt werden:
$(x - 0{,}5)(x - 3) = 0$, denn diese Gleichung hat auch die Lösungen $x_1 = 0{,}5$ und $x_2 = 3$.
Durch Ausmultiplizieren und Zusammenfassen erhält man die quadratische Gleichung in Normalform: $x^2 - 3{,}5x + 1{,}5 = 0$

Wissen: Linearfaktoren des Terms $x^2 + px + q$
Zwischen $x^2 + px + q = 0$ und den zugehörigen Lösungen x_1 und x_2 gilt der Zusammenhang: $x^2 + px + q = (x - x_1)(x - x_2)$
Die Faktoren $(\mathbf{x - x_1})$ und $(\mathbf{x - x_2})$ nennt man **Linearfaktoren** von $x^2 + px + q$.

Beispiel 2: Überprüfe mithilfe der Linearfaktoren, ob die Lösungsmenge korrekt ist.

a) $x^2 - 6x - 27 = 0$; $L = \{9;\ -3\}$ b) $x^2 - 10x + 25 = 0$; $L = \{5\}$ c) $x^2 - 0{,}5x - 0{,}5 = 0$; $L = \{-1;\ -0{,}5\}$

Lösung:

a) Setze das Produkt der Linearfaktoren gleich 0.
Überprüfe, ob man durch Ausmultiplizieren des Produkts und Zusammenfassen die Ausgangsgleichung erhält.

$[x - 9][x - (-3)] = 0 \rightarrow [x - 9][x + 3] = 0$
$\rightarrow x^2 + 3x - 9x - 27 = 0$
$\rightarrow x^2 - 6x - 27 = 0$
Die Gleichung stimmt mit der Ausgangsgleichung überein.
Die Lösungsmenge ist korrekt.

b) Gehe wie bei a) vor.

Da $x_1 = 5$ und $x_2 = 5$, gilt:
$(x - 5)(x - 5) = 0 \rightarrow x^2 - 10x + 25 = 0$
Die Gleichung stimmt mit der Ausgangsgleichung überein. Die Lösungsmenge ist korrekt.

Erinnere dich:
Hat eine quadratische Gleichung genau eine Lösung, beispielsweise 5, betrachtet man diese als Doppellösung $x_{1/2} = 5$.

c) Gehe wie bei a) vor.

$[x - (-1)][x - (-0{,}5)] = 0 \rightarrow [x + 1][x + 0{,}5] = 0$
$\rightarrow x^2 + 0{,}5x + x + 0{,}5 = 0$
$\rightarrow x^2 + 1{,}5x + 0{,}5 = 0$
Die Gleichung stimmt nicht mit der Ausgangsgleichung überein. Die Lösungsmenge ist nicht korrekt.

Basisaufgaben

4. Überprüfe mithilfe der Linearfaktoren, ob die angegebene Lösungsmenge L korrekt ist.

a) $x^2 + 3x - 10 = 0$; $L = \{-5;\ 2\}$ b) $x^2 - 3x + 2 = 0$; $L = \{-2;\ 2\}$ c) $x^2 - x - 6 = 0$; $L = \{-2;\ 3\}$

d) $x^2 + 2x + 2 = 0$; $L = \{-1\}$ e) $x^2 + x = 3{,}75$; $L = \{-2{,}5;\ 1{,}5\}$ f) $x^2 + 3x - 2 = 0$; $L = \{-1;\ 2\}$

5. Gib zur Lösungsmenge eine zugehörige quadratische Gleichung in Normalform an.
a) $L = \{2;\ 7\}$ b) $L = \{-3;\ 2\}$ c) $L = \{-2;\ -1\}$ d) $L = \{0{,}1;\ 0\}$ e) $L = \left\{\frac{1}{3}\right\}$
f) $L = \left\{-\frac{3}{4};\ \frac{1}{3}\right\}$ g) $L = \{-0{,}5;\ 0{,}5\}$ h) $L = \left\{-\frac{1}{3};\ \frac{1}{2}\right\}$ i) $L = \{0\}$ j) $L = \left\{-2{,}5;\ \frac{1}{2}\right\}$

Bruchgleichungen lösen

Manche Bruchgleichungen, wie beispielsweise die Gleichung $\frac{x}{6} = -\frac{1}{2} - \frac{1}{3x}$ $(x \neq 0)$, lassen sich auf die Normalform einer quadratischen Gleichung zurückführen und mithilfe der Lösungsformel lösen. Man muss aber immer prüfen, ob jede der gewonnenen Lösungen auch zum Grundbereich der Ausgangsgleichung gehört und Lösung der Ausgangsgleichung ist.

Beispiel 3: Löse die Gleichung $\frac{x}{6} = -\frac{1}{2} - \frac{1}{3x}$. Überführe sie dazu, wenn möglich, zunächst in die Normalform einer quadratischen Gleichung.

Hinweis:
Da 6 das kgV von 6; 2 und 3 ist, genügt es, die Gleichung $\frac{x}{6} = -\frac{1}{2} - \frac{1}{3x}$ mit 6x zu multiplizieren.

Lösung:

Multipliziere die Gleichung mit dem Produkt der Nenner der Bruchterme und forme die Gleichung in die Normalform einer quadratischen Gleichung um.

$$\frac{x}{6} = -\frac{1}{2} - \frac{1}{3x} \quad | \cdot 36x$$
$$\frac{x \cdot 36x}{6} = -\frac{1 \cdot 36x}{2} - \frac{1 \cdot 36x}{3x} \quad | \text{ Kürzen}$$
$$6x^2 = -18x - 12 \quad | :6$$
$$x^2 = -3x - 2 \quad | +3x+2$$
$$x^2 + 3x + 2 = 0$$

Löse die quadratische Gleichung mithilfe der Lösungsformel.

$$x_{1/2} = -\frac{3}{2} \pm \sqrt{\frac{9}{4} - 2}$$
$$x_1 = -2; \quad x_2 = -1$$

Kontrolliere durch eine Probe.

Für x 1 = −2 gilt:
$$\frac{-2}{6} = -\frac{1}{2} - \frac{1}{3 \cdot (-2)} \rightarrow -\frac{1}{3} = -\frac{1}{2} + \frac{1}{6} \quad \text{(w. A.)}$$
Für $x_2 = -1$ gilt:
$$\frac{-1}{6} = -\frac{1}{2} - \frac{1}{3 \cdot (-1)} \rightarrow -\frac{1}{6} = -\frac{1}{2} + \frac{1}{3} \quad \text{(w. A.)}$$
$L = \{-2;\ -1\}$

Basisaufgaben

6. Löse die Gleichung. Überführe sie dazu, wenn möglich, zunächst in die Normalform einer quadratischen Gleichung.
a) $x - \frac{4}{x} = 0$ b) $x + \frac{4}{x} = 0$ c) $x + 1 = \frac{2}{x}$ d) $x = 5{,}5 + \frac{3}{x}$ e) $x - 1{,}5 = \frac{3}{x} + \frac{x}{6}$

7. Löse die Gleichung. Überführe sie dazu, wenn möglich, zunächst in die Normalform einer quadratischen Gleichung.
a) $2x - \frac{2}{x} = 4$ b) $6x - \frac{3}{x} = 0{,}5$ c) $\frac{7{,}5}{x} + 1{,}5 = \frac{12}{6-x}$
d) $\frac{x}{3} + \frac{12}{x} = \frac{5(x-1)}{2}$ e) $\frac{42 + 130x}{7} - \frac{14}{x} = 16x + 22$ f) $\frac{3x-7}{x+5} = \frac{x-3}{x+2}$
g) $\frac{x}{2(x+4)} = \frac{4}{2x-4}$ h) $\frac{2}{x} - \frac{2x}{x+1} = \frac{2}{x+1}$ i) $\frac{(1-x)x}{1+x} - 6 = 0$
j) $\frac{x}{x-1} + 1 = -x + \frac{1}{x-1}$ k) $\frac{1}{x} = 1 - x$ l) $-0{,}5x = \frac{20}{x-12}$

Weiterführende Aufgaben

8. Ermittle die Diskriminante und gib an, wie viele Lösungen die Gleichung hat.
a) $x^2 + x + 6 = 0$ b) $x^2 + 4x = -4$ c) $x^2 - 3x - 3 = 0$ d) $x^2 + x + \frac{1}{4} = 0$

9. Löse die Gleichung.

a) $x^2 - 2x + 4 = 0$ b) $x^2 + 4x + 4 = 0$ c) $x^2 - 3x - 1{,}75 = 0$

d) $x^2 + x = 0$ e) $x^2 - 16 = 0$ f) $x^2 - 10x + 16 = 0$

g) $x^2 + 2{,}5x + 1 = 0$ h) $x^2 + 16 = 8x$ i) $28x - 4 = 200 - x^2$

j) $x^2 - 2x + 1 = 0$ k) $y^2 + 8y = 33$ l) $2u^2 + 4u = -10$

m) $2x^2 = 8x + 10$ n) $0{,}5z^2 = -0{,}5z + 10$ o) $a^2 = -3{,}5a + 2$

10. Stolperstelle: Prüfe den Lösungsweg und korrigiere die Fehler.
Tanja hat die Gleichung $2x^2 + 4x - 2 = 0$ wie folgt gelöst:

$x = -\frac{4}{2} \pm \sqrt{2^2 - 2} = -2 \pm \sqrt{2} \rightarrow x_1 = -2 + \sqrt{2} \approx -0{,}59$ und $x_2 = -2 - \sqrt{2} \approx -3{,}41$

11. Gib die Anzahl der Lösungen der Gleichung $x^2 - ax + 1 = 0$ in Abhängigkeit vom Wert des Parameters a an.

12. Für welche Werte von q hat die Gleichung $x^2 + 4x + q = 0$ eine Doppellösung (zwei Lösungen, keine Lösung)?

13. Die Summe der Quadrate dreier aufeinanderfolgender natürlicher Zahlen beträgt 77 (434). Ermittle diese drei Zahlen.

14. Von zwei natürlichen Zahlen ist die eine um 4 größer als die andere. Die Summe ihrer Quadrate beträgt 346. Um welche Zahlen handelt es sich?

15. Gib eine quadratische Gleichung der Form $x^2 + px + q = 0$ mit den gegebenen Lösungen an.

a) $-4;\ 4$ b) $0;\ 5$ c) $-6;\ 2$

d) -3 e) $-\frac{1}{3};\ \sqrt{2}$ f) $a;\ 0$

16. Prüfe mithilfe der Linearfaktoren, ob die Lösungsmenge korrekt ist.

a) $x^2 - 2x + 1 = 0$, $L = \{-1;\ 1\}$ b) $x^2 + x - 3 = 0$, $L = \{1;\ -2\}$ c) $x^2 = 3x + 10$, $L = \{-2;\ 5\}$

17. Gegeben sind eine quadratische Gleichung und eine Lösung x_1. Ermittle die Lösung x_2.

a) $x^2 - 22x - 320 = 0$, $x_1 = -10$ b) $x^2 + x + \frac{1}{4} = 0$, $x_1 = -0{,}5$ c) $x^2 - \frac{25}{12}x + 1 = 0$, $x_1 = 0{,}75$

18. Zeige, dass $x_{1/2} = 2 \pm \sqrt{3}$ Lösungen der Gleichung $x^2 - 4x + 1 = 0$ sind.

19. Löse die Gleichung.

a) $0{,}5x^2 - x = -\frac{1}{2}$ b) $\frac{2}{x+3} - 0{,}25 = \frac{1}{1-3x}$ c) $\frac{1}{x-2} - \frac{1}{2} = \frac{2}{x+2}$

François Viète (1540–1603)

20. Ausblick: Weise nach, dass zwischen den Parametern p und q einer quadratischen Gleichung $x^2 + px + q = 0$ (Normalform) und den Lösungen x_1 und x_2 dieser Gleichung folgender Zusammenhang besteht: $p = -(x_1 + x_2)$ und $q = x_1 \cdot x_2$
Dieser Zusammenhang wird auch Satz von Vieta genannt. Mit dem Satz von Vieta kann man auch prüfen, ob quadratische Gleichungen in Normalform korrekt gelöst sind.
Überprüfe mit dem Satz von Vieta die Lösungen.

a) $x^2 + 3x + 2 = 0$; $L = \{-1;\ -2\}$ b) $x^2 - 7x - 12 = 0$; $L = \{3;\ 4\}$

c) $x^2 + 7x + 10 = 0$; $L = \{-5;\ -2\}$ d) $3x^2 - 5x + 6 = 0$; $L = \{2;\ 3\}$

4.3 Gleichungen höheren Grades lösen

■ Von einem Kreiszylinder ist bekannt, dass er ein Volumen von 553 cm^3 hat und seine Höhe 7 cm länger ist als der Radius der Grundfläche. Zur Bestimmung vom Radius stellt Sebastian eine Gleichung auf:
$0 = \pi r^3 + 7\pi r^2 - 553$
Cora meint, dass diese Gleichung nicht mit der Lösungsformel für quadratische Gleichungen gelöst werden kann.

Bist du der gleichen Auffassung? Begründe deine Aussage. ■

V, r und h sind Maßzahlen
$V = \pi r^2 h$ mit $h = r + 7$
$V = \pi r^2 (r + 7)$
$553 = \pi r^3 + 7\pi r^2$
$0 = \pi r^3 + 7\pi r^2 - 553$

Quadratische Gleichungen $ax^2 + bx + c = 0$ werden auch als Gleichungen zweiten Grades bezeichnet. Gleichungen wie $x^3 + 3x^2 + 3x + 1 = 0$ nennt man dann Gleichungen dritten Grades. Die höchste Potenz, in der die gesuchte Variable vorkommt, hat den Exponenten drei. Entsprechend ist beispielsweise die Gleichung $x^4 = x^3 - 1$ eine Gleichung vierten Grades. Gleichungen dritten und vierten Grades sind mit gewissem Aufwand noch mit Lösungsformeln lösbar. Gleichungen ab dem 5. Grad werden meistens mithilfe von Näherungsverfahren gelöst. Sonderfälle können manchmal auf einfacher zu lösende Gleichungen zurückgeführt werden.

Hinweis:
substituere (lat.) – ersetzen

Wissen: Variablen substituieren
Gleichungen der Form $\mathbf{x^4 + ax^2 + b = 0}$ oder $\mathbf{x^6 + ax^3 + b = 0}$ können durch **Substitution** von $\mathbf{x^2}$ oder $\mathbf{x^3}$ auf eine quadratische Gleichung zurückgeführt werden.

Mit $x^2 = u$ entsteht aus $x^4 + ax^2 + b = 0$ die quadratische Gleichung $u^2 + a \cdot u + b = 0$.
Mit $x^3 = v$ entsteht aus $x^6 + ax^3 + b = 0$ die quadratische Gleichung $v^2 + a \cdot v + b = 0$.

Hinweis:
Wird bei der Substitution x^2 durch u ersetzt, so wird bei der „Rücksubstitution" u wieder durch x^2 ersetzt.

Beispiel 1: Löse die Gleichung $x^4 - 6x^2 + 8 = 0$ durch Substituieren.

Lösung:

Überführe die Gleichung durch geeignetes Substituieren in eine quadratische Gleichung.	Mit $x^2 = u$ und folglich $x^4 = u^2$ entsteht: $u^2 - 6u + 8 = 0$
Löse diese quadratische Gleichung.	$u_{1/2} = 3 \pm \sqrt{9 - 8}$; $u_1 = 4$; $u_2 = 2$
Ermittle die Lösungen der Ausgangsgleichung durch Rücksubstitution.	Aus $u_1 = 4 = x^2$ folgt $x_1 = -2$; $x_2 = 2$ Aus $u_2 = 2 = x^2$ folgt $x_3 = -\sqrt{2}$; $x_4 = \sqrt{2}$
Kontrolliere durch eine Probe.	$(\pm 2)^4 - 6 \cdot (\pm 2)^2 + 8 = 0$ (w. A.) $(\pm \sqrt{2})^4 - 6 \cdot (\pm \sqrt{2})^2 + 8 = 0$ (w. A.)

Basisaufgaben

1. Löse die Gleichung durch Substituieren.
   a) $x^4 - 104x^2 + 400 = 0$ b) $x^4 - 29x^2 + 100 = 0$ c) $x^4 - 8x^2 = -9$
   d) $x^6 - 7x^3 - 8 = 0$ e) $x^6 + 26x^3 - 27 = 0$ f) $x^8 - 14x^4 - 32 = 0$

2. Löse die Gleichung.
   a) $a^4 - 20 = a^2$ b) $2b^6 - 8b^3 = 64$ c) $3c^2 + 4 = -\frac{1}{2}c^4$

Hinweis:
Faktorisieren bedeutet, eine Summe in ein Produkt umzuformen

Wissen: Gleichungen faktorisieren

Wenn in einer Gleichung höheren Grades der Form $T = 0$ das absolute Glied fehlt, wie beispielsweise in der Gleichung $\mathbf{x^3 + ax^2 + bx = 0}$ oder in der Gleichung $\mathbf{x^5 + bx^4 + cx^3 = 0}$, kann durch Ausklammern von x oder einer Potenz von x der Term T in ein Produkt umgeformt werden.

$\mathbf{x^3 + ax^2 + bx = 0 \rightarrow (x \cdot x^2 + ax + b = 0)}$ oder $\mathbf{x^5 + bx^4 + cx^3 = 0 \rightarrow x^3(x^2 + bx + c) = 0}$

Das **Lösen der Ausgangsgleichung** kann in solchen Fällen durch Faktorisieren auf das **Lösen einer quadratischen Gleichung** zurückgeführt werden.

Beispiel 2: Löse die Gleichung $x^4 + 7x^3 - 8x^2 = 0$ durch Faktorisieren.

Lösung:

Klammere die höchste gemeinsame Potenz von x aus.	Die höchste gemeinsame Potenz von x ist x^2. $x^2 \cdot (x^2 + 7x - 8) = 0$
Setze beide Faktoren Null und löse diese Gleichungen.	*1. Gleichung:* $x^2 = 0 \quad \rightarrow \quad x_{1/2} = 0$ *2. Gleichung:* $x^2 + 7x - 8 = 0 \quad \rightarrow \quad x_{3/4} = -\frac{7}{2} \pm \frac{9}{2}$ $\rightarrow \quad x_3 = -8;\ x_4 = 1$
Kontrolliere durch eine Probe.	$0^4 + 7 \cdot 0^3 - 8 \cdot 0^2 = 0$ (w. A.) $1^4 + 7 \cdot 1^3 - 8 \cdot 1^2 = 0$ (w. A.) $(-8)^4 + 7 \cdot (-8)^3 - 8 \cdot (-8)^2 = 4096 - 3584 - 512 = 0$ (w. A.)

Basisaufgaben

3. Löse die Gleichung durch Faktorisieren.
a) $x^3 + 2x^2 - 15x = 0$ b) $x^5 - 81x = 0$ c) $x^5 - 4x^4 + 4x^3 = 0$ d) $x^4 + 6x^3 + 9x^2 = 0$

4. Ermittle alle Lösungen.
a) $7a^3 = a^2$ b) $b^5 + 7b^3 + 12b = 0$ c) $c^5 - 5c^3 - 36\,c = 0$ d) $2d^4 - 250d = 0$

Weiterführende Aufgaben

5. Löse die Gleichung und erkläre den Lösungsweg.
a) $2x^4 - 14x^2 + 24 = 0$ b) $x^3 = -5x$ c) $x^5 - x^3 - 20x = 0$

6. Löse die Gleichung.
a) $x^3 - 64 = 0$ b) $x^3 + 125 = 0$ c) $2x^6 + 4x = 68x$
d) $x^3 = \frac{2}{x}$ e) $(x + 2)^3 = x^3$ f) $(x^2 - 0{,}01) \cdot (x^2 + 0{,}01) = 0$
g) $(x - 2)^3 = 27$ h) $2(x + 1)^4 = 162$ i) $(x + 2)^4 - 16 = 0$

7. Löse die Gleichung
a) $0 = (x^2 - 1) \cdot (x^2 - 2x + 1)$ b) $x^4 - 2x^2 - 2 = 0$ c) $9x = 6x^3 - x^5$
d) $x^3 = 3(x^2 - 2x)$ e) $\frac{1}{x} = \frac{1}{x^2}$ f) $2x^4 + 3x^3 - 2x^2 = 0$

8. a) Erkläre am Beispiel der Gleichung $(x - 3)^2 \cdot (x + 4)^3 = 0$, warum die Zahl 3 eine Doppellösung und die Zahl – 4 eine dreifache Lösung dieser Gleichung ist.
b) Gib eine quadratische Gleichung an, die die Lösungen 3 und – 4 hat.

9. Gib eine Gleichung an, die die angegebene Lösungsmenge hat.
a) $L = \{-2;\ 0;\ 3\}$ b) $L = \{-4;\ 2;\ 4\}$ c) $L = \{-1;\ 0;\ 1;\ 5\}$

10. Stolperstelle: Prüfe den Lösungsweg und korrigiere die Fehler.

a)
$x^3 + 3x^2 = 0 \quad |:x$
$x^2 + 3x = 0$
$x \cdot (x + 3) = 0$
$x_1 = 0$
$x_2 = -3$

b)
$x^2 = \frac{12x - x^2}{x} \rightarrow x^3 = 12x - x^2$
$x^3 + x^2 - 12x = 0$
$x(x^2 + x + 12) = 0 \rightarrow x_1 = 0$
$x^2 + x - 12 = 0$
$x_{2/3} = -\frac{1}{2} \pm \sqrt{\frac{1}{4} + \frac{48}{4}} \rightarrow x_2 = 3;\ x_3 = -4$

11. Weise nach, dass die Gleichung $x^4 + 2x^2 + 9 = 0$ keine Lösung hat und erkläre, wie man diese Eigenschaft schon an der Gleichung erkennen kann.

● **12.** Beurteile folgende Aussagen:
a) Jede Gleichung dritten Grades hat höchstens drei Lösungen.
b) Jede Gleichung dritten Grades hat mindestens eine Lösung.
b) Es gibt keine Gleichung vierten Grades, die die Lösungen -5; 0 und 5 hat.

● **13.** Untersuche, wie viele und welche Lösungen die Gleichung $x^3 - x^2 + ax = 0$ in Abhängigkeit von a hat.

14. Jan soll die Gleichung $x \cdot (x^2 + 3x - 4) - 2 \cdot (x^2 + 3x - 4) = 0$ lösen. Er beginnt, wie abgebildet und stellt fest, dass er die Gleichung weder durch Substituieren noch durch Ausklammern lösen kann. Mara meint, dass sich die gegebene Gleichung bequem lösen lässt, wenn man nicht ausmultipliziert, sondern geschickt ausklammert. Was meint sie damit? Forme den linken Term in ein Produkt um. Löse die Gleichung.

$x^3 + 3x^2 - 4x - 2x^2 - 6x + 8 = 0$
$x^3 + x^2 - 10x + 8 = 0$

● **15.** Laura soll eine Lösung der Gleichung $2x^3 - 2x - 1 = 0$ ermitteln. Sie stellt fest, dass sie die Gleichung weder durch Ausklammern noch durch Substituieren lösen kann. Sie erkennt aber, dass die Gleichung eine Lösung haben muss, da für den Term $T(x) = 2x^3 - 2x - 1$ gilt: $T(0) = -1$ und $T(2) = 11$. Also muss es zwischen 0 und 2 einen Wert x mit $T(x) = 0$ geben. Laura ermittelt nun näherungsweise eine Lösung der Gleichung durch Einschachteln. Daraus folgt, dass 1,2 eine Näherungslösung der Gleichung auf Zehntel genau ist.

$x = 1$ →	$T(1) = -1$	→ $[1; 2]$
$x = 1{,}5$ →	$T(1{,}5) = 2{,}75$	→ $[1; 1{,}5]$
$x = 1{,}2$ →	$T(1{,}2) = 0{,}056$	→ $[1; 1{,}2]$
$x = 1{,}19$ →	$T(1{,}19) \approx -0{,}0097$	→ $[1{,}19; 2]$

Ermittelt mit dieser Methode eine Lösung der Gleichung mit der angegebenen Genauigkeit.
a) $x^5 - x - 4 = 0$; Lösung im Intervall [[0; 2] auf Zehntel genau
b) $\frac{1}{2}x^3 - x^2 + 2 = 0$; Lösung im Intervall [−2; 0] auf Zehntel genau
c) $x^3 + 1{,}5x^2 = 1$; auf Zehntel genau
d) $2x^4 = 4 - x^2$; auf Hundertstel genau

● **16.** Ermittle eine Näherungslösung der Gleichung $\pi r^3 + 7\pi r^2 - 553 = 0$ durch Einschachteln.

● **17. Ausblick:** Tom soll folgende Gleichung lösen: $x^3 + 4x^2 + x - 6 = 0$ (Gleichung 3. Grades)
Da 1 eine Lösung ist, schreibt er: $x^3 + 4x^2 + x - 6 = (x - 1) \cdot (x^2 + ax + b) = 0$
Ermittle die Werte für a und b.

4.4 Quadratische Funktionen darstellen

■ An der Tafel sind funktionale Zusammenhänge mithilfe von Gleichungen dargestellt.

Gib an, welcher Sachverhalt mit welcher der angegebenen Gleichung beschrieben werden kann, und was die verwendeten Variablen bedeuten. Entscheide und begründe, welche Gleichung einen linearen Zusammenhang und welche einen quadratischen Zusammenhang beschreibt. ■

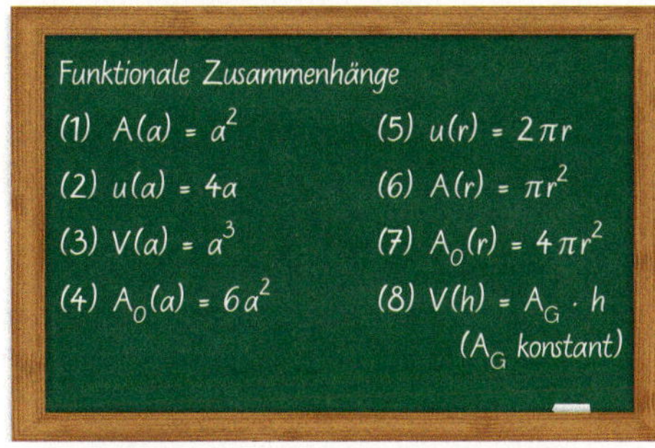

In den Gleichungen (1) und (4) tritt beispielsweise die Variable a in der zweiten Potenz auf, in den Gleichungen (6) und (7) ist es die Variable r. Es sind Beispiele für quadratische Funktionen.

Wissen: Quadratische Funktionen
Funktionen mit Gleichungen $\mathbf{y = f(x) = ax^2 + bx + c}$ ($x \in \mathbb{R}$; $a, b, c \in \mathbb{R}$; $a \neq 0$) heißen **quadratische Funktionen.**

Quadratische Funktionen $y = f(x) = x^2$ $(x \in \mathbb{R})$ darstellen

Quadratische Funktionen lassen sich, so wie andere Funktionen auch, beispielsweise mithilfe einer Wertetabelle oder grafisch in einem Koordinatensystem darstellen.

x	-2	$-\frac{3}{2}$	-1	$-\frac{3}{4}$	$-\frac{1}{2}$	0	$\frac{1}{2}$	$\frac{3}{4}$	1	$\frac{3}{2}$	2
$y = x^2$	4	$\frac{9}{4}$	1	$\frac{9}{16}$	$\frac{1}{4}$	0	$\frac{1}{4}$	$\frac{9}{16}$	1	$\frac{9}{4}$	4

Hinweis:
Für das Zeichnen von Normalparabeln gibt es Schablonen.

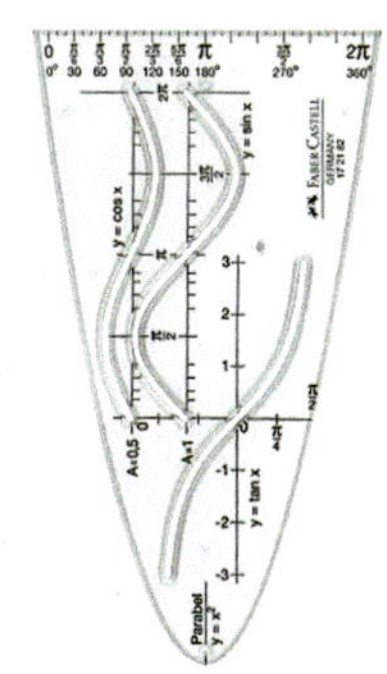

Wissen: Graph der Funktion $y = f(x) = x^2$
Graphen quadratischer Funktionen heißen **Parabeln**.
Den Graphen von $\mathbf{y = f(x) = x^2}$ ($x \in \mathbb{R}$) nennt man **Normalparabel.**
Sie ist achsensymmetrisch zur y-Achse.
Den tiefsten Punkt dieser Parabel nennt man ihren **Scheitelpunkt S(0|0).**

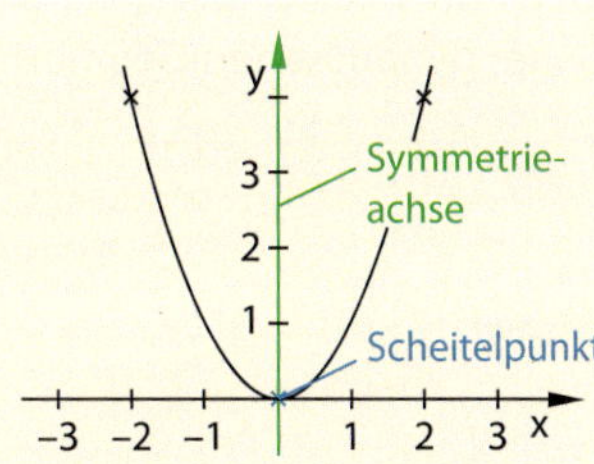

Beispiel 1: Ermittle die fehlenden Koordinaten der Funktion $y = f(x) = x^2$.
a) Der Punkt P(1,5|▒) liegt auf der Normalparabel.
b) Der Punkt Q_1(▒|64) liegt auf der Normalparabel im I. Quadranten.
Der Punkt Q_2(▒|64) liegt auf der Normalparabel im II. Quadranten.

Lösung:
a) Ermittle den Funktionswert von x.
P(1,5 | ▒); f(1,5) = 1,5 2 → P(1,5|2,25)
b) Setze den Funktionswert in die Gleichung ein und berechne x.
f(x) = 64 → $x^2 = 64$ → $x_1 = 8$; $x_2 = -8$
Es gibt zwei Punkte mit der y-Koordinate 64, die auf der Normalparabel liegen:
im I. Quadranten: $Q_1(8|64)$
im II. Quadranten: $Q_2(-8|64)$

Basisaufgaben

1. Der Punkt des Graphen von $f(x) = x^2$ liegt im I. Quadranten. Ermittle die fehlende Koordinate.
   A(1,2|■) B(0,7|■) C(■|36) D(0,3|■) E(3|■) F(■|0,49) G(■|0,01)

2. Der Punkt des Graphen von $f(x) = x^2$ liegt im II. Quadranten. Ermittle die fehlende Koordinate.
   A(−1,2|■) B(−4|■) C(■|36) D(−0,2|■) E(−1|■) F(■|0,36) G(■|0,04)

3. a) Zeichne die Graphen der Funktionen $y = f(x) = x^2$ und $y = f(x) = -x^2$ im Intervall $-2 \leq x \leq 2$ in ein und dasselbe Koordinatensystem.
   b) Vergleiche beide Parabeln. Was stellst du fest?

4. Übertrage die Wertetabelle ins Heft, vervollständige sie und gib eine Funktionsgleichung an.
   a) quadratische Funktion:

x	−3	−2	$-1\frac{1}{2}$	0	4	6
y = f(x)	9			0	16	

   b) lineare Funktion:

x	−3	−2	0	2	2,5	3	4
y = f(x)	9		0	−6			−12

Quadratische Funktionen $y = f(x) = x^2 + px + q$ $(x \in \mathbb{R})$ darstellen

Eine Gleichung der Form $x^2 + px + q = 0$ wird auch als Normalform einer quadratischen Gleichung bezeichnet. Analog dazu wird die Funktionsgleichung $y = f(x) = x^2 + px + q$ Normalform einer quadratischen Funktion genannt.

Wissen: Graphen der Funktionen $y = f(x) = x^2 + px + q$
Die Graphen von Funktionen $y = f(x) = x^2 + px + q$ sind **(verschobene) Normalparabeln** mit dem **Scheitelpunkt $S\left(-\frac{p}{2}\middle|-\left(\frac{p}{2}\right)^2 + q\right)$**.
Die Symmetrieachsen solcher Parabeln sind immer zur y-Achse parallel.

Den Einfluss von p und q auf die Lage des Graphen lässt sich mithilfe von Wertetabellen oder in einer dynamischen Geometriesoftware untersuchen. Man kann drei Fälle unterscheiden:

1. Fall: $p = 0; q = 0$
$y = f(x) = x^2 + q$

Beispiele: $y = f(x) = x^2 + 2$
$y = g(x) = x^2 - 2$

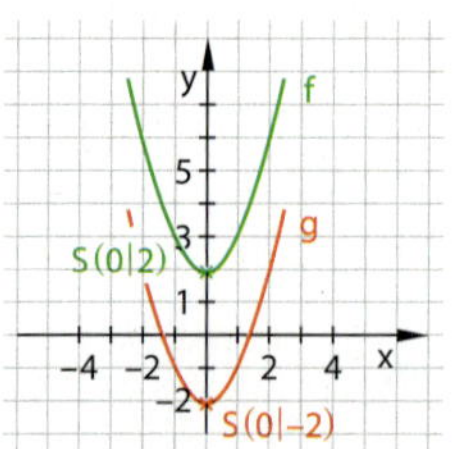

Der **Graph** ist eine längs der y-Achse **verschobene Normalparabel.** Ihre Symmetrieachse ist die y-Achse.

Scheitelpunkt: S(0|q)

2. Fall: $p \neq 0; q = 0$
$y = f(x) = x^2 + px$

Beispiele: $y = f(x) = x^2 - 2x$
$y = g(x) = x^2 + 2x$

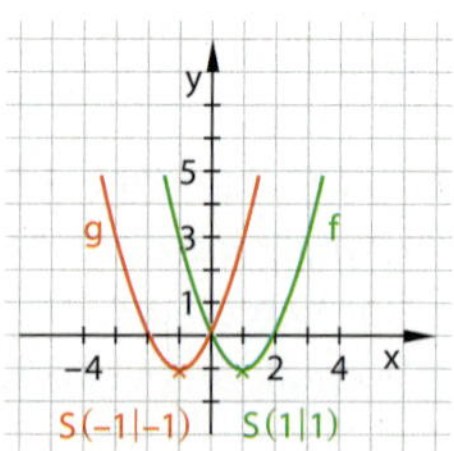

Der **Graph** ist eine längs der x-Achse **verschobene Normalparabel.** Ihre Symmetrieachse ist parallel zur y-Achse.

Scheitelpunkt: $S\left(-\frac{p}{2}\middle|\left(-\frac{p}{2}\right)^2\right)$

3. Fall: $p \neq 0; q \neq 0$
$y = f(x) = x^2 + px + q$

Beispiele: $y = f(x) = x^2 + 2x + 1$
$y = g(x) = x^2 - 4x + 5$
$y = h(x) = x^2 - 4x + 3$

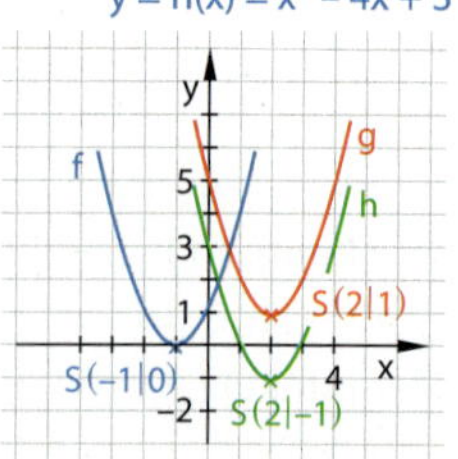

Der **Graph** ist eine längs beider Achsen **verschobene Normalparabel.** Ihre Symmetrieachse ist parallel zur y-Achse.

Scheitelpunkt: $S\left(-\frac{p}{2}\middle|-\left(\frac{p}{2}\right)^2 + q\right)$
$S\left(-\frac{p}{2}\middle|-D\right)$

Beispiel 2: Zeichne den Funktionsgraphen von $y = f(x) = x^2 - 4x + 2$ mit einer Schablone.

Lösung:

Lies die Werte für p und q ab und berechne die Scheitelpunktkoordinaten.

$y = f(x) = x^2 - 4x + 2 \rightarrow p = -4;\ q = 2$

$x_S = -\frac{p}{2} \rightarrow x_S = -\left(-\frac{4}{2}\right) = 2$

$y_S = -\left(\frac{p}{2}\right)^2 + q \rightarrow y_S = -\left(\frac{-4}{2}\right)^2 + 2 = -2$

Zeichne ein Koordinatensystem und markiere den Scheitelpunkt S.
Zeichne dann den Graphen mithilfe einer Schablone.

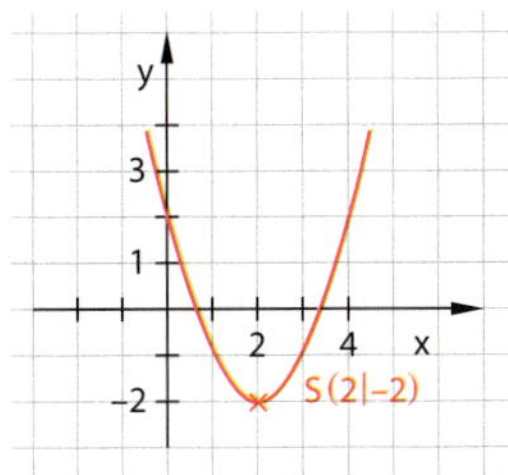

Basisaufgaben

5. Zeichne den Funktionsgraphen mit einer Schablone.
   a) $y = x^2 - 4$ b) $y = x^2 + 4x$ c) $y = x^2 + 4x - 4$ d) $y = x^2 - 2x - 3$

6. Ermittle den Scheitelpunkt und überprüfe mit einer dynamischen Geometriesoftware.
   a) $y = x^2 - 1$ b) $y = x^2 + 6x$ c) $y = x^2 - 2x + 1$ d) $y = x^2 + 6x - 1$

Quadratische Funktionen $y = f(x) = (x + d)^2 + e$ $(x \in \mathbb{R})$ darstellen

Nach Auflösen der Klammer in $y = f(x) = (x + d)^2 + e$ erhält man die Normalfom einer quadratischen Funktion $y = f(x) = x^2 + 2dx + d^2 + e$ mit $p = 2d$ und $q = d^2 + e$.
Für die Koordinaten des Scheitelpunktes gilt:

$x_S = -\frac{p}{2} = -\frac{2d}{2} = -d;$ $y_S = -\left(\frac{p}{2}\right)^2 + q = -\left(\frac{2d}{2}\right)^2 + d^2 + e = -d^2 + d^2 + e = e$

Wissen: Graph der Funktion $y = f(x) = (x + d)^2 + e$

Die Graphen von Funktionen $y = f(x) = (x + d)^2 + e$ sind **(verschobene) Normalparabeln** mit dem **Scheitelpunkt $S(-d \mid e)$**.

Man nennt eine Gleichung der Form $y = f(x) = (x + d)^2 + e$ auch **Scheitelpunktform** einer quadratischen Funktion.

Hinweis:
$x_S = -d$ und $y_S = e$ sind aus der Funktionsgleichung unmittelbar ablesbar.

Beispiel 3: Zeichne den Funktionsgraphen von $y = f(x) = (x - 1)^2 - 2$ mit einer Schablone.

Lösung:

Lies die Werte für d und e ab und gib die Scheitelpunktkoordinaten an.
Zeichne ein Koordinatensystem und markiere den Scheitelpunkt S.
Zeichne dann den Graphen mithilfe einer Schablone.

$y = f(x) = (x - 1)^2 - 2$
$\rightarrow d = -1;\ e = -2$
$\rightarrow x_S = -(-1) = 1;$
$y_S = -2$

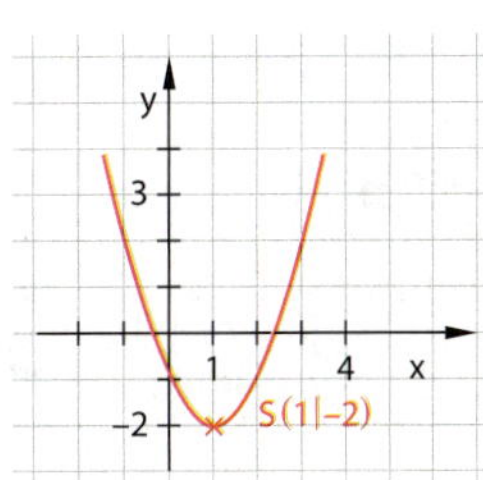

Hinweis:
Der Graph von $y = x^2$ wird hierbei um eine Einheit nach rechts und um zwei Einheiten nach unten verschoben.

Basisaufgaben

7. Stelle die Funktion mithilfe einer Schablone grafisch dar.
a) $y = (x-2)^2 - 0{,}5$ b) $y = (x+1{,}5)^2 + 2$ c) $y = (x-2)^2 + 1$ d) $y = (x+1)^2 - 1{,}5$

8. Gib eine Gleichung einer quadratischen Funktion an, deren Graph eine nach oben geöffnete Normalparabel mit dem Scheitelpunkt S ist.
a) $S(-2|2)$ b) $S(1|3)$ c) $S(-1{,}5|-\frac{1}{2})$ d) $S(-0{,}8|1{,}2)$ e) $S(\sqrt{2}|2)$

9. Gib zur verschobenen Normalparabel eine Funktionsgleichung an.

a)
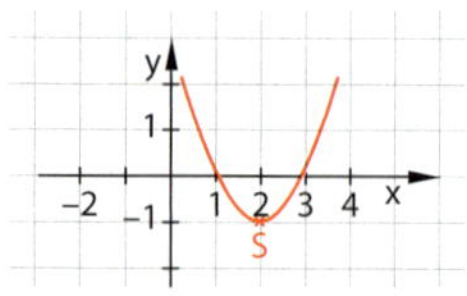

b)
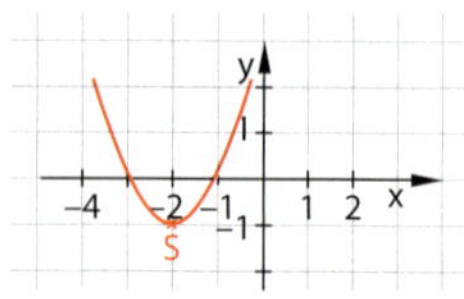

Weiterführende Aufgaben

10. Zeichne mit der Schablone in ein Koordinatensystem den Funktionsgraphen und gib die Koordinaten des Scheitelpunkts an.
a) $y = x^2 - 3$ b) $y = x^2 + 2x + 1$ c) $y = (x-1)^2 + 3$ d) $y = x^2 - 4x$

11. Gib für jeden Funktionsgraphen (verschobene Normalparabel) eine Funktionsgleichung an.

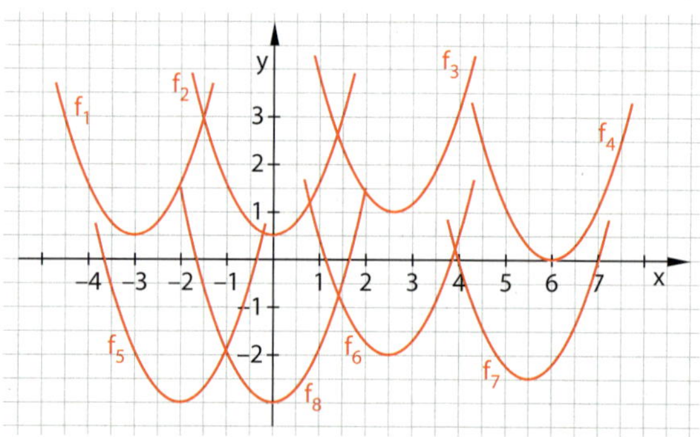

12. Gib an, welche der Punkte auf der nach oben offenen und verschobenen Normalparabel mit dem Scheitelpunkt $S(2|1)$ liegen:
$A(0|0)$; $B(2|1)$; $C(1|2)$; $D(-2|7)$; $E(-1|10)$; $F(3|1)$; $G(6|4)$; $H(4|5)$; $I(7|12)$

13. Gib die Gleichung in der Form $y = (x+d)^2 + e$ und die Scheitelpunktkoordinaten an.
a) $y = x^2 + 4x - 5$ b) $y = x^2 - 4x + 2$ c) $y = x^2 + 8x + 16$ d) $y = x^2 - 6x + 4$

14. Stolperstelle: Elias meint, dass die drei Funktionsgraphen einen geschlossenen Kurvenzug in ein und demselben Koordinatensystem im Intervall $-4 \le x \le 0$ bilden:
$f(x) = (x+2)^2 - 2\ (-3 \le x \le -1)$; $g(x) = -x^2\ (-1 \le x \le 0)$; $h(x) = -(x+4)^2\ (-4 \le x \le -3)$
Prüfe, ob das stimmt und ermittle den ungefähren Flächeninhalt der Figur, wenn dies so ist.

● **15.** Prüfe, ob sich die Graphen der Funktionen schneiden und gib die Koordinaten der Schnittpunkte an, wenn dem so ist.
a) $f(x) = x^2$; $g(x) = x^2 + 2$ b) $f(x) = -x^2$; $g(x) = x^2 - 2$ c) $f(x) = -x^2 + 4$; $g(x) = x^2 - 4$

● **16. Ausblick:** Anna soll die Schnittpunkte des Graphen der Funktion $y = f(x) = (x-3)^2 - 1$ mit der x-Achse ermitteln. Sie weiß, dass ein Schnittpunkt mit der x-Achse die Koordinaten $S_1(2|0)$ hat. Begründe, dass sie dann den zweiten Schnittpunkt unmittelbar angeben kann, nachdem sie den Scheitelpunkt der Parabel bestimmt hat.

4.5 Eigenschaften quadratischer Funktionen

■ Elias betrachtet den nebenstehenden Steckbrief und meint, dass die gesuchte Funktion f auf keinen Fall eine lineare Funktion sein kann, denn lineare Funktionen haben niemals zwei Nullstellen. Es kann nur eine Betragsfunktion sein. Laura entgegnet, dass es auch eine quadratische Funktion sein könnte.

Gib jeweils eine passende Funktionsgleichung an, wenn f die Eigenschaften im Steckbrief besitzt und einmal eine Betragsfunktion und einmal eine quadratische Funktion ist. ■

Steckbrief

Gesucht ist eine Funktion f mit folgenden Eigenschaften:
- f hat den kleinsten Funktionswert an der Stelle Null.
- f hat die Nullstellen −1 und +1.
- Wertebereich von f ist: $y \in \mathbb{R}$ mit $y \geq -1$
- f ist für alle $x < 0$ monoton fallend.

Nullstellen und y-Achsen-Schnittpunkte ermitteln

Wissen: Existenz und Anzahl von Nullstellen quadratischer Funktionen

Die **Nullstellen** einer quadratischen Funktion $y = f(x) = x^2 + px + q$ sind die **Lösungen der quadratischen Gleichung** $x^2 + px + q = 0$.

Die Anzahl der Nullstellen hängt von der Diskriminante $D = \frac{p^2}{4} - q$ ab.

Es gilt: Für $\mathbf{D > 0}$ hat die Funktion **zwei** Nullstellen.
Für $\mathbf{D = 0}$ hat die Funktion genau **eine** Nullstelle.
Für $\mathbf{D < 0}$ hat die Funktion **keine** Nullstelle.

Der Graph schneidet die y-Achse im Punkt: $\mathbf{S_y(0|q)}$

Erinnere dich:
x_N ist eine Nullstelle von f genau dann, wenn $f(x_N) = 0$ ist.

Beispiele:

$y = x^2 - 4x + 3;\ D = 1$

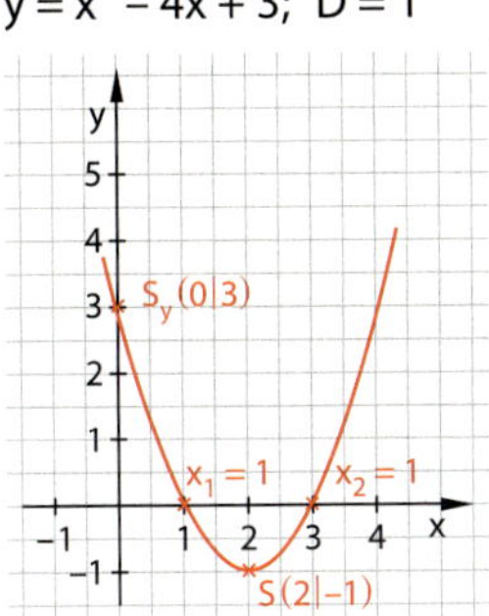

$y = x^2 - 4x + 4;\ D = 0$

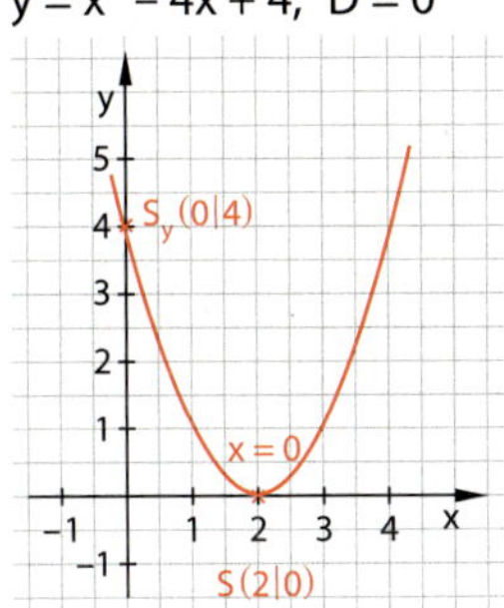

$y = x^2 - 4x + 5;\ D = -1$

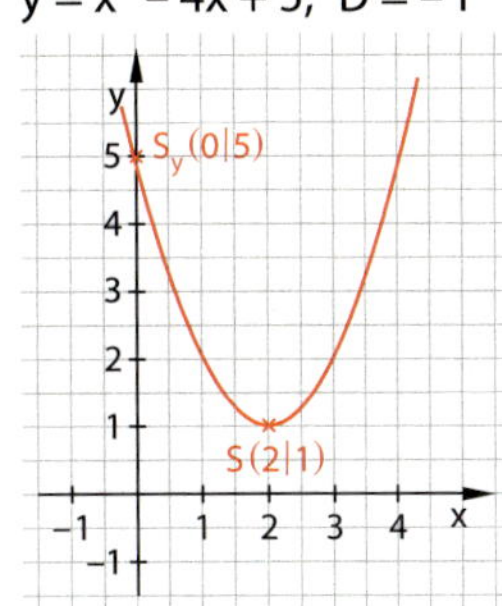

Beispiel 1: Ermittle die Nullstellen der Funktion f mit $y = f(x) = x^2 - x - 0{,}75$ sowohl grafisch als auch rechnerisch und gib die Koordinaten des Schnittpunktes S_y des Graphen mit der y-Achse an.

Lösung:

Grafische Lösung:
Ermittle den Scheitelpunkt S, zeichne den Funktionsgraphen und lies die x-Werte seiner Schnittpunkte mit der x-Achse ab. $S(\frac{1}{2}|-1)$

Lies die Koordinaten von S_y ab.

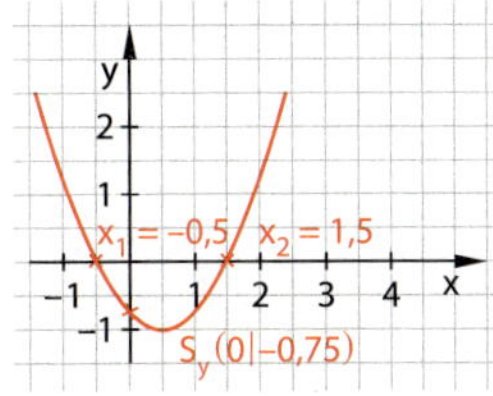

Hinweis:
Da $D = 1$ ist, hat f zwei Nullstellen.

Rechnerische Lösung:

Löse die quadratische Gleichung $f(x) = 0$ $\quad x_{1/2} = -\frac{-1}{2} \pm \sqrt{1} \quad \rightarrow \quad x_1 = -\frac{1}{2};\ x_2 = \frac{3}{2}$

Gib die Koordinaten von S_y an. $\quad f(0) = -0{,}75 \quad \rightarrow \quad S_y(0|-0{,}75)$

Basisaufgaben

1. Ermittle, wenn vorhanden, die Nullstellen der Funktion f sowohl grafisch als auch rechnerisch und gib die Koordinaten des Schnittpunktes S_y des Graphen mit der y-Achse an.
   a) $y = f(x) = x^2 - 3x + 2$ b) $y = f(x) = x^2 + 3x + 2{,}25$ c) $y = f(x) = x^2 - 0{,}5x + 1$

2. Ermittle die Anzahl der Nullstellen von f und berechne sie.
   a) $y = f(x) = x^2 - 6x + 5$ b) $y = f(x) = x^2 + 10x + 27$ c) $y = f(x) = x^2 - 5x + 6{,}25$
   d) $y = f(x) = x^2 - 1{,}44$ e) $y = f(x) = (x - 3{,}1)^2$ f) $y = f(x) = x^2 + \frac{3}{2}x$

3. Ermittle die Koordinaten der Schnittpunkte des Graphen der quadratischen Funktion f mit den Koordinatenachsen grafisch. Kontrolliere rechnerisch.
   a) $y = f(x) = (x + 2{,}5)^2 - 2{,}25$ b) $y = f(x) = (x - 1{,}5)^2$ c) $y = f(x) = x^2 - 4x + 5$

Weitere Eigenschaften quadratischer Funktionen ermitteln

Wissen: Wertebereich und Monotonie

Die Graphen quadratischer Funktionen sind stets Parabeln, deren Lage von der des Scheitelpunkts und von weiteren Eigenschaften abhängt.

	Normalform $y = x^2 + px + q$	**Scheitelpunktform** $y = (x + d)^2 + e$
Scheitelpunkt	$S(-\frac{p}{2} \mid -D)$ mit $D = \frac{p^2}{4} - q$	$S(-d \mid e)$
Wertebereich	$y \in \mathbb{R}$ und $y \geq -D$	$y \in \mathbb{R}$ und $y \geq e$
Monotonie	Für $x \leq -\frac{p}{2}$: monoton fallend Für $x \geq -\frac{p}{2}$: monoton steigend	Für $x \leq -d$: monoton fallend Für $x \geq -d$: monoton steigend

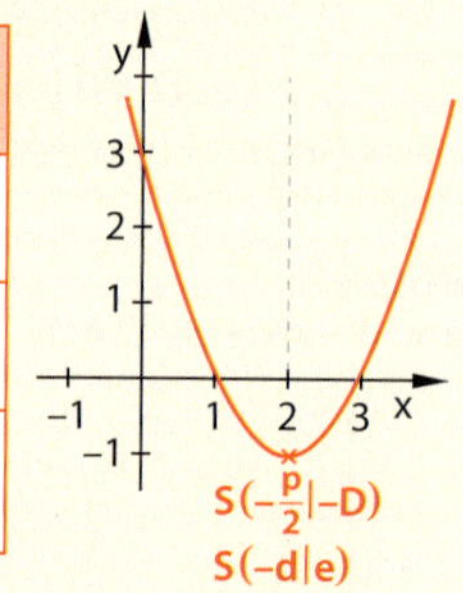

Der Scheitelpunkt S ist der tiefste Punkt (Tiefpunkt) einer nach oben geöffneten Parabel.

Beispiel 2: Gib den Wertebereich und das Monotonieverhalten der Funktion f an.
a) $y = f(x) = x^2 - 4x$ b) $y = f(x) = (x + 3)^2 + 2$

Lösung:

a) Ermittle den Scheitelpunkt $S(-\frac{p}{2} \mid -D)$.	$-\frac{p}{2} = -\frac{-4}{2} = 2$; $D = \left(\frac{-4}{2}\right)^2 - 0 = 4 \rightarrow S(2 \mid -4)$
Gib den Wertebereich an.	$y \in \mathbb{R}$ und $y \geq -4$
Gib das Monotonieverhalten an.	Für $x \leq 2$, fallend. Für $x \geq 2$: monoton steigend
b) Ermittle den Scheitelpunkt $S(-d \mid e)$.	$S(-d \mid e) = S(-3 \mid 2)$
Gib den Wertebereich an.	$y \in \mathbb{R}$ und $y \geq 2$
Gib das Monotonieverhalten an.	Für $x \leq -3$: monoton fallend Für $x \geq -3$: monoton steigend

Basisaufgaben

4. Gib den Wertebereich und das Monotonieverhalten der quadratischen Funktion f an.
   a) $y = f(x) = x^2 + 8x + 13$ b) $y = f(x) = (x - 3{,}5)^2 - 1{,}5$ c) $y = f(x) = x^2 + 0{,}8x$

5. Gib die Normalform einer quadratischen Funktion an, die den Wertebereich W hat und die monoton fallend für $x \leq x_S$ und monoton steigend für $x \geq x_S$ ist.
   a) $W = \{y \in \mathbb{R}$ und $y \geq 0{,}5\}$ und $x_S = 1$ b) $W = \{y \in \mathbb{R}$ und $y \geq -5\}$ und $x_S = -4$

Weiterführende Aufgaben

6. Untersuche die quadratische Funktion f. Ermittle dazu die Nullstellen, den Wertebereich, das Monotonieverhalten und gib die Koordinaten des Schnittpunktes des Graphen mit der y-Achse an. Erkläre dein Vorgehen. Beschreibe die gefundenen Eigenschaften am Funktionsgraphen.

a) $y = f(x) = x^2 - 7x + 12{,}25$ b) $y = f(x) = \left(x + \frac{3}{2}\right)^2 - 4$ c) $y = f(x) = x^2 - 8x + 17$

7. Lies die Eigenschaften der quadratischen Funktion (den Wertebereich, die Nullstellen, das Monotonieverhalten) am Funktionsgraphen ab.

a)

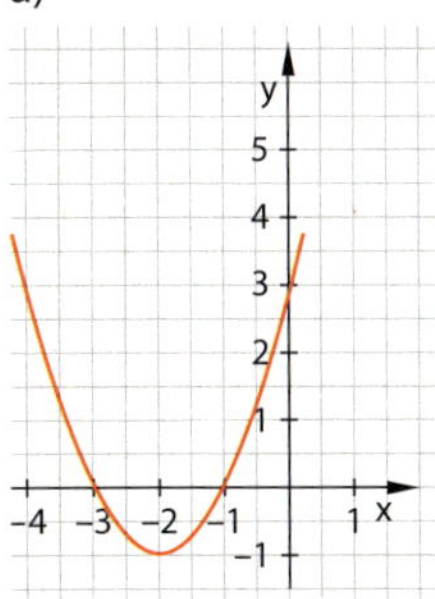

b)

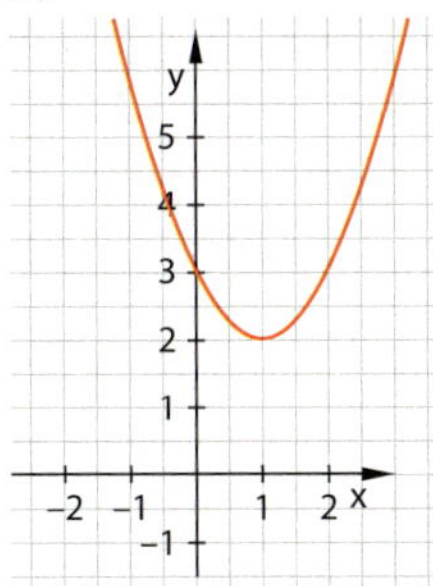

c)

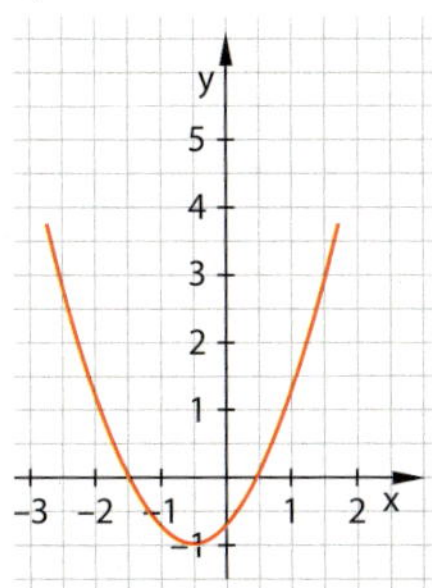

d)

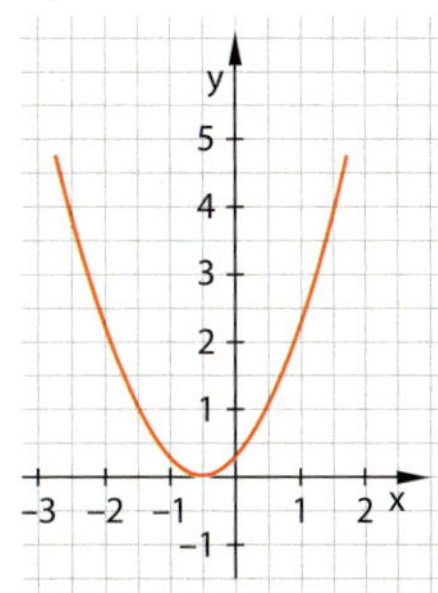

8. Berechne die Koordinaten der Schnittpunkte des Graphen von f mit den Koordinatenachsen. Runde Zahlenwerte auf Zehntel.

a) $y = f(x) = x^2 + 4{,}1x$ b) $y = f(x) = x^2 + 3x + 4$

c) $y = f(x) = x^2 - \frac{1}{2}x + \frac{1}{16}$ d) $y = f(x) = x^2 - 2x - 1$

e) $y = f(x) = x^2 + 10x + 26$ f) $y = f(x) = x^2 + 2x - 4$

9. Stolperstelle: Kevin ermittelt von der Funktion f mit $y = f(x) = (x + 3)^2 - 1$ die Nullstellen und den Schnittpunkt mit der y-Achse grafisch. Dazu wählt er auf beiden Achsen als Einheit 0,5 cm und zeichnet die Normalparabel mit dem Scheitelpunkt $S(-3|-1)$. Dann liest er die gesuchten Werte ab. Überprüfe seinen Lösungsweg und die Lösungen.

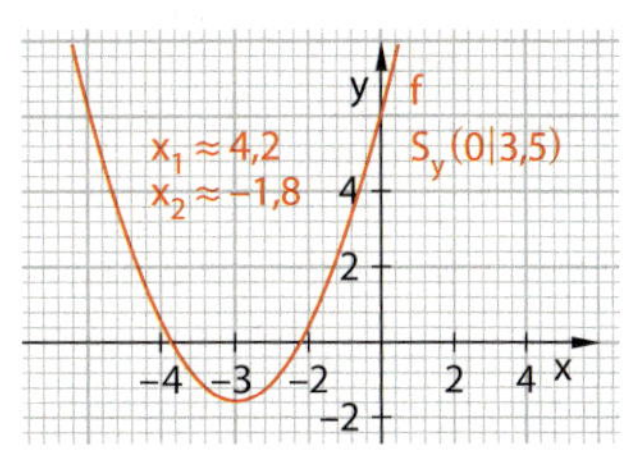

10. Beurteile folgende Aussagen. Korrigiere diese, wenn sie falsch sind.

a) Die Graphen der Funktionen mit $y = x^2 + px + q$ haben stets eine Symmetrieachse.

b) Für den Wertebereich der Funktionen mit $y = x^2 + px + q$ gilt stets $y \in \mathbb{R}$ und $y \geq q$.

c) Es gibt quadratische Funktionen mit $x \in \mathbb{R}$, deren Graphen die y-Achse nicht schneiden.

● **11.** Von einer quadratischen Funktion f in Normalform ist eine Nullstelle $x_1 = -7$ bekannt. Außerdem ist f monoton fallend für $x \leq -5$ und monoton steigend für $x \geq -5$. Untersuche, ob die Funktionsgleichung von f ermittelt werden kann. Ermittle sie gegebenenfalls.

● **12. Ausblick:** Gegeben ist die Funktion f mit $y = f(x) = x^2$.

DGS

a) Bilde die Funktionen g, h und k mit: $y = g(x) = f(x) - 4$; $y = h(x) = f(x - 1)$; $y = k(x) = 2 \cdot f(x)$ Vergleiche das Monotonieverhalten und den Wertebereich der Funktionen f, g und h.

b) Formuliere eine Vermutung, wie das Monotonieverhalten und der Wertebereich folgender Funktionen von den Variablen r, s und t beeinflusst wird:
$y = g(x) = f(x) + r$; $y = h(x) = f(x - s)$; $y = k(x) = t \cdot f(x)$

Hinweis zu 12:
Zum Veranschaulichen kann eine dymamische Geometriesoftware hilfreich sein.

4.6 Funktionen $y = f(x) = ax^2 + bx + c$ untersuchen

■ Jonas soll in der nebenstehenden Übersicht zu speziellen quadratischen Funktionen die fehlenden Angaben ergänzen.
Es sind Sonderfälle quadratischer Gleichungen $y = f(x) = ax^2 + bx + c$ für $a = 1$.

Wie würdest du an seiner Stelle die Leerstellen ergänzen? ■

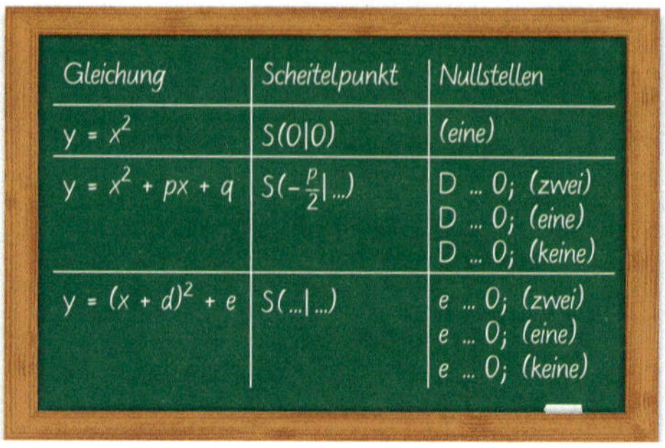

Erinnere dich:
Solche speziellen Variablen wie a, b, c werden auch Parameter genannt.

Es gibt noch weitere Sonderfälle mit $a \neq 1$ und $a \neq 0$:

$$y = f(x) = ax^2 + bx + c$$

$(b = 0;\ c = 0)$
$y = f(x) = ax^2$

$(b = 0)$
$y = f(x) = ax^2 + c$

Quadratische Funktionen der Form $y = f(x) = ax^2$

Hinweis:
Hier ist eine dynamische Geometriesoftware hilfreich.

Welchen Einfluss der Parameter a auf die Form des Funktionsgraphen von $y = ax^2$ hat, lässt sich an Beispielen mit unterschiedlichen Parametern a zeigen.

x	x^2	$\frac{1}{2}x^2$	$2x^2$	$-x^2$	$-\frac{1}{2}x^2$	$-2x^2$
−4	16	8	32	−16	−8	−32
−2	4	2	8	−4	−2	−8
−1	1	0,5	2	−1	−0,5	−2
0	0	0	0	0	0	0
1	1	0,5	2	−1	−0,5	−2
2	4	2	8	−4	−2	−8
4	16	8	32	−16	−8	−32

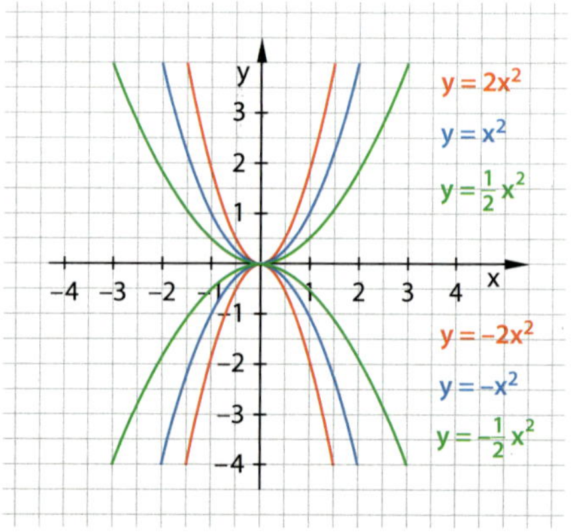

Wissen: Einfluss des Parameters a auf den Funktionsgraphen von $y = f(x) = ax^2$
Die **Graphen** von Funktionen $y = f(x) = ax^2$ sind **Parabeln.**
Der **Scheitelpunkt** der Funktionsgraphen hat die Koordinaten **S(0|0)**.
Sie haben die **Nullstelle $x_0 = 0$** und die Graphen sind **symmetrisch zur y-Achse**.
Es gilt:

a > 0	Parabel ist nach oben geöffnet. Scheitelpunkt ist „Tiefpunkt".
a < 0	Parabel ist nach unten geöffnet. Scheitelpunkt ist „Hochpunkt".

|a| > 1	Die Normalparabel ist in y-Richtung gestreckt.
|a| < 1	Die Normalparabel ist in y-Richtung gestaucht.

Hinweis:
Der Parameter a wird als Streckungsfaktor bezeichnet.

Ändert sich das Vorzeichen von a, wird der Funktionsgraph an der x-Achse gespiegelt.

Beispiel 1: Der Graph einer quadratischen Funktion f mit $y = f(x) = ax^2$ verläuft durch den Punkt $P(-2|0{,}8)$.

a) Berechne den Parameter a und gib eine Funktionsgleichung für die Funktion f an.
b) Zeichne den Graphen der Funktion f.

Lösung:

a) Setze den Wert für die x- und für die y-Koordinate von P in die Funktionsgleichung ein und stelle sie nach a um. Setze den Wert für a in die Gleichung $y = f(x) = ax^2$ ein.

$$y = ax^2$$
$$0{,}8 = a \cdot (-2)^2$$
$$0{,}8 = 4a \quad |:4$$
$$a = 0{,}2$$
$$y = 0{,}2x^2$$

b) Erstelle eine Wertetabelle. Übertrage alle Wertepaare in ein Koordinatensystem und verbinde die Punkte zu einer Parabel.

x	$y = 0{,}2x^2$
−3	1,8
−2	0,8
−1	0,2
0	0
1	0,2
2	0,8
3	1,8

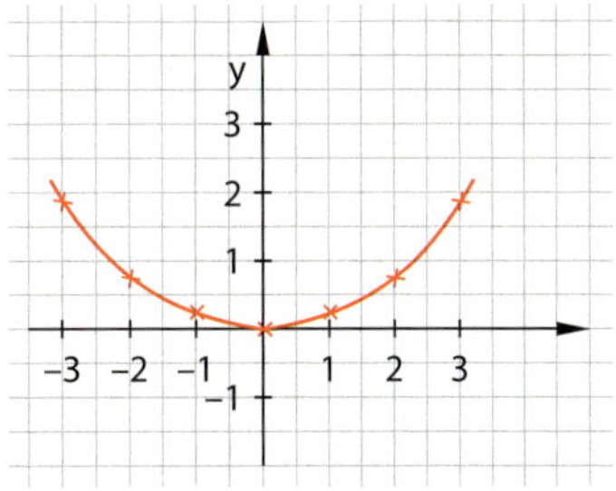

Hinweis:
Da der Funktionsgraph symmetrisch zur y-Achse ist, würde eine Wertetabelle mit positiven x-Werten ausreichen

Basisaufgaben

1. Der Graph einer quadratischen Funktion mit $y = ax^2$ verläuft durch den Punkt P. Ermittle eine Funktionsgleichung und zeichne den Funktionsgraphen.
   a) $P(2|8)$ b) $P(-4|-8)$ c) $P(2|-6)$ d) $P(1|0{,}5)$

2. Prüfe, ob der Funktionsgraph eine gestreckte oder eine gestauchte Parabel ist. Entscheide auch, ob die Parabel nach oben oder unten geöffnet ist. Begründe deine Aussage.
   a) $y = 2{,}8x^2$ b) $y = -0{,}9x^2$ c) $y = -x^2$ d) $y = \frac{x^2}{2}$ e) $y = \frac{10x^2}{3}$

3. Prüfe, ob der Graph der Funktion durch den Punkt P mit der Gleichung $y = ax^2$ eine gestreckte oder eine gestauchte Parabel ist. Entscheide auch, ob die Parabel nach oben oder unten geöffnet ist. Begründe deine Aussage.
   a) $P(2|-8)$ b) $P(1|-0{,}25)$ c) $P(2|8)$ d) $P(2|1)$

Quadratische Funktionen der Form $y = f(x) = ax^2 + c$

Der Parameter a der Funktion $y = ax^2$ ist für die Stauchung oder Streckung des Funktionsgraphen verantwortlich.
Von den Funktionen $y = mx + n$ bzw. $y = x^2 + q$ ist bekannt, dass das absolute Glied n bzw. q die Funktionsgraphen entlang der y-Achse verschiebt.

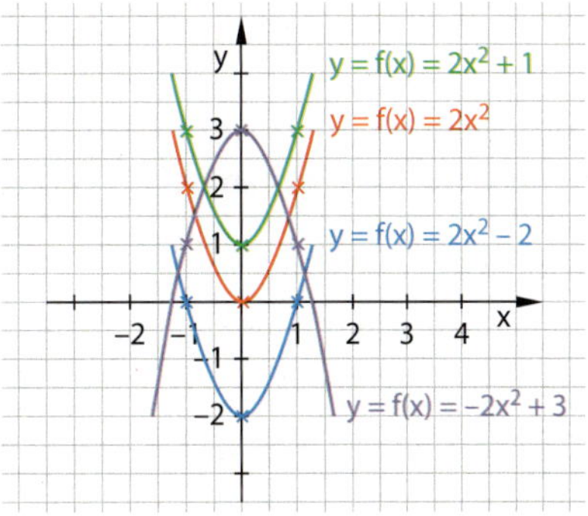

Hinweis:
Der Einfluss von c auf den Funktionsgraphen kann mithilfe einer dynamischen Geometriesoftware erkundet werden.

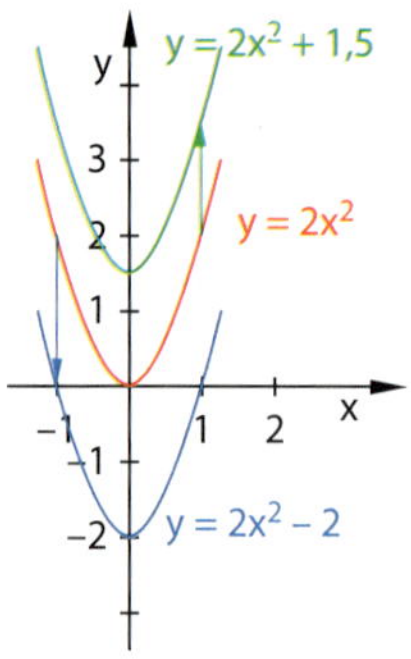

Wissen: Einfluss des Parameters c auf den Funktionsgraphen von $y = f(x) = ax^2 + c$

Graphen von Funktionen $\mathbf{y = f(x) = ax^2 + c}$ sind **Parabeln**, die durch Verschieben der Parabeln von $\mathbf{y = f(x) = ax^2}$ um c Einheiten in Richtung der y-Achse erzeugt werden können:

$c > 0$	Verschiebung in die positive Richtung der y-Achse (nach oben)
$c < 0$	Verschiebung in die negative Richtung der y-Achse (nach unten)

Die Parabeln sind symmetrisch zur y-Achse und haben den **Scheitelpunkt $S(0|c)$**.
Die Parameter a und c beeinflussen die Existenz und Anzahl von Nullstellen:

$a > 0$ und $c > 0$; $a < 0$ und $c < 0$	keine Nullstelle
$a \neq 0$ und $c = 0$	eine Nullstelle
$a > 0$ und $c < 0$; $a < 0$ und $c > 0$	zwei Nullstellen

Beispiel 2: Der Graph der Funktion f mit $y = f(x) = 0,5x^2$ wird um c Einheiten entlang der y-Achse verschoben.

a) Gib eine Funktionsgleichung für die verschobene Parabel und die Scheitelpunktskoordinaten dieser Parabel für $c_1 = 1,5$ und $c_2 = -2$ an.

b) Gib für jede Funktion an, wie viele Nullstellen sie hat.

Lösung:

a) Addiere c auf der rechten Seite der Gleichung.
Verschiebung um c_1: $y = g(x) = 0,5\,x^2 + 1,5$; $S_g(0|1,5)$
Verschiebung um c_2: $y = h(x) = 0,5\,x^2 - 2$; $S_h(0|-2)$

b) Schlussfolgere aus a und c auf die Anzahl der Nullstellen.
Verschiebung um c_1: $a > 0$ und $c > 0$ → keine Nullstellen
Verschiebung um c_2: $a > 0$ und $c < 0$ → zwei Nullstellen

Basisaufgaben

4. Die Graphen von $y = f(x) = 2x^2$ und $y = g(x) = -2x^2$ werden jeweils um c Einheiten entlang der y-Achse verschoben.
   a) Gib für jede der verschobenen Parabeln eine Funktionsgleichung und die Koordinaten des Scheitelpunktes sowohl für $c = -0,5$ als auch für $c = 1,3$ an.
   b) Gib für jede dieser Funktionen die Anzahl ihrer Nullstellen an.

Hinweis zu 5:
Hier kann eine dynamische Geometriesoftware genutzt werden.

5. Skizziere die Funktionsgraphen im gleichen Koordinatensystem. Beschreibe die Lage der Graphen g, h und i bezüglich des Graphen f:
   $y = f(x) = -2\,x^2$ $y = g(x) = -2x^2 + 1$ $y = h(x) = -2x^2 - 1$ $y = i(x) = 2x^2 - 0,5$

Quadratische Funktionen der Form $y = f(x) = ax^2 + bx + c$

Auch Funktionen der Form $y = f(x) = ax^2 + bx + c$ $(a \neq 1;\ b \neq 0;\ c \neq 0)$ können mit einer dynamischen Geometriesoftware dargestellt werden.

Aus $y = ax^2 + bx + c$ erhält man durch Ausklammern $y = a \cdot \left(x^2 + \frac{b}{a}x + \frac{c}{a}\right) = a \cdot g(x)$.

Somit lässt sich schlussfolgern, dass die Funktionen f(x) und g(x) die gleichen Nullstellen besitzen.

Die Funktion $g(x) = x^2 + \frac{b}{a}x + \frac{c}{a}$ liegt in Normalform vor mit $p = \frac{b}{a}$ und $q = \frac{c}{a}$.

Wissen: Nullstellen, Scheitelpunkte und Graphen von Funktionen $y = ax^2 + bx + c$

Die Gleichung $y = f(x) = ax^2 + bx + c$ lässt sich durch Ausklammern von a in die Form $y = f(x) = a \cdot \left(x^2 + \frac{b}{a}x + \frac{c}{a}\right) = a \cdot g(x)$ überführen. Der Funktionsgraph f entsteht aus dem Funktionsgraphen g in Abhängigkeit von a durch Stauchung, Streckung oder Spiegelung.

Für die **Scheitelpunkte** gilt: $S_g(x_s | y_s)$ **und** $S_f(x_s | a \cdot y_s)$

Für die **Nullstellen** gilt: $x_{1/2} = -\frac{b}{2a} \pm \sqrt{\left(\frac{b}{2a}\right)^2 - \frac{c}{a}}$

Hinweis:
Der Scheitelpunkt ist entweder ein „Hochpunkt“ oder ein „Tiefpunkt.“

Beispiel 3: Ermittle die Nullstellen von $y = f(x) = 2x^2 - 8x + 6$ und den Scheitelpunkt.

Lösung:

Forme die Gleichung von f durch Ausklammern von a in die Form $y = f(x) = a \cdot g(x)$ um.	$y = f(x) = 2x^2 - 8x + 6 = 2 \cdot (x^2 - 4x + 3)$ $y = g(x) = x^2 - 4x + 3$
Berechne die Nullstellen der Funktion g.	$x_{1/2} = 2 \pm \sqrt{2^2 - 3} \rightarrow x_1 = 1;\ x_2 = 3$ f und g haben gleiche Nullstellen.
Ermittle den Scheitelpunkt S des Graphen von f mithilfe des Scheitelpunktes des Graphen von g.	$S_g\left(-\left(\frac{-4}{2}\right) \middle| -\left(\frac{-4}{2}\right)^2 + 3\right) \rightarrow S_g(2|-1)$ Da $a = 2 \rightarrow S_f(2|2 \cdot (-1)) \rightarrow S_f(2|-2)$

Basisaufgaben

6. Berechne die Nullstellen der Funktion und ermittle den Scheitelpunkt des Graphen.
a) $y = 2x^2 - 8x + 4$ b) $y = 0{,}5x^2 - 2x + 1$ c) $y = -\frac{1}{4}x^2 + \frac{1}{2}x - 2$

7. Berechne, falls vorhanden, die Nullstellen der Funktion. Runde diese auf Zehntel. Gib den Scheitelpunkt des Funktionsgraphen an.
a) $y = 4x^2 + 2x - 2$ b) $y = 0{,}5x^2 - 2x - 3$ c) $y = -0{,}5x^2 - 2x - 6$

Weiterführende Aufgaben

8. Gib an, ob der Funktionsgraph einen Hochpunkt (Tiefpunkt) hat, und gib seine Koordinaten sowie den Wertebereich der Funktion an.
a) $y = 2x^2 - 2$ b) $y = -2x^2$ c) $y = -2x^2 + 0{,}5$ d) $y = 1{,}5x^2 - 3x + 1$

9. Gib eine Gleichung einer Funktion der Form $y = ax^2 + c$ an, deren Graph durch die Punkte P_1 und P_2 verläuft. Gib auch an, wie viele Nullstellen existieren.
a) $P_1(0|-0{,}5)$ und $P_2(4|1{,}1)$ b) $P_1(0|1{,}1)$ und $P_2(1|1{,}35)$

10. Stolperstelle: Überprüfe folgende Aussagen und korrigiere sie gegebenenfalls.
Der Graph von $y = -2(-x^2 + 3x - 2)$ ist eine nach unten geöffnete Parabel mit dem Scheitelpunkt $S(1{,}5 | -0{,}25)$ und den Nullstellen $x_1 = 1$ und $x_2 = -1$ ist.

● **11.** Gegeben sind der Streckungsfaktor a und die Nullstellen einer quadratischen Funktion f mit $y = f(x) = ax^2 + bx + c$. Ermittle b und c.
a) $a = 1{,}2;\ x_1 = 1$ und $x_2 = -1{,}7$ b) $a = -0{,}5;\ x_{1/2} = 0$ c) $a = 2;\ x_1 = -1$ und $x_2 = 1$

● **12. Ausblick:** Berechne die Nullstellen von $f(x) = x^2 - 2x - 3$ und ermittle die Schnittpunkte der Graphen von $g(x) = 2x + 3$ und von $h(x) = x^2$. Formuliere eine Vermutung hinsichtlich der Nullstellen und überprüfe diese mit $f(x) = x^2 + x - 2$; $g(x) = -x + 2$ und $h(x) = x^2$.

DGS

Hinweis zu 12:
Das Verwenden einer dynamischen Geometriesoftware kann hilfreich sein.

4.7 Gleichungen grafisch lösen

■ Nullstellen von Funktionen lassen sich sowohl rechnerisch als auch grafisch ermitteln. Gleichungen wurden bisher rechnerisch gelöst, zumeist durch Umformen, manchmal auch durch inhaltliches Überlegen oder durch systematisches Probieren.

Löse die Gleichung $x^2 + 2x - 5 = 0$ grafisch und erkläre dein Vorgehen. ■

Die Nullstellen einer Funktion $y = f(x)$ sind die Lösungen der Gleichung $f(x) = 0$.
Umgekehrt sind die Lösungen einer Gleichung $f(x) = 0$ die Nullstellen der Funktion $y = f(x)$.
Für quadratische Funktionen und quadratische Gleichungen gilt somit:

Hinweis:
Das Zeichen „↔" steht für „genau dann, wenn".

$x_{1/2}$ sind Nullstellen von $y = f(x) = ax^2 + bx + c$ ↔ $x_{1/2}$ sind Lösungen von $ax^2 + bx + c = 0$

Lösen einer Gleichung über Nullstellen von Funktionen

Wissen: Gleichungen über Nullstellen von Funktionen lösen
Eine Gleichung $T = 0$ kann grafisch gelöst werden, indem man die Funktion **$y = f(x) = T$** grafisch darstellt und die **Nullstellen** abliest.

Beispiel 1: Löse die Gleichung $2x = 3x + 2 - x^2$ grafisch über Nullstellen von Funktionen.

Hinweis:
Beim grafischen Lösen erhält man in der Regel Näherungslösungen.

Lösung:

Überführe die Gleichung in die Form $T = 0$ und gib die zugehörige Funktionsgleichung an.

$2x = 3x + 2 - x^2 \mid -2x$
$x^2 - x - 2 = 0$
$y = f(x) = x^2 - x - 2$

Stelle die Funktion $y = f(x)$ grafisch dar, lies die Nullstellen ab und gib die Lösungen der Gleichung an.

Scheitelpunkt:
$S(0{,}5 \mid -2{,}25)$

Nullstellen:
$x_1 = -1;\ x_2 = 2$
sind Lösungen der Gleichung.

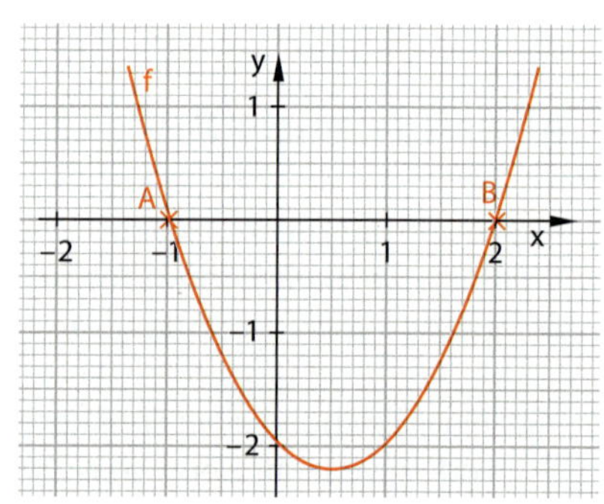

Kontrolliere die Ergebnisse mit der Ausgangsgleichung.

$2 \cdot (-1) = 3 \cdot (-1) + 2 - (-1)^2$
$-2 = -2$ (wahre Aussage)
$2 \cdot 2 = 3 \cdot 2 + 2 - 2^2$
$4 = 4$ (wahre Aussage)

Basisaufgaben

DGS **1.** Löse die Gleichung grafisch über Nullstellen von Funktionen.
a) $2x^2 - x - 4 = x^2 - 0{,}1x$ b) $-2x^2 + x = -6$ c) $4x + 3{,}5 = 2{,}5 - x^2$

DGS **2.** Untersuche die Gleichung über Nullstellen von Funktionen auf Lösbarkeit.
a) $x^2 = 2{,}4x - 1{,}44$ b) $0{,}76 - 0{,}4x = x^2 - 4x + 6$ c) $2x^2 + 0{,}14 = x^2 - 1{,}6x$

Lösen einer Gleichung über Schnittpunkte von Funktionsgraphen

Wissen: Gleichungen über Schnittpunkte von Funktionsgraphen lösen
Eine Gleichung $T_1 = T_2$ kann grafisch gelöst werden, indem man die Funktionen mit den Gleichungen $\mathbf{y = f(x) = T_1}$ und $\mathbf{y = g(x) = T_2}$ grafisch darstellt. Die **x-Koordinaten der Schnittpunkte** beider Graphen **sind die Lösungen** der gegebenen Gleichung.

Beispiel 2: Löse die Gleichung $2x = 3x + 2 - x^2$ grafisch über Schnittpunkte von Funktionsgraphen.

Lösung:
Forme die Gleichung in eine Form $T_1 = T_2$ so um, dass möglichst einfach darzustellende Funktionen f und g entstehen.

Stelle f und g grafisch dar und lies die x-Koordinaten der Schnittpunkte beider Graphen ab.

$2x = 3x + 2 - x^2 \quad | + x^2 - 2x$
$x^2 = x + 2$
$y = f(x) = x^2$
$y = g(x) = x + 2$
$x_1 = -1; \; x_2 = 2$

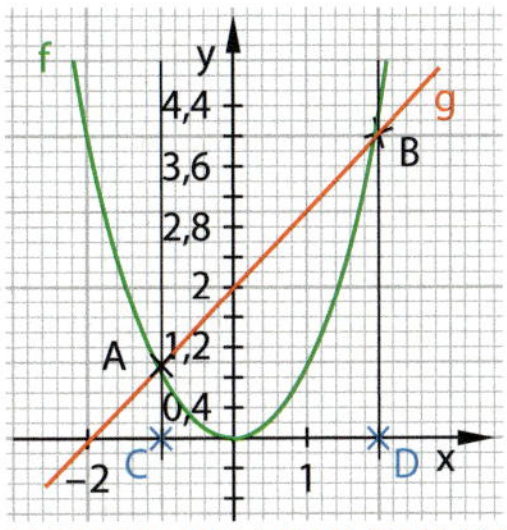

Hinweis
Grafisch ermittelte Lösungen sollten immer mit der Ausgangsgleichung kontrolliert werden.

Basisaufgaben

3. Löse die Gleichung grafisch über Schnittpunkte von Funktionsgraphen.
a) $2x^2 - x - 4 = x^2 - 0{,}5x$ b) $2x^2 + x = 6$ c) $4x + 3{,}5 = 2{,}5 - x^2$
d) $-2x^2 - 4x = 6$ e) $0{,}5x^2 - 3 = 3 + 1{,}1x$ f) $2x^2 + 2x = -2(x + 1)$

Weiterführende Aufgaben

4. Löse die Gleichung $-3x^2 = 6x - 9$ sowohl über Nullstellen von Funktionen als auch über Schnittpunkte von Funktionsgraphen. Erkläre dein Vorgehen.

5. Beurteile das Vorgehen beim grafischen Lösen von $3x^2 - 5x = x(x - 1) + 4$.
a) Beim Lösen der Gleichung über Nullstellen von Funktionen verwendet Julian nach dem Umformen die Gleichung $f(x) = 2x^2 - 6x - 4$ und Julia die Gleichung $f(x) = x^2 - 3x - 2$.
b) Beim Lösen der Gleichung über Schnittpunkte von Funktionsgraphen verwendet Julian nach dem Umformen die Gleichungen $f(x) = 2x^2 - 4$ und $g(x) = 6x$ und Julia die Gleichungen $f(x) = x^2$ und $g(x) = 3x + 2$.

6. **Stolperstelle:** Jonas löst die Gleichung $x = \sqrt{x + 1}$ grafisch. Er quadriert die Gleichung, erhält $x^2 = x + 1$ und nutzt dann die Schnittpunkte der Funktionsgraphen. Überprüfe die Lösungen und begründe, wodurch Fehler aufgetreten sind.

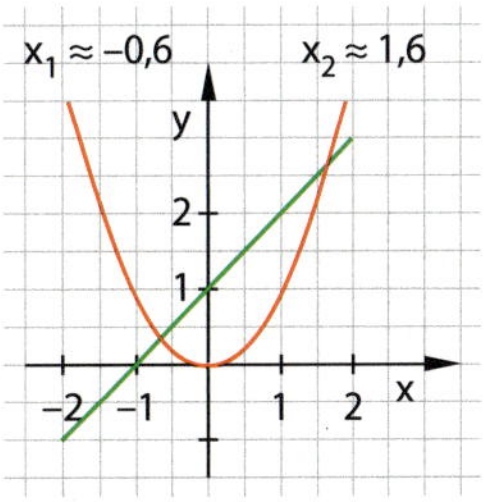

● 7. Beurteile die Aussage: *„Quadratische Gleichungen lassen sich einfacher über die Nullstellen als über die Schnittpunkte von Funktionsgraphen lösen, weil nur ein Funktionsgraph zu zeichnen ist."*

● 8. **Ausblick:** Löse die Gleichung $x^3 = 3x - 1$ mit einer dynamischen Geometriesoftware grafisch und kontrolliere die Lösungen an der Ausgangsgleichung.

DGS

4.8 Anwendungsaufgaben lösen

■ Luca meint, dass die Brückendurchfahrt parabelförmig ist. Wenn man die Höhe h der Durchfahrt und die Breite s kennen würde, könnte man sogar eine Funktionsgleichung angeben, mit der der Bogen näherungsweise beschrieben werden kann.

Gib für $h = 8\,m$ und $s = 8\,m$ eine mögliche Funktionsgleichung an. Wähle ein zweckmäßiges Koordinatensystem. ■

Eine Vielzahl von Sachproblemen kann durch Modellierung mit einer quadratischen Funktion oder einer quadratischen Gleichung beschrieben werden.

Beispiel 1: Für eine Klassenfahrt wurde ein Bus zum Preis von 450 € gemietet. Am Ausflugstag fehlten 5 Teilnehmer, darum musste der Fahrpreis pro Person um 3 € erhöht werden. Berechne, wie viele Personen ursprünglich teilnehmen wollten und wie hoch dafür der Fahrpreis pro Person war.

Lösung:

Gib die gesuchten und gegebenen Größen an. Verwende dabei auch Variablen.

Ges.: Ursprüngliche Teilnehmerzahl: $x \; (x \in \mathbb{N})$
Kosten je Teilnehmer (in €): $y \; (y > 0)$
Geg.: Kosten für den Bus (in €): 450
Tatsächliche Teilnehmerzahl: $x - 5$
Tatsächliche Kosten je Teilnehmer (in €): $y + 3$

Stelle Zusammenhänge mithilfe von Gleichungen (Formeln) dar und fasse mehrere Gleichungen zu einer Gleichung einer Funktion mit einer abhängigen und einer unabhängigen Variablen zusammen.

Lös.: ursprüngliche Teilnehmerzahl x und ursprünglicher Fahrpreis: $450 = x \cdot y \;\rightarrow\; y = \frac{450}{x}$
Bei tatsächlicher Teilnehmerzahl x – 5:

$450 = (x-5)\cdot(y+3)$ | y ersetzen
$450 = (x-5)\cdot\left(\frac{450}{x}+3\right)$ | Ausmultiplizieren
$450 = 450 - \frac{5\cdot 450}{x} + 3x - 15$ | – 450
$0 = 3x - 15 - \frac{2250}{x}$ | $\cdot \frac{x}{3}$
$0 = x^2 - 5x - 750$ | Lösungsformel

$x_{1/2} = 2{,}5 \pm \sqrt{2{,}5^2 + 750} \;\rightarrow\; x_{1/2} = 2{,}5 \pm 27{,}5$
Da $x \in \mathbb{N}$, ist nur $x = 30$ eine Lösung.

Kontrolliere die Lösung am Text.

Ursprüngliche Teilnehmerzahl:	30
Ursprüngliche Kosten je Teilnehmer:	15 €
→ Gesamtkosten:	$30 \cdot 15\,€ = 450\,€$
Tatsächliche Teilnehmerzahl:	$30 - 5 = 25$
Tatsächliche Kosten je Teilnehmer:	$15 + 3 = 18\,€$
→ Gesamtkosten:	$25 \cdot 18\,€ = 450\,€$

Formuliere einen Antwortsatz.

Es waren ursprünglich 30 Teilnehmer.
Der Fahrpreis pro Person betrug 15 €.

Basisaufgaben

1. Eine Seite eines rechteckigen Gartengrundstücks von $450\,m^2$ ist 7 m kürzer als die andere Seite. Berechne die Seitenlängen des Grundstücks.

2. Von zwei Zahlen ist eine um 4 kleiner als die andere. Die Summe ihrer Quadrate ist 458. Berechne die kleinere der beiden Zahlen.

Da quadratische Funktionen mit $y = f(x) = ax^2 + bx + c$ für $a > 0$ einen Tiefpunkt und für $a < 0$ einen Hochpunkt haben, können auch sogenannte Extremwertaufgaben gelöst werden, bei denen ein kleinster oder ein größter Wert gesucht ist.

Beispiel 2: Ein Kreissektor soll einen Umfang von 4,00 m haben. Ermittle den Radius so, dass dieser Kreissektor den größtmöglichen Flächeninhalt hat.

Lösung:

Gib die gesuchten und gegebenen Größen an. Verwende dabei auch Variablen.

Ges.: Radius r (in m) für einen Kreissektor mit festem Umfang u, aber maximalem Flächeninhalt A (in m^2)

Geg.: Kreissektor mit einem Umfang u (in m): 4

Stelle Zusammenhänge mithilfe von Gleichungen (Formeln) dar und fasse mehrere Gleichungen zu einer Gleichung mit einer Variablen zusammen.
Löse die Gleichung. Beachte den Grundbereich.

Lös.: $A = \frac{1}{2} \cdot b \cdot r$; b: Länge des Kreisbogens

$u = 2r + b \rightarrow b = 4 - 2r$

$b = 4 - 2r \rightarrow A = \frac{1}{2} \cdot (4 - 2r) \cdot r$

$A = 2r - r^2$

A kann somit als quadratische Funktion in Abhängigkeit von r betrachtet werden:

$A = f(r) = -r^2 + 2r$

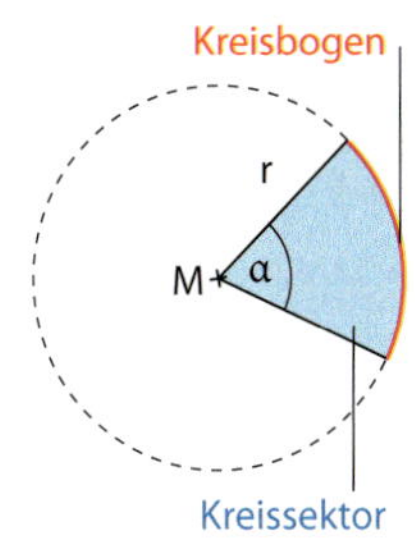

Untersuche die Funktion f auf größtmögliche oder kleinstmögliche Funktionswerte.

Der Graph der quadratischen Funktion f ist eine nach unten geöffnete Parabel mit dem Scheitelpunkt $S(r_s|A_s)$ mit $r_s = 1$. Der Scheitelpunkt der Parabel ist ein Hochpunkt. An der Stelle $r_s = 1$ ist der Flächeninhalt des Kreissektors am größten.

Ermittle, überprüfe und formuliere die Lösung der Aufgabe.

Für $r = 1$ und $b = 2$ ist die Bedingung $u = 4$ erfüllt. Der gesuchte Radius des Kreissektors beträgt 1,00 m.

Basisaufgaben

3. Der Querschnitt eines Tunnels hat die Form eines Rechtecks mit aufgesetztem Halbkreis. Der Umfang des Querschnitts beträgt 20 m. Berechne die Länge vom Radius r und die Länge der Höhe h, sodass der Inhalt der Querschnittsfläche möglichst groß wird.

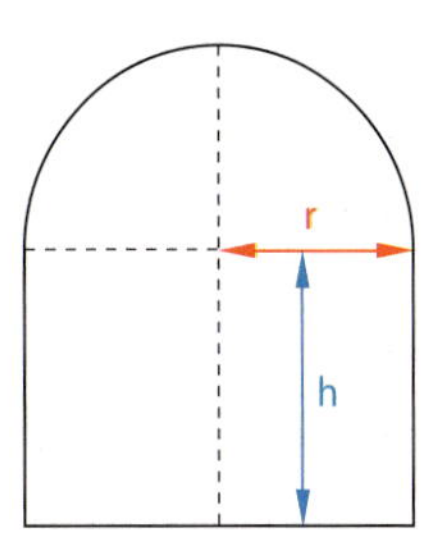

4. Gegeben ist der Graph der linearen Funktion $y = f(x) = -0{,}5x + 4{,}5$.
In das vom Funktionsgraphen und den Achsen des Koordinatensystems gebildete Dreieck soll ein rechtwinkliges Dreieck ΔOXP mit der Hypotenuse $\overline{OP}$ eingezeichnet werden, wobei der Punkt P auf dem Graphen von f liegt.
   a) Gib den Flächeninhalt eines solchen Dreiecks an, dessen Punkt P_1 die Koordinate $x = 3$ hat.
   b) Gib die Koordinaten eines Punktes P so an, dass der Flächeninhalt des entsprechenden Dreiecks am größten ist.

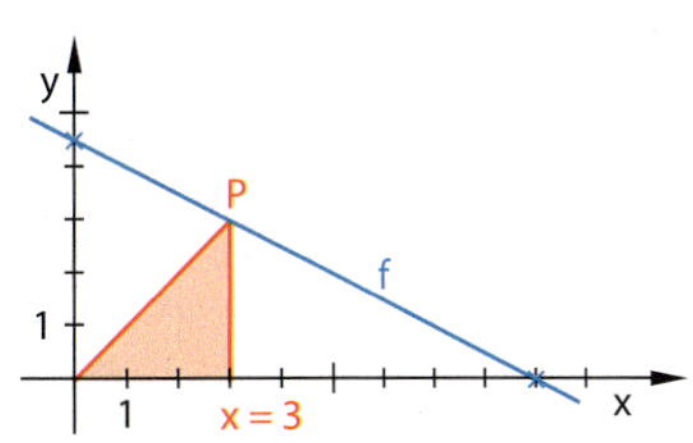

Auch beim Auswerten naturwissenschaftlicher Experimente werden oft Zusammenhänge zwischen zwei Größen mit Funktionsgleichungen untersucht.

Beispiel 3: Beim freien Fall eines Balles wurden folgende Messwerte ermittelt. Überprüfe, ob sich der Sachverhalt mit einer quadratischen Funktion beschreiben lässt.

Fallzeit x in s	0,1	0,2	0,3	0,4	0,5	0,6
Fallweg y in m	0,05	0,20	0,44	0,78	1,23	1,77

Lösung:

Grafische Lösung:

Stelle die Wertepaare als Punkte in einem x-y-Koordinatensystem dar und prüfe, ob die Punkte auf einer parabelförmigen Kurve liegen.

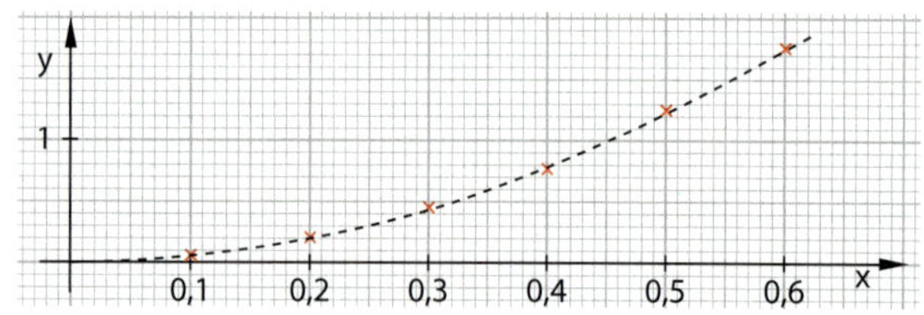

Die Punkte lassen sich zu einem nach oben geöffneten Parabelast verbinden.

Formuliere einen Antwortsatz.

Der Zusammenhang zwischen Fallzeit x und Fallweg y kann mit einer quadratischen Funktion $y = f(x) = ax^2$ beschrieben werden.

Rechnerische Lösung:

Prüfe, ob folgender Zusammenhang gilt: $y \sim x^2$

Bilde dazu folgende Quotienten aus der Wertetabelle: $y : x^2$

Formuliere einen Antwortsatz.

x	0,1	0,2	0,3	0,4	0,5	0,6
y	0,05	0,20	0,44	0,78	1,23	1,77
$y : x^2$	5,0	5,0	4,9	4,9	4,9	4,9

Der Quotient $y : x^2$ ist nahezu konstant, etwa 4,9. Der Zusammenhang zwischen der Fallzeit x und dem Fallweg y kann näherungsweise mit einer quadratischen Funktion $y = f(x) = 4{,}9x^2$ beschrieben werden.

Basisaufgaben

5. In Stroboskopaufnahmen können Wassertropfen eines schräg nach oben gerichteten Gartenschlauchs sichtbar gemacht, und ihre Bewegung in Abhängigkeit von der Zeit verfolgt werden. Überprüfe, ob der Sachverhalt mit einer quadratischen Funktion beschrieben werden kann.

Zeit in s	0	0,1	0,2	0,3	0,4	0,5	0,6	0,9
Höhe in m	1,2	1,35	1,43	1,46	1,43	1,35	1,2	0,4

TK **6.** Überprüfe rechnerisch, ob die durch die Wertetabelle gegebene Zuordnung mit einer quadratischen Funktion beschrieben werden kann.

a)

x	0	1	2	3	4	5	6	7
y	−4,6	0,49	3,49	4,51	3,51	0,5	−4,5	−11,48

b)

x	−2	−1	−0,5	0	0,5	2
y	1,98	0	−0,9	−2	1	1,99

Weiterführende Aufgaben

7. In einem rechtwinkligen Dreieck mit einer 29 cm langen Hypotenuse ist die eine Kathete 1 cm länger als die andere. Berechne die Länge der Katheten.

8. Gesucht ist die Zahl, für die das Ergebnis am kleinsten ist.
   a) Bilde das Produkt aus der um 3 verminderten Zahl mit der um 2 vermehrten Zahl.
   b) Multipliziere das Vierfache der Zahl mit der um 2 verminderten Zahl.

9. Die Flugbahn eines schräg noch oben abgeschossenen Fußballs, kann näherungsweise durch die Gleichung $y = f(x) = -0{,}05x^2 + x$ beschrieben werden.
   a) Ermittle, wie weit der Ball fliegt.
   b) Ermittle die maximale Höhe des Balls.

Hinweis zu 9:
x ist die Flugweite in Meter.
y ist die Flughöhe in Meter.

10. Ein Brückenbogen hat die Form einer Parabel.
   a) Skizziere dieses Parabel mit einem geeigneten Maßstab in einem Koordinatensystem.
   b) Entnimm deiner Zeichnung die Länge der Stützen, die 50 m von den Endpunkten entfernt stehen.
   c) Beschreibe den Brückenbogen mit einer Gleichung einer quadratischen Funktion und prüfe damit rechnerisch die Länge der Stützen.

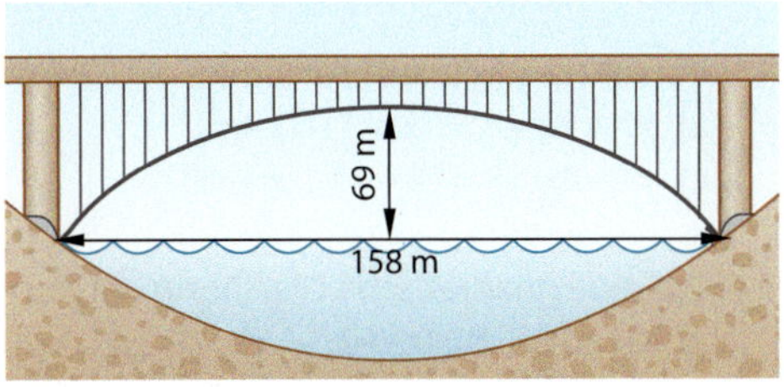

11. **Stolperstelle:** Ein parabelförmiger Torbogen hat eine Höhe von 9 m und eine Spannweite von 6 m. Milan gibt für den Torbogen die Gleichung $y = f(x) = -(x-3)^2 + 9$ an. Mila meint, dass die Gleichung $y = g(x) = -x^2$ sei, und Lina schreibt $y = h(x) = -x^2 + 9$ auf. Prüfe, welche der Gleichungen den Sachverhalt korrekt beschreiben. Begründe deine Aussage.

12. Ein Kino mit 100 Plätzen hat bei einem Eintrittspreis von 9,50 € durchschnittlich 67 Besucher je Vorstellung. Eine Umfrage ergab, dass bei einer Senkung des Eintrittspreises um 0,50 € (1 €; 1,50 €; …) die Besucherzahl je Vorstellung um etwa 5 (10; 15; …) Personen steigen würde. Untersuche den Zusammenhang und gib eine Preisempfehlung für den Kinobetreiber.

13. Beim Test eines Autos wurden auf nassem Untergrund Bremswege ermittelt:

Geschwindigkeit x in $\frac{km}{h}$	20,0	30,0	40,0	50,0	80,0	160,0
Bremsweg y in m	12,00	27,90	46,40	70,00	198,40	739,84

   a) Überprüfe, ob die Abhängigkeit des Bremsweges von der Geschwindigkeit mit einer quadratischen Funktion näherungsweise beschrieben werden kann.
   b) Ermittle den Bremsweg des Autos bei einer Geschwindigkeit von 130 $\frac{km}{h}$.
   c) Begründe, warum sich bei doppelter Geschwindigkeit der Bremsweg nicht verdoppelt.

14. **Ausblick:** Lea und Sarah haben sich für zwei Tage E-Bikes ausgeliehen. Am ersten und am zweiten Tag legten sie jeweils 150 km zurück. Allerdings fuhren sie am zweiten Tag im Durchschnitt 5 $\frac{km}{h}$ schneller als am ersten Tag und brauchten für die Strecke 1 h weniger als am ersten Tag. Ermittle die Fahrzeit vom ersten Tag.

4.9 Vermischte Aufgaben

Hinweis zu 1:
Hier findest du Lösungen:

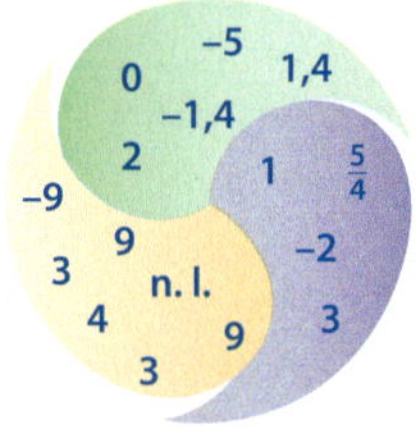

1. Ermittle die Lösungsmenge der Gleichung. Erkläre die Wahl des Lösungsverfahrens.

a) $x^2 - 7x + 12 = 0$ b) $(x + 5)^2 = 0$ c) $3x^2 - 6x = 0$
d) $5x^2 + 35 = 25x$ e) $x^2 = 1{,}96$ f) $(x - 3) \cdot (x + 2) - 1 = -1$
g) $6(y^2 - 12y + 28) = 6$ h) $4(z - 1)^2 = z - 1$ i) $(3a + 24) \cdot (a - 8) = 51$

2. Untersuche mithilfe der Diskriminante, ob die Gleichung lösbar ist.

a) $x^2 + 10x + 9 = 0$ b) $2y^2 + 4 = 5{,}6y$ c) $(z + 0{,}5)(z - 0{,}5) = 0{,}22 - 0{,}26$

3. Ermittle alle Werte, die man für k einsetzen kann, damit die Gleichung zwei Lösungen, genau eine Lösung bzw. keine Lösung hat.

a) $2x^2 + 4x + k = 0$ b) $\frac{1}{2}x^2 + kx + 8 = 0$

4. Vervollständige die Gleichung.

a) $x^2 + 2x + 1 = (x + 1) \cdot (x + ■)$ b) $x^2 + 4x + 3 = (x + 1) \cdot (x + ■)$
c) $x^2 - 2x - 3 = (x + 1) \cdot (x + ■)$ d) $x^2 + px + ■ = \left(x + \frac{p}{2}\right) \cdot (x + ●)$

5. Gib eine quadratische Gleichung der Form $x^2 + px + q = 0$ mit folgenden Lösungen an.

a) $-3;\ 3$ b) $0;\ -2$ c) $-1;\ 3$ d) keine Lösung e) $\pm\sqrt{2}$ f) -2

6. Löse die Gleichung.

a) $x - \frac{1}{x} = 2$ b) $x + \frac{1}{x} = 1$ c) $\frac{x}{5} + \frac{5}{x} = x$ d) $\frac{y(2 - y)}{y - 2} = 6$ e) $\frac{7}{x} + \frac{x - 3}{4} = \frac{x}{2}$

7. Ermittle die Lösungen. Erkläre dein Vorgehen.

a) $x^3 = 729$ b) $(x - 3)^4 = 16$ c) $(x^2 + 1) \cdot (x^3 + 3x) = 0$
d) $x^4 + 5x^2 - 36 = 0$ e) $2a^4 = 6a^2 + 20$ f) $4b^5 + b = 5b^3$

8. Löse die Gleichungen grafisch. Erkläre dein Vorgehen.

a) $x^2 + 4 = -5x$ b) $(x - 2)^2 = \frac{x}{2}$ c) $4z^2 - 4z + 10 = 9$

9. Die Kantenlängen eines Würfels werden um 3 cm verlängert. Dadurch vergrößert sich der Oberflächeninhalt des Würfels um $432\,cm^2$. Berechne die Kantenlänge des kleineren Würfels.

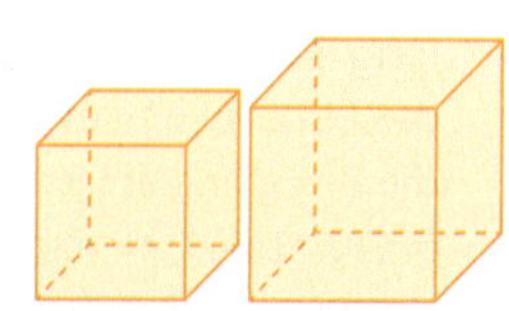

10. Zahlenrätsel: *„Ich denke mir eine Zahl. Das Produkt der um 4 verminderten Zahl mit der um 2 vergrößerten Zahl ist 91. Wie heißt diese Zahl?“*

a) Löst das Zahlenrätsel.
b) Formuliert weitere Rätsel, tauscht sie untereinander aus und löst sie.

11. Jan kann bei der nächsten Reise 240 € ausgeben. Er musste seinen ursprünglich geplanten Aufenthalt um 2 Tage verkürzen, da der Preis pro Tag um 6 € angehoben wurde. Berechne, wie viele Tage er für den Geldbetrag ursprünglich hätte bleiben können.

12. Ein Vorderrad eines Fahrzeugs hat einen um 1 Meter kürzeren Umfang als das Hinterrad. Auf 1500 Meter muss sich das Vorderrad 125-mal mehr drehen als das Hinterrad. Berechne, wie oft sich jedes der beiden Räder beim Zurücklegen dieser Strecke dreht.

13. Eine Mutter ist 39 Jahre und ihre Tochter 15 Jahre alt. Vor x Jahren war die Mutter x-mal so alt wie ihre Tochter. Berechne x.

14. Ein Ausflugsschiff benötigt für die Hin-und Rückfahrt insgesamt 2 h und 24 min. Die Wegstrecke vom Anleger bis zum Umkehrpunkt beträgt 18 km. Berechne die Strömungsgeschwindigkeit des Wassers, wenn die Eigengeschwindigkeit des Schiffes 16 $\frac{km}{h}$ beträgt.

15. Stelle die Funktion grafisch dar. Gib den Scheitelpunkt, den Wertebereich, das Monotonieverhalten und die Schnittpunktskoordinaten des Graphen mit den Koordinatenachsen an.

a) $y = f(x) = x^2 - 2{,}5$ b) $y = f(x) = -x^2 - 1{,}5$ c) $y = f(x) = (x + 2{,}5)^2$
d) $y = f(x) = x^2 - 5x + 3{,}75$ e) $y = f(x) = 2x^2 - 4$ f) $y = f(x) = -\frac{1}{2}x^2 - 2x$

16. Ermittle zum Graphen (verschobene Normalparabel) eine Funktionsgleichung.

a) 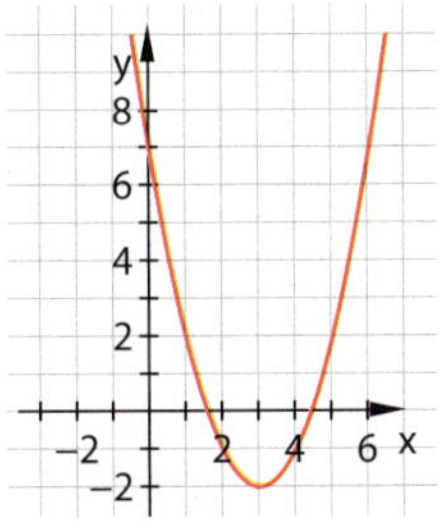
b) 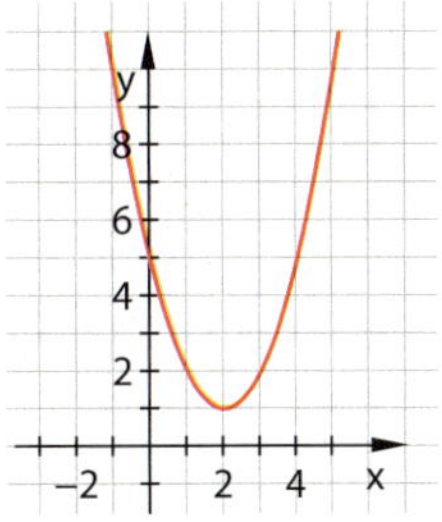
c) 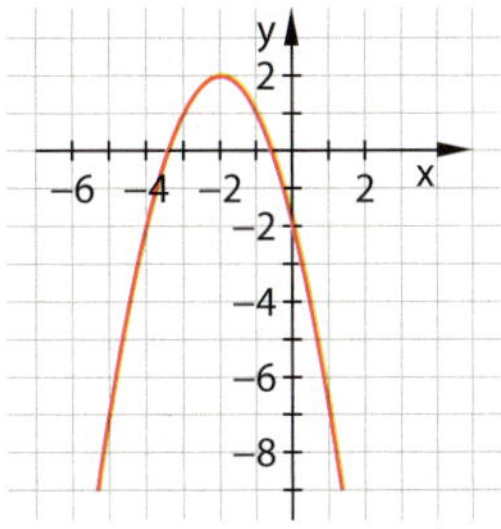

17. Berechne die Nullstellen der Funktion f.

a) $y = f(x) = x^2 - 6$ b) $y = f(x) = x^2 - 3{,}4x$ c) $y = f(x) = x^2 + 2{,}4x + 1{,}44$
d) $y = f(x) = (7{,}4x - \pi)^2$ e) $y = f(x) = 3x^2 - 6x + 3\pi$ f) $y = f(x) = x^2 + \frac{\sqrt{2}}{2}x - \frac{15}{8}$

18. Ermittle die Koordinaten der Schnittpunkte der Graphen zeichnerisch und rechnerisch.

a) $y = f(x) = x^2 - 2;\ y = g(x) = \frac{1}{2}x + 2$ b) $y = f(x) = x^2 - x + 0{,}25;\ y = g(x) = x - 0{,}75$
c) $y = f(x) = x^2 - 3;\ y = g(x) = -x^2 + 4$ d) $y = f(x) = -x^2 + 2;\ y = g(x) = x^2 - 10x + 15$

Hinweis zu 18: Verwende zur Kontrolle eine dynamische Geometriesoftware.

19. Ermittle aus den Angaben eine Funktionsgleichung einer quadratischen Funktion.

a) Eine Normalparabel mit dem Scheitelpunkt im Koordinatenursprung wird um 3 Einheiten in x-Richtung nach rechts und 4 Einheiten in y-Richtung nach unten verschoben.
b) Eine verschobene Normalparabel hat die Nullstelle 5 und geht durch den Punkt $A(1|8)$.
c) Eine Parabel schneidet die Koordinatenachsen in $S_y(0|6)$; $S_{x_1}(-2|0)$ und $S_{x_2}(\frac{3}{2}|0)$.

20. Begründe mithilfe einer quadratischen Funktion, dass die Differenz $x - x^2$ mit $x \in \mathbb{R}$ für $x = 0{,}5$ am größten ist.

21. Untersuche, ob es eine Stelle x gibt, an der die Funktionswerte der Funktionen f und g mit $y = f(x) = x^2 + 2$ und $y = g(x) = 4x - 2$ sich am wenigsten unterscheiden. Berechne diese Stelle, wenn es sie gibt, und ermittle den Unterschied der Funktionswerte.

22. Ein Feuerwerkskörper bewegt sich auf einer Flugbahn, die annähernd durch die Funktionsgleichung $y = f(x) = -0{,}24x^2 + 12x$ beschrieben werden kann. Dabei ist x die Entfernung vom Abschussort (in m) und der Funktionswert gibt die Höhe (in m) an. Es wird dabei ein ebenes Gelände angenommen.

a) Interpretiere den Funktionswert f(0).
b) Berechne die Höhe des Feuerwerkskörpers bei einer horizontalen Entfernung von 10 m vom Abschussort.
c) Ermittle die Höhe, die der Feuerwerkskörper maximal erreichen kann.
d) Berechne die horizontale Entfernung vom Abschussort, auf dem der abgebrannte Rest des Feuerwerkskörpers auf der Erde landen würde.

Der Kreis von Captain Lill

Hinweis
Ein Polynom 2. Grades ist die Gleichung einer quadratischen Funktion:
$p(x) = ax^2 + bx + c$.

■ In der nebenstehenden Abbildung sind die Koeffizienten eines Polynoms 2. Grades grafisch dargestellt. Die Schnittstellen des Kreises mit der x-Achse stimmen mit den Nullstellen der Funktion überein.

Überprüfe an mehreren Beispielen, ob die Schnittstellen eines solchen Kreises mit der x-Achse immer mit den Nullstellen der entsprechenden quadratischen Funktion übereinstimmen. ■

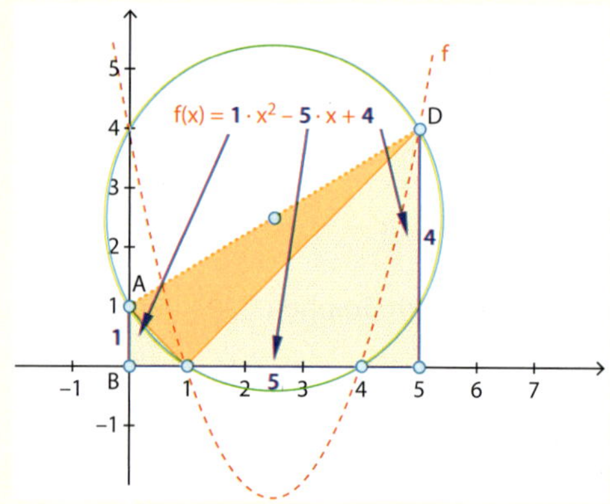

Das Auffinden von Nullstellen mithilfe eines derartigen Kreises geht auf Eduard Lill (1830–1900) zurück. Er war österreichischer Hauptmann, Bahnbeamter und Ingenieur. Lill stellte seine Entdeckung als „Maschine" zur Nullstellenermittlung 1867 auf der Weltausstellung in Paris vor.

Wissen: Der Kreis von Lill
Quadratische Gleichungen der Form $x^2 + px + q = 0$ kann man lösen, indem man die Punkte $A(0|1)$, $B(0|0)$, $C(-p|0)$ und $D(-p|q)$ sowie das Trapez ABCD in ein Koordinatensystem einzeichnet und anschließend einen Kreis um den Mittelpunkt der Strecke $\overline{AD}$ durch A und D einzeichnet. Die Schnittstellen dieses Kreises mit der x-Achse sind zugleich die Lösungen der quadratischen Gleichung.

Beispiel 1: Nullstellenermittlung quadratischer Funktionen mithilfe des Lill-Kreises
Ermittle die Lösung der Gleichung $x^2 - 4x + 3 = 0$ mithilfe des Lill-Kreises.

Lösung:
Zeichne zunächst die Punkte $A(0|1)$, $B(0|0)$, $C(4|0)$ und $D(4|3)$ sowie den Mittelpunkt der Strecke $\overline{AD}$, also $M(2|1{,}5)$ in ein Koordinatensystem ein.

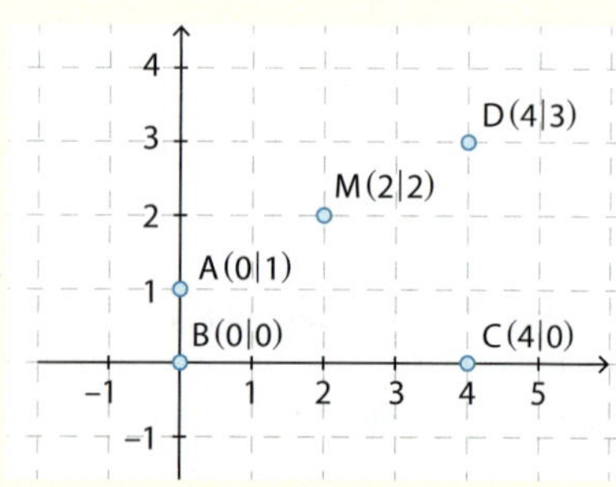

Zeichne dann einen Kreis (den Lill-Kreis) um M durch A.

Lies die Schnittstellen des Kreises mit der x-Achse ab.
In diesem Fall schneidet der Lill-Kreis die x-Achse an den Stellen 1 und 3. Daher besitzt die Gleichung $x^2 - 4x + 3 = 0$ zwei Lösungen, nämlich $x = 1$ und $x = 3$.

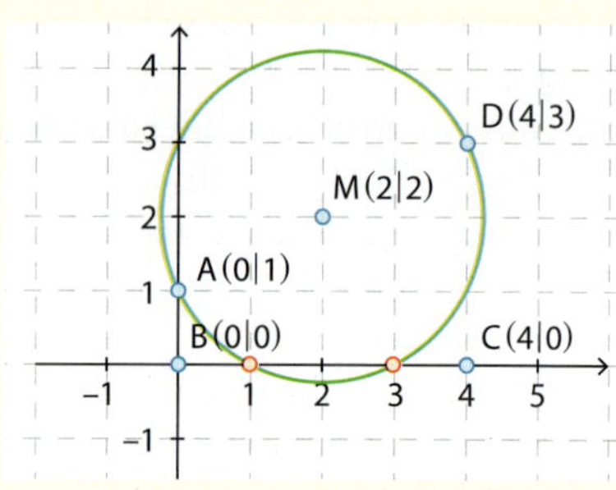

Aufgaben

1. Bestimme die Lösung der Gleichung $x^2 - 7x + 10 = 0$ mithilfe des Lill-Kreises.

2. Bestimme die Nullstellen der quadratischen Funktion mithilfe des Lill-Kreises:
   a) $f(x) = x^2 - 6x + 8$ b) $f(x) = x^2 - 7x + 6$ c) $f(x) = x^2 + 2x - 15$

3. Eine quadratische Funktion hat die angegebenen Nullstellen.
   Zeichne den Lill-Kreis und gib die zugehörige Funktionsgleichung an.
   a) $x_1 = 2$ und $x_2 = 4$ b) $x_1 = 1$ und $x_2 = 7$ c) $x_1 = 2$ und $x_2 = -3$

Hinweis zu 3:
Mit den Nullstellen und dem Punkt A(1|0) kennst du drei Punkte, die auf dem Lillkreis liegen. Mit Mittelsenkrechten findest du den Mittelpunkt.

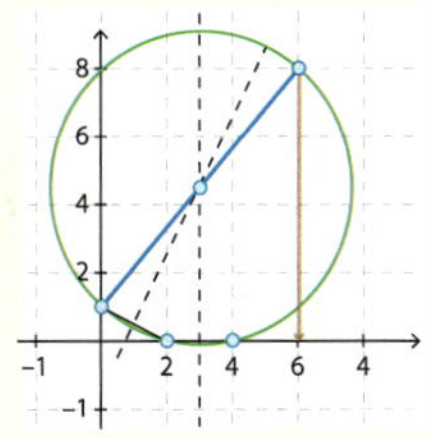

4. Man kann auch geometrisch begründen, ob man mit der Methode von Lill immer die Nullstellen von Funktionen mit der Gleichung $y = f(x) = x^2 + px + q$ bestimmen kann. Die folgenden 12 Argumentationsschritte müssen dazu in eine richtige Reihenfolge gebracht werden. Welche Reihenfolge würdest du vorschlagen?

   (1) Es ist: $x_{N1} + x_{N2} = -p$

   (2) Die beiden Schnittpunkte mit der x-Achse liegen symmetrisch zur Mittelsenkrechten der Strecke $\overline{BC}$ mit $x = -\frac{p}{2}$, da $x_{N1} = -\frac{p}{2} + \sqrt{\left(\frac{p^2}{2}\right) - q}$ und $x_{N2} = -\frac{p}{2} - \sqrt{\left(\frac{p}{2}\right)^2 - q}$.

   (3) Daher gilt: $x_{N1} \cdot x_{N2} = q$

   (4) Es gilt: $x_{N1} = \frac{q}{-p - x_{N1}}$; $x_{N2} = -p - x_{N1}$

   (5) Mit Vieta folgt die Behauptung.

   (6) x_{N1} und x_{N2} sind die Nullstellen der quadratischen Funktion.

   (7) Das orangefarbene Dreieck ist rechtwinklig.

   (8) Es ist: $\frac{1}{x_{N1}} = \frac{-p - x_{N1}}{q}$

   (9) Die beiden gelben Dreiecke sind einander ähnlich, das heißt, die Seitenverhältnisse sind gleich.

   (10) Der Lill-Kreis ist der Thales-Kreis zum orangefarbenen Dreieck.

   (11) Wegen der Symmetrie gilt: $x_{N2} = -p - x_{N1}$

   (12) Es ist: $\frac{1}{x_{N1}} = \frac{x_{N2}}{q}$

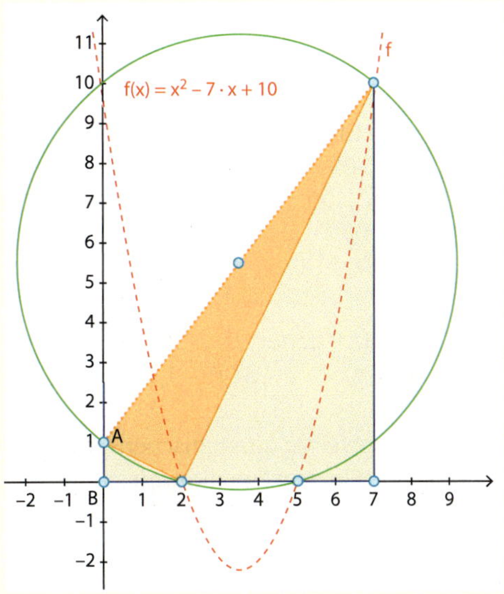

5. Begründe, dass die zum Lill-Kreis gehörende Parabel (und damit auch der Lill-Kreis selbst) genau dann mindestens einen Schnittpunkt mit der x-Achse hat, wenn der Punkt D nicht im Inneren der Parabel (gelb gefärbt) mit der Gleichung $y = \frac{1}{4}x^2$ liegt, das heißt, wenn für die Koordinaten des Punktes $D(x_D|y_D)$ gilt: $y_D \leq \frac{1}{4}{x_D}^2$.

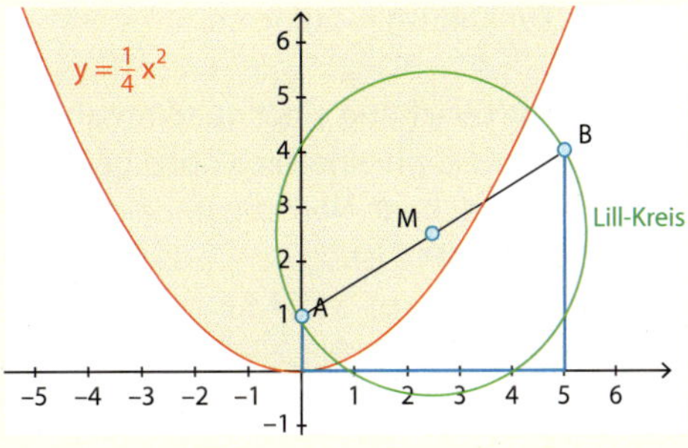

Prüfe dein neues Fundament

Lösungen
↗ S. 200

Hinweis zu 2:
Zum grafischen Lösen bietet sich eine dynamische Geometriesoftware an.

1. Untersuche, ob es sich um eine quadratische Gleichung handelt. Forme diese, wenn dem so ist, in die Normalform um.
a) $2^2 + x = 2x$ b) $\sqrt{3} + 3x = x \cdot x$ c) $2^x + 2x + 4 = 0$ d) $(x - 1)(x + 2) = 0$

2. Löse die quadratische Gleichung sowohl rechnerisch als auch grafisch.
a) $x^2 - x = 2 - 2x$ b) $2x^2 = -6x - 4$ c) $-2x \cdot (x + 2) = 0$ d) $7x^2 - 14x = 21$
e) $2x^2 + 8x = 10$ f) $c^2 = -8c - 16$ g) $2x^2 - 2x + 4 = 0$ h) $2a^2 = -2a$

3. Gib eine quadratische Gleichung an, die folgende Bedingung erfüllt.
a) Sie hat genau eine Lösung. b) Sie hat genau zwei Lösungen.
c) Sie hat keine Lösung. d) Sie hat die Lösungen 2 und −3.

4. Berechne die Diskriminante und gib die Anzahl der Lösungen an.
a) $0 = x^2 + 2x + 2$ b) $x^2 = -10x$ c) $x^2 - 12x = -36$ d) $x^2 - 4 = 0$

5. Prüfe mithilfe von Linearfaktoren, ob die Lösungsmenge korrekt ist. Gib, wenn dem nicht so ist, die korrekte Lösungsmenge an.
a) $x^2 + 4x + 3 = 0;\ L = \{-1;\ -3\}$ b) $x^2 + 2x - 3 = 0;\ L = \{-1;\ -3\}$

6. Löse die Gleichung.
a) $x^2 - 0{,}09 = 0$ b) $4x^2 = 225$ c) $6x^2 + 6x = 0$
d) $x^2 + x = 20$ e) $x^4 - 13x^2 + 36 = 0$ f) $(x^2 - 4)(x^2 + 9) = 0$
g) $x^4 = 16$ h) $x^3 + 0{,}75x^2 + \frac{1}{8}x = 0$ i) $4x^4 = 24x^2 - 32$
j) $x^2 = \frac{2x - x^2}{x}$ k) $0{,}5x^6 + 13x^2 = 13{,}5$ l) $(x + 1)^4 = 81$

7. Der Punkt P gehört zum Graphen $y = x^2$. Ermittle die fehlende Koordinate, wenn möglich.
a) P(1|□) b) P(−1,5|□) c) P(□|0) d) P(−1|□) e) P(□|4)

8. Der Graph einer quadratischen Funktion mit der Gleichung $y = f(x) = ax^2$ geht durch den Punkt P. Gib eine Funktionsgleichung an und überprüfe die Lösung grafisch.
a) P(1|2) b) P(−2|−2) c) P(−1|4) d) P(−5|−5)

9. Bestimme den Scheitelpunkt des Graphen der quadratischen Funktion f und stelle den Graphen mithilfe einer Schablone grafisch dar.
a) $y = f(x) = x^2 + 4x + 2$ b) $y = f(x) = x^2 + 2x - 4$ c) $y = f(x) = x^2 + 2x - 3$
d) $y = f(x) = (x - 1)^2 - 0{,}5$ e) $y = f(x) = (x + 0{,}5)^2 + 1$ f) $y = f(x) = (x - 2)^2 - 1$

10. Beschreibe die Verschiebung des Graphen der quadratischen Funktion g gegenüber dem Graphen der Funktion $y = f(x) = x^2$.
a) $y = g(x) = x^2 + 2$ b) $y = g(x) = (x - 1)^2$ c) $y = g(x) = x^2 - 4x + 3$

11. Gib zu jeder der nebenstehend abgebildeten Parabeln eine Funktionsgleichung an.

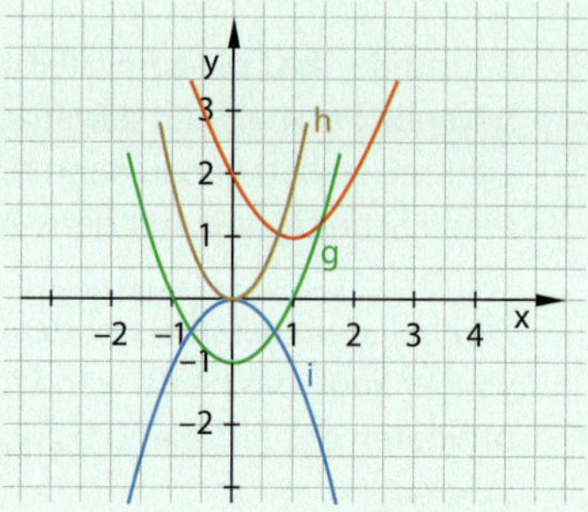

12. Gib eine Gleichung einer quadratischen Funktion an, deren Graph eine nach oben geöffnete und verschobene Normalparabel mit dem Scheitelpunkt S ist.
a) S(−1|1) b) S(1|1,5) c) S(−2|−1)
d) S(1|1) e) S(1,2|−0,75)

GS **13.** Ermittle von der quadratischen Funktion die Nullstellen, den Wertebereich und das Monotonieverhalten. Gib vom Funktionsgraphen sowohl die Scheitelpunktkoordinaten als auch die Koordinaten des Schnittpunktes mit der y-Achse an.
a) $y = x^2 - 1{,}5x + 0{,}5$ b) $y = (x-2)^2 + 1$ c) $y = -2x^2 + 2$ d) $y = x^2 - 2x + 1$

14. Von einem Rechteck mit einem Flächeninhalt von $12\,cm^2$ ist eine Seite um 4 cm kürzer als die andere Seite. Berechne den Umfang des Rechtecks.

15. Viele Brücken sind parabelförmig. Die Spannweite einer solchen Brücke beträgt 240 m, die Höhe 65 m. Die Stützpfeiler links und rechts haben jeweils einen Abstand von 30 m. Ermittle eine geeignete Funktionsgleichung für den Brückenbogen und berechne dann die Längen der Stützpfeiler.

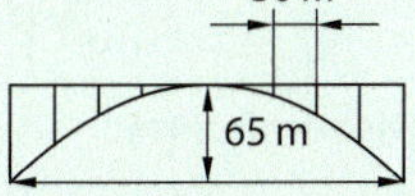

16. Ein Quadrat mit einem Flächeninhalt von $64\,cm^2$ wird in ein Rechteck verwandelt, indem man die eine Seitenlänge um x Zentimeter verkürzt und die Länge der benachbarten Seite um das Doppelte der Länge x vergrößert. Berechne x so, dass der Flächeninhalt des Rechtecks möglichst groß wird.

17. Die Flugkurve eines Tennisballs beim Aufschlag kann annähernd durch eine quadratische Funktion mit der Gleichung $y = f(x) = -0{,}08x^2 + x + 2{,}4$ beschrieben werden. Die x-Werte geben hierbei die Entfernung des Balls (in m) an, die y-Werte die Höhe des Balls (in m).
a) Berechne die Ballhöhe drei Meter vom Aufschlagort entfernt.
b) Nach wie viel Metern fliegt der Ball 3,40 m hoch?
c) Nach wie viel Metern kommt der Ball auf dem Boden auf?

Wiederholungsaufgaben

1. Schreibe als Potenz und berechne ohne Taschenrechner.
a) $(-2)^4 \cdot (-2)^{-2}$ b) $48^{-3} : 16^{-3}$ c) $(4^3)^{-1}$

2. Gegeben ist der Graph einer Zuordnung. Prüfe, ob eine Funktion vorliegt.

a)
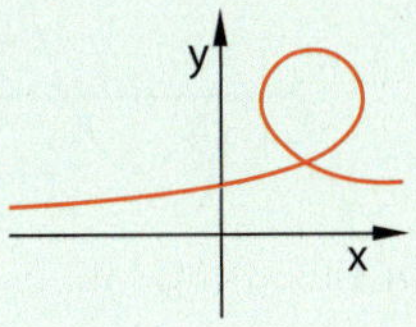

b)
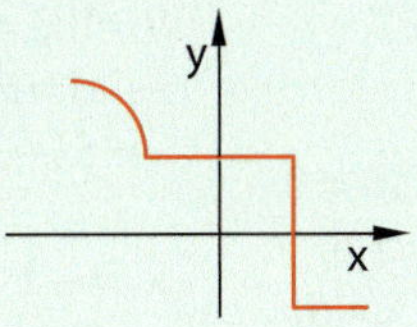

c)
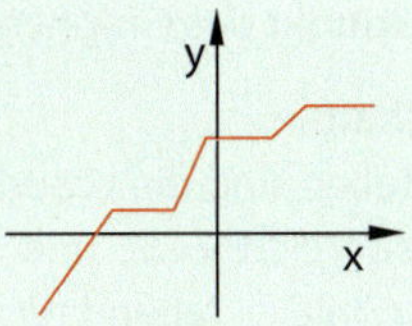

3. Prüfe ohne Taschenrechner, ob folgende Näherungswerte stimmen können.
a) $\sqrt{60} \approx 7{,}75$ b) $\sqrt{150} \approx 14{,}28$ c) $\sqrt{200} \approx 13{,}79$ d) $\sqrt{250} \approx 15{,}81$

4. Aus einer Urne mit drei blauen und zwei roten Kugeln werden mit verbundenen Augen nacheinander zwei Kugeln ohne Zurücklegen gezogen.
a) Fertige ein Baumdiagramm an und berechne die Wahrscheinlichkeit dafür, dass beide rote Kugeln gezogen werden.
b) Miriam meint, dass es keine Rolle spielt, ob die Kugeln wieder zurückgelegt werden oder nicht. Weise nach, dass Miriam Unrecht hat.

5. Berechne für das Dreieck ABC die fehlenden Winkel und Seitenlängen. Runde auf Zehntel.
a) $a = 4\,cm$; $b = 2\,cm$; $\gamma = 50°$ b) $a = 6\,cm$; $\alpha = 45°$; $\beta = 55°$

Quadratische Gleichungen

Eine Gleichung der Form
$\mathbf{ax^2 + bx + c = 0}$ $(x \in \mathbb{R}, a \neq 0)$
heißt **quadratische Gleichung**.

$4x^2 + 16x + 12 = 0$

Eine Gleichung der Form
$\mathbf{x^2 + px + q = 0}$ heißt
Normalform einer quadratischen Gleichung.

Bei Division durch 4 entsteht die Normalform:
$x^2 + 4x + 3 = 0$ mit $p = 4$ und $q = 3$

Lösungsformel für quadratische Gleichungen in Normalform:
$$x_{1/2} = -\frac{p}{2} \pm \sqrt{\left(\frac{p}{2}\right)^2 - q}$$

$x_{1/2} = -\frac{4}{2} \pm \sqrt{\left(\frac{4}{2}\right)^2 - 3}$
$x_{1/2} = -2 \pm \sqrt{1} = -2 \pm 1 \rightarrow x_1 = -1;\ x_2 = -3$

Diskriminante: $D = \left(\frac{p}{2}\right)^2 - q$

$D = \left(\frac{4}{2}\right)^2 - 3 = 4 - 3 = 1$

Für quadratische Gleichungen gilt:
- wenn $D > 0 \rightarrow$ zwei Lösungen
- wenn $D = 0 \rightarrow$ genau eine Lösung
- wenn $D < 0 \rightarrow$ keine Lösung

Die Gleichung $x^2 + 4x + 3 = 0$ hat zwei Lösungen, da $D > 0$.

Für die Lösungen x_1 und x_2 der Gleichung
$x^2 + px + q = 0$ gilt:
$(\mathbf{x - x_1})(\mathbf{x - x_2}) = \mathbf{x^2 + px + q}$
$(x - x_1)$ und $(x - x_2)$ heißen **Linearfaktoren**.

Es gilt:
$(x + 3)(x + 1) = x^2 + 4x + 3$
$(x + 3)$ und $(x + 1)$ sind Linearfaktoren.

Quadratische Funktionen und ihre Eigenschaften

Funktionen mit Gleichungen der Form
$\mathbf{y = f(x) = ax^2 + bx + c}$ $(x \in \mathbb{R}, a \neq 0)$
heißen **quadratische Funktionen**.
Ihre Graphen nennt man **Parabeln**.
Der Graph von $y = x^2$ heißt **Normalparabel** mit dem **Scheitelpunkt S(0|0)**.

$y = f(x) = x^2$
Normalparabel

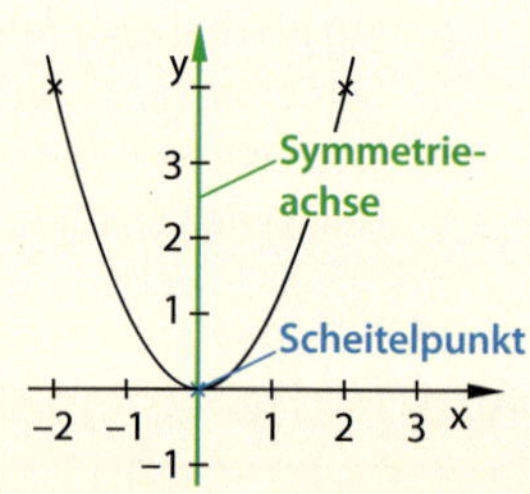

Normalform der quadratischen Funktion:
$y = f(x) = x^2 + px + q$
Scheitelpunkt des Graphen: $\mathbf{S(-\frac{p}{2}|-D)}$

Scheitelpunktform:
$y = f(x) = (x + d)^2 + e$
Scheitelpunkt des Graphen: $\mathbf{S(-d|e)}$

$y = f(x) = x^2 + 4x + 3$
$\rightarrow p = 4;\ q = 3$
$-\frac{p}{2} = -2;\ D = 1$
$\rightarrow S(-2|-1)$
$y = f(x) = (x + 2)^2 - 1$
$\rightarrow d = 2;\ e = -1$
$\rightarrow S(-2|-1)$

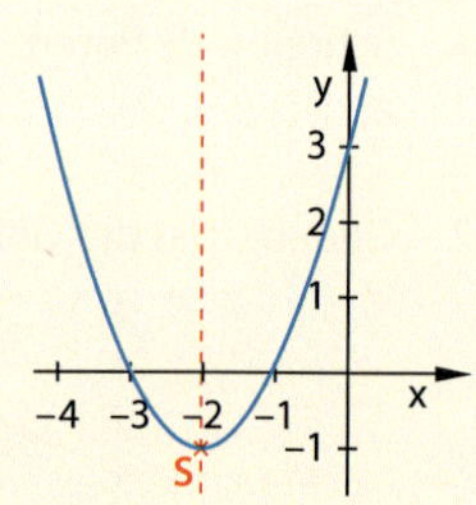

Eigenschaften:
- Nullstellen sind die Lösungen von $f(x) = 0$
- Wertebereich: $y \in \mathbb{R}$ und $y \geq -D$ $(y \geq e)$
- Monotonie: fallend für $x \leq -\frac{p}{2}$ $(x < -d)$
  steigend für $x \geq -\frac{p}{2}$ $(x \geq -d)$
- Schnittpunkt mit der y-Achse: $S(0|f(0))$
- Symmetrie: Graph ist symmetrisch zur Parallelen zur y-Achse durch den Scheitelpunkt.

$x_1 = -1$ und $x_2 = -3$
$y \in \mathbb{R}$ und $y \geq -1$
fallend für $x \leq -2$ und steigend für $x \geq -2$
$S_y(0|3)$
Graph ist symmetrisch zur Parallele zur y-Achse durch $S(-2|-1)$.

Funktionen $y = f(x) = ax^2$

Parabeln sind:
- **nach oben geöffnet**, wenn $a > 0$
- **nach unten geöffnet**, wenn $a < 0$

Sie sind gegenüber der Normalparabel:
- **gestaucht**, wenn $|a| < 1$
- **gestreckt**, wenn $|a| > 1$

$\mathbf{y = f(x) = -\frac{1}{3}x^2}$
$\mathbf{y = g(x) = 2x^2}$

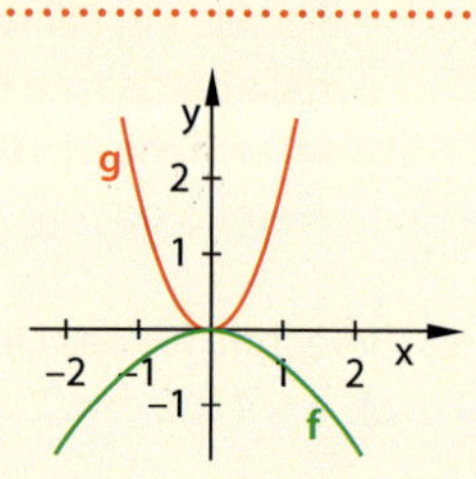

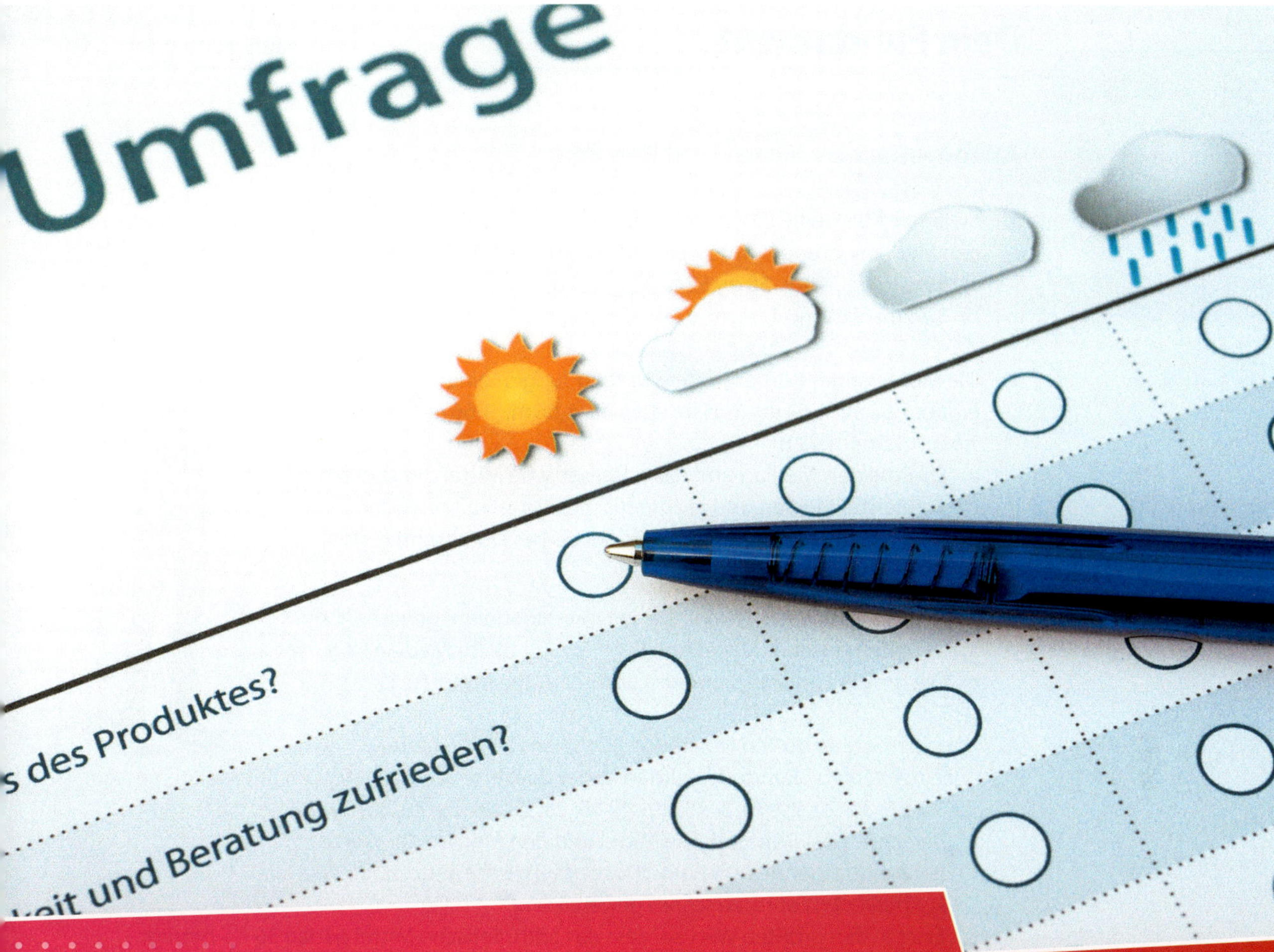

5. Häufigkeitsverteilungen

Viele Unternehmen führen statistische Untersuchungen vor, während und nach der Einführung neuer Produkte oder neuer Serviceangebote durch. Die dabei erhobenen Kundenmeinungen werden ausgewertet und bilden eine wichtige Grundlage für weitere Produktentwicklungen.

Lösungen ↗ S. 202

Arithmetisches Mittel und Median

1. Stelle die Messreihe in einer geordneten Liste dar, gib jeweils das arithmetische Mittel und den Median gerundet auf zwei Stellen nach dem Komma an.

a) 50 g; 51 g; 49 g; 50 g; 52 g; 55 g; 51 g

b) 3,75 m; 3,80 m; 4,01 m; 3,25 m; 3,95 m; 3,50 m

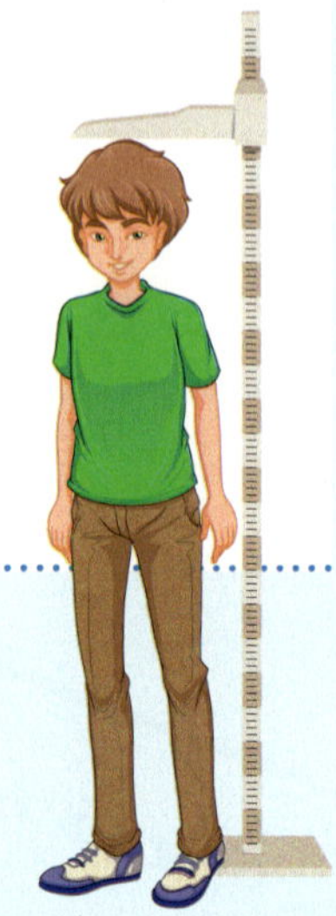

2. Die Messung der Körpergröße von zehn Jungen einer Sportgruppe ergab: 1,62 m; 1,64 m; 1,61 m; 1,65 m; 1,68 m; 1,66 m; 1,62 m; 1,65; 1,75 m; 1,72 m

a) Ermittle den Median und das arithmetische Mittel der Daten.

b) Vergleiche Median und arithmetisches Mittel miteinander.

c) Ermittle, wie viele Mitglieder größer als der Durchschnitt sind.

3. Gib jeweils fünf verschiedene Zahlen mit folgender Eigenschaft an:

a) Ihr arithmetisches Mittel ist 4,5.

b) Ihr Median ist 6.

c) Die größte Zahl ist 18 und das arithmetische Mittel ist 12.

4. Vor einer Schule dürfen Fahrzeuge höchstens 30 $\frac{km}{h}$ fahren.
Bei einer Verkehrskontrolle wurden folgende Werte (in Kilometer pro Stunde) gemessen:
25, 30, 65, 30, 20, 29, 30, 3, 28, 29, 45, 60, 25, 28, 26, 29, 30, 30, 30, 29

a) Berechne das arithmetische Mittel und den Median der Werte.

b) Beurteile folgende Aussage: *„Das arithmetische Mittel zeigt, dass alle kontrollierten Fahrer zu schnell gewesen sind."*

c) Ersetze den größten Wert so, dass das arithmetische Mittel genau 30 $\frac{km}{h}$ beträgt.

Absolute und relative Häufigkeit

5. Bei Verkehrskontrollen in Halle, Magdeburg und Stendal wurden die Fahrzeugbeleuchtungen kontrolliert. Die Ergebnisse der Kontrollen sind in folgender Tabelle unterschiedlich dargestellt:

	Halle	Magdeburg	Stendal
Anzahl der kontrollierten Fahrzeuge	425	500	
Anzahl der Fahrzeuge mit Mängeln (absolute Häufigkeit)	51		67
Anzahl der Fahrzeuge mit Mängeln (in Prozent)		11 %	10 %

a) Übertrage die Tabelle ins Heft und ergänze sie.

b) Vergleiche die Ergebnisse miteinander und gib an, in welcher der drei Städte die untersuchten Fahrzeuge die meisten Mängel hatten.

6. In einem Sportverein mit 340 Mitgliedern gehören 140 Mitglieder zum Bereich Fußball und 120 Mitglieder zum Bereich Handball. Alle anderen Mitglieder gehören zum Bereich Leichtathletik.

a) Stelle den Sachverhalt in einem Säulendiagramm dar.

b) Stelle den Sachverhalt in einem Kreisdiagramm dar.

7. In einem Gefäß befinden sich 20 Würfel, die sich nur durch ihre Farbe (rot, grün und blau) unterscheiden. Es wird mehrmals hintereinander ein Würfel zufällig entnommen, dessen Farbe notiert und wieder zurückgelegt.
Die Tabelle zeigt, wie oft rote, grüne oder blaue Würfel gezogen wurden.

Farbe	rot	grün	blau
Anzahl	8	10	22

a) Ermittle die relativen Häufigkeiten für das Ziehen von roten, grünen und blauen Würfeln.
b) Wie viele rote, grüne und blaue Würfel würdest du im Gefäß vermuten? Begründe deine Aussage.

Vermischtes

8. Bei einer Umfrage gaben die befragten Schüler an, wie viele Bücher sie im letzten halben Jahr gelesen haben. Tom wertet die Daten mit einer Tabellenkalkulation aus.
a) Erläutere, wie der Wert in Zelle E3 zustande kommt.
b) Gib an, welche Formeln du in die Zellen E4 und E5 schreiben würdest und begründe das.
c) Stelle die ermittelten Daten in einem aussagekräftigen Diagramm dar.

	A	B	C	D	E
1	Anzahl gelesener Bücher	0	1	2	3
2	Anzahl der Schüler	41	99	73	23
3	Anzahl der insgesamt gelesenen Bücher				314
4	Anzahl der insgesamt befragten Schüler				
5	Gelesene Bücher je Schüler (Durchschnitt)				

9. Gib die relativen Häufigkeiten an, die im Kreisdiagramm dargestellt sind.
a) b) c) d)

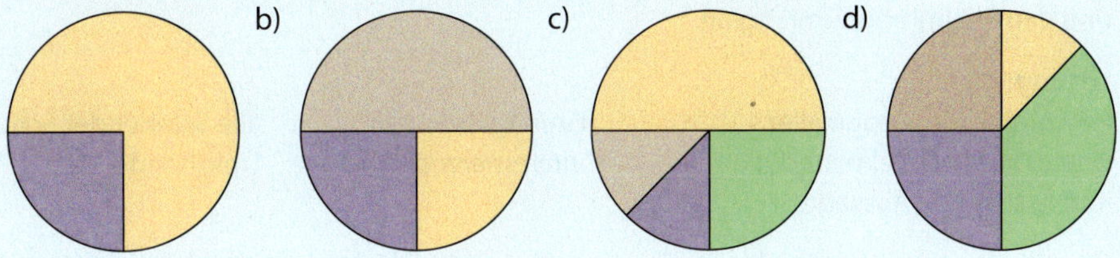

TK **10.** Erzeuge mit einer Tabellenkalkulation 500 ganzzahlige Zufallszahlen 0 oder 1.
a) Stelle das Ergebnis in einem Säulendiagramm und in einem Kreisdiagramm dar.
b) Beschreibe, wie du dabei vorgegangen bist.

11. Gegeben ist ein Rechteck mit den Seiten $a = 5\,cm$ und $b = 0{,}1\,cm$.
a) Berechne den Flächeninhalt des Rechtecks.
b) Erläutere, wie sich der Flächeninhalt des Rechtecks ändert, wenn man die Länge der Seite a um 10 % verkleinert und die Länge der Seite b um 10 % vergrößert.

12. Berechne die Termwerte im Kopf. Erläutere dein Vorgehen.
a) $5 \cdot 1{,}2 + 100 \cdot 7{,}84$ b) $(1{,}3 + 2{,}7)^2 \cdot 0{,}1$ c) $\left(\frac{3}{2} - 0{,}5\right)^2 \cdot \frac{1}{5} + \left(2{,}5 - \frac{1}{2}\right)^2 \cdot 0{,}4$

5.1 Häufigkeitsverteilungen darstellen

■ Von Meinungsforschungsinstituten wird wöchentlich bei 1000 bis 5000 zufällig ausgewählte Telefonnummern die „Sonntagsfrage“ gestellt. In der Regel unterscheiden sich die Ergebnisse der Institute.

Erläutere, woran das liegen kann, der Trend aber meistens ganz gut vorhergesagt wird. ■

Ergebnisse von Meinungsumfragen werden oft in Medien veröffentlicht.

Hinweis:
Eine Grundgesamtheit wird auch als Population bezeichnet.

Wissen: Grundgesamtheit, Stichprobe und Stichprobenumfang

Eine **Grundgesamtheit** ist die Menge aller möglichen Objekte, über die eine Aussage getroffen wird.

Eine **Stichprobe** ist eine Teilmenge der Grundgesamtheit. Dabei werden die Elemente zufällig der Grundgesamtheit so entnommen, dass jedes Element die gleiche Chance hat, in die Stichprobe zu gelangen.

Stichprobe

Grundgesamtheit

Die Anzahl der Objekte der Stichprobe heißt **Stichprobenumfang**.

Beispiel 1: Aus den 758 Schülern des Schiller-Gymnasium werden durch Losverfahren 100 ausgewählt und befragt, ob sie Linkshänder sind. Gib die Grundgesamtheit, die Stichprobe und den Stichprobenumfang an.

Lösung:

Beschreibe die Menge aller betrachteten Objekte und die interessierende Aussage.	*Grundgesamtheit:* *interessierende Aussage:*	alle Schüler der Schule; Linkshänder sein
Gib die ausgewählten Objekte und die Art der Auswahl an.	*ausgewählte Objekte:* *Art der Auswahl:*	einzelne Schüler; Losverfahren
Ermittle die Anzahl der ausgewählten Objekte.	*Stichprobenumfang:*	n = 100

Basisaufgaben

1. Gib, wenn möglich, die Grundgesamtheit, die Stichprobe und den Stichprobenumfang an.
   a) Aus den 562 Schülern einer Schule werden 50 ausgelost und befragt, mit welchem Verkehrsmittel sie zur Schule kommen.
   b) Ein Gefäß enthält 30 rote und 50 weiße Kugeln. Es wird 20-mal je eine Kugel mit geschlossenen Augen entnommen und wieder zurückgelegt. Die Farbe wird notiert.
   c) Einem Trinkwassertank werden auf zufällige Weise 1000 ml Wasser entnommen, um es auf Rückstände von Pflanzenschutzmitteln zu untersuchen.
   d) Nach Schließung der Wahllokale bei Bundestagswahlen werden Prognosen der Ergebnisse veröffentlicht. Grundlage solcher Prognosen sind Fragebögen, die am Wahltag von ausgewählten Wählern beantwortet werden.

Wissen: Häufigkeitsverteilung

Als **Häufigkeitsverteilung** wird die Verteilung eines erhobenen Merkmals bezeichnet.
Dabei wird jeder Merkmalsausprägung x_k die zugehörige absolute Häufigkeit $H(x_k)$ (relative Häufigkeit $h(x_k)$) zugeordnet.

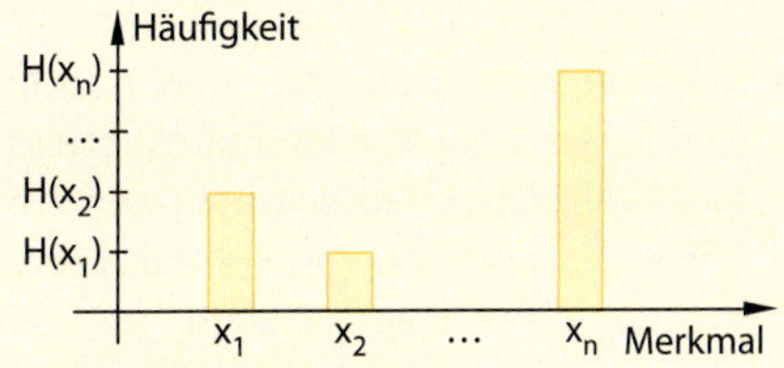

Häufigkeitsverteilungen können tabellarisch und grafisch dargestellt werden.

Merkmalsausprägung	x_1	x_2	...	x_n
Absolute Häufigkeit	$H(x_1)$	$H(x_2)$	...	$H(x_n)$

Hinweis:
Häufigkeitsverteilungen sind spezielle Funktionen, bei denen jeder Merkmalsausprägung eine Zahl eindeutig zugeordnet wird.

Beispiel 2: Der letzte Mathe-Test der 9a wurde zweimal mit „sehr gut", fünfmal mit „gut", neunmal mit „befriedigend", viermal mit „ausreichend" und je einmal mit „mangelhaft" und „ungenügend" bewertet.

a) Stelle die Häufigkeitsverteilung der Zensuren tabellarisch dar.
b) Stelle die Häufigkeitsverteilung der Zensuren in einem Diagramm dar.

Lösung:

a) Notiere in der ersten Zeile (Spalte) einer Tabelle die Merkmalsausprägungen und ordne diesen die jeweilige Häufigkeit zu.

Zensur	1	2	3	4	5	6
Anzahl	2	5	9	4	1	1

b) Wähle eine geeignete Diagrammart. Beachte die Achseneinteilungen und die Achsenbeschriftungen.

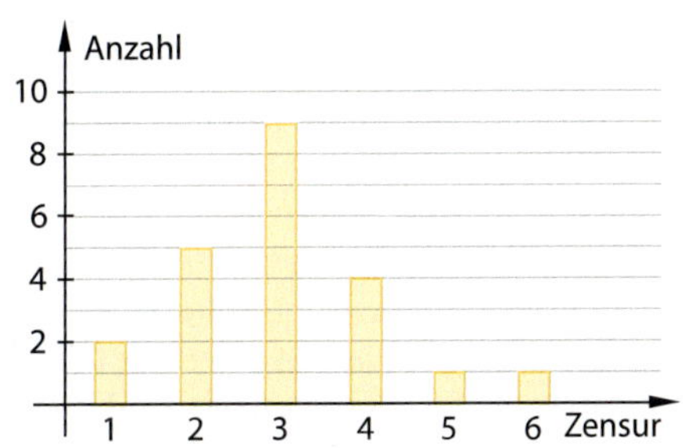

Hinweis:
In Säulendiagrammen lassen sich absolute Häufigkeiten gut veranschaulichen.

Basisaufgaben

2. Das Schiller-Gymnasium hat 758 Schüler. Davon kommen 421 aus A-Stadt, 152 aus B-Stadt, 75 aus C-Dorf und der Rest aus D-Hausen.
   a) Berechne die relativen Häufigkeiten und stelle sie übersichtlich in einer Tabelle dar.
   b) Veranschauliche die relativen Häufigkeiten in einem geeigneten Diagramm.

3. Bei der „Sonntagsfrage" wurden 1500 Personen befragt, welche Partei sie wählen würden. Die Ergebnisse sind in folgender Tabelle dargestellt:

Partei	A	B	C	D	E	F	Sonstige
Anteil in %	37,5	26,0	9,5	5,5	9,5	7,0	5,0

   a) Stelle die Häufigkeitsverteilung in einem Säulendiagramm dar.
   b) Ermittle die absoluten Häufigkeiten der Stimmenanteile.

4. Wirf eine Münze fünfmal und ermittle, wie oft „Zahl" oben liegt. Erzeuge 20 solcher Fünferserien und ermittle dafür die Häufigkeitsverteilung. Stelle die Häufigkeitsverteilung tabellarisch und grafisch dar.

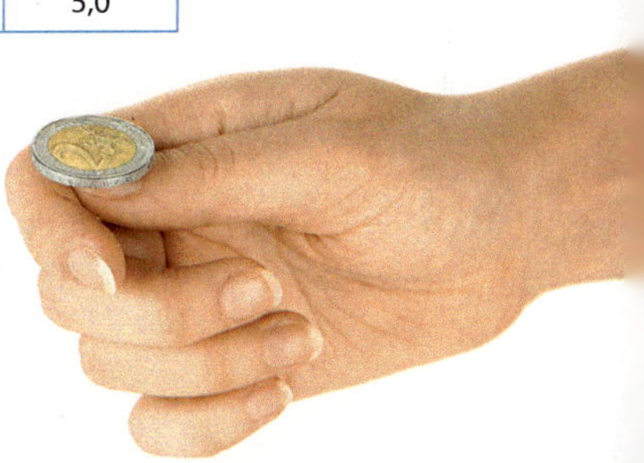

Weiterführende Aufgaben

5. In einer Rede wurde behauptet, dass jeder siebte Arbeitsplatz in Deutschland direkt oder indirekt etwas mit der Automobilherstellung zu tun hat. Gut 390 000 Arbeitnehmerinnen und Arbeitnehmer sind unmittelbar am Bau von Kraftfahrzeugen beteiligt. In der Zulieferindustrie sind es knapp 370 000.

a) Stelle die Häufigkeitsverteilung nach den Merkmalen „Autobauer", „Zulieferer" und „Sonstige" tabellarisch und grafisch dar.

b) Vergleiche dein Ergebnis mit der Tatsache, dass es in Deutschland etwa 37 Millionen Arbeitnehmerinnen und Arbeitnehmer gibt.

6. Eine stichprobenartige Befragung zum Lieblingsfach von Schülern einer 9. Klasse erbrachte das nebenstehende Ergebnis.

a) Ermittle den Stichprobenumfang.

b) Stelle die zugehörigen relativen Häufigkeiten in einer Tabelle dar.

c) Stelle die zugehörigen relativen Häufigkeiten in einem Kreisdiagramm dar.

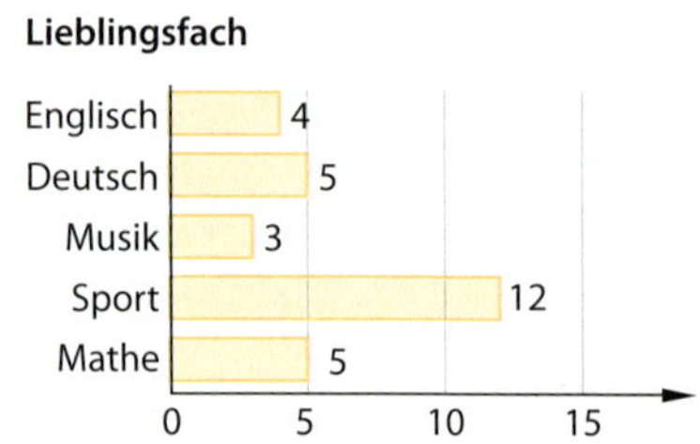

Hinweis zu 7:
Zu den geleasten Pkw, gehören auch Firmenwagen, die privat genutzt werden. Ratenkäufe wurden nicht berücksichtigt.

7. In Deutschland waren 2014 von den etwa 42 Millionen angeschafften Pkw 36 % neu gekauft, 59 % gebraucht gekauft und 5 % geleast. Stelle den Sachverhalt tabellarisch und grafisch dar.

8. Stolperstelle: Am Herder-Gymnasium soll durch eine stichprobenartige Befragung ermittelt werden, wie groß der Anteil der Schüler ist, die ein Handy besitzen. Max schlägt vor, dazu alle Schüler der Klassenstufe 7 zu befragen. Beurteile den Vorschlag von Max.

9. Die Tabelle zeigt die Häufigkeitsverteilung für den Verkauf einer Zeitschrift.

Monat	J	F	M	A	M	J	J	A	S	O	N	D
Anzahl	56	101	63	77	85	76	111	69	96	108	113	100

a) Stelle die Häufigkeitsverteilung in einem Diagramm anschaulich dar.

b) Berechne, wie viele Zeitschriften durchschnittlich pro Monat verkauft worden sind.

10. Informiert euch im Internet über den aktuellen Stand der Ergebnisse der „Sonntagsfrage". Vergleicht die Ergebnisse verschiedener Meinungsforschungsinstitute und berichtet darüber in der Klasse.

11. Ausblick: Zucker-Perlen sind eine beliebte Nascherei. Bei einer Firma gibt es diese in zwei Farben. Es soll der Anteil von jeder der Farben in den verkauften Packungen anhand einer Stichprobe geschätzt werden. Erläutere, wie du vorgehen würdest, wenn die Gesamtzahl der Perlen in einer Packung nach Angaben des Herstellers etwa 450 beträgt.

5.2 Klasseneinteilung von Daten und Histogramme

■ Bei einer Untersuchung wurde der Ruhepuls bei 14-jährigen Mädchen gemessen. Insgesamt wurden 200 Messungen durchgeführt. In den beiden nebenstehenden Diagrammen sind die Ergebnisse dargestellt.

Vergleiche die Diagramme und beschreibe, wodurch sie sich unterscheiden. ■

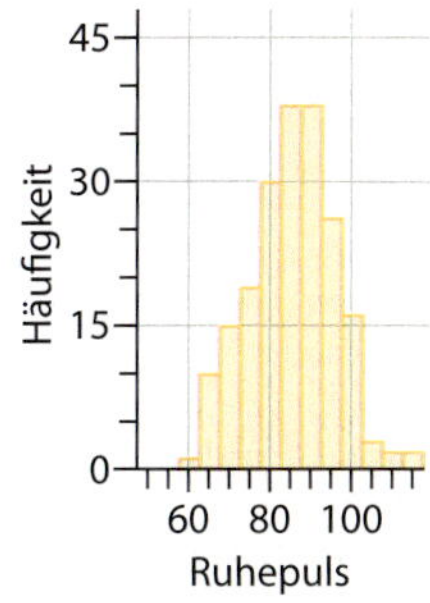

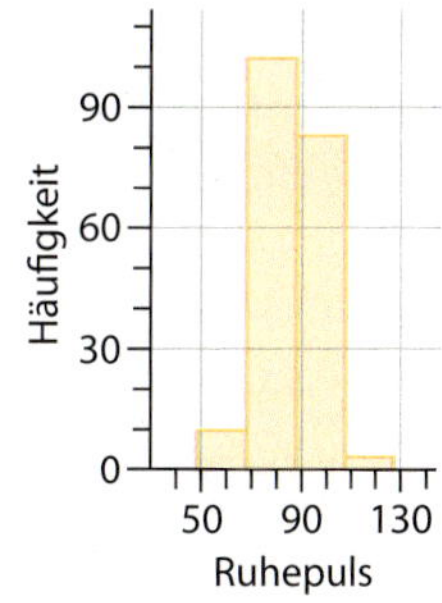

Beim Vorliegen sehr vieler Einzeldaten werden diese aus Gründen der Übersichtlichkeit oft in Gruppen (Klassen) zusammengefasst.

Wissen: Klassen und Klassenbreite

Klassen sind **zusammengefasste Daten** ein und derselben Liste in möglichst gleich langen Teilintervallen. Sie sind lückenlos, überschneiden einander nicht und umfassen alle Daten einer Liste. Sie sind nach unten und nach oben begrenzt und eindeutig festgelegt.

Die **Klassenbreite** ist die **Differenz aus oberer und unterer Klassengrenze.** Mitunter erhalten die einzelnen Klassen spezielle Namen.

Hinweis:
In Einzelfällen können Klassen auch unterschiedliche Breiten haben.

Beispiel 1: Gegeben ist das Körpergewicht von 16 Neugeborenen:
3,26 kg; 3,86 kg; 3,04 kg; 3,26 kg; 3,68 kg; 4,40 kg; 3,57 kg; 3,34 kg; 3,32 kg; 3,69 kg; 2,97 kg; 3,53 kg; 4,27 kg; 3,99 kg; 4,27 kg; 3,59 kg

Teile die Daten in Klassen mit einer Klassenbreite von 0,5 kg ein und gib an, wie viele der Daten in jeder Klasse liegen.

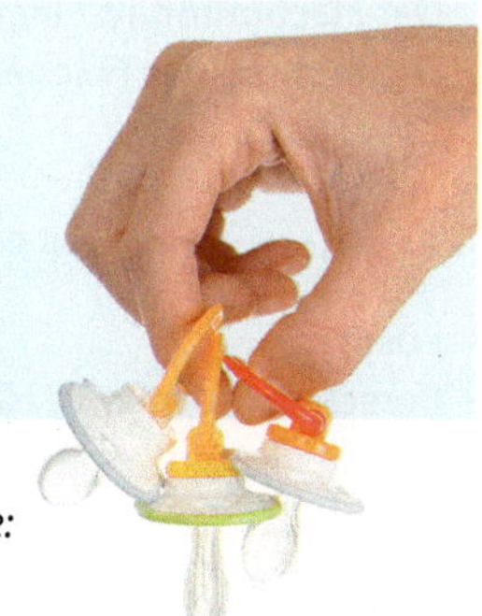

Lösung:

Erstelle gleich lange Teilintervalle mit der Klassenbreite 0,5 kg.

Vorgegebene Klassenbreite:
0,5 kg

Achte dabei darauf, dass sich die Intervalle nicht überschneiden, sie aber lückenlos aneinander gefügt sind. Jeder Messwert muss also in genau einem Intervall liegen.

Teilintervalle:

als Ungleichung	mit Klammern
$2,5\,kg \le x < 3,0\,kg$	[2,5 kg; 3,0 kg)
$3,0\,kg \le x < 3,5\,kg$	[3,0 kg; 3,5 kg)
$3,5\,kg \le x < 4,0\,kg$	[3,5 kg; 4,0 kg)
$4,0\,kg \le x < 4,5\,kg$	[4,0 kg; 4,5 kg)

Hinweis:
Verwende bei abgeschlossenen Intervallenden eckige Klammern, bei offenen Intervallenden runde Klammern.

Bezeichne jedes Intervall, schreibe die zugehörigen Messwerte auf und gib deren Anzahl an.

Intervall (kg)	Name	Daten (kg)	Anzahl
[2,5; 3,0)	S	2,97	1
[3,0; 3,5)	M	3,04; 3,26; 3,26; 3,32; 3,34	5
[3,5; 4,0)	XL	3,53; 3,57; 3,59; 3,68; 3,69; 3,86; 3,99	7
[4,0; 4,5)	XXL	4,27; 4,27; 4,40	3

Basisaufgaben

1. Gegeben sind die Körpergrößen von 20 Neugeborenen. Teile die Daten in Klassen mit einer Klassenbreite von 2 cm ein und gib an, wie viele der Daten in jeder Klasse liegen.
   49 cm; 48 cm; 56 cm; 47 cm; 52 cm; 48 cm; 48 cm; 53 cm; 47 cm; 52 cm;
   54 cm; 54 cm; 52 cm; 49 cm; 53 cm; 55 cm; 49 cm; 53 cm; 55 cm; 51 cm

2. Eine Leistungskontrolle wird nach folgendem Schlüssel bewertet:

Zensur	1	2	3	4	5	6
Prozent	100 bis 93	92 bis 77	76 bis 61	60 bis 45	44 bis 20	19 bis 0

   a) Erläutere an diesem Beispiel die Begriffe „Klasse" und „Klassenbreite".
   b) In der Leistungskontrolle gab es insgesamt 30 Punkte. Erreicht wurden:
   26; 12; 22; 14; 15; 30; 6; 19; 0; 21; 21; 27; 27; 25; 7; 20; 11; 13; 2; 8; 9; 22; 17
   Erstelle dazu eine Häufigkeitsverteilung nach dem angegebenen Schlüssel.

Für die grafische Darstellung von Häufigkeitsverteilungen mit Klasseneinteilungen gibt es besondere Diagramme.

Hinweis:
Bei gleich breiten Klassen sind die Höhen der Rechtecksäulen proportional zu den relativen bzw. absoluten Häufigkeiten.

Wissen: Histogramme
Säulendiagramme für Häufigkeitsverteilungen mit Klasseneinteilungen, deren nebeneinanderliegende Säulen einander berühren, werden **Histogramme** genannt.
Der Flächeninhalt jeder Säule entspricht dabei der relativen Häufigkeit der zugehörigen Merkmalsausprägung. Es gilt:
Der **Flächeninhalt** einer Säule ist **gleich Klassenbreite · Säulenhöhe.**
Die Summe der Flächeninhalte aller Säulen ist **gleich 1**.

Erinnere dich:
H(A):
absolute Häufigkeit
h(A):
relative Häufigkeit

Beispiel 2: Stelle die Ergebnisse von Beispiel 1 auf Seite 125 in einem Histogramm dar.

Lösung:
Berechne die relative Häufigkeiten h(A) der Daten:

$$h(A) = \frac{H(A)}{n}$$

Berechne die Höhen der Säulen:

$$\text{Höhe} = \frac{h(A)}{\text{Klassenbreite}}$$

Intervall (kg)	Name	H(A)	h(A)	Säulenhöhe
[2,5; 3,0)	S	1	0,0625	0,125
[3,0; 3,5)	M	5	0,3125	0,625
[3,5; 4,0)	XL	7	0,4375	0,875
[4,0; 4,5)	XXL	3	0,1875	0,375

Hinweis:
Der Quotient $\frac{h(A)}{\text{Klassenbreite}}$ wird auch „Dichte" genannt.

Zeichne das Histogramm.

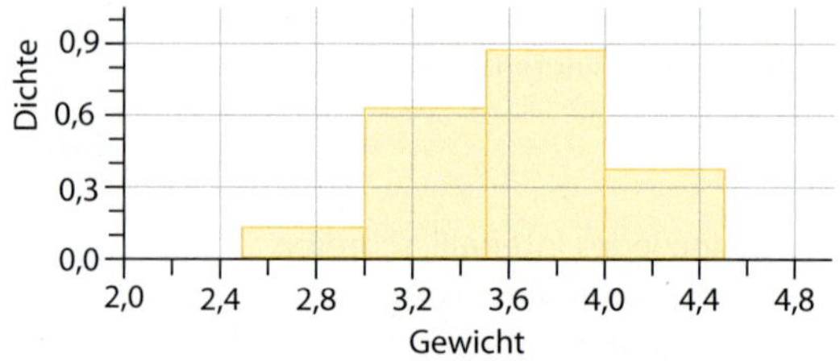

Basisaufgaben

3. Stelle die Ergebnisse von Aufgabe 1 auf Seite 126 (Körpergröße von Neugeborenen) in einem Histogramm dar.

4. Stelle die Ergebnisse von Aufgabe 2 b auf Seite 126 (Punkte bei der Leistungskontrolle) in einem Histogramm dar.
   a) mit einer Klassenbreite von 5 Punkten b) mit einer Klassenbreite von 10 Punkten
   c) mit einer Klassenbreite, die durch den Bewertungsmaßstab vorgegeben ist

Weiterführende Aufgaben

5. a) Begründe, warum in nebenstehender Darstellung eine Klasseneinteilung verwendet wurde und gib die Breite jeder Klasse an.
   b) Erkläre, warum hier kein Histogramm vorliegt.

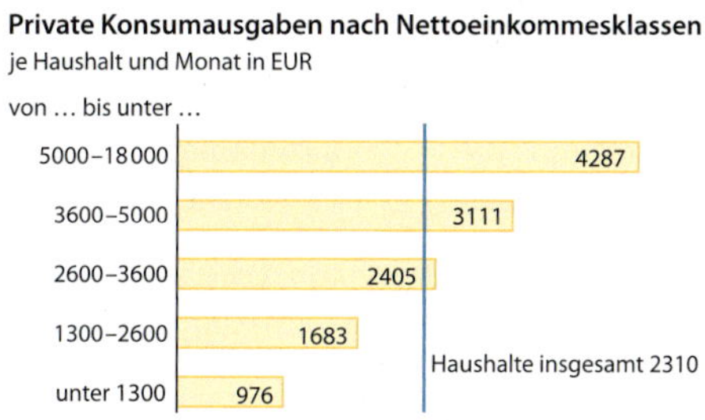

6. **Stolperstelle:** Bei einem Test konnten maximal 34 Punkte erreicht werden. Karl meint, dass er die Punkte, die jeder aus der Klasse erreicht hat, im nebenstehenden Histogramm dargestellt hat. Bewerte das Histogramm.

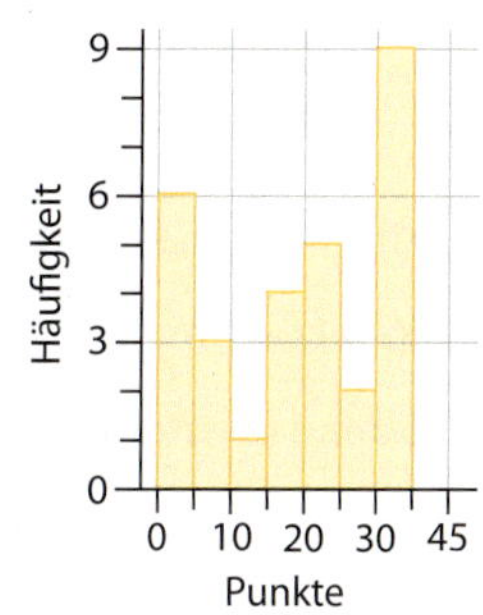

7. Hier ist eine Preistabelle für den Briefversand gegeben:

Standardbrief	bis 20 g; max. 23,5 × 12,5 × 0,5 cm	0,70 €
Kompaktbrief	bis 50 g; max. 23,5 × 12,5 × 1,0 cm	0,85 €
Großbrief	bis 500 g; max. 35,3 × 25,0 × 2,0 cm	1,45 €
Maxibrief	bis 1000 g; max. 35,3 × 25 × 5 cm	2,60 €

Diskutiert, auf welcher Grundlage die Klasseneinteilung erfolgen könnte.

8. Jeder würfelt mit einem Spielwürfel so lange, bis die Sechs erstmalig erscheint und notiert die Wurfnummer. Wiederholt diesen Zufallsversuch zehnmal.
   a) Stellt die Häufigkeitsverteilung tabellarisch dar und veranschaulicht die Ergebnisse in einem Histogramm.
   b) Tragt die Ergebnisse eurer Klasse zusammen und veranschaulicht diese in einem Histogramm. Beschreibt das Histogramm dieser zusammengefassten Ergebnisse.

9. In einer Schule wurde die Dauer der Schulwege ermittelt und in Histogrammen dargestellt.
   Beschreibe, warum sich beide Histogramme äußerlich unterscheiden, obwohl sie ein und denselben Sachverhalt veranschaulichen.

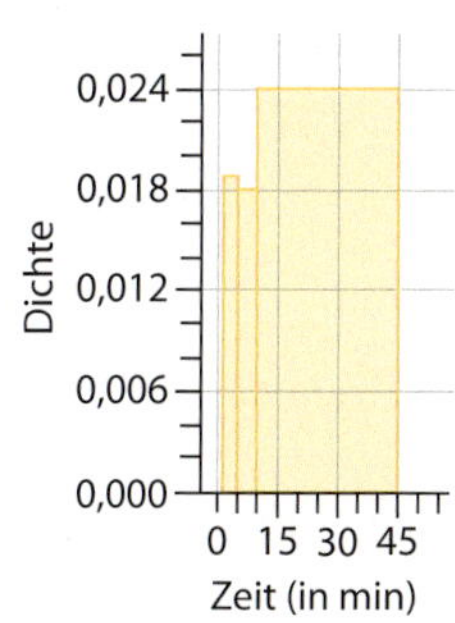

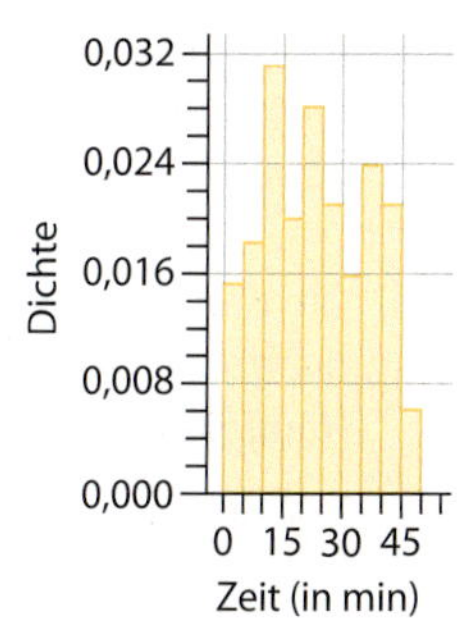

10. **Ausblick:** Simuliert mit einer Tabellenkalkulation das 500-malige Werfen von zehn Würfeln und veranschaulicht die erzielten Augensummen in einem Histogramm.

5.3 Lage- und Streumaße ermitteln

■ Die nebenstehende Tabelle enthält die Ergebnisse des letzen Mathe-Tests der Klasse 9 a.

Zensur	1	2	3	4	5	6
Anzahl	4	6	8	7	4	1

Erläutere, wie du den Zensurendurchschnitt ermitteln würdest. ■

Daten lassen sich durch **Kenngrößen** beschreiben. Zu den Kenngrößen gehören **Lage- und Streumaße**. Folgende Lagemaße sind bereits bekannt:

Arithmetisches Mittel $\overline{x}$: $\overline{x} = \frac{\text{Summe aller Werte}}{\text{Anzahl der Werte}}$

Modalwert m: am häufigsten auftretender Wert

Median (Zentralwert) z: Wert in der Mitte aller der Größe nach geordneten Werte

Lagemaße können sowohl bei Vorgabe der Werte mit einer Urliste als auch bei Vorgabe der Werte mit einer Häufigkeitsverteilung ermittelt werden.

Wissen: Lagemaße von Häufigkeitsverteilungen

Gegeben ist eine Häufigkeitsverteilung:

Messwert	x_1	x_2	…	x_n
Absolute Häufigkeit	$H(x_1)$	$H(x_2)$	…	$H(x_n)$

Es gelten folgende Formeln:

Arithmetisches Mittel $\overline{x}$: $\overline{x} = \frac{x_1 \cdot H(x_1) + x_2 \cdot H(x_2) + \ldots + x_n \cdot H(x_n)}{H(x_1) + H(x_2) + \ldots + H(x_n)}$

Modalwert m: x_k mit der größten absoluten (relativen) Häufigkeit

Median (Zentralwert) z: Wert in der Mitte der nach Größe geordneten Daten (Bei gerader Anzahl von Werten ist es das arithmetische Mittel der beiden mittleren Werte.)

Hinweis:
Bei zufälligen Erhebungen (Stichproben) kann das arithmetische Mittel in der Stichprobe (Stichprobenmittel) von dem der Grundgesamtheit abweichen.

Beispiel 1: Hier sind die Ergebnisse einer Umfrage von 15 Personen dargestellt, die den Preis für eine Flasche einer bestimmte Sorte Parfüm schätzen sollten.

Schätzwert (in Euro)	Absolute Häufigkeit
15	12
35	2
50	1

a) Berechne das arithmetische Mittel der Häufigkeitsverteilung.
b) Gib den Modalwert der Häufigkeitsverteilung an.
c) Ermittle den Median der Häufigkeitsverteilung.

Lösung:

a) Berechne das arithmetische Mittel mit der oben angegebenen Formel.

$\overline{x} = \frac{15 \cdot 12 + 35 \cdot 2 + 50 \cdot 1}{12 + 2 + 1} = \frac{300}{15} = 20$

Das arithmetische Mittel der Schätzungen beträgt $\overline{x} = 20$ €.

b) Gib den Schätzwert mit der größten absoluten Häufigkeit an.

Der Schätzwert 15 € tritt am häufigsten auf:
Modalwert: m = 15 €

c) Erstelle eine geordnete Urliste und gib den Wert an, der genau in der Mitte steht.

Geordnete Urliste:
15, 15, 15, 15, 15, 15, 15, 15, 15, 15, 15, 15; 35, 35, 50
Der mittlere Wert (der achte Wert) beträgt 15:
Median: z = 15

Basisaufgaben

1. Gegeben ist eine Häufigkeitsverteilung:
   a) Berechne das arithmetische Mittel.
   b) Gib den Modalwert an.
   c) Ermittle den Median.

Messwert	3	1	8	4	0	6
Häufigkeit	2	7	7	4	3	0

2. Gegeben ist das nebenstehende Diagramm. Ermittle daraus das arithmetische Mittel, den Median und den Modalwert der erteilten Zensuren.

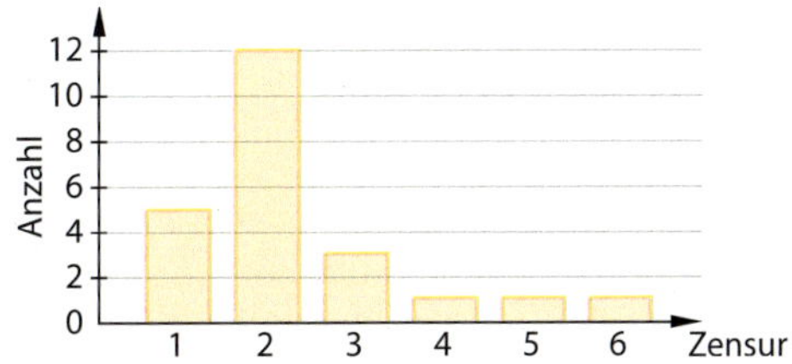

3. Erläutere, ob sich zu den abgebildeten Figuren in sinnvoller Weise ein arithmetisches Mittel, ein Modalwert und ein Median angeben lässt. Begründe deine Auffassung.

Ein schon aus Klasse 6 bekanntes **Streumaß** von Daten ist die Spannweite:
$w = x_{Max} - x_{Min}$

Häufigkeitsverteilungen können aber bei gleicher Spannweite sehr unterschiedlich um ein und denselben Mittelwert streuen. Deshalb ist die Spannweite für viele Häufigkeitsverteilungen nicht sehr aussagekräftig. Als ein weiteres Streumaß kann deshalb die **Standardabweichung** verwendet werden.

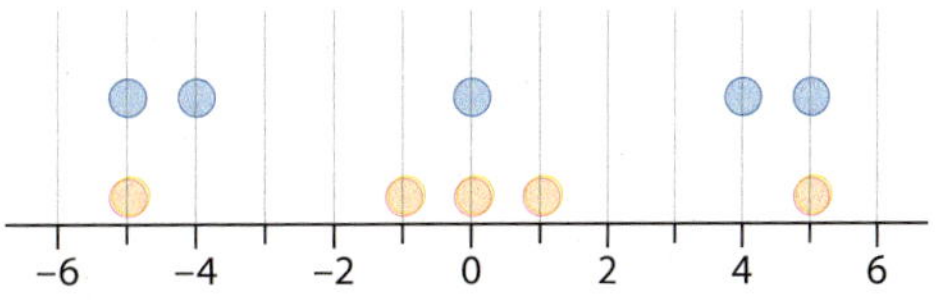

Wissen: Varianz und Standardabweichung
Gegeben ist eine Häufigkeitsverteilung mit dem arithmetischen Mittel $\bar{x}$:

Messwert	x_1	x_2	…	x_n
Absolute Häufigkeit	$H(x_1)$	$H(x_2)$	…	$H(x_n)$

Es gelten folgende Formeln:
Varianz V: $V = \frac{(x_1 - \bar{x})^2 \cdot H(x_1) + (x_2 - \bar{x})^2 \cdot H(x_2) + \ldots + (x_n - \bar{x})^2 \cdot H(x_n)}{H(x_1) + H(x_2) + \ldots + H(x_n)}$

Standardabweichung s: $s = \sqrt{V}$

Hinweis:
Die Varianz wird auch als mittlere quadratische Abweichung bezeichnet.

Beispiel 2: Die Tabelle zeigt das Ergebnis einer Befragung zur Anzahl von Kindern in Familien. Berechne das arithmetische Mittel, die Varianz und die Standardabweichung.

Anzahl der Kinder pro Familie	1	2	3	4	5	6
Anzahl der Familien	3	5	11	8	3	0

Lösung:

Berechne das arithmetische Mittel mit der oben angegebenen Formel.

$\bar{x} = \frac{1 \cdot 3 + 2 \cdot 5 + 3 \cdot 11 + 4 \cdot 8 + 5 \cdot 3 + 6 \cdot 0}{3 + 5 + 11 + 8 + 3 + 0} = \frac{93}{30} = 3{,}1$

Das arithmetische Mittel beträgt $\bar{x} = 3{,}1$.

Berechne die Varianz mit der oben angegebenen Formel.

$V = \frac{(1 - 3{,}1)^2 \cdot 3 + (2 - 3{,}1)^2 \cdot 5 + (3 - 3{,}1)^2 \cdot 11}{30} + \frac{(4 - 3{,}1)^2 \cdot 8 + (5 - 3{,}1)^2 \cdot 3 + (6 - 3{,}1)^2 \cdot 0}{30} \approx 1{,}2233$

Berechne die Standardabweichung: $s = \sqrt{V}$

$s = \sqrt{1{,}2233} \approx 1{,}1$

Basisaufgaben

4. Berechne für jede Klasse das arithmetische Mittel, die Varianz und die Standardabweichung für die angegebenen Zensurenverteilungen.

Zensur	1	2	3	4	5	6
9a	3	5	12	4	2	1
9b	12	1	0	0	2	7

5. Spreizt Daumen und Zeigefinger möglichst weit auseinander und messt die Entfernung der beiden Fingerspitzen. Notiert eure Messwerte und berechnet das arithmetische Mittel, die Spannweite und die Standardabweichung aller „Handspannen" in eurer Klasse.

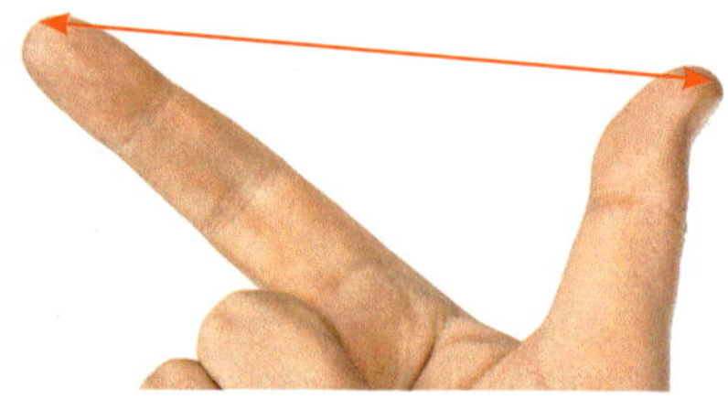

Weiterführende Aufgaben

6. Vor etwa fünf Jahren betrug das arithmetische Mittel aller Geldvermögen in Deutschland etwa 195 000 €, der Median hingegen nur 51 000 €. Erkläre, woran das liegen könnte.

7. Berechne die Spannweite, die Varianz und die Standardabweichung der im Diagramm dargestellten Häufigkeitsverteilung. Beschreibe dein Vorgehen.

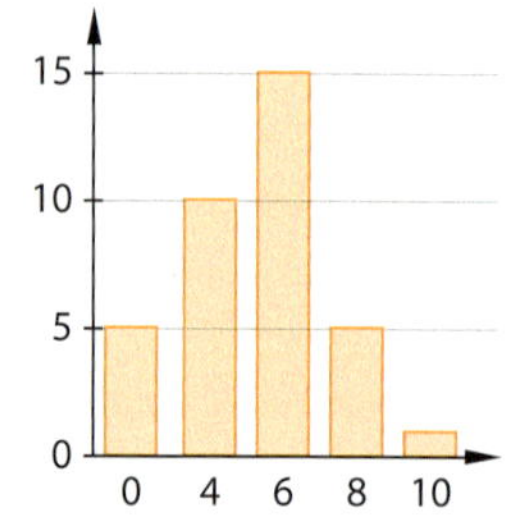

8. In mehreren Elektronikgeschäften werden USB-Sticks der gleichen Sorte zu unterschiedlichen Preisen angeboten. In der Tabelle ist der Anteil (die relativen Häufigkeiten) der Geschäfte an, die zu dem genannten Preis verkaufen wollen.

Preis in €	6,99	7,50	6,40	8,00
Anteil der Geschäfte	0,4	0,2	0,3	0,1

Erläutere, warum das arithmetische Mittel dieser Häufigkeitsverteilung durch folgenden Term berechnet werden kann: $6{,}99 \cdot 0{,}4 + 7{,}50 \cdot 0{,}2 + 6{,}40 \cdot 0{,}3 + 8{,}00 \cdot 0{,}1$

● 9. Gegeben ist eine Häufigkeitsverteilung mit den Daten $x_1, x_2, \ldots, x_n$ und den zugehörigen relativen Häufigkeiten $h(x_1), h(x_2), \ldots, h(x_n)$. Begründe, dass folgende Formeln gelten:

$\bar{x} = x_1 \cdot h(x_1) + x_2 \cdot h(x_2) + \ldots + x_n \cdot h(x_n)$

$V = (x_1 - \bar{x})^2 \cdot h(x_1) + (x_2 - \bar{x})^2 \cdot h(x_2) + \ldots + (x_n - \bar{x})^2 \cdot h(x_n)$

10. Ermittle arithmetisches Mittel und Standardabweichung folgender Häufigkeitsverteilung:

Messwert	3,4 °C	2,7 °C	4,2 °C	3,8 °C
Relative Häufigkeit	12 %	24 %	44 %	20 %

11. Würfele 20-mal mit einem Spielwürfel und notiere jedesmal die gewürfelte Augenzahl.
   a) Erstelle eine Häufigkeitsverteilung und veranschauliche die Daten grafisch.
   b) Ermittle das arithmetische Mittel, die Standardabweichung, den Median und den Modalwert der Augenzahlen.

12. Eine Klinik hat die relativen Häufigkeiten für die Aufenthaltsdauer ihrer Patienten erfasst. Ermittle die durchschnittliche Aufenthaltsdauer und die zugehörige Standardabweichung.

Aufenthaltsdauer	1 Tage	2 Tage	3 Tage	4 Tage	5 Tage	6 oder mehr Tage
relative Häufigkeit	0,05	0,1	0,15	0,4	0,2	0,1

13. **Stolperstelle:** Nele ermittelt die Durchschnittstemperatur von den zehn Tageshöchsttemperaturen 15 °C, 16 °C, 15 °C, 14 °C, 14 °C, 18 °C, 17 °C, 15 °C, 16 °C und 16 °C folgendermaßen: „Es gab genau fünf Temperaturwerte, nämlich 14 °C, 15 °C, 16 °C, 17 °C und 18 °C. Deren Durchschnittswert beträgt 16 °C. Also war die Durchschnittstemperatur für alle zehn Tage 16 °C." Prüfe, ob Neles Überlegungen richtig sind.

14. In einer Stadt wurde an 130 Tagen die Anzahl von Verkehrsunfällen pro Tag registriert:

Anzahl Unfälle	0	1	2	3	4 oder mehr
Anzahl Tage	15	26	38	30	21

a) Stelle die Daten in einem Kreisdiagramm dar.
b) Berechne das arithmetische Mittel und die Standardabweichung der Unfälle pro Tag.

15. Chris erzählt seinen Freunden vom letzten Mathe-Test. Er hatte eine 3 bekommen und behauptet: „Ich war besser als der Durchschnitt, also gibt es mehr Schüler mit einer schlechteren Note, als Schüler mit einer besseren Note." Beurteile die Aussage von Chris.

16. Karl hat bei zwölf Gläsern mit Schokolinsen die Anzahl der Schokolinsen pro Glas ermittelt. Es waren maximal 106 Schokolinsen bei einer Spannweite von fünf Stück.
a) Gib zwei mögliche Häufigkeitsverteilungen an.
b) Berechne für diese beiden Häufigkeitsverteilungen weitere Kenngrößen.

17. In einer kleinen Firma verdienen die drei Mitarbeiter jeweils 2000 € im Monat. Der Chef, der über ein Monatseinkommen von 8000 € verfügt, sagt zu einem Freund: „In meiner Firma verdient jeder, mich mitgerechnet, im Schnitt 3500 € monatlich."
a) Berechne Lage- und Streumaße der vier Einkommen.
b) Nimm zur Aussage des Chefs Stellung.
c) Untersuche, wie sich Lage- und Streumaße ändern, wenn das Monatseinkommen des Chefs 4000 € mehr (weniger) beträgt.

18. **Ausblick:** In der Klasse würfelt jeder jeweils mit zwei Spielwürfeln gleichzeitig zwanzigmal hintereinander und trägt jedes Mal die erwürfelte Augensumme in eine Tabelle ein.
a) Berechnet jeweils den Anteil der Augensummen an den 20 Ergebnissen, die höchstens eine Standardabweichung von der durchschnittlichen Augensumme entfernt sind.
b) Vergleicht eure Ergebnisse untereinander.

5.4 Boxplots erstellen und auswerten

■ Zwei Gruppen mit jeweils fünf Schülern geben die Höhe ihres wöchentlichen Taschengeldes an:
Gruppe 1: 4 €; 9 €; 7 €; 6 €; 15 €
Gruppe 2: 6 €; 7 €; 5 €; 9 €; 10 €

Ermittle für jede Gruppe alle Lage- und Streumaße. Welche davon sind in der Abbildung enthalten? ■

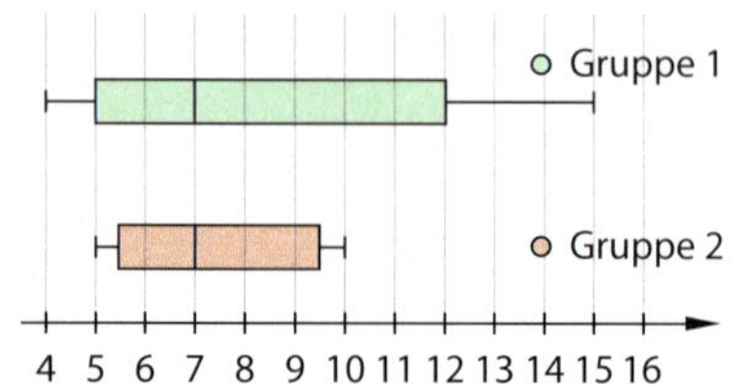

In der „Kastengrafik" sind Lage- und Streumaße von Datenreihen veranschaulicht

Hinweis:
Der Median der unteren Hälfte heißt auch „unteres Quartil," der der oberen Hälfte „oberes Quartil". Für die Antennen gibt es auch andere Festlegungen.

Wissen: Boxplot
Ein **Boxplot** enthält Streu- und Lagemaße einer Datenreihe.
Ein Boxplot besteht aus einem **Rechteck** und zwei **„Antennen"**. Im Rechteck liegt die Hälfte aller darzustellenden Daten, wobei der Strich im Rechteck den **Median aller Daten** markiert.

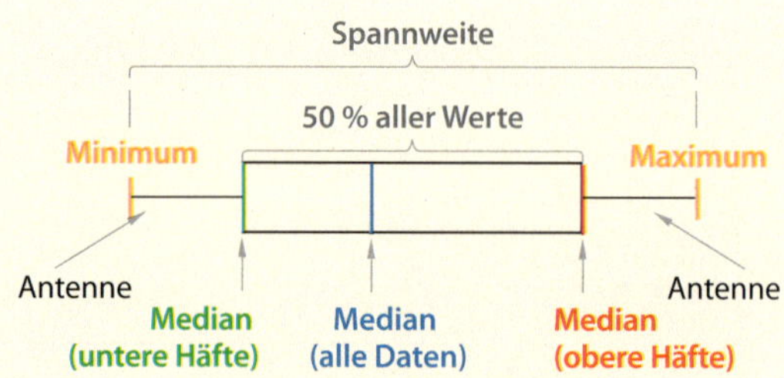

Die linke Antenne markiert alle Daten vom **Minimum** bis zum **Median der unteren Hälfte** der Daten und die rechte Antenne alle Daten vom **Median der oberen Hälfte** bis zum **Maximum** aller Daten.

Boxplots lesen

Beispiel 1: Hier sind Ausgaben von Männern und Frauen in € beim Friseur veranschaulicht. Entnimm dem Boxplot jeweils das Minimum, den Median der unteren Hälfte, den Median aller Daten, den Median der oberen Hälfte und das Maximum.

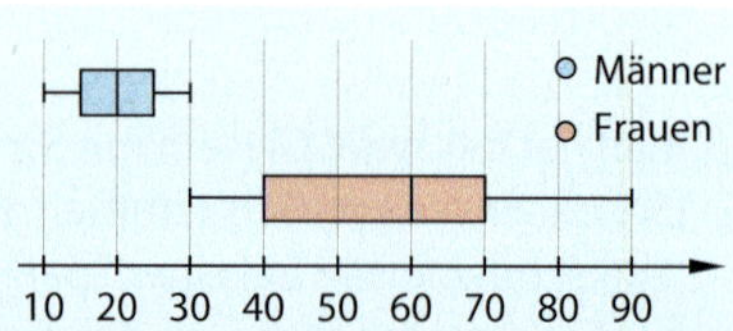

Vergleiche die Ergebnisse und beschreibe die Unterschiede bei den Ausgaben von Männern und Frauen beim Friseur.

Lösung:
Jeweils der kleinste Geldbetrag ist das Minimum. Kleiner oder gleich dem Median der unteren Hälfte sind 25 % der Geldbeträge. Kleiner oder gleich dem Median aller Daten sind 50 % der Geldbeträge. Kleiner oder gleich dem Median der oberen Hälfte sind 75 % der Geldbeträge. Jeweils der größte Geldbetrag ist das Maximum.
Formuliere zutreffende Aussagen.

	Männer	Frauen
Minimum	10 €	30 €
Median (der unteren Hälfte)	15 €	40 €
Median (aller Daten)	20 €	60 €
Median (der oberen Hälfte)	25 €	70 €
Maximum	30 €	90 €

Frauen geben mehr als Männer aus (Boxplot liegt weiter rechts). 50 % der Männer bezahlen höchstens 20 €, aber 50 % der Frauen höchstens 60 €.Die Geldbeträge der Männer streuen weniger als die der Frauen. 25 % der Männer bezahlen höchstens 15 €, aber 25 % der Frauen höchstens 40 €. Von den Männern zahlen 25 % mehr als 25 €, aber höchstens 30 €. Von den Frauen zahlen 25 % mehr als 70 €, aber höchstens 90 €.

Basisaufgaben

1. Gegeben sind zwei Boxplots, die die Schuhgrößen von Schülern neunter Klassen veranschaulichen.
   a) Lies für jeden Boxplot das Minimum, den Median der unteren Hälfte, den Median aller Daten, den Median der oberen Hälfte, sowie das Maximum der Daten ab.
   b) Vergleiche die Boxplots.

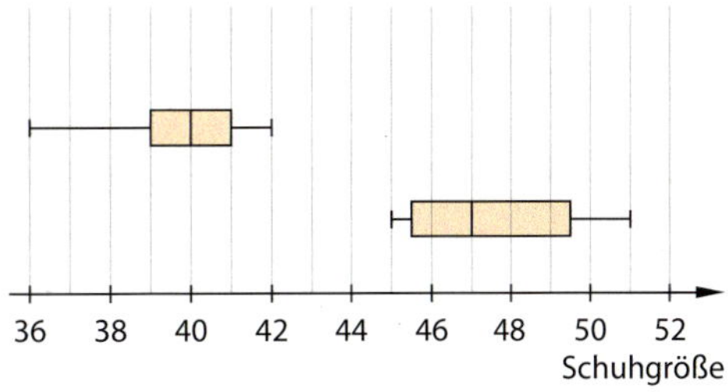

2. In den beiden Boxplots sind die Altersverteilungen der Lehrerinnen und Lehrer einer Schule heute (unten) und vor zehn Jahren (oben) veranschaulicht. Beschreibe die Lagemaße und erkläre ihre Bedeutung in diesem Sachzusammenhang.

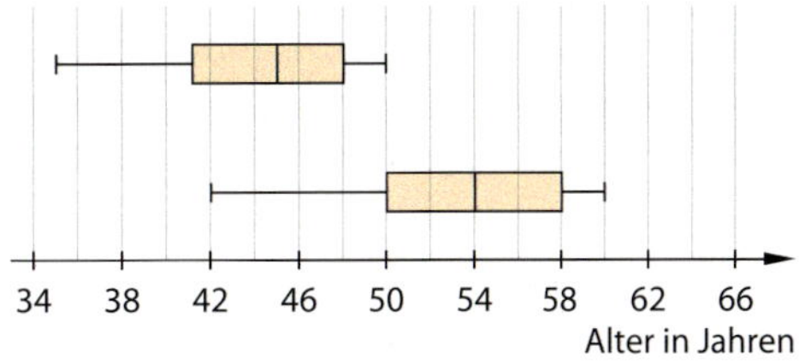

3. In einem Test konnten maximal 25 Punkte erreicht werden. Entscheide, welches der beiden folgenden Histogramme zum nebenstehenden Boxplot gehört.

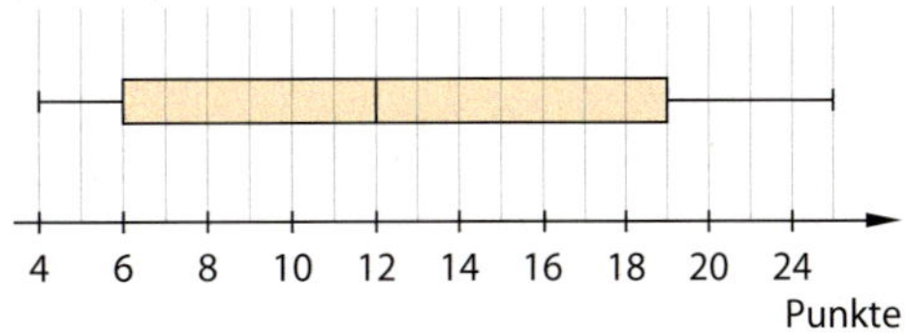

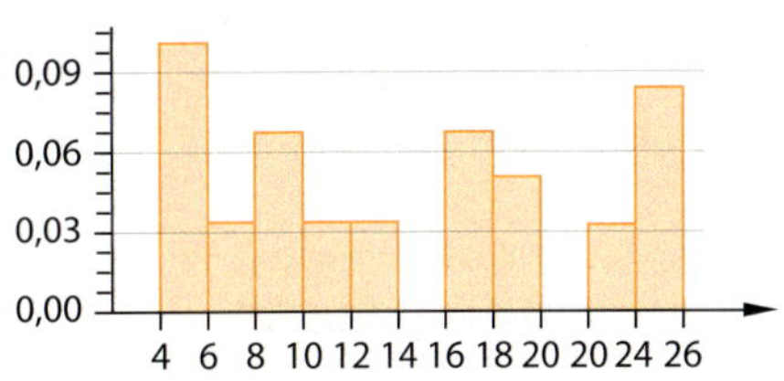

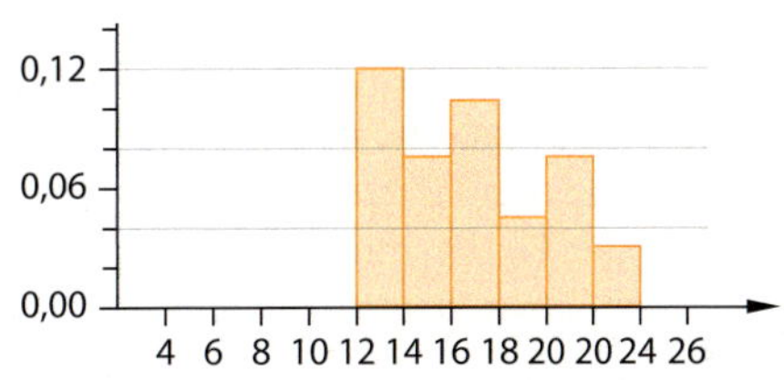

Boxplots zeichnen

Beispiel 1: Auf die Frage: „Wie viel Euro habt ihr bei euch?" antworteten 13 Schüler:
6€; 2€; 12€; 9€; 4€; 9€; 15€; 7€; 7€; 7€; 6€; 0€; 1€
Zeichne einen Boxplot zu diesen Daten.

Lösung:

Ordne die Daten aufsteigend der Größe nach und ermittle die Mediane.

0; 1; 2; 4; 6; 6; 7; 7; 7; 9; 9; 12; 15 (in Euro)

Median aller Daten: 7€

Median (der unteren Hälfte): $\frac{(2€ + 4€)}{2} = 3€$

Median (der obere Hälfte): $\frac{(9€ + 9€)}{2} = 9€$

Zeichne einen Zahlenstrahl mit einer sinnvollen Einteilung.

Trage darüber die Mediane sowie den kleinsten und größten Wert ab.

Zeichne die Box mit einer selbstgewählten Breite.

Trage links und rechts die Antennen als Strecken an.

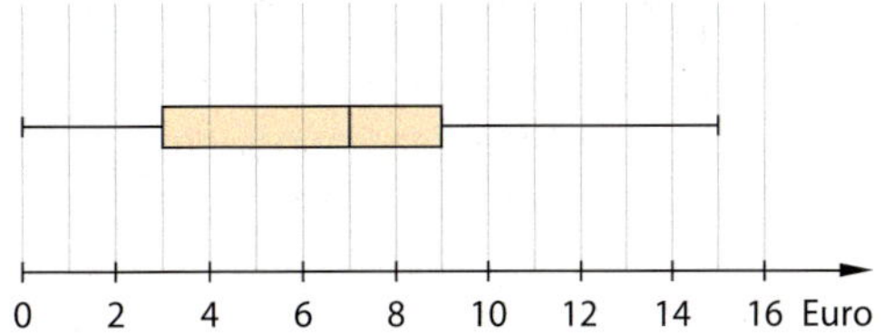

Basisaufgaben

4. In einer Zeitung sind die Körpergrößen der am Neujahrstag Neugeborenen aufgelistet:
48 cm, 46 cm, 51 cm, 50 cm, 52 cm, 50 cm, 53 cm, 40 cm, 40 cm, 56 cm, 55 cm, 51 cm, 54 cm
Zeichne einen Boxplot zu diesen Daten.

5. Stelle die im Dezember 2014 erfassten Einwohnerzahlen in einem Boxplot dar.

Merse-burg	Naum-burg	Halle/ Saale	Magde-burg	Halber-stadt	Quedlin-burg	Lands-berg-	Kem-berg
33 317	32 756	232 470	232 306	40 440	24 742	15 045	10 045

6. Veranschauliche den Zensurenspiegel sowohl in einem Boxplot als auch in einem Histogramm. Beschreibe Vor- und Nachteile beider Darstellungen.

Zensur	1	2	3	4	5	6
Anzahl	5	7	0	6	2	1

Weiterführende Aufgaben

7. Zeichne zu folgender Datenreihe einen Boxplot:
a) 3; 5; 7; 8; 10; 12; 12; 15; 15
b) 2; 2; 2; 2; 5; 5; 5; 5; 5
c) 6; 6; 6; 6; 6; 6; 6; 6; 6; 6

8. Zeichne einen Boxplot zu folgender Datenreihe:
1; 2; 2; 3; 3; 3; 4; 4; 4; 4; 5; 5; 5; 5; 5
a) Beschreibe, ob und gegebenenfalls wie sich der Boxplot verändert, wenn du diese Datenreihe durch eine 5 ergänzt.
b) Wie viele Fünfen müsstest du mindestens streichen, damit der Median 3 ist? Streiche dann so viele der Fünfen und zeichne den zugehörigen Boxplot.

9. In einem Boxplot sind die Ergebnisse eines Tests dargestellt, an dem 10 Schüler teilgenommen haben. Es konnten maximal 30 Punkte erreicht werden.
a) Interpretiere den dargestellten Boxplot.
b) Erstelle eine Liste mit 10 möglichen Punkten, die diesen Boxplot ergeben.

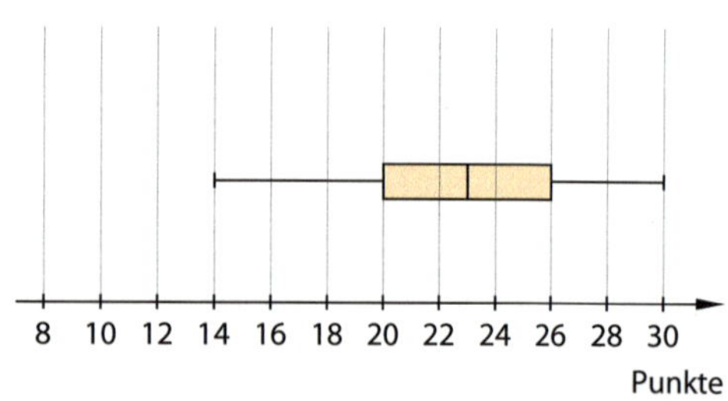

10. **Stolperstelle:** In der nebenstehenden Abbildung sind die Aussagen von acht Schülern zu ihrem Alter (in Jahren), zu ihrer Größe (in Meter) und zur Anzahl ihrer Haustiere dargestellt.
a) Schreibe 6 wahre Aussagen auf, die zu diesem Diagramm passen.
b) Begründe, warum die Darstellung ungünstig ist und fehlerhafte Schlussfolgerungen zulässt. Gib Beispiele an.

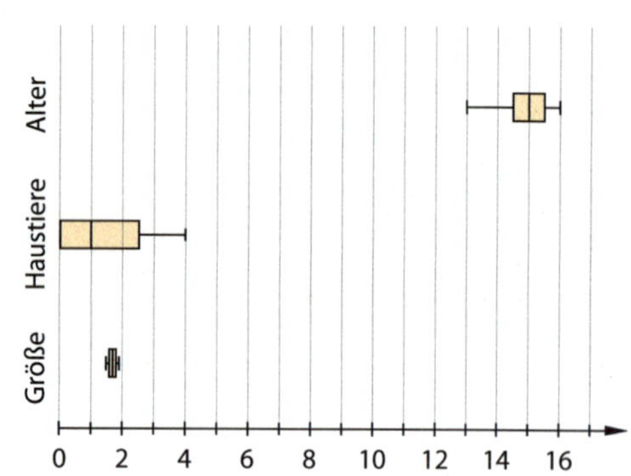

11. Chris isst gern Pizza. Er hat die Zeitspannen zwischen der Bestellung und der Lieferung notiert: 26 min; 23 min; 42 min; 35 min; 30 min; 30 min; 28 min; 36 min; 35 min; 65 min; 28 min; 29 min; 45 min
Zeichne einen Boxplot und interpretiere damit die Daten.

12. Zwei Gruppen Jugendlicher unterschiedlichen Alters wurden nach ihren monatlichen Handykosten befragt.

Gruppe 1	16€	5€	10€	8€	15€	9€	5€	22€	12€	19€	7€
Gruppe 2	12€	26€	24€	7€	18€	15€	6€	7€	35€	25€	20€

a) Zeichne jeweils einen Boxplot und vergleiche beide miteinander.
b) Welche Gruppe ist vermutlich die mit den älteren Jugendlichen?

13. Entscheide, zu welcher der drei angegebenen Listen der Boxplot gehört.
Beschreibe, wie du bei deiner Lösung vorgegangen bist, und begründe dein Vorgehen.

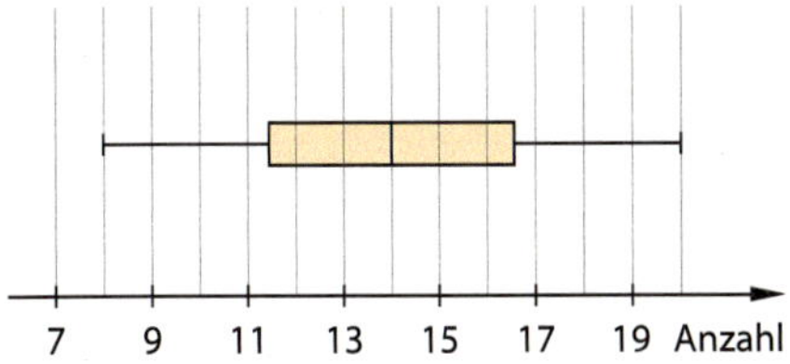

A	8	10	12	14	14	17	17	20
B	8	9	11	14	14	16	18	20
C	8	8	12	14	14	17	19	20

14. In einer Klasse wurden beim Weitsprung folgende Ergebnisse erzielt:
3,75 m; 4,00 m; 2,90 m; 3,90 m; 3,08 m; 3,65 m; 3,70 m; 3,55 m; 3,77 m; 4,40 m; 3,88 m; 4,01 m; 4,11 m; 4,10 m; 3,80 m; 4,55 m
a) Ermittle das Minimum, den Median der unteren Hälfte, den Median aller Daten, den Median der oberen Hälfte, das Maximum und die Spannweite.
b) Erstelle einen zugehörigen Boxplot.
c) Vervollständige die folgenden Sätze im Heft korrekt:
Die Hälfte aller Schüler ist mindestens … gesprungen.
75 % aller Schüler sind mindestens … gesprungen.

15. Entscheide, ob die Aussage wahr ist. Begründe dies.
a) Mediane liegen immer im Inneren der Box.
b) Die Spannweite ist die Differenz aus Minimum und Maximum.
c) Zu einer Liste mit 10 Daten kann die Box nicht die Länge 0 haben.

● **16. Ausblick** Beim Darstellen von Verteilungen werden oft Prozentränge (Perzentile) verwendet. In der Kindermedizin dienen Perzentile beispielsweise dazu, Angaben, wie Körpergröße oder Körpergewicht, miteinander vergleichen zu können.
Beispiel:
Liegt die Körpergröße eines 12 Monate alten Babys auf der 90. Perzentile, bedeutet dies, dass nur 10 % der Kinder seines Alters und Geschlechts größer und 90 % kleiner oder genau so groß sind.

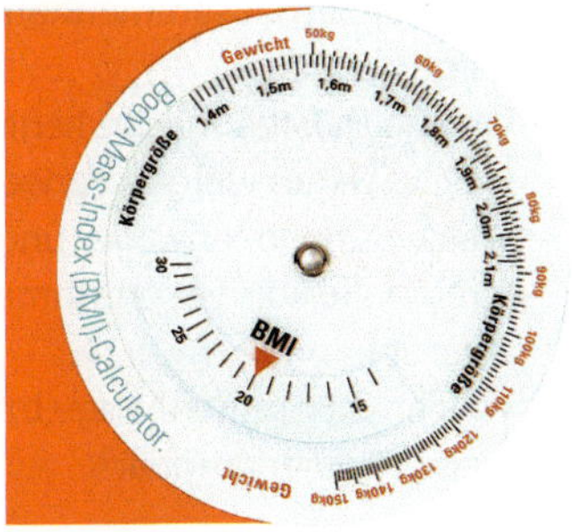

a) Erläutere, inwieweit der Median als eine Perzentile aufgefasst werden kann.
b) Informiere dich im Internet über Perzentile und ihre Bedeutung in der Kindermedizin.
c) Präsentiere die Ergebnisse deiner Recherche in einem Vortrag.

5.5 Diagramme interpretieren

■ Im Demografiebericht der Bundesregierung wird festgestellt, dass sich Deutschland stärker als andere Länder in den nächsten Jahrzehnten auf einen Rückgang und eine starke Alterung der Bevölkerung einstellen muss.

Vergleiche diese Aussagen mit der abgebildeten Alterspyramide. ■

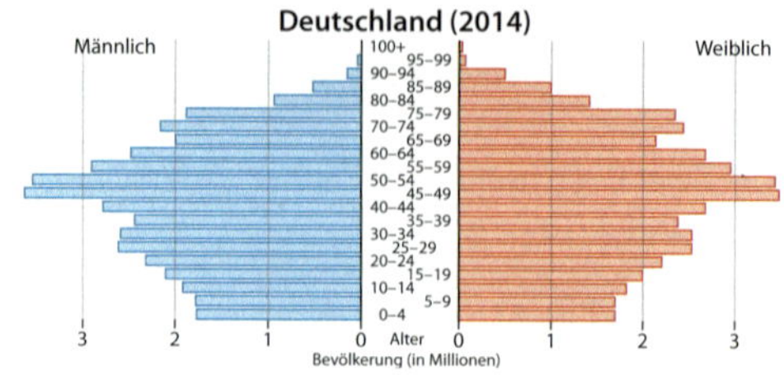

Aus Diagrammen von Häufigkeitsverteilungen lassen sich sich Lage- und Streumaße oft besser ablesen als aus der zugehörigen Liste (Tabelle).

Hinweis:
In Abhängigkeit vom Sachverhalt und von der Darstellungsart können Frage 3 und 4 nicht immer eindeutig beantwortet werden.

Wissen: Informationen aus Diagrammen entnehmen
Beantworte beim Interpretieren von Diagrammen folgende Fragen:
- Welcher Sachzusammenhang wird dargestellt?
- Welche Darstellungsart liegt vor und welche Daten werden verwendet?
- Welche sinnvollen Lage- und Streumaße können entnommen werden?
- Welche Zusammenhänge bzw. Trends sind erkennbar?

Achte beim Erstellen von Diagrammen beispielsweise darauf, dass:
- alle Daten berücksichtigt und die Achseneinteilungen richtig gewählt,
- die Achsen nicht unterbrochen,
- die Größenverhältnisse beachtet werden.

Beispiel 1: Hier ist die Entwicklung der Ausgaben eines Ministeriums beginnend mit dem Jahr 2008 (8,63 Mrd. Euro) dargestellt.
a) Beschreibe, welche Informationen sich aus der Darstellung entnehmen lassen.
b) Entscheide, ob die Art der Darstellung dem Sachverhalt angemessen ist.

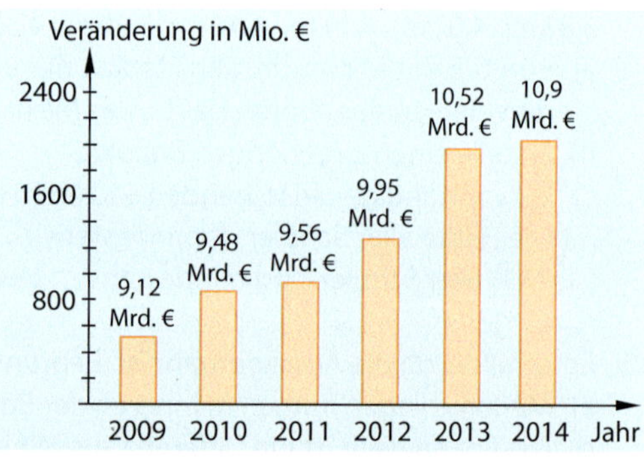

Lösung:

Beantworte folgende Fragen:
- Welcher Sachzusammenhang wird dargestellt?
- Welche Darstellungsart liegt vor, welche Daten werden verwendet?
- Welche sinnvollen Lage- und Streumaße können entnommen werden?
- Welche Zusammenhänge bzw. Trends sind erkennbar?

Im Säulendiagramm wird für jedes Jahr von 2009 bis 2014 dargestellt, um wie viel Mio. Euro die Ausgaben höher waren als im Jahr 2008.
Jede Säule ist zusätzlich mit den absoluten Ausgaben pro Jahr beschriftet. Damit lässt sich beispielsweise die durchschnittliche jährliche Erhöhung der Ausgaben für den betrachteten Zeitraum berechnen (ca. 378 Mio. €) und so ein Trend der Ausgabenerhöhungen angeben.

Prüfe, ob die Darstellung den Sachverhalt angemessen wiedergibt.

Der Bezug auf 2008 erscheint etwas willkürlich. Die Säulenhöhen erwecken den Eindruck eines zu großen Zuwachses. Ein Säulendiagramm mit den absoluten Ausgaben wäre informativer.

Basisaufgaben

1. a) Beschreibe, welche Informationen sich aus den Darstellungen entnehmen lassen.
   b) Entscheide, ob die Art der Darstellung jeweils dem Sachverhalt angemessen ist.

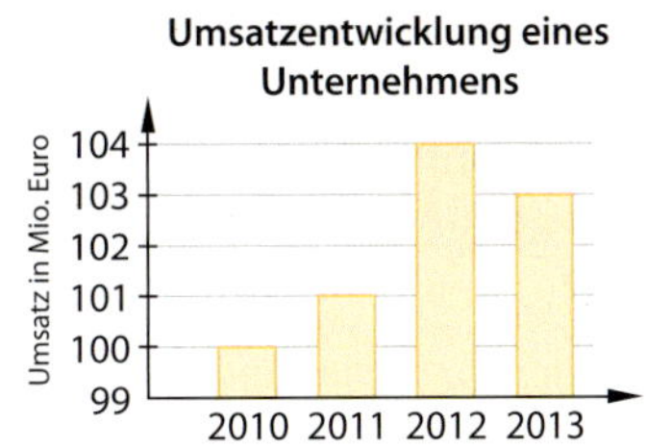

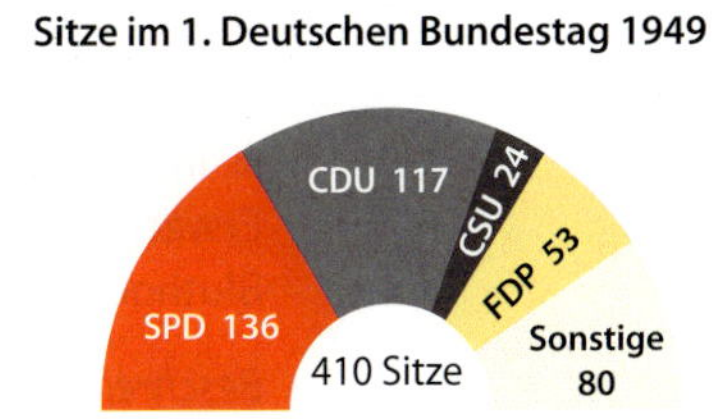

Weiterführende Aufgaben

2. a) Entnimm jedem Diagramm möglichst viele Informationen.
   b) Interpretiere die Darstellung und prüfe, ob sie den Sachverhalt angemessen wiedergibt.

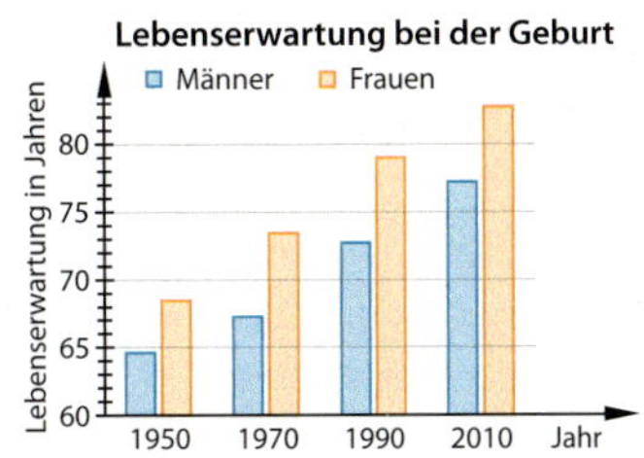

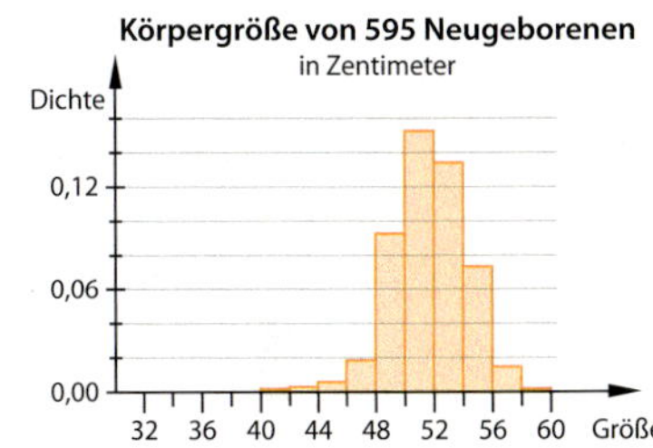

3. Ein Telefonanbieter will mit den Umsatzzahlen der letzen 10 Jahre (in Mio. €) werben:

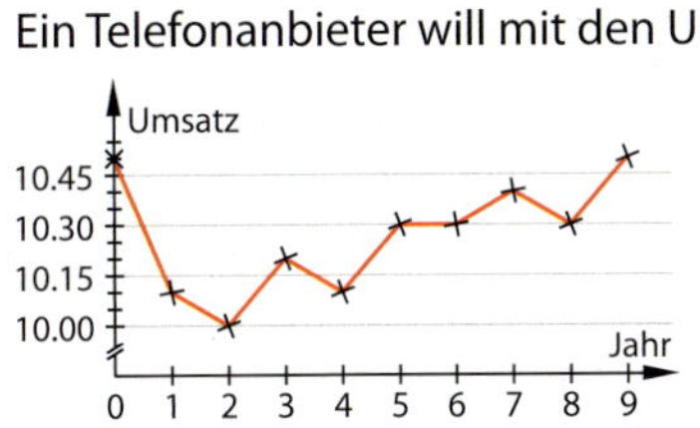

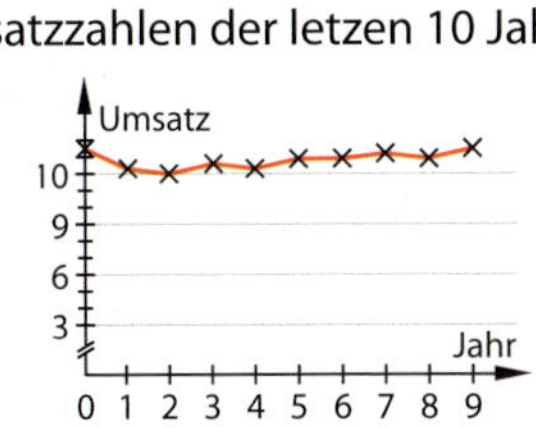

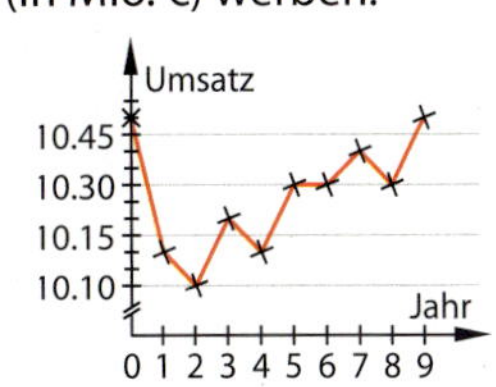

Umsätze:
10,5 Mio. €, 10,1 Mio. €,
10,0 Mio. €, 10,2 Mio. €,
10,1 Mio. €, 10,3 Mio. €;
10,3 Mio. €, 10,4 Mio. €,
10,3 Mio. €; 10,5 Mio. €

a) Entscheide, welche Darstellung die Firma verwenden sollte und begründe dies.
b) Stelle die Daten in einer für die Firma noch günstigeren Form dar.

4. **Stolperstelle:** Hier sind Umsätze und Kosten einer Firma in vier aufeinanderfolgenden Jahren veranschaulicht. Lars meint, dass die Kosten im Verhältnis zum Umsatz im 4. Jahr am höchsten waren.
Ina ergänzt, dass es im 2. Jahr die größte prozentuale Steigerung des Umsatzes gegenüber dem Vorjahr gab.
Bewerte beide Aussagen.

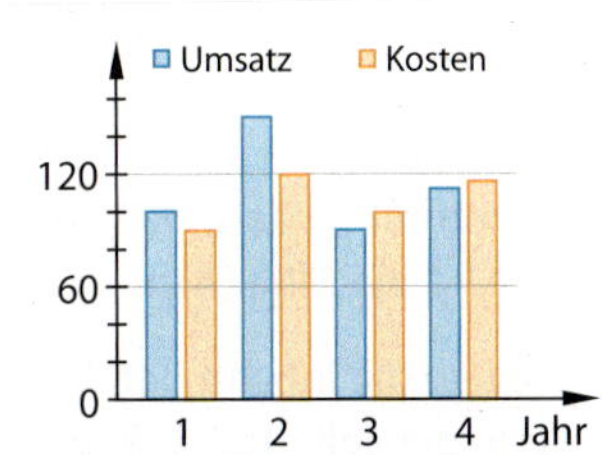

5. Beschreibe, welche Informationen du aus den Alterspyramiden auf der Briefmarke entnehmen kannst und begründe, warum die Rentenversicherung Interesse an solchen Daten hat.

6. **Ausblick** Interpretiere das nebenstehende Klimadiagramm für den Brocken.

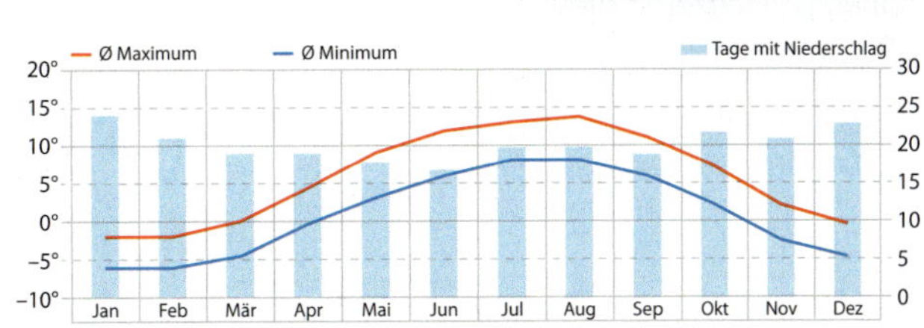

5.6 Simulation von Häufigkeitsverteilungen

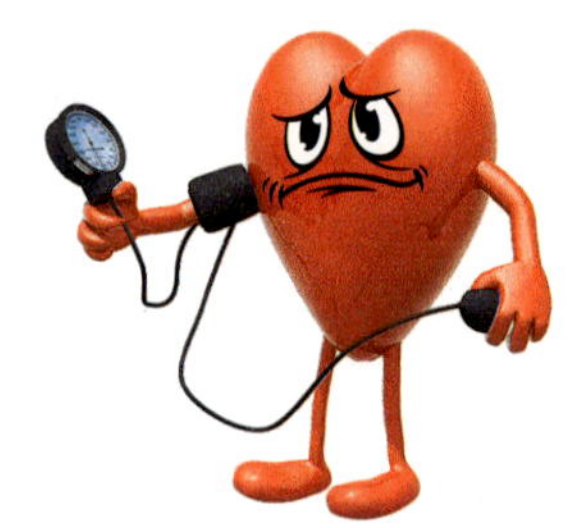

■ In einer Fachzeitschrift wurde festgestellt, dass jeder dritte Erwachsene zwischen 18 und 79 Jahren in Deutschland Bluthochdruck hat.

Beschreibe, wie man durch eine Simulation mit Würfeln die Chance abschätzen kann, unter zehn Personen dieser Altersgruppe mehr als vier zu finden, die an Bluthochdruck leiden. ■

Durch Simulationen können reale Vorgänge modelliert werden. Werden dazu Hilfsmittel, wie beispielsweise Tabellenkalkulationen verwendet, lassen sich Häufigkeitsverteilungen schnell erzeugen. Beim Formulieren der Ergebnisse sollten die Grenzen des verwendeten Modells immer berücksichtigt werden.

Beispiel 1: Ein Torwart hat in der Vergangenheit von 35 Elfmetern 13 gehalten und 22 nicht gehalten. Ermittle mit einer Tabellenkalkulationen durch Simulation, wie groß seine Chance ist, bei einem Elfmeterschießen von 5 Schüssen mindestens drei zu halten.

Lösung:

Modellannahme:

Beschreibe, welche Eigenschaft des realen Vorgangs für die Modellierung verwendet werden soll. Beschreibe, welche von der Realität abweichenden Annahmen gemacht werden.

Man kann beispielsweise annehmen, dass de Torwart einen Elfmeter mit der Wahrscheinlichkeit von 37 % hält. (Tagesform oder Qualität der Schützen und des Torwarts werden dabei vernachlässigt.)

Simuliere den Vorgang mit einer Tabellenkalkulation:

Erzeuge dazu fünf Zufallszahlen zwischen 0 und 1 und ordne jeder Zufallszahl zwischen 0 und 0,37 die Zahl 1 zu (Halten des Elfmeters), sonst die Zahl 0.
Zellen A1 bis E1:=WENN(ZUFALLSZAHL()≤0,37;1;0)

Zähle, wie oft in jeder Fünferserie die Zahl 1 vorkommt (Anzahl gehaltener Elfmeter).
Zelle F1:=SUMME(A1:E1)

Kopiere die Inhalte der Zellen A1 bis F1 bis in die Zeile 1000. (Simulation von 1000 Fünferserien)
Ermittle die Häufigkeitsverteilung:
Zellen G1 bis G6: 0, 1, 2, 3, 4, 5
Bilde Klassen.
Zelle H1:=HÄUFIGKEIT(F1:F1000;G1:G6)
Markiere die Zellen H1 bis H6, drücke <F2> und danach gleichzeitig die Tasten <Shift> <Strg> und <Return>.

Erinnere dich:
Markiere die zu kopierenden Zellen und ziehe dann am kleinen Quadrat rechts unten die Markierung über alle Zellen, in die kopiert werden soll.

	A	B	C	D	E	F	G	H
1	0	0	1	0	0	1	0	91
2	0	1	0	0	0	1	1	269
3	0	1	0	0	1	2	2	368
4	0	1	0	1	1	3	3	211
5	1	0	0	0	0	1	4	53
6	1	0	1	1	1	4	5	9
7	1	1	0	1	0	3		
...	...	...	...	...	...	...	...	...

Beantworte die Frage zum realen Sachverhalt mit den Ergebnissen der Simulation.

Die Chance für mindestens drei gehaltene Elfmeter beträgt:

$$\frac{211 + 53 + 9}{1000} = 0{,}273$$

Hinweis:
Durch Drücken der Taste <F9> wird die Simulation wiederholt.

Basisaufgaben

1. Es wird angenommen, dass ein Biathlet bei jedem Schuss immer mit einer Wahrscheinlichkeit von 0,75 die Scheibe trifft. In jedem Durchlauf wird eine Serie von fünf Schüssen abgegeben. Ermittle durch Simulation mit einer Tabellenkalkulation eine Häufigkeitsverteilung der Trefferanzahlen.

2. Die Tabelle zeigt den Anfang einer Simulation für eine Häufigkeitsverteilung der Augensumme beim Werfen von drei Spielwürfeln. Erläutere, welche Befehle in die Zellen eingegeben werden müssen. Vervollständige die Simulation und erzeuge eine tabellarische und eine grafische Darstellung der Häufigkeitsverteilung.

	A	B	C	D	E	F
1	Würfel 1	Würfel 2	Würfel 3	Summe	Augensumme	Anzahl
2	6	6	5	17	3	

Weiterführende Aufgaben

3. Eier werden häufig in Sechserpackungen verkauft. Aus Erfahrung wird angenommen, dass jedes Ei in einer solchen Sechserpackung mit derselben Wahrscheinlichkeit von 0,1 beschädigt ist. Beschreibe eine Simulation, die eine Häufigkeitsverteilung der Anzahl beschädigter Eier in einer Sechserpackung modelliert.

4. **Stolperstelle:** Eine Handballmannschaft gewinnt durchschnittlich 70 % ihrer Spiele. Aus der Häufigkeitsverteilung einer Simulation zur Anzahl gewonnener Spiele entnimmt der Trainer Werte und meint, dass die Chance, mehr als sieben von zehn Spielen zu gewinnen, $\frac{82}{500} \approx 16\,\%$ beträgt.
   a) Erläutere, welchen Fehler der Trainer gemacht hat.
   b) Beschreibe, wie eine solche Simulation realisiert werden kann.

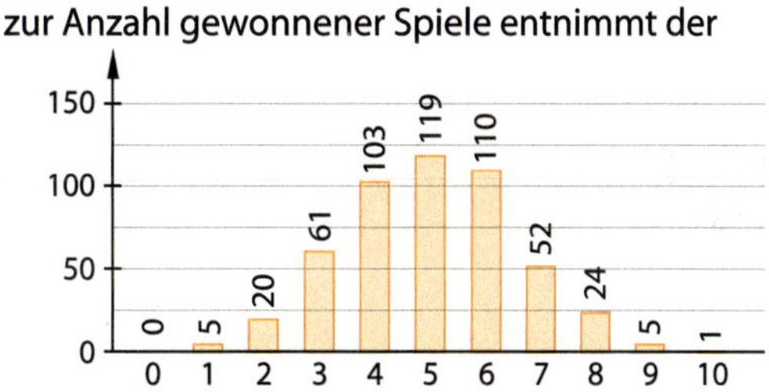

5. Test A besteht aus vier Fragen, Test B aus acht Fragen. Auf jede Frage in beiden Tests ist stets entweder JA oder NEIN zu antworten. Beide Tests sind bestanden, wenn mindestens 50 % der Fragen richtig beantwortet sind. Entscheide anhand geeigneter Simulationen, bei welchem der beiden Tests ein Prüfling größere Chancen hat zu bestehen, wenn er nur rät.

● 6. **Ausblick** Jan und Jana spielen ein Spiel, bei dem es kein Unentschieden gibt. In jeder Runde erhält der Sieger einen Punkt. Die Gewinnchancen für beide sind gleich. Sieger des Spiels soll sein, wer zuerst 5 Punkte hat. Dem Gesamtsieger winken 8 € Belohnung. Beim Stand von 3:2 für Jan muss das Spiel abgebrochen werden.
Jan: „Die 8 € stehen mir zu, denn ich bin dem Sieg am nächsten."
Jana: „Nein, mir stehen 40 % zu, denn ich habe 2 von 5 Spielen gewonnen."
Wie würdest du entscheiden? Begründe deine Aussage.

5.7 Anwendungsaufgaben lösen

■ Im nebenstehenden Diagramm ist die Entwicklung eines Aktienfonds vom Januar bis Dezember dargestellt.

Entscheide, wann du Aktien gekauft hättest, wenn diese Entwicklung absehbar gewesen wäre. Begründe deine Entscheidung. ■

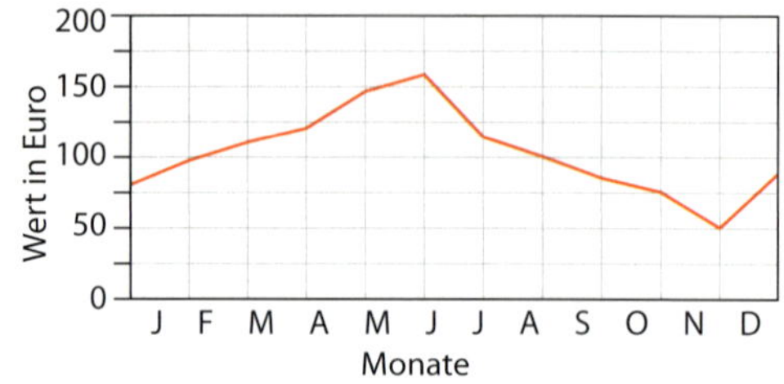

Diagramme sind wichtige Hilfsmittel zum Darstellen und Interpretieren von Datenreihen. Mit ihrer Hilfe können beispielsweise Entwicklungstendenzen und wichtige Kenngrößen dargestellt werden.

Beispiel 1: Die Tabelle gibt die Anzahl der Erwerbstätigen (in Tausend) nach dem monatlichen Nettoeinkommen (in Euro) vor einigen Jahren für Sachsen-Anhalt wieder. Veranschauliche die Daten in einem geeigneten Diagramm. Beschreibe die Informationen, die du diesen Daten entnehmen kannst.

Nettoeinkommen	männlich	weiblich
150 bis unter 700	33,6	68,7
700 bis unter 1300	162,3	195,3
1300 bis unter 2000	189,1	135
2000 bis unter 2900	89,9	44,8
2900 und mehr	41,7	19,2

Lösung:

Erstelle in einer Tabellenkalkulation ein aussagefähiges Diagramm für den Vergleich verschiedener Merkmalsausprägungen (wie „männlich“ und „weiblich“) in verschiedenen Rubriken (hier Einkommensklassen).

Wähle beispielsweise ein gruppiertes Balkendiagramm:

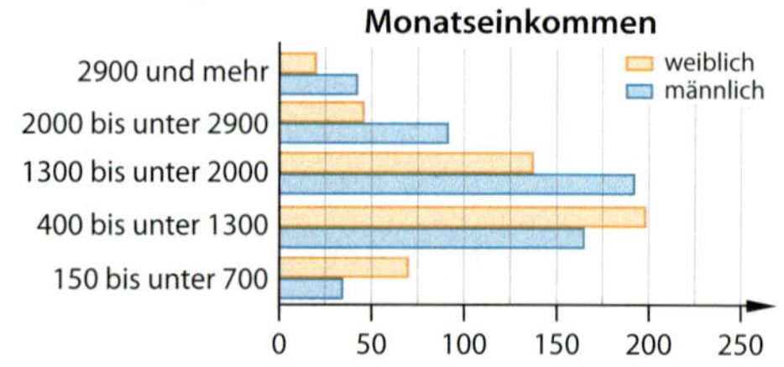

Vergleiche die Werte in den einzelnen Rubriken bezüglich der verschiedenen Einkommensklassen.

Die Mehrheit liegt in den Einkommensklassen 700 € bis 1300 € und 1300 € bis 2000 €. Frauen kommen in den oberen Einkommensklassen weniger häufig vor. Sie stellen aber in den unteren Einkommensklassen die Mehrheit dar.

Basisaufgaben

1. Messt eure Pulsschläge pro Minute in Ruhephase und unmittelbar nach Belastung durch zwölf Kniebeugen. Notiert alle in der Klasse gemessenen Werte getrennt nach Geschlecht und getrennt nach Ruhe- und Belastungszustand.
   a) Stellt die Messwerte in geeigneter Form grafisch dar und wertet sie anhand von Lage- und Streumaßen aus.
   b) Informiert euch im Internet über Werte für den Pulsschlag gesunder Menschen und vergleicht diese mit euren Messergebnissen.

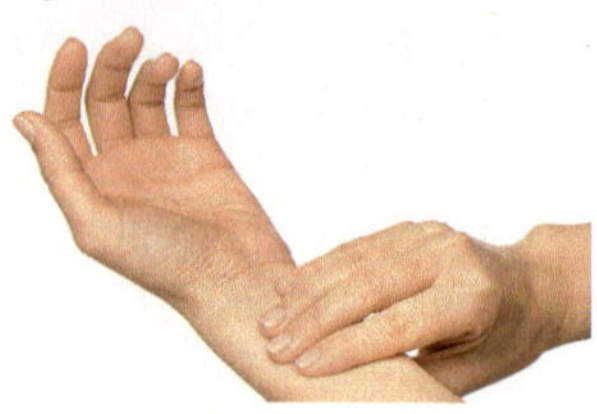

2. Erfasst für alle Jungen und alle Mädchen eurer Klasse die Körpergrößen und die Oberarmlängen.
   a) Stellt die Daten in geeigneten Diagrammen und mit sinnvollen Lage- und Streumaßen dar und vergleicht die Ergebnisse.
   b) Vergleicht die Ergebnisse in eurer Klasse mit den Angaben in der Tabelle.

Alter	Geschlecht	Körpergröße	Oberarmlänge
14	Jungen	170,3 cm	35,8 cm
	Mädchen	163,7 cm	34,4 cm
15	Jungen	175,1 cm	36,9 cm
	Mädchen	165,0 cm	34,5 cm

Weiterführende Aufgaben

3. Erhebt in der Klasse unter Beachtung der Anonymität folgende Daten.
   - Schreibt für jeden Tag der kommenden Woche (in der Reihenfolge von Montag bis Sonntag) die Uhrzeit auf, zu der ihr aufgestanden seid.
   - Notiert, wie lange ihr in der kommenden Woche täglich (in der Reihenfolge von Montag bis Sonntag) „computert".

   a) Ergänzt die Erhebung um weitere Punkte, die euch interessieren.
   b) Wählt geeignete Darstellungsformen sowie Lage- und Streumaße zur Auswertung aus. Begründet jeweils eure Auswahl.

4. Für neun Jungen der Klasse 9 b wurden folgende Daten erhoben:

	1	2	3	4	5	6	7	8	9
Körpergröße in m	1,78	1,82	1,66	1,69	1,70	1,77	1,73	1,80	1,64
Körpergewicht in kg	79,1	82,9	68,7	71,1	75,4	73,4	76,2	77,1	67,3

   a) Ermittle die Lage- und Streumaße und erstelle aussagekräftige Diagramme.
   b) Untersuche, ob zwischen Größe und Masse ein Zusammenhang existiert.

5. **Stolperstelle:** Milan ermittelt täglich eine Temperatur über einen Zeitraum von sieben Tagen und will damit die Durchschnittstemperatur für diesen Zeitraum ermitteln.

Tag	1	2	3	4	5	6	7
Uhrzeit	07:00	09:30	12:00	10:00	17:00	15:00	19:00
Temperatur	12 °C	13 °C	17 °C	14 °C	14 °C	15 °C	8 °C

Mauro meint, dass dies mit den Daten in der Tabelle nicht möglich ist.
Beurteile Milans Vorgehen und Mauros Meinung.

6. In der Tabelle ist, teilweise prognostiziert, die Entwicklung der an Demenz erkrankten Menschen über 65 Jahren in Deutschland dargestellt. Stelle die Daten grafisch dar und untersuche, ob sich ein Trend ablesen lässt.

Jahr	2000	2010	2020	2030	2040	2050
Kranke (in 1000)	935	1165	1415	1690	1920	2290

7. **Ausblick** Anton erhält 10 € Taschengeld. Er möchte mehr bekommen und nennt seinen Eltern, wie viel Euro andere bekommen: Anna 9 €, Chris 8 €, Dan 7 €, Erik 6 €, Frieda 32 €
Er denkt, jetzt werden seine Eltern zustimmen.
   a) Mache einen Vorschlag, wie Anton die Höhe des Taschengeldes der anderen in seiner Argumentation verwenden sollte.
   b) Wie wird wohl sein Vater argumentieren, um eine Taschengelderhöhung zu vermeiden?
   c) Wie viel Euro müsste Anton mindestens bekommen, damit sein Taschengeld genau dem arithmetischen Mittel entspricht, wenn sich bei den anderen nichts ändert?

Hilfsmittel beim Auswerten von Datenreihen nutzen

■ In einer Zeitschrift stand, dass in allen Ländern der Erde gesunde Mütter unabhängig von ihrer Herkunft und Größe annähernd gleich große Säuglinge zur Welt bringen, die etwa 3,3 Kilogramm schwer und 49,4 Zentimeter lang sind. Um solch eine Aussage treffen zu können, müssen sehr viele Daten untersucht werden.

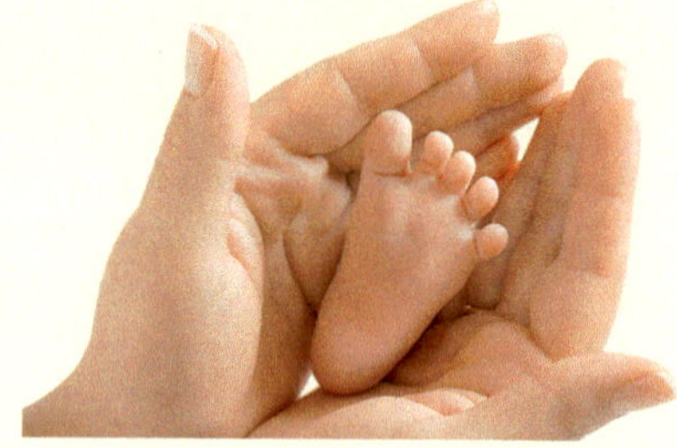

Was meinst du, welche Hilfsmittel dazu dienen können? ■

Große Datenmengen können beispielsweise mit einer Tabellenkalkulation bearbeitet werden, die als Software auf Computern oder speziellen Taschenrechnern zu finden ist. Dazu werden die Daten in Listen, die auch aus Zeilen oder Spalten eines Tabellenblattes bestehen können, erfasst und gespeichert. Beim Auswerten der Daten wird auf die Listen selbst, die Namen der Listen oder auf Zellbereiche zurückgegriffen.

Kenngrößen von Datenreihen ermitteln

Beispiel 1: Ermittle mit einer Tabellenkalkulation das arithmetische Mittel und die Standardabweichung der folgenden Körperlängen von neun Säuglingen:
52 cm; 53 cm; 51 cm; 53 cm; 53 cm; 49 cm; 51 cm; 47 cm; 49 cm

Lösung:

Verwende die Befehle zum Berechnen des arithmetischen Mittels und der Standardabweichung deiner Tabellenkalkulation.

Nutzung eines Taschenrechners oder Computers

Arithmetisches Mittel:
mean(Liste [, Häufigkeitsliste])

Standardabweichung:
stDevPop(Liste [, Häufigkeitsliste])

Schreibe den jeweiligen Befehl unter Einbeziehung der gegebenen Daten auf.

mean({52,53,51,53,53,49,51,47,49})	50.8889
größe:={52,53,51,53,53,49,51,47,49}	{52,53,51,53,53,49,51,47,49}
mean(*größe*)	50.8889
stDevPop(*größe*)	2.02454

Das arithmetische Mittel beträgt etwa 50,9 cm.
Die Standardabweichung beträgt etwa 2,0 cm.

Ein Tabellenbereich kann durch die Angabe der Adressen der ersten und letzten Zelle beschrieben werden.

	A	B	C
=			
1	52	=mean(*a1*:*a9*)	
2	53		
3	51		

Hinweis:
Damit Daten als Liste erkannt werden, müssen sie, beispielsweise in der Anwendung Calculator beim TI-Nspire, in geschweifte Klammern gesetzt werden.

Aufgaben

1. In einer Bäckerei wurde an den vergangenen 12 Werktagen täglich eine unterschiedliche Anzahl von Brötchen verkauft: 321, 380, 256, 340, 337, 520, 392, 805, 410, 328, 367, 321. Ermittle mit einer Tabellenkalkulation das arithmetische Mittel, den Median, den Modalwert, das Minimum, das Maximum und die Standardabweichung dieser Datenreihe.

2. Ermittle mit einer Tabellenkalkulation das arithmetische Mittel, den Median, den Modalwert, das Minimum, das Maximum und die Standardabweichung des angegebenen Zensurenspiegels.

Zensur	1	2	3	4	5	6
Anzahl	3	7	9	6	2	0

Häufigkeitsverteilungen grafisch darstellen

Beispiel 2: Veranschauliche den Zensurenspiegel aus Aufgabe 2 in einem Säulendiagramm und einem Boxplot.

Lösung:

Trage die Daten in deine Tabellenkalkulation ein. — *Nutzung eines Taschenrechners oder Computers*

Erstelle über die Menübefehle das Säulendiagramm. — Säulendiagramm: Menü – Daten – Ergebnisdiagramm

Erstelle über die entsprechenden Menübefehle den Boxplot. — Boxplot: Menü – Plot-Typ

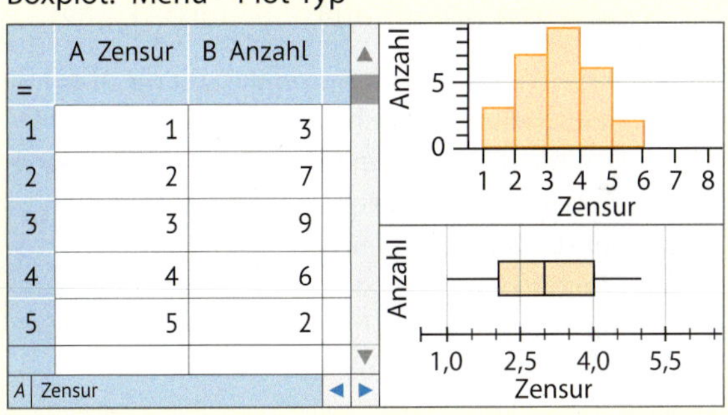

Aufgaben

3. In der Tabelle sind Schulweg-Zeiten (in min) angegeben. Erstelle mit deiner Tabellenkalkulation ein Säulendiagramm und einen Boxplot.

Zeitdauer	4	10	12	18	25	30	35	60
Anzahl	5	13	8	19	15	8	10	2

4. a) Erstelle mit einer Tabellenkalkulation einen Boxplot für Aufgabe 1.
b) Erstelle mit einer Tabellenkalkulation ein aussagekräftiges Kreisdiagramm für Aufgabe 2.

5. Erzeuge mit einer Tabellenkalkulation 100 Zufallszahlen zwischen 0 und 1, stelle die Ergebnisse als Histogramm mit der gegebenen Klassenbreite dar und erläutere dein Vorgehen.
a) Klassenbreite: 0,1 b) Klassenbreite: 0,2 c) Klassenbreite: 1
Hinweis: Beachte den Maßstab der senkrechten Achse.

5.8 Vermischte Aufgaben

1. Die nebenstehende Grafik zeigt die Entwicklung der Geburtenzahlen in Deutschland von 1946 bis 2008.
Erläutere, was du an der grafischen Darstellung als gelungen ansiehst und was du selbst anders gemacht hättest.
Begründe deine Antworten.

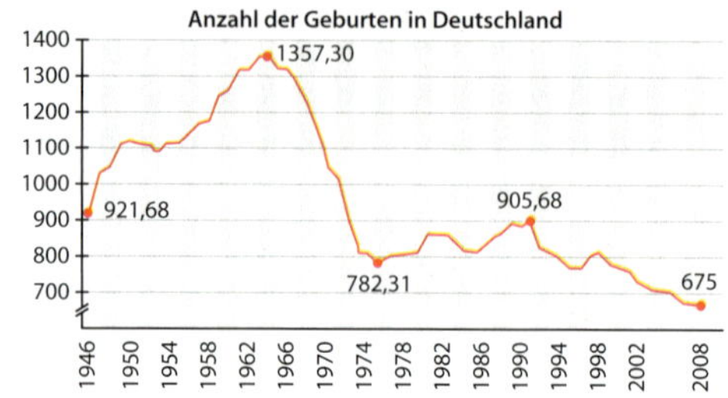

2. a) Interpretiere die nebenstehenden Alterspyramiden.
b) Suche im Internet zwei weitere Alterspyramiden und interpretiere sie.
c) Bereite auf Grundlage deiner Ergebnisse aus den Aufgaben a) und b) einen Kurzvortrag vor.

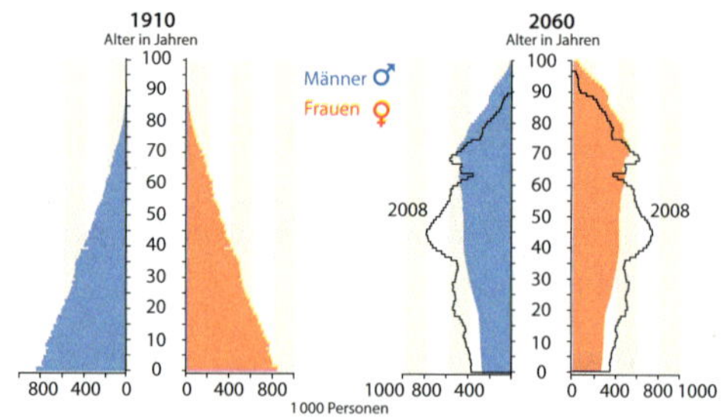

3. Aus der laufenden Produktion von Schokoladentafeln mit einem Sollmaß von 100 g wurden 200 Stück entnommen. Die Tabelle enthält die ermittelten relativen Häufigkeiten.

Masse in Gramm	97	98	99	100	101	102	103
Relative Häufigkeit	0,01	0,03	0,21	0,48	0,19	0,07	0,01

a) Stelle die Häufigkeitsverteilung für die absoluten Häufigkeiten grafisch dar.
b) Ermittle das arithmetische Mittel, die Standardabweichung, den Median und den Modalwert der Häufigkeitsverteilung.
c) Ermittle den Anteil der Schokoladentafeln aus der Stichprobe, die höchstens eine Standardabweichung vom Sollwert entfernt sind.

4. Bei einer Vergleichsarbeit der 9 a konnten maximal 36 Punkte erreicht werden. Es wurden folgende Punktzahlen in einer Urliste erfasst: 35; 33; 5; 19; 15; 27; 1; 12; 36; 7; 29; 35; 8; 13; 0; 34; 3; 6; 20; 31; 36; 10; 10; 8; 25
a) Stelle die Ergebnisse in einem Histogramm mit einer Klassenbreite von 6 Punkten (12 Punkten) grafisch dar.
b) Ermittle das arithmetische Mittel, die Standardabweichung, den Median und den Modalwert der Ergebnisse.

5. 13 Jungen und 15 Mädchen einer neunten Klasse haben auf die Frage geantwortet, wie viele Kurznachrichten sie pro Tag verschicken.
a) Gib sowohl für die Jungen als auch für die Mädchen die Kenngrößen an.
b) Interpretiere beide Boxplots im Zusammenhang und bewerte die Extremwerte für beide Gruppen.

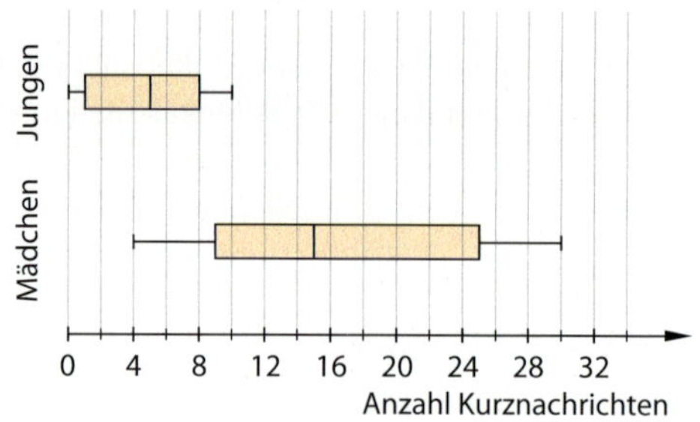

TK **6.** a) Begründe, warum die Aussagen (1), (2) und (3) wahr sind:

(1) Der Vierteleinheitskreis hat den Flächeninhalt $\frac{\pi}{4}$.

(2) Alle Punkte P(x|y) auf dem Viertelkreisbogen erfüllen die Gleichung $y = \sqrt{1 - x^2}$.

(3) Mit dem folgenden Verfahren kann ein Näherungswert für die Zahl π erzeugt werden: Erzeuge mit deiner Tabellenkalkulation je 500 Zufallszahlen x und y, die zwischen 0 und 1 liegen. Zähle alle diejenigen der 500 Wertepaare (x|y), für die $x^2 + y^2 \leq 1$ gilt. Dividiere die Anzahl dieser Wertepaare durch die Anzahl aller erzeugten Wertepaare (x|y) und multipliziere das Ergebnis mit 4.

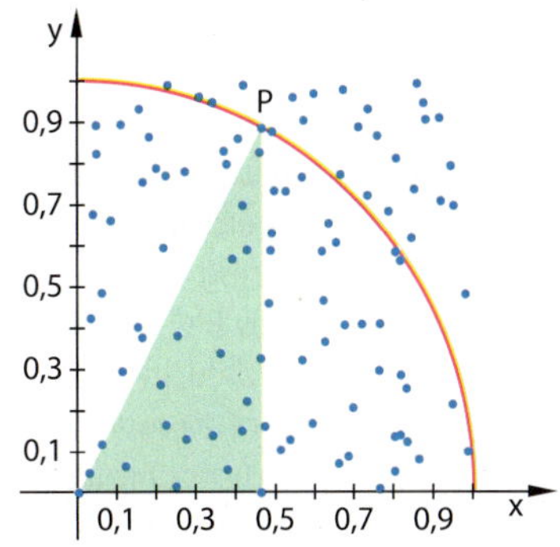

b) Realisiere das beschriebene Verfahren mit deiner Tabellenkalkulation und ermittle so mindestens zehn Näherungswerte für die Zahl π.

TK **7.** Simuliere mit einer Tabellenkalkulation das 500-malige gleichzeitige Werfen von zehn Würfeln und ermittle dann für jeden Wurf die Summe der geworfenen Augenzahlen.

a) Stelle die Häufigkeitsverteilung der Summen der gewürfelten Augenzahlen in einem Histogramm und in einem Boxplot grafisch dar.

b) Ermittle den Durchschnitt und die Standardabweichung der Augensummen.

c) Ermittle den Anteil der Versuche, in denen die Augensumme mehr als drei Standardabweichungen vom arithmetischen Mittel abweicht, bezogen auf die Gesamtanzahl aller Versuche.

● **8.** 200 Personen wurden gefragt, was sie *handschriftlich* erledigen. Die Antwort wurde angekreuzt, Mehrfachnennungen waren erlaubt.

a) Berechne, wie viele Kreuze es insgesamt und bei jeder Antwort gab. Berechne jeweils den Anteil.

b) Im Kreisdiagramm nimmt der Kreissektor für „Merkzettel schreiben" ungefähr nur ein Drittel der Kreisfläche ein, obwohl angegeben wird, dass 86 % der Teilnehmer diese Antwort ankreuzten. Erläutere, warum das kein Widerspruch ist.

c) Beschreibe, wie man ein solches Kreisdiagramm erstellen kann, auch wenn die Summe der Prozentangaben größer als 100 % ist.

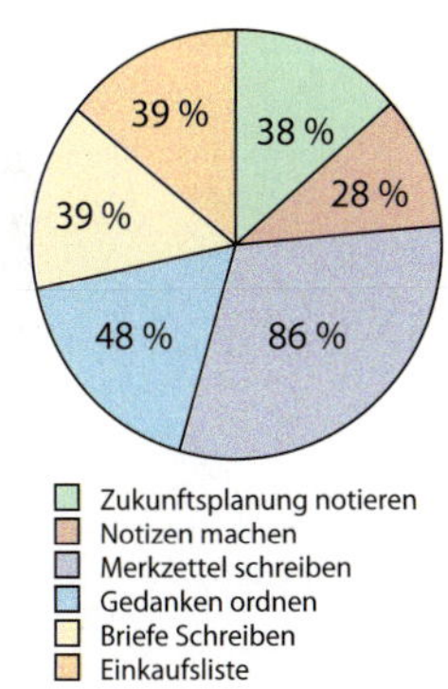

● **9.** In einem Jahr gab es 9454 Verkehrstote im Alter von 0 bis 79 Jahren. Die folgende Tabelle enthält die relativen Häufigkeiten für verschiedene Altersgruppen.

Alter (Jahre)	0 bis 5	6 bis 14	15 bis 22	23 bis 64	65 bis 79
Relative Häufigkeit	0,01	0,04	0,24	0,56	0,15

a) Rike hat die Anteile in einem Kreisdiagramm dargestellt. Lars ist aber der Meinung, dass diese Darstellung einen falschen Eindruck vermittelt. Erläutere, wodurch dieser Eindruck hervorgerufen wird.

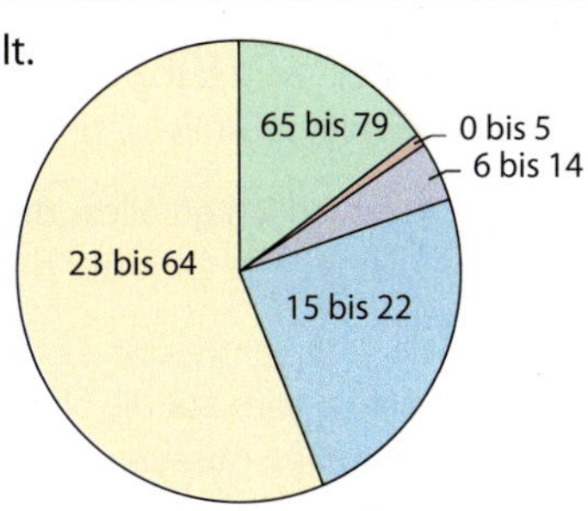

b) Lars schlägt deshalb vor, ein Streifendiagramm zu verwenden, aus dem ersichtlich wird, dass Jugendliche gefährdeter sind als 23 bis 64-jährige Verkehrsteilnehmer. Entwirf ein Diagramm, das diesem Sachverhalt gerecht wird.

Abgedreht!

Auf der Rückseite dieses Buches findest du ein Glücksrad, dessen äußerer Ring vier Bereiche mit den Zahlen 1 bis 4 enthält. Du benötigst einen Bleistift und ein wenig Übung, um es zu benutzen. Drehe im Feld einen Bleistift um seinen Mittelpunkt. Es zählt die Zahl, in deren Feld die Spitze liegt, wenn er sich nicht mehr bewegt. Lässt sich nichts ablesen, muss nochmals gedreht werden.

Ermittle sowohl rechnerisch als auch experimentell die Wahrscheinlichkeit, die Zahl 4 zu treffen.

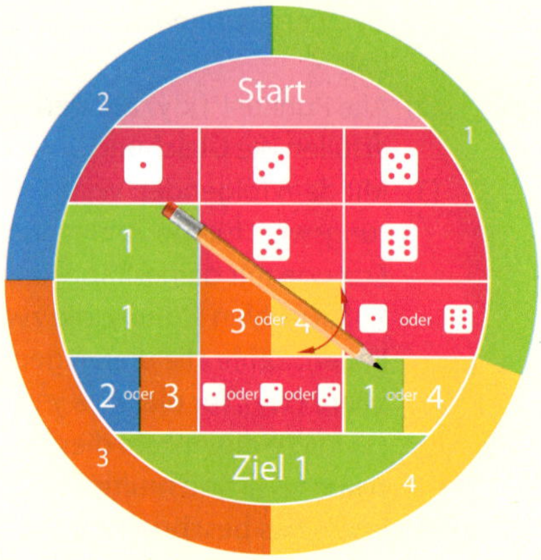

Innerhalb des Ringes befinden sich Spielfelder mit Zahlen und Würfelsymbolen, auf die Münzen oder Spielsteine gesetzt werden sollen.

Wissen: Spielanleitung

Es werden ein Bleistift, ein Würfel, für jeden Spieler eine Münze oder ein Spielstein und zwei Spielfelder benötigt. Jede Spielgruppe kann aus bis zu vier Spielern bestehen.
Zu Beginn stehen alle Spielsteine auf dem Startfeld.

Der erste Spieler setzt seinen Stein auf die Startlinie und gibt damit seinen Tipp ab. Für die erste Spielzeile kann er die Augenzahlen 1, 3 oder 5 tippen. Dann darf er einmal würfeln. Würfelt er die getippte Augenzahl, darf er seine Spielfigur auf das getippte Feld setzen. Hat er falsch getippt, gibt der nächste Spieler seinen Tipp ab und würfelt.

In der zweiten Runde kann auf alle drei Felder der zweiten Zeile getippt werden, auf die Zahl 1 oder die Augenzahlen 5 oder 6. Die Augenzahlen 5 und 6 können erwürfelt, die Zahl 1 kann nur erdreht werden. Legt dazu den Bleistift auf das zweite Spielfeld und dreht ihn um seinen Mittelpunkt. Jeder Spieler entscheidet selbst, ob er würfeln oder drehen will.

Es wird Zeile für Zeile nach unten gesetzt. Bei Feldern mit mehreren Würfeln oder Zahlen setzt man automatisch auf alle dort stehenden Zahlen oder Augenzahlen. Gewonnen hat, wer zuerst im Ziel ist.

Beispiel 1: Spielsteine setzen

Tippe zu Beginn die Augenzahl 3 und würfele. Ziehe weiter, wenn die 3 tatsächlich gefallen ist. Tippe dann auf die Augenzahl 6 und würfele.

Lösung:

Der Spielstein wird auf die Linie zwischen Start und dem Würfelergebnis 3 gesetzt.

Ist die 3 tatsächlich gefallen, darf der Spielstein in die nächste Zeile auf die 3 gesetzt werden.

Der Spielstein wird auf die Linie vor das Würfelergebnis 6 gesetzt.

Beispiel 2: Chancen beurteilen
Betrachte das nebenstehende Bild und schlage vor, auf welches Feld der Spielstein gesetzt werden sollte, damit man mit hoher Wahrscheinlichkeit weiterkommt.

Lösung:

Sowohl die Felder 2 und 3 (links) als auch die Felder 1 und 4 (rechts) auf dem Glücksrad bilden jeweils zusammen einen Halbkreis.	P (2 oder 3) = 0,5 P (1 oder 4) = 0,5
Beim Würfeln können 3 von 6 Möglichkeiten auftreten.	P(1 oder 2 oder 3) = 0,5
Es gibt bei keinem der Felder einen Spielvorteil.	Die Wahrscheinlichkeiten sind alle gleich.

Aufgaben

1. Spiele das Spiel aus Beispiel 1 (Seite ???) weiter bis zum Ziel.

2. Ermittle die Wahrscheinlichkeit der Ereignisse in der nächsten Zeile und erläutere, auf welches Spielfeld du als nächstes setzen würdest. Begründe deine Aussage.

a)

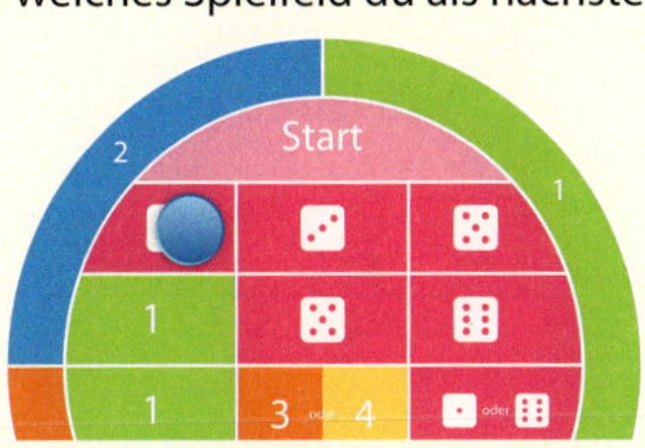

b)

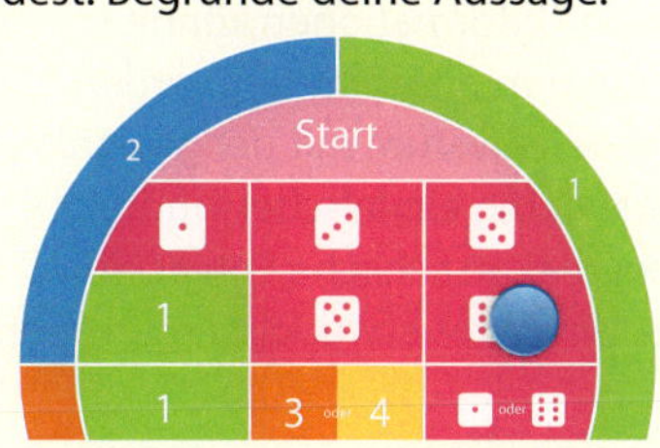

3. **Spielvariante Turnier**
Geht jetzt beim Spielen zur Turniervariante über, bei der alle Gruppen gegeneinander spielen. Die Spieler einer Gruppe bilden jeweils ein Team. Ziel ist es, einen möglichst guten Weg vom Start zum Ziel zu finden. In jeder Runde darf genau einmal gewürfelt oder einmal gedreht werden. Gewonnen hat die Gruppe, die zuerst das Ziel erreicht.

4. a) Entwickelt ein eigenes Spielfeld mit anderen möglichen Ereignissen.
b) Tauscht eure selbst entwickelten Spielfelder untereinander aus und spielt damit gegeneinander in einem Turnier.

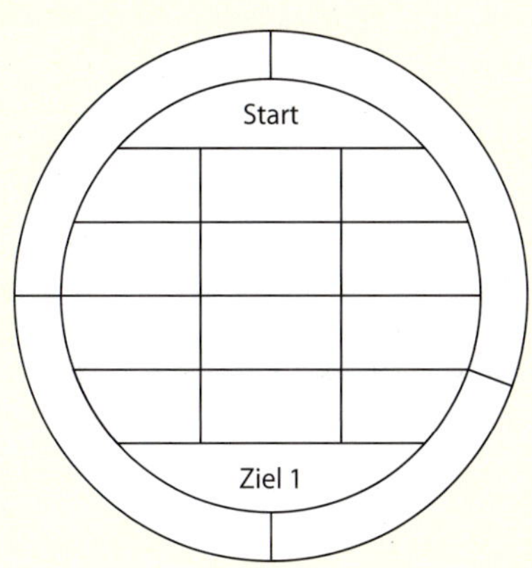

5. **Forschungsauftrag:** Erfindet euer eigenes „Abgedreht-Spiel“ mit anderen Zufallsgeräten.

Prüfe dein neues Fundament

Lösungen
↗ S. 202

1. Die folgenden Angaben weisen für einen Tag die „TOP 20" der Zugverspätungen für ICE und IC aus:
128 min, 123 min, 120 min, 86 min, 86 min, 80 min, 66 min, 63 min, 62 min, 60 min, 56 min, 50 min, 44 min, 43 min, 40 min, 40 min, 40 min, 40 min, 39 min, 39 min

a) Berechne das arithmetische Mittel, den Median, den Modalwert und die Standardabweichung der „TOP 20".

b) Zeichne einen Boxplot der „TOP 20".

2. Die Tabelle enthält den Ruhepuls von Mädchen.

Pulsschläge in 15 s	15	16	17	18	19	20	21	22	23	24	25
Anzahl	2	6	8	12	18	24	21	15	8	5	1

a) Stelle die Daten in einem Histogramm mit der Klassenbreite 2 dar.

b) Ermittle das arithmetische Mittel und die Standardabweichung der Datenreihe.

3. Beschreibe und interpretiere die dargestellte Häufigkeitsverteilung.

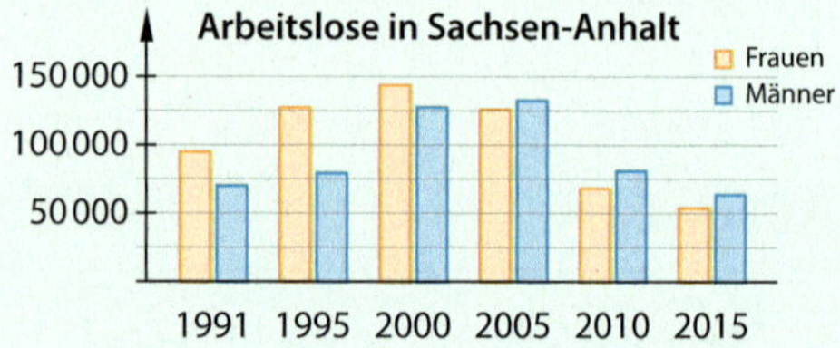

4. Im abgebildeten Diagramm ist der Umsatz einer Firma für vier aufeinanderfolgende Jahre dargestellt.

a) Welche Informationen können dem Diagramm entnommen werden?

b) Erläutere, warum mit der gewählten Darstellung ein falscher Eindruck über die tatsächliche Entwicklung des Umsatzes erweckt werden kann.

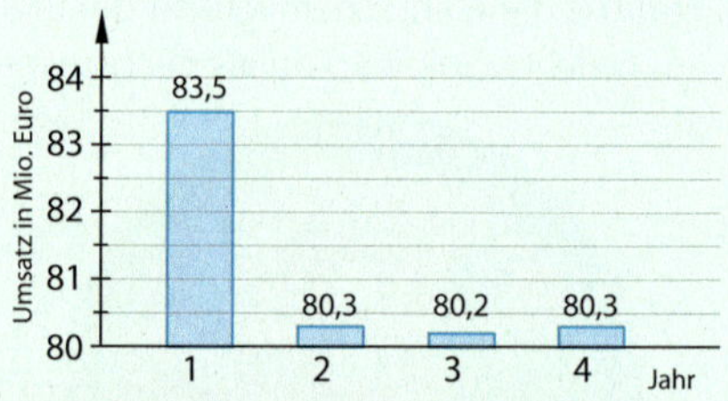

5. Erstelle eine Liste mit 15 Werten, für die folgende beide Bedingungen gelten:
(1) Das Minimum ist 5, das Maximum ist 20, der Median ist 20 und das arithmetische Mittel 13.
(2) Der zugehörige Boxplot hat Antennen der Länge 0.

6. Miriam und Lena füllen während ihres Betriebspraktikums Tee ab. Sie sollen immer 50 g Tee in eine Tüte füllen. Als sie fertig sind, prüft ein Mitarbeiter bei beiden jeweils neun Tüten nach.
Hier sind die Füllmengen (in Gramm) angegeben:
Miriam: 50, 48, 54, 47, 53, 47, 54, 50, 48
Lena: 50, 49, 49, 51, 52, 50, 48, 49, 51

a) Erstelle für beide Mädchen den zugehörigen Boxplot.

b) Beurteile, ob die folgenden Aussagen wahr sind.
(1) Bei beiden Mädchen entspricht der Median der geforderten Menge.
(2) Miriam hat insgesamt zu wenig Tee abgefüllt.
(3) Lena hat genauer abgefüllt, da ihre Box schmaler ist als die von Miriam.

7. Simuliere 500-mal den fünffachen Wurf eines Dodekaederwürfels („Spielwürfel" mit 12 Seitenflächen) mithilfe einer Tabellenkalkulation. Ermittle dann für jede Fünferserie die Augensumme.
   a) Erstelle für die Häufigkeitsverteilung der Augensummen ein Histogramm mit der Klassenbreite 5.
   b) Stelle die Häufigkeitsverteilung auch in einem Kreisdiagramm dar.
   c) Berechne das arithmetische Mittel und die Standardabweichung der Augensummen.

8. Ein Hersteller von Kartoffelchips kann die Einstellungen einer Verpackungsmaschine für Chipstüten mit einem Inhalt von 200 g so verändern, wie es in den rechts abgebildeten Boxplots dargestellt ist.
   a) Gib für jeden Boxplot das Minimum, das Maximum, den Median (alle Daten), den Median (untere Hälfte) und den Median (obere Hälfte) an.
   b) Beurteile, welche Einstellung günstiger für den Hersteller und welche für den Käufer ist.

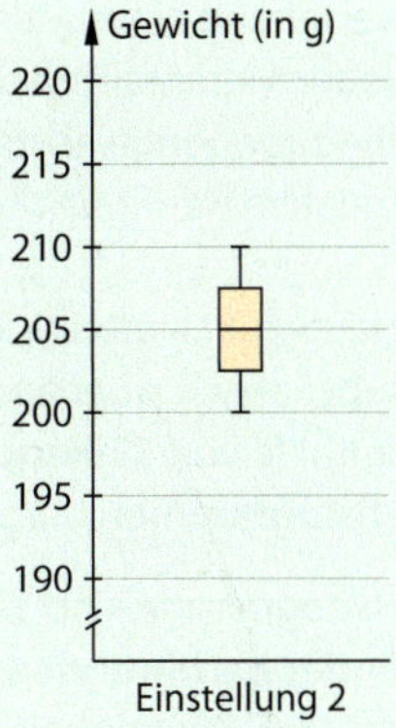

Wiederholungsaufgaben

1. Schreibe Begriffe auf, die für die Beschreibung der Eigenschaften von Funktionen wichtig sind, und erkläre sie.

2. Ersetze die Ziffer z in der Zahl 274z0.
   a) 274z0 soll durch 3 teilbar sein.
   b) 274z0 soll durch 25 teilbar sein.

3. Zwei Spielwürfel werden gleichzeitig geworfen. Berechne die Wahrscheinlichkeit dafür, dass die Summe der Augenzahlen 10 beträgt.

4. g und h sind parallel zueinander. Ermittle zeichnerisch die gesuchte Streckenlänge x.

a)

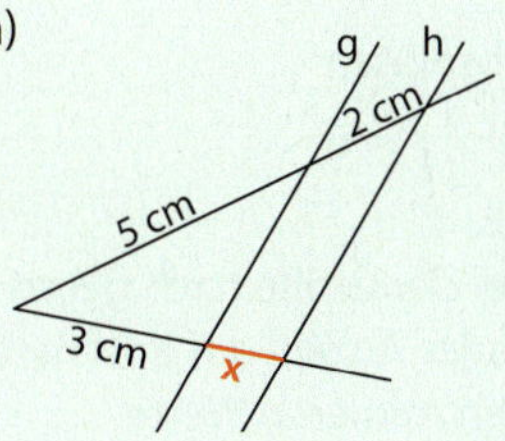

b)

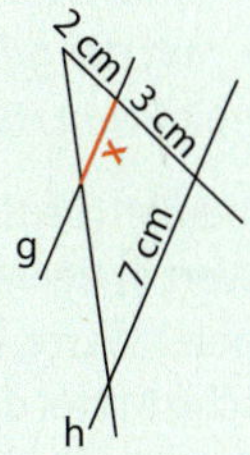

5. Prüfe anhand folgender Tabelle, ob die zugehörige Zuordnung proportional oder indirekt proportional sein kann. Gib die Zuordnungsvorschrift an.

x	1	2	4	6
y	120	60	30	20

Zusammenfassung

Grundgesamtheit, Stichprobe, Häufigkeitsverteilung

Eine **Grundgesamtheit** ist die Menge aller möglichen Objekte, über die eine Aussage getroffen wird.

Eine **Stichprobe** ist eine Teilmenge der Grundgesamtheit.

Als **Häufigkeitsverteilung** wird die Verteilung eines Merkmals bezeichnet. Jeder Merkmalsausprägung x_k wird die zugehörige absolute Häufigkeit $H(x_k)$ (relative Häufigkeit $h(x_k)$) zugeordnet.

Punkte im Test der neunten Klassen einer Schule.

Ergebnisse der Klasse 9 a bei diesem Test.

Punkte	29	28	24	23	20	19
$H(x_k)$	3	5	7	4	3	2

punkte:={29,28,24,23,20,19}
{29,28,24,23,20,19}

anzahl:={3,5,7,4,3,2}
{3,5,7,4,3,2}

Häufigkeitsverteilungen darstellen

Häufigkeitsverteilungen können tabellarisch, aber auch grafisch beispielsweise mithilfe von **Säulendiagrammen** oder **Histogrammen** dargestellt werden.

Histogramme sind Säulendiagramme, mit **einander berührenden Säulen** gleicher Breite, deren Flächeninhalt jeweils ein Maß für die **relative Häufigkeit** der Merkmalsausprägung ist.

Daten in Klassen einteilen

Daten ein und derselben Liste können in **Klassen** mit einer vorgegebenen **Klassenbreite** eingeteilt werden.
Die Einteilung der Daten in Klassen erfolgt lückenlos und überschneidungsfrei.

Säulendiagramm:

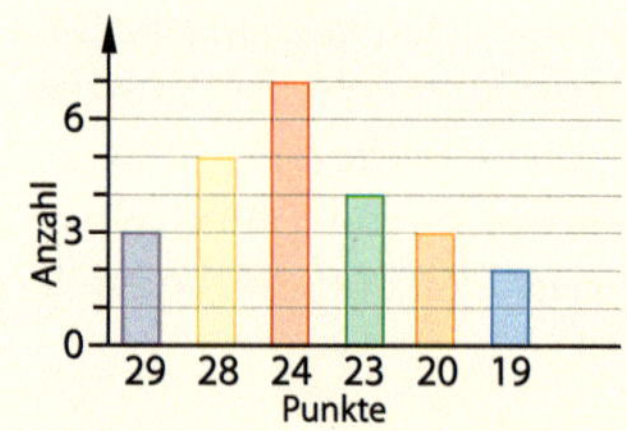

Histogramm (Klassenbreite 5):

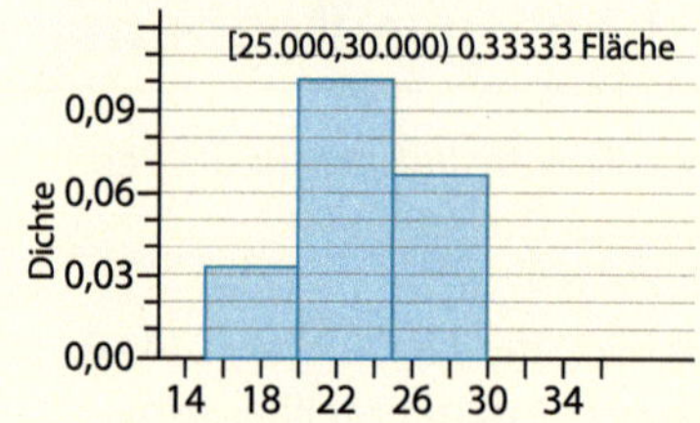

Lagemaße und Streumaße

Arithmetisches Mittel:

$$\overline{x} = \frac{x_1 \cdot H(x_1) + x_2 \cdot H(x_2) + \ldots + x_n \cdot H(x_n)}{H(x_1) + H(x_2) + \ldots + H(x_n)}$$

Modalwert:
x_k mit der größten absoluten (relativen) Häufigkeit

Median (Zentralwert):
Wert in der Mitte aller der Größe nach geordneter Werte, bei gerader Anzahl das arithmetische Mittel der beiden mittleren Werte.

Spannweite: $w = x_{Max} - x_{Min}$

Varianz:

$$V = \frac{(x_1 - \overline{x})^2 \cdot H(x_1) + (x_2 - \overline{x})^2 \cdot H(x_2) + \ldots + (x_n - \overline{x})^2 \cdot H(x_n)}{H(x_1) + H(x_2) + \ldots + H(x_n)}$$

Standardabweichung: $s = \sqrt{V}$

Ermitteln der Lage- und Streumaße mit einem Taschenrechner oder Computer:

mean(*punkte,anzahl*)	24.375
median:(punkte,anzahl)	24.
©Modalwert: 24	
©Varianz:	
varPop (*punkte,anzahl*)	10.5677
©Standardabweichung	
stDevPop(*punkte,anzahl*)	3.2508

Boxplot

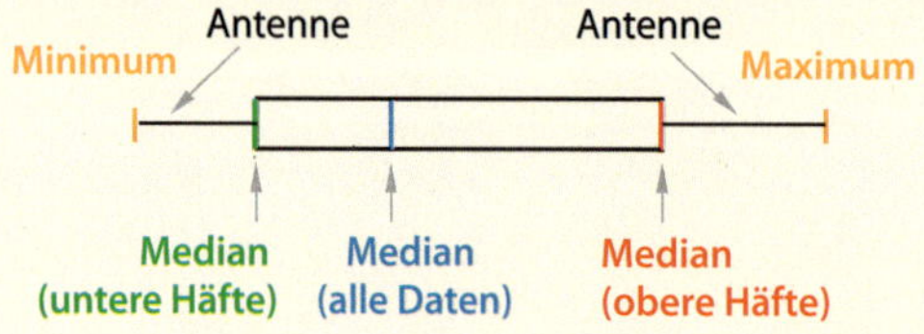

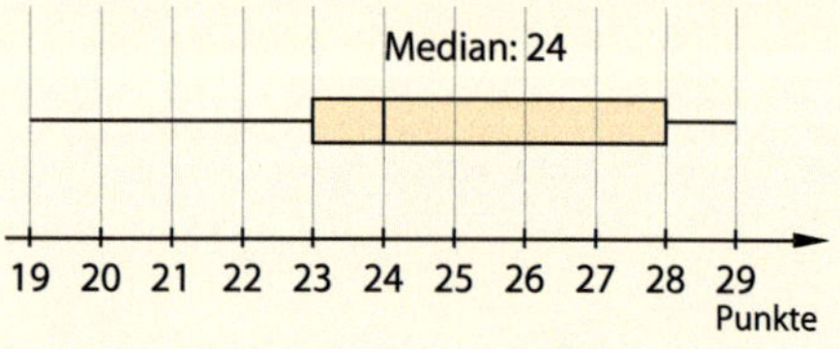

6. Aufgabenpraktikum (Teil 2)

Beim Lösen praxisrelevanter Aufgaben im Mathematikunterricht werden mathematische Modelle verwendet, um „ein Abbild der Realität“ zu schaffen.
In diesem Aufgabenpraktikum können bei vielen Aufgaben quadratische Funktionen und quadratische Gleichungen sowie Häufigkeitsverteilungen als mathematische Modelle genutzt werden.

Mathematisch modellieren

Ein wichtiger Schritt beim Lösen praxisrelevanter Aufgaben ist das mathematische Modellieren.
Dazu können beispielsweise Funktionsgleichungen, Funktionsgraphen und Wertetabellen dienen. Oft sind dabei vereinfachende Annahmen notwendig.
Mathematisches Modellieren erfordert hauptsächlich zwei „Übersetzungsprozesse", das „Mathematisieren" und das „Interpretieren".

Sachproblem → **Mathematisieren** → mathematisches Modell → **Interpretieren** → **Lösung des Sachproblems**

Aufgabe:
Für ein rechteckförmiges Tiergehege stehen 80 m Maschendrahtzaun zur Verfügung. Es soll an eine 125 m lange Mauer grenzen und einen möglichst großen Flächeninhalt haben. Ermittle die Seitenlängen für ein solches Tiergehege.

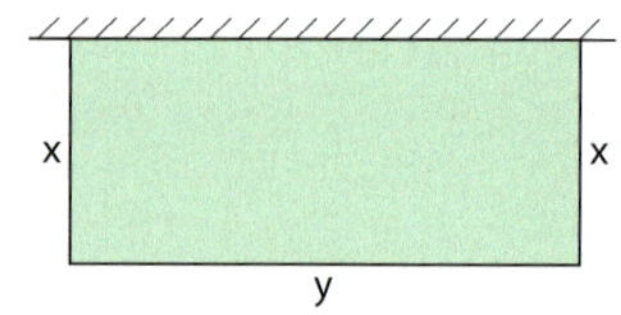

Die folgenden Orientierungen können beim mathematischen Modellieren helfen.

Mathematisieren

- Stelle fest, welche Größen gesucht und welche gegeben sind.
- Ermittle ein Modell (eine Annahme) für eine mathematische Lösung.
- Stelle Zusammenhänge mithilfe von Gleichungen (Formeln) dar.
  Fasse mehrere Gleichungen zu einer Gleichung zusammen. Gib auch die Variablengrundbereiche an.

Ges.: x, y bei (maximalem Flächeninhalt A)
Geg.: z = 80 (Zaunlänge in m)
Das Tiergehege wird als Rechteck angenommen.

$A = x \cdot y$ und $z = 2x + y$
$\rightarrow \quad y = z - 2x = 80 - 2x$
$\rightarrow \quad A = x \cdot (80 - 2x)$

$A = f(x) = -2x^2 + 80x$ mit $x \in \mathbb{R};\ 0 < x < 40$

Aufgabe in einem mathematischen Modell lösen

- Analysiere, welche Aufgabe innerhalb des mathematischen Modells zu lösen ist.
- Untersuche, welche weiteren Größen wie zu berechnen sind. Überlege, welche Begriffe oder Gesetzmäßigkeiten genutzt werden können.
- Löse die innermathematische Aufgabe.

Es ist die Seitenlänge x zu ermitteln, für die der Flächeninhalt $A = f(x)$ am größten ist.
Der Graph von f ist eine nach unten geöffnete Parabel.
An der Stelle x des Scheitelpunktes ist f(x) am größten.
$A = f(x) = -2 \cdot (x - 20)^2 + 800 \rightarrow S(20|800)$

Interpretieren

Beispiel:
Für $x = 25$ (in m) und $y = 30$ (in m) gilt: $A = 750$ (in m^2)

- Deute die innermathematische Lösung bezogen auf das Sachproblem.
- Ermittle und überprüfe die Lösung des Sachproblems.
- Reflektiere auch darüber, welche Annahmen es gab und welche Vereinfachungen vorgenommen wurden.

20 m und 40 m (Seitenlängen);
800 m^2 (Flächeninhalt)
Der Zaun ist 80 m lang. Bei anderen Seitenlängen ist der Flächeninhalt immer kleiner als 800 m^2. Es wurde angenommen, dass das Gelände eben ist, das Gehege die Form eines Rechtecks hat, und beim Zaun keine Überlappungen und kein Abfall auftreten.

Grundlegendes

Die Aufgaben erfordern zum Lösen grundlegende Kenntnisse und Fähigkeiten.

Aufgabenmix zu „Quadratische Gleichungen"

1. Ermittle alle Lösungen der Gleichung ohne Lösungsformel.

a) $x^2 - 81 = 0$ b) $a^2 - 0{,}04 = 0$ c) $\frac{1}{2}b^2 = 18$ d) $3x \cdot (x - 9) = 0$

e) $\frac{1}{3}x^2 + 0{,}5x = 0$ f) $c^2 = 2c \cdot (c - 3)$ g) $(d + 3)^2 = 0$ h) $(e + 3)^2 = 4$

2. Forme den Term in die Form $(a \pm b)^2 + c$ um.

a) $x^2 + 4x + 5$ b) $y^2 - 2y + 3$ c) $z^2 - 2z - 1$ d) $a^2 + 6a$ e) $b^2 - b + 1$

3. Überführe die quadratische Gleichung $x^2 + px + q = 0$ durch äquivalente Umformungen in die quadratische Gleichung $\left(x + \frac{p}{2}\right)^2 = \frac{p^2}{4} - q$.

4. Ermittle die Lösungen der quadratischen Gleichung.

a) $x^2 + 8x - 33 = 0$ b) $x^2 - 8x - 20 = 0$ c) $x^2 - 4x + 5 = 0$ d) $x^2 - 16x = -64$

e) $y^2 = -\frac{1}{4}y + \frac{3}{8}$ f) $a^2 - 2{,}4a - 13 = 0$ g) $3b^2 - 5 - 2b = 0$ h) $4z^2 + 3 = -z$

5. Für welche Werte der Parameter q bzw. p hat die Gleichung keine Lösung (genau eine Lösung, zwei Lösungen)?

a) $x^2 + 4x + q = 0$ b) $2x^2 - 6x = q$ c) $x^2 + p \cdot x + 2{,}25 = 0$

6. Berechne die gesuchten Zahlen.

a) Das Produkt der zwei gesuchten Zahlen ist –238, ihre Summe beträgt 3.

b) Die Summe der Quadrate zweier aufeinanderfolgender natürlicher Zahlen ist 481.

Aufgabenmix zu „Quadratische Funktionen"

1. Gegeben sind folgende quadratischen Funktionen f:

(1) $y = f(x) = x^2 - 2;\ (-3 \le x \le 3)$ (2) $y = f(x) = -x^2 + 2;\ (-3 \le x \le 3)$

(3) $y = f(x) = \frac{1}{3}x^2;\ (-3 \le x \le 3)$ (4) $y = f(x) = (x + 2)^2 + 3;\ (-4 \le x \le 1)$

(5) $y = f(x) = x^2 - 1{,}5x;\ (-1 \le x \le 4)$ (6) $y = f(x) = x^2 - 4x + 0{,}5;\ (-1 \le x \le 5)$

a) Gib die Koordinaten des Scheitelpunktes an.

b) Stelle f im gegebenen Intervall grafisch dar.

c) Gib den Wertebereich und das Monotonieverhalten von f an.

d) Ermittle die Schnittpunktkoordinaten des Graphen von f mit der y-Achse rechnerisch.

e) Ermittle die Nullstellen der Funktion f sowohl grafisch als auch rechnerisch.

2. Ermittle zu den Funktionen f, die verschobenen Normalparabeln mit folgenden Eigenschaften sind, jeweils eine zugehörige Gleichung in Scheitelpunkt- und in Normalform:

a) Der Graph von f hat den Scheitelpunkt $S(-4|3)$.

b) Es gilt: $f(-5) = -1$ und $S_y(0|4)$

c) Die Nullstellen sind –2 und 3.

d) Graph von f ist die Parabel in nebenstehender Abbildung.

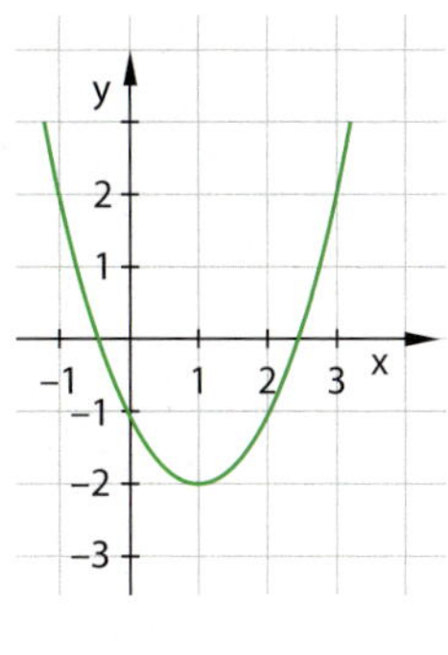

3. Ermittle die Koordinaten der Schnittpunkte der Graphen von f und g mit $y = f(x) = -x^2 + 5$ und $y = g(x) = x^2 + 6x + 5$ sowohl grafisch als auch rechnerisch.

4. Sven meint, dass das Volumen eines Kreiszylinders mit $V = \pi \cdot r^2 \cdot h$ als quadratische und als lineare Funktion aufgefasst werden kann. Erkläre, was Sven damit meinen könnte.

Aufgabenmix zu „Gleichungen höheren Grades“

1. Ermittle alle Lösungen der Gleichung.
   a) $x^3 = -1000$ b) $2x^4 - 32 = 0$ c) $x^3 - 5 = 0$ d) $\sqrt{x-3} = 2$ e) $x = \sqrt{3x}$

2. Erkläre am Beispiel der Gleichung $x^3 - 2x^2 - 3x = 0$ den Begriff Linearfaktorenzerlegung.

3. Löse die Gleichung.
   a) $3x(x^2 - 4) = 0$ b) $5(x-1)(x+2)(3x+1) = 0$ c) $(x^2 - 9)(x^2 - 5) = 0$
   d) $2x^3 - 4x^2 = 0$ e) $x^5 - x = 0$ f) $x^3 + x^2 - 6x = 0$
   g) $(x^3 - 1) \cdot 2^x = 0$ h) $5\sqrt{x+1} \cdot (4 - x^2) = 0$ i) $(x^3 - 2x^2 + x) \cdot \lg(2x-1) = 0$

4. Löse die Gleichung.
   a) $x^4 + 5x^2 - 50 = 0$ b) $z^2 + 21 = 10z^4$ c) $3t^4 + 90 = 33t^2$ d) $y^5 = 7y^3 - 12y$

5. Gib zur gegebenen Lösung eine Gleichung höheren Grades an, die diese Lösungen hat.
   a) $L = \{0;\ 1;\ 2\}$ b) $L = \{-5;\ 0;\ 5\}$ c) $L = \{-4;\ -3;\ 3;\ 4\}$

6. Die Gleichung $x^3 - x - 2 = 0$ kann man nicht durch Linearfaktorenzerlegung lösen.
   a) Begründe, dass diese Gleichung im Intervall $1 \le x \le 2$ eine Lösung hat.
   b) Ermittle eine Näherungslösung durch Intervallschachtelung (auf Hundertstel genau).

Aufgabenmix zu „Häufigkeitsverteilungen“

1. Bei einer statistischen Erhebung in 23 Firmen einer Region wurde die Anzahl der Beschäftigten erfragt. Es waren: 13; 110; 46; 28; 286; 97; 489; 312; 37; 278; 69; 178; 231; 169; 19; 73; 135; 212; 123; 32; 157; 43; 58
   a) Ermittle das arithmetische Mittel, den Median und die Spannweite.
   b) Stelle diese Daten in einem Boxplot dar und formuliere Aussagen über die Beschäftigtenzahlen in der Region.
   c) Nimm eine Klasseneinteilung in sieben Klassen vor und stelle diese Häufigkeitsverteilung in einem Histogramm dar.

2. In einer Firma wurde untersucht, wie viel Minuten die Bearbeitung eines bestimmten Bauteils dauert. Bei 20 Messungen ergaben sich folgende Angaben (in Minuten):
   5,3; 6,1; 5,9; 5,6; 6,2; 4,9; 5,7; 6,1; 5,7; 5,9; 5,7; 6,0; 5,3; 5,7; 5,9; 5,6; 5,7; 5,3; 5,7; 5,9
   a) Stelle die Daten der Urliste in einer Häufigkeitstabelle dar.
   b) Berechne sowohl das arithmetische Mittel als auch die Standardabweichung.

3. An einer Buchlesung nahmen 106 Personen teil.

Altersgruppe (Jahre)	16 bis 20	21 bis 30	31 bis 45	46 bis 65
Teilnehmerzahl	15	24	30	37

   a) Die Daten wurden in den beiden nebenstehenden Diagrammen dargestellt. Erkläre die unterschiedliche Darstellung.
   b) In einer Zeitung stand, dass sich die Jugend nicht für Bücher interessiert (Diagramm 1).
   In einer anderen Zeitung stand, dass ältere Menschen wenig an Literatur interessiert sind (Diagramm 2).
   Sind die Schlussfolgerungen in den Zeitungen gerechtfertigt? Begründe deine Aussage.

Diagramm 1:
Teilnehmerzahl nach Altersgruppen

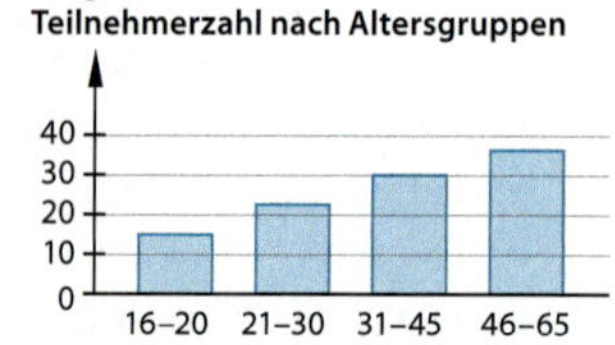

Diagramm 2:
Anzahl der Teilnehmer pro Lebensjahr

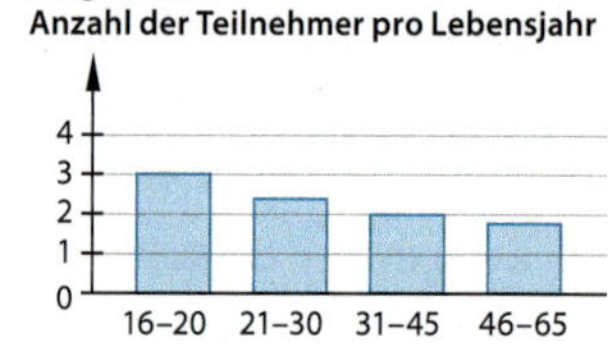

Hinweis:
Beachte, dass statistische Erhebungen bestimmten Anforderungen genügen müssen, um aus ihnen allgemeine Schlussfolgerungen ziehen zu können.

Aufgabenmix zu „Sachverhalte mithilfe von Gleichungen beschreiben“

1. Stelle zur Ermittlung der Zahlen eine Gleichung auf.
   a) Die Summe aus dem Kehrwert einer Zahl und ihrem Fünffachen beträgt – 2.
   b) Zerlege die Zahl 32 so in zwei Summanden, dass deren Produkt gleich 255 ist.
   c) Das Produkt aus dem Vorgänger und dem Nachfolger einer natürlichen Zahl ist 899.
   d) Die Differenz der 3. Potenzen zweier aufeinanderfolgender natürlicher Zahlen ist 469.
   e) Die Summe der Quadrate zweier aufeinanderfolgender gerader Zahlen ist 1060.

Hinweis:
Bei mehreren gesuchten Zahlen oder Größen kann es sinnvoll sein, zunächst mehrere Gleichungen aufzustellen und diese dann zu einer Gleichung zusammenzufassen.

2. Stelle zur Ermittlung der gesuchten Größen eine Gleichung auf und löse diese.
   a) Bei einem Rechteck ist eine Seite um 5 cm länger als die andere Seite. Der Flächeninhalt des Rechtecks beträgt $644\,cm^2$. Gesucht sind die Seitenlängen.
   b) Ein Rechteck hat einen Umfang von 64 m und einen Flächeninhalt $240\,m^2$. Gesucht sind die Seitenlängen.
   c) Ein Rechteck hat einen Umfang von 46 cm und seine Diagonale ist 17 cm lang. Gesucht sind die Seitenlängen.
   d) Ein rechtwinkliges Dreieck hat einen Umfang von 30 cm und einen Flächeninhalt von $30\,cm^2$. Die Hypotenuse ist 13 cm lang. Gesucht sind die Längen der Katheten.

3. Ein Kreis mit einem um 3 cm größeren Durchmesser als ein anderer Kreis hat einen doppelt so großen Flächeninhalt wie der andere Kreis. Zur Ermittlung der Durchmesser beider Kreise stellen Lena und Fabius Gleichungen auf, die offensichtlich verschieden sind.
   Lena: $d^2 - 6d - 9 = 0$ Fabius: $d^2 - 12d - 18 = 0$
   Dennoch geben beide die gesuchten Durchmesser richtig an. Erkläre das Zustandekommen beider Gleichungen.

Aufgabenmix zu „Mathematisch modellieren mit Funktionen“

1. Gib für den Oberflächeninhalt eines geraden Kreiszylinders mit einer Höhe von 10 cm eine Funktionsgleichung $A_O = f(r)$ und den zugehörigen Definitionsbereich an.

2. Der Bremsweg s eines Autos wurde bei unterschiedlichen Geschwindigkeiten v gemessen.

v in $\frac{m}{s}$ $\left(\frac{km}{h}\right)$	5,6 (20)	83 (30)	13,9 (50)	22,2 (80)	44,4 (160)
s in m	12	27,9	74,6	198,4	747,5

   a) Untersuche, ob zwischen s und v ein direkt proportionaler Zusammenhang besteht.
   b) Untersuche, ob direkte Proportionalität zwischen s und v^2 bestehen kann.
   c) Gib für den Zusammenhang eine Funktionsgleichung $s = f(v)$ an.

Hinweis zu 2:
Da die Messwerte Näherungswerte sind, sind die Verhältnisse bei Vorliegen einer direkten Proportionalität auch nur angenähert konstant.

3. Bei Brücken treten oft parabelförmige Teile auf.

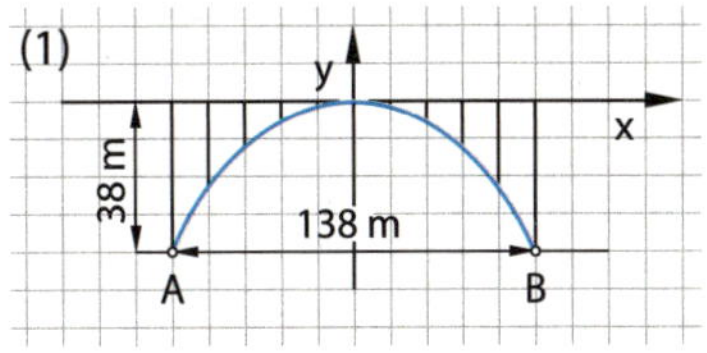

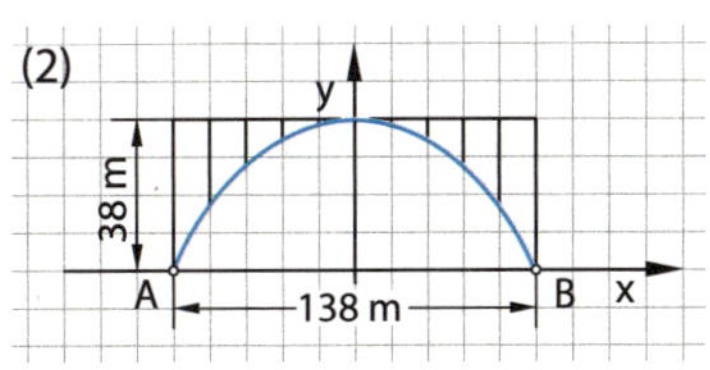

   a) Gib die Koordinaten der Punkte A und B in Abbildung (1) und in Abbildung (2) an.
   b) Stelle für jeden der Parabelbögen in Abbildung (1) und (2) eine Funktionsgleichung auf.

Gleichungen – Funktionen – Verteilungen

Arbeitet beim Lösen selbstständig. Vergleicht dann eure Ergebnisse und Argumentationen.

„Aufgabenturm"

Löse möglichst viele Aufgaben. Du kannst in jeder Höhe beginnen. Die Aufgaben werden vom 3-Meter-Brett bis zum 10-Meter-Brett anspruchsvoller.

Hinweis:
Zur grafischen Lösung kannst du auch eine dynamische Geometriesoftware verwenden.

1. Gegeben sind Funktionen $y = f(x) = x^2 - 4x + 6{,}5$ und $y = h(x) = \frac{1}{2}x + 1$. Die Graphen werden jeweils durch parallele Geraden zur y-Achse in zwei Punkten A und B geschnitten. Es entstehen Strecken $\overline{AB}$ unterschiedlicher Länge.
a) Ermittle die Länge einer solchen Strecke $\overline{AB}$ grafisch.
b) Gib eine Gleichung für die Länge einer solchen Strecke an.
c) Unter allen Geraden AB gibt es eine, bei der $\overline{AB}$ am kürzesten ist. Ermittle dafür die Stelle x mithilfe der Gleichung aus b).

10-m-Brett

1. a) Skizziere die abgebildete Parabel so, dass Punkt A im Koordinatenursprung liegt.
b) Gib dann die Koordinaten des Scheitelpunktes an.
c) Stelle für die Parabel in dieser Lage eine Funktionsgleichung auf.

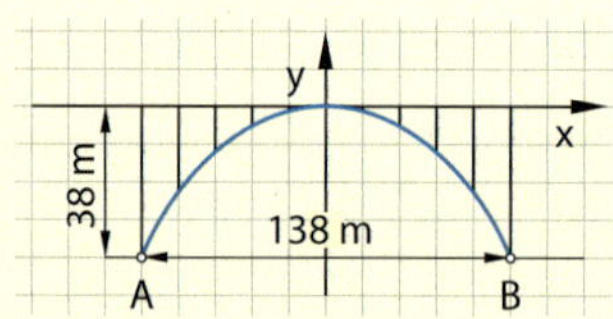

2. Eine Sehne $\overline{AB}$ eines Kreises ist um 1,0 cm länger als der Radius des Kreises. Die Sehne hat vom Mittelpunkt des Kreises den Abstand 2,0 cm. Berechne sowohl die Länge der Sehne als auch die Länge vom Radius.

7,5-m-Brett

1. Gib eine Gleichung höheren Grades an, die die Lösungen $x_{1/2} = 0$ und $x_{3/4} = \pi$ hat.

2. Bei einer Vergleichsarbeit erreichten vier Schulen folgende Ergebnisse:

Schule	A	B	C	D
Durchschnitt	2,61	3,12	2,85	3,22
Schülerzahl	24	87	46	110

Es soll der Gesamtdurchschnitt aller vier Schulen berechnet werden.
a) Cara rechnet: $\overline{x} = (2{,}61 + 3{,}12 + 2{,}85 + 3{,}22) : 4 = 2{,}95$
Begründe, warum dieser Lösungsweg falsch ist.
b) Erkläre ein richtiges Vorgehen und berechne den Gesamtdurchschnitt.

5-m-Brett

1. Hier sind die Ergebnisse der 9a und 9b beim letzten Vergleichstest dargestellt.

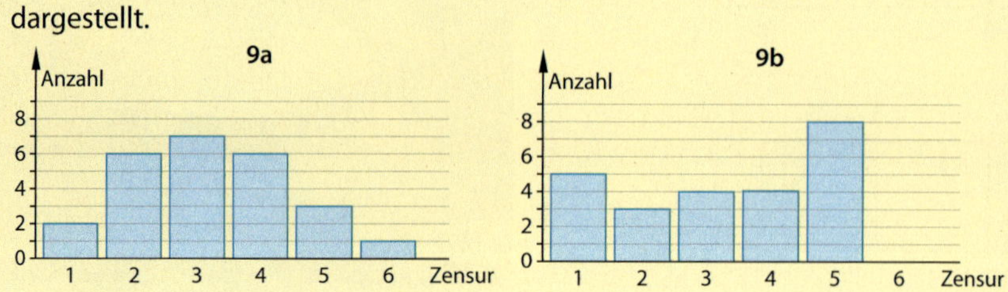

a) Interpretiere beide Diagramme.
b) Berechne jeweils Durchschnitt und Standardabweichung.

3-m-Brett

„Maximal oder minimal?“

1. Die Abbildung zeigt die Funktionsgraphen von:
$y = f(x) = -2x^2 + 3x + 4$ und $y = g(x) = 0{,}5x^2 - x - 2$
   a) Entscheide, welcher Graph zu welcher Funktion gehört.
   b) Gib die Stelle an, an der die Funktion f bzw. g bezogen auf den Definitionsbereich $\mathbb{R}$ einen größten bzw. kleinsten Funktionswert hat.
   c) Formuliere jeweils eine Aussage über die Lage eines größten (kleinsten) Funktionswertes bei der Funktion $y = h(x) = ax^2 + bx + c$ mit $x \in \mathbb{R}$.
   d) Gib den größten (den kleinsten) Funktionswert der Funktion f im Intervall $-1 \le x \le 2$ und im Intervall $-1 \le x \le 0$ an.

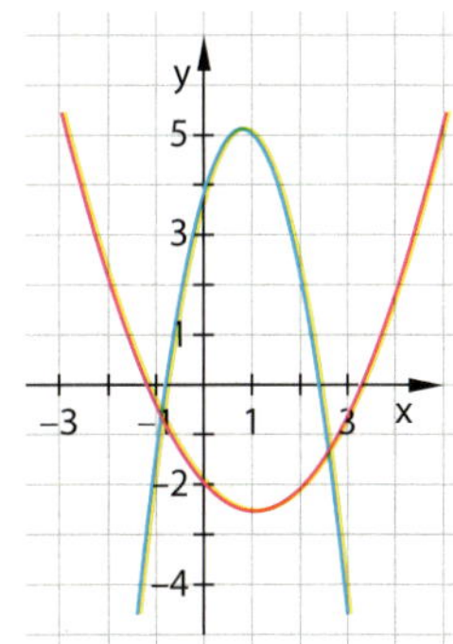

DGS 2. In der Abbildung ist der Funktionsgraph von $y = h(x) = -\frac{5}{3}x + 5$ dargestellt. In das Dreieck OPQ können Rechtecke wie dargestellt einbeschrieben werden.
   a) Der Flächeninhalt A des Rechtecks ändert sich in Abhängigkeit von der Lage des Punktes Z(x|y) auf dem Graphen von h. Stelle eine Funktionsgleichung $A = f(x)$ auf und gib den Definitionsbereich der Funktion f an.
   b) Ermittle die Stelle x vom Punkt Z, bei dem der Flächeninhalt A maximal ist. Gib diesen Flächeninhalt an.

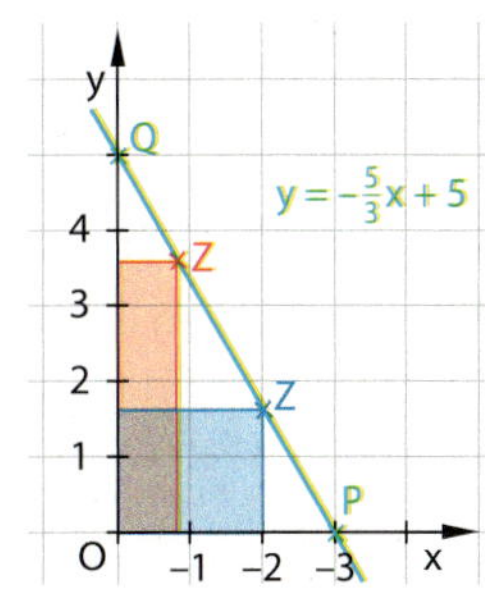

Hinweis: Zur Lösung kannst du auch eine dynamische Geometriesoftware verwenden.

3. Geplant ist ein Sportplatz mit einer 400-m-Laufbahn und einem möglichst großen rechteckigen Spielfeld. Das Gelände lässt aber höchstens eine Spielfeldbreite von 60 m zu. Stelle eine Funktionsgleichung auf und skizziere, wie ein solcher Sportplatz anzulegen ist.

„Statistisches“

1. In einer Region wurde im Fach Englisch eine Vergleichsarbeit geschrieben. Die Ergebnisse von 100 Klassen wurden in Form von Klassendurchschnitten erfasst. Diese und die Vorleistungen der Klassen wurden in Boxplots dargestellt.

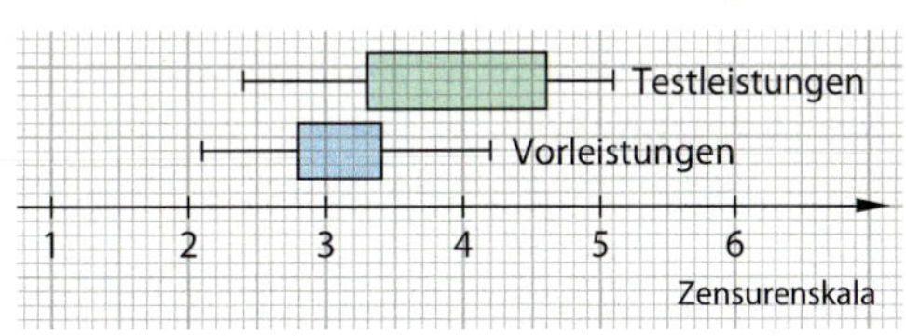

   a) Beschreibe jeweils die Verteilung der Klassendurchschnitte.
   b) Formuliere Aussagen, die aus dem Vergleich der Boxplots gefolgert werden können.

2. Über den Wasserverbrauch einer Großstadt in den privaten Haushalten ist bekannt:

Verbrauch x pro Tag (in ℓ)	$0 \le x < 200$	$200 \le x < 400$	$400 \le x < 600$	$600 \le x < 800$
Relative Häufigkeit	0,29	0,48	0,17	0,06

   a) Berechne einen Näherungswert für den durchschnittlichen täglichen Wasserverbrauch eines Haushaltes.
   b) Ermittle eine Ober- und eine Untergrenze für diesen Durchschnittswert.
   c) Wie viel Kubikmeter Wasser muss der Wasserversorgungsbetrieb täglich bei 115 000 privaten Haushalten dieser Großstadt bereithalten, damit keine Engpässe entstehen?

3. In einer Kleinstadt wurde in einer repräsentativen Stichprobe die Sportbegeisterung von Schülerinnen und Schülern erfasst. In der Auswertung wurde nach dem Alter unterschieden. Untersuche, ob es einen Zusammenhang zwischen Alter und Sportbegeisterung gibt.

Schuljahrgang	sportbegeistert	
	ja	nein
1 bis 4	158	93
5 bis 10	701	68

Interessantes und Kniffliges

Die folgenden Aufgaben fordern zum **Knobeln** auf.

„Halb voll oder halb leer?"

Ein Flüssigkeitsbehälter, dessen Inneres die Form eines auf der Spitze stehenden Kreiskegels besitzt, soll so weit gefüllt werden, dass das Volumen der eingefüllten Flüssigkeitsmenge halb so groß ist wie das Volumen dieses Kegels.

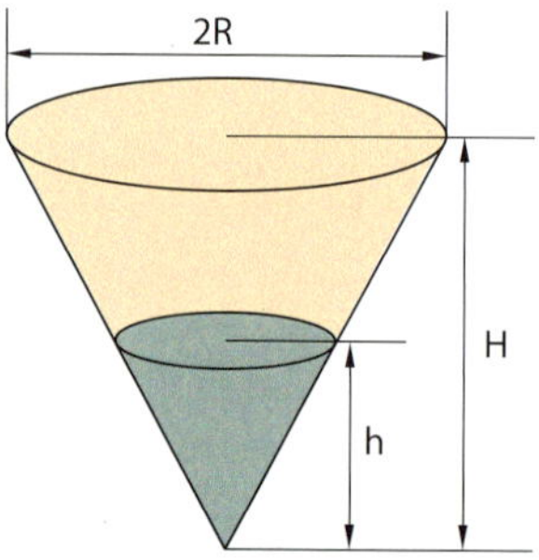

a) Schätze, bis zu welcher Höhe h die Flüssigkeit im Kegel dann reichen muss.
b) Ermittle die Höhe h rechnerisch und gibt an, wie viel Prozent der Körperhöhe H die Höhe h entspricht.

„Wie alt war der Mathematiker Augustus de Morgan?"

Der britische Mathematiker Augustus de Morgan gilt als ein Begründer der formalen Logik. Ermittle mithilfe der folgenden Angaben, wann de Morgan geboren und wie alt er geworden ist:
Augustus de Morgan ist am 18. März 1871 gestorben.
Im Jahre x^2 war er x Jahre alt.

„A chessboard and how many squares?"

There are 64 fields (8 x 8 small squares) on a normal chessboard. Someone claims that there are a total of 204 squares on such a chessboard.

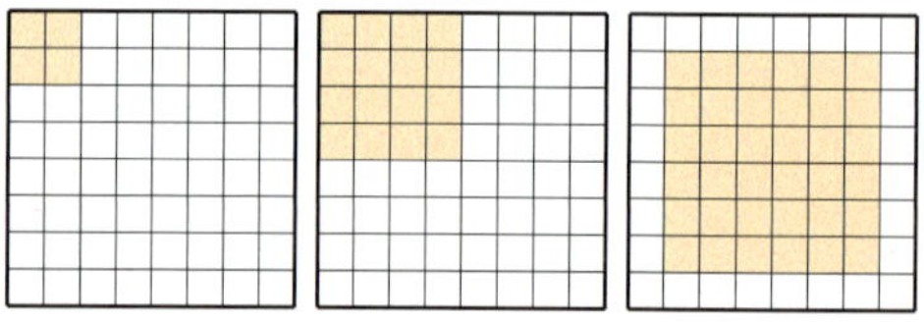

a) Investigate whether that is true.
b) How many squares would there be on a 10 x 10 grid?

Please consider all possible sizes of squares and their locations on the grid.

„Berührungspunkte"

Die Abbildung zeigt ein gleichseitiges Dreieckmit drei gleich großen sich einander berührenden Kreisen. Ihre Radien betragen jeweils 1 cm. Die Seiten des Dreiecks sind Tangenten der Kreise.

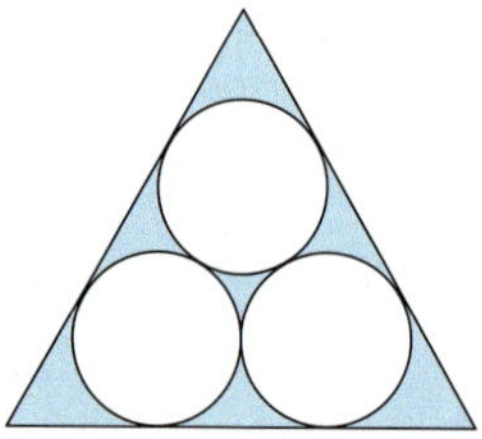

a) Konstruiere das Dreieck.
b) Berechne die Seitenlänge des Dreiecks.
c) Ermittle den Inhalt der farbigen Fläche.

„Mini-Sudoku"

Im abgebildeten „Mini-Sudoku" sollen die leeren Kästchen so ausgefüllt werden, dass in jeder waagerechten und senkrechten Reihe und in jedem umrandeten Quadrat die Ziffern 1 bis 4 jeweils genau einmal vorkommen.

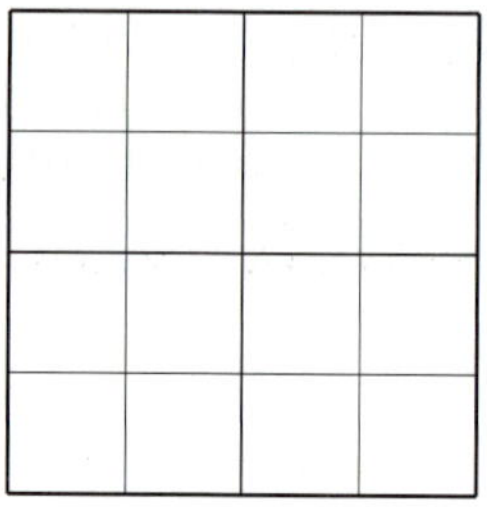

a) Gib eine Möglichkeit für die Zuordnung der Ziffern 1 bis 4 im Sudoku an.
b) Ermittle die Anzahl aller Möglichkeiten für eine solche Zuordnung.

7. Prüfe dein Fundament für die SII

In diesem Kapitel könnt ihr umfassend üben, um euer mathematisches Fundament für die SII zu sichern. Ihr findet eine Fülle von Aufgaben, die mit und ohne Hilfsmittel zu lösen sind und der Überprüfung und Sicherung grundlegenden mathematischen Wissens und Könnens dienen.
In drei Tests könnt ihr mithilfe der angegebenen Bewertungsskala euren Entwicklungsstand selbst einschätzen. Die Lösungen zu allen anderen Aufgaben findet ihr im Anhang.

7.1 Basisaufgaben ohne Hilfsmittel lösen

Zahlen und Größen

Rechnen mit Zahlen

1. Übertrage die Tabelle ins Heft und vervollständige sie.

a	b	a − b	a + b · 2	a : b	$\|a + b\|$	$\frac{1}{a} : \frac{1}{b}$	$a^2 - 2b$
3	2						
2		4					
	$\frac{1}{4}$			2			
	0,4		0				
$-\frac{1}{4}$	4						
8	$(-1)^3$						

2. Ordne die Zahlen der Größe nach. Beginne mit der kleinsten Zahl.
   a) $\frac{3}{4}$; $-0{,}7$; $\sqrt{2}$; -1^2; $-\frac{2}{3}$ b) $-\frac{1}{5}$; $(-2)^2$; 0,3; $-0{,}1$; $\frac{1}{3}$ c) $-0{,}7$; $-\frac{3}{4}$; $(-0{,}2)^2$; $-1{,}7$; 0,2

3. Löse die Aufgabe.
   a) $\frac{2}{3} + \frac{1}{6}$ b) $\frac{3}{4} - \frac{1}{2}$ c) $-\frac{2}{3} - \frac{1}{4}$ d) $-\frac{4}{5} + \frac{1}{3}$ e) $\frac{1}{3} - \frac{1}{2}$
   f) $\frac{1}{4} - \frac{1}{2} + \frac{3}{12}$ g) $\frac{2}{5} + \frac{2}{7} - 0{,}4$ h) $2{,}5 - 2{,}5 : 5$ i) $2 \cdot \frac{3}{7} \cdot (-5)$ j) $-2{,}5 : \left(-\frac{1}{2}\right)$

4. Überprüfe und korrigiere gegebenenfalls.
   a) $4 - 2 \cdot 2 = 4$ b) $\frac{2}{6} - \frac{1}{3} = \frac{1}{3}$ c) $0{,}5 - \frac{2}{3} - \frac{1}{2} = \frac{2}{3}$ d) $-0{,}5 : 0{,}1 = -5$

5. Leon wird mit 14 Stimmen Klassensprecher. Das sind $\frac{2}{3}$ der abgegebenen Stimmen. Ermittle die Anzahl der insgesamt abgegebenen Stimmen.

Prozentrechnung

6. Übertrage die Tabelle ins Heft und fülle sie aus.

Grundwert	120 €		1000 €	8 m	70 kg		70 ha		200 €
Prozentsatz	3 %	10 %			150 %	120 %	7 %	8 %	
Prozentwert		8 kg	10 €	12 m		240 ml		80 m	150 €

7. In einer Fabrik werden täglich 2000 Schrauben hergestellt. Berechne, wie viele Schrauben hergestellt werden.
   a) Die Produktion steigt um 7 %.
   b) Die Produktion sinkt um 1 %.
   c) Die Produktion wird auf 95 % reduziert.
   d) Die Produktion steigt auf 110 %.
   e) Die Produktion steigt am Montag um 5 % und wird am darauf folgenden Tag wieder um 5 % reduziert.

8. Berechne den Zinssatz, wenn ein Ausgangskapital von 500 € nach einem Jahr auf 510 € angewachsen ist.

9. In der Klasse 3 a können 25 % der Kinder schwimmen, in der Klasse 3 b sind es 50 %. Mia meint, dass dann ja in beiden Klassen zusammen 75 % der Kinder schwimmen können. Entscheide, ob das stimmt und begründe deine Aussage.

Größen

10. Rechne in die angegebene Einheit um.

a) 8,3 kg in g b) 149 ct in € c) 6015 m in km d) 14 min in s
e) $1{,}2\,dm^2$ in m^2 f) 0,3 hl in dm^3 g) $5\,000\,111\,cm^3$ in dm^3 h) 3030 mg in g

11. Suche alle Flächeneinheiten (Volumeneinheiten) heraus: km; ha; m^3; hl; dt; dm^2; mm; cm^3

12. Berechne, falls möglich.

a) 3 kg – 200 g b) 2 m · 2 dm c) $25\,cm^2 : 5\,cm$ d) $2\,m^3 : 20\,dm$
e) $7\,cm - 3\,cm^2$ f) $1\,dm^3 + 1\,\ell$ g) $1\,km^2 - 30\,m^2$ h) 3,5 t + 2000 kg

13. Übertrage die Tabelle ins Heft und vervollständige sie.

Maßstab	Entfernung	
	Karte	Wirklichkeit
1 : 100 000		10 km
1 : 25 000	4 cm	
	1 cm	500 m

14. Gib die Größenangabe in der geforderten Einheit an.

a) die Hälfte eines Liters in ml b) den zehnten Teil eines Dezimeters in mm
c) die Hälfte von 5 h in min d) den vierten Teil eines hl in ℓ
e) die Hälfte von einem km^2 in ha f) den vierten Teil von einem m^3 in dm^3

15. Setze im Heft für ■ eines der Zeichen <, =, > so ein, dass eine wahre Aussage entsteht.

a) 3,4 cm ■ 1 dm b) $0{,}76\,m^2$ ■ $7{,}4\,cm^2$ c) 7,2 dt ■ 3 t
d) 7,6 m ■ 76 dm e) 78 kg ■ 0,078 t f) 4,2 ml ■ 1 ℓ

16. An einer Schule beginnt der Unterricht 7:30 Uhr. Jede Unterrichtsstunde dauert 45 min. Nach der 1. und 3. Unterrichtsstunde gibt es 5 min Pause, nach der 2. Unterrichtsstunde 15 min und nach der 4. Unterrichtsstunde 20 min.
Wann endet die 4. Unterrichtsstunde?

Potenzen und Logarithmen

17. Schreibe mit abgetrennter Zehnerpotenz.

a) 18 000 000 g b) 0,00025 ℓ c) 123 000 000 000 km d) 0,000 007 cm

18. Schreibe ohne abgetrennte Zehnerpotenz.

a) $1{,}7 \cdot 10^{-7}\,m$ b) $2{,}5 \cdot 10^{8}$ € c) $7{,}8 \cdot 10^{12}\,g$ d) $0{,}42 \cdot 10^{4}\,m^2$

19. Berechne den Termwert.

a) 6^2 b) $(-2)^3$ c) 2^{-3} d) $\sqrt{81}$ e) $\sqrt[3]{27}$ f) $16^{\frac{1}{2}}$
g) $(2^3)^2$ h) $\left(\frac{2}{3}\right)^{-2}$ i) $\left(\frac{9}{16}\right)^{-0,5}$ j) $\sqrt{(-0{,}2)^2}$ k) $\log_3 9$ l) $\lg 0{,}1$

20. Berechne den Termwert.

a) $2^2 \cdot 2^3$ b) $3^5 : 3^3$ c) $(9^{0,25})^2$ d) $7^5 \cdot 7^{-4}$ e) $\sqrt{2\sqrt{4}}$ f) $24^{0,5} \cdot 6^{-0,5}$
g) $2^0 : 2^{-3}$ h) $\sqrt{2} \cdot \sqrt{8}$ i) $\sqrt{2 \cdot 8}$ j) $4 : \lg 100$ k) $\log_2 4 \cdot \log_3 9$

21. Für welche natürlichen Zahlen n ist der Term $(-0{,}5)^n$ negativ?

Terme und Termumformungen

22. Löse die Klammern auf und fasse zusammen.

a) $8x-(y+2x)$ b) $-3(y-z)+5z$ c) $2(0{,}5a+b)+\frac{1}{2}(4a-2b)$

d) $(2a+b)(a-5)$ e) $2(x+y)(x-y)$ f) $(a+2b)^2$

g) $(2x-y)(2x-y)$ h) $(x+2y)(x-2y)+4y^2$ i) $\left(a-\frac{1}{2}b\right)^2-a^2$

23. Forme den Term in ein Produkt um.

a) $3a+6ab$ b) $6xy-12x^2z$ c) $-3xy^2+9y-6xy$ d) $\frac{x^3}{2}-\frac{x}{2}$

24. Forme den Term mithilfe einer binomischen Formel in ein Produkt um.

a) $a^2+2ab+b^2$ b) x^2-y^2 c) x^2+4y^2-4xy d) $0{,}25a^2+b^2+ab$ e) $-4u^2+9v^2$

25. Überprüfe die Umformung und berichtige gegebenenfalls.

a) $-2x+4=-2(x+2)$ b) $3(1-x)-4=-1-3x$

c) $\frac{2+y}{y}=2$ d) $\frac{4(x+y)(x-y)}{-2}=2(x^2-y^2)$

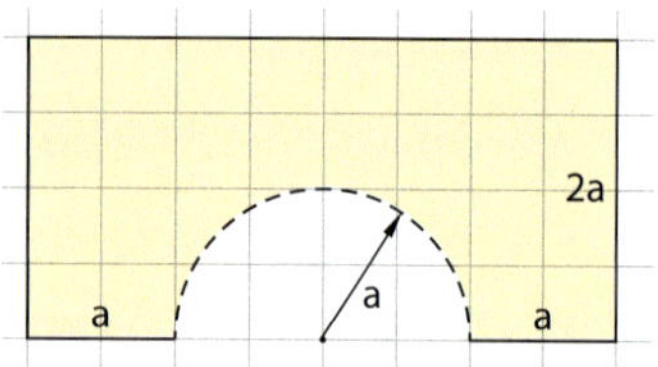

26. Gib einen Term an, mit dem der Flächeninhalt der nebenstehenden Figur berechnet werden kann.

27. Gib alle x-Werte an, für die der Term nicht definiert ist.

a) $\frac{x}{x(x-1)}$ b) $\sqrt{x}$ c) $\frac{2}{1-2x+x^2}$ d) $\frac{x^2}{|2x+4|-2}$ e) $\frac{1}{\lg x}$

28. Schreibe mithilfe von Variablen:

a) das Produkt aus einer geraden und einer ungeraden natürlichen Zahl

b) das Reziproke einer Zahl, vermindert um 4

c) das Produkt aus einer Zahl und ihrer entgegengesetzten Zahl

d) das Quadrat einer Zahl x, vermindert um die dritte Wurzel von x

Gleichungen und Ungleichungen

29. Löse die Gleichung durch inhaltliche Überlegungen.

a) $2x=16$ b) $\frac{1}{2}+x=\frac{3}{4}$ c) $2-x=-1$ d) $\sqrt{x}=2$ e) $x^2=4$

f) $|2x|=1$ g) $|x+1|=2$ h) $3^x=81$ i) $2^x-8=0$ j) $\log_3 x=2$

30. Löse die Gleichung und führe eine Probe durch.

a) $5x+7=42$ b) $2(y+1)=5-y$ c) $0{,}5z+5=z+4$ d) $x+7=3+x-10$

e) $\frac{2}{x}+4=8$ f) $x:3=8:6$ g) $\frac{2}{y}=\frac{6}{4}$ h) $0{,}2:2y=0{,}5:10$

31. Prüfe, ob die Lösung stimmt. Gib gegebenenfalls die richtige Lösungsmenge an.

a) $3x+4=2(x+3);\ x=2$ b) $|y-4|-5=0;\ y=-1$ c) $x^2+2=18;\ x=-4$

32. Stelle die Formel nach der in Klammern angegebenen Variablen um.

a) $b^2=c\cdot q;\ (q)$ b) $A=\frac{ab}{2};\ (a)$ c) $u=2a+2b;\ (b)$ d) $A=\frac{a+c}{2}\cdot h;\ (h;\ a)$

e) $u=2\pi r;\ (r)$ f) $V=\frac{1}{3}\pi r^2h;\ (h;\ r)$ g) $V=\frac{4}{3}\pi r^3;\ (r)$ h) $\frac{F_1}{F_2}=\frac{l_1}{l_2};\ (l_1;\ l_2)$

33. Löse die Ungleichung. Veranschauliche die Lösung an einer Zahlengeraden.

a) $x+3<7;\ (x\in\mathbb{N})$ b) $-x+3\le 1;\ (x\in\mathbb{N})$

c) $3+2x>5;\ (x\in\mathbb{Q}_+)$ d) $5-2x\ge 1;\ (x\in\mathbb{Z})$

34. In drei Parallelklassen der Klassenstufe 9 sind insgesamt 76 Schülerinnen und Schüler. In der Klasse 9a sind es zwei weniger als in der 9b. In der 9b sind es 3 mehr als in der 9c. Ermittle die Anzahl der Schülerinnen und Schüler, die zu jeder Klasse gehört.

Raum und Form

Planimetrie

1. a) Zeichne eine Gerade $g = AB$, einen zu g parallelen Strahl $s = \overrightarrow{CD}$ und eine zu g senkrechte Strecke $a = \overline{BE}$.
   b) Zeichne einen spitzen, einen rechten, einen stumpfen und einen überstumpfen Winkel.
   c) Formuliere drei Sätze über Winkel an einander schneidenden Geraden.
   d) Zeichne ein rechtwinkliges Dreieck (A), ein gleichseitiges Dreieck (B), ein gleichschenkliges Dreieck (C) und ein stumpfwinkliges Dreieck (D). Skizziere in A die Höhen, in B die Mittelsenkrechten, in C die Seitenhalbierenden und in D die Winkelhalbierenden.

2. Berechne die fehlenden Winkelgrößen. Erläutere dein Vorgehen.
   a)
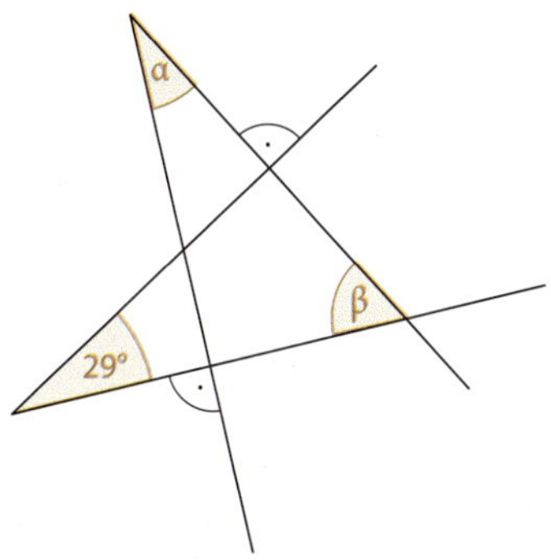

   b)
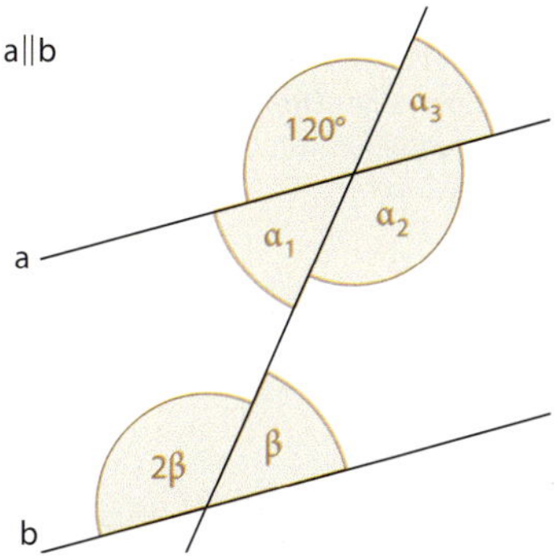

3. Zeichne ein rechtwinkliges Dreieck Δ ABC mit $\gamma = 90°$.
   a) Spiegele Δ ABC an einer Kathete.
   b) Drehe Δ ABC um A mit 90° in Uhrzeigerrichtung.
   c) Verschiebe Δ ABC um 5 cm in Richtung der Hypotenuse.
   d) Strecke Δ ABC an einem Streckungszentrum außerhalb des Dreiecks mit $k = 2$.
   e) Strecke Δ ABC an einem Streckungszentrum innerhalb des Dreiecks mit $k = 0{,}5$.

4. Konstruiere zum Rechteck mit den Seitenlängen $a = 4\,cm$ und $b = 6\,cm$ ein flächengleiches Quadrat und beschreibe dein Vorgehen.
   a) unter Anwendung des Kathetensatzes b) unter Anwendung des Höhensatzes

5. Konstruiere das Dreieck Δ ABC, beschreibe deine Konstruktionsschritte und gib den verwendeten Kongruenzsatz mit Worten an.
   a) $a = 7\,cm$; $b = 5\,cm$; $c = 6\,cm$ b) $b = 6\,cm$; $a = 4\,cm$; $\beta = 47°$
   c) $b = 5\,cm$; $c = 3\,cm$; $\alpha = 64°$ d) $b = 4{,}5\,cm$; $\alpha = 27°$; $\gamma = 63°$

6. a) Zeichne ein stumpfwinkliges Dreieck Δ ABC und den zugehörigen Umkreis.
   b) Zeichne ein spitzwinkliges Dreieck Δ ABC und den zugehörigen Inkreis.
   c) Zeichne ein rechtwinkliges Dreieck Δ ABC und den zugehörigen Schwerpunkt.

7. Welche der Auswahlantworten trifft zu? Es können auch mehrere Antworten richtig sein.
   a) Die Summe der Innenwinkel in einem spitzwinkligen Dreieck ist:
      (A) kleiner als 90° (B) genau 90° (C) kleiner als 180° (D) genau 180°
   b) Ein gleichschenkliges Dreieck hat stets:
      (A) drei gleich große Innenwinkel (B) drei gleich lange Seiten
      (C) zwei gleich große Innenwinkel (D) zwei Symmetrieachsen
   c) Zwei Dreiecke heißen zueinander kongruent, wenn sie:
      (A) die gleiche Form haben (B) den gleichen Flächeninhalt haben
      (C) in allen drei Winkeln übereinstimmen (D) in allen drei Seiten übereinstimmen

8. Entwickle eine Übersicht der Vierecksarten, in der ihre Eigenschaften, ihre Flächeninhaltsformeln und die Beziehungen untereinander enthalten sind.

9. Ordne jeder Aussage eine Gleichung zu.

(A) Die Längen zweier Stäbe unterscheiden sich um 5 cm. Der kürzere Stab hat die Länge x. Legt man die Stäbe hintereinander, beträgt ihre Gesamtlänge 55 cm.

(1) $2x + 2(x + 5) = 55$

(2) $0{,}5\,x(x - 5) = 55$

(B) Eine rechteckförmige Terrasse, bei der sich die beiden Seitenlängen um 5 m unterscheiden, hat einen Flächeninhalt von $55\,m^2$.

(C) Die Höhe eines Dreiecks ist 5 cm kürzer als die dazugehörige Grundseite. Der Flächeninhalt beträgt $55\,cm^2$.

(3) $3x^2 : 2 = 55$

(4) $(x + 5) + x = 55$

(D) Eine Seite eines Drachenvierecks ist 5 cm länger als die andere Seite. Der Umfang beträgt 55 cm.

(E) In einem Rhombus mit einem Flächeninhalt von $55\,cm^2$ ist eine Diagonale dreimal so lang wie die andere.

(5) $0{,}5x \cdot (x + x + 5) = 55$

(6) $x \cdot (x + 5) = 55$

(F) In einem Trapez unterscheiden sich die zueinander parallelen Seiten um 5 m. Die Höhe ist so lang wie die kürzere der parallelen Seiten. Der Flächeninhalt beträgt $55\,m^2$.

10. Welche Formeln für Berechnungen am Kreis kennst du?

11. Konstruiere von einem Punkt P außerhalb eines Kreises die Tangenten an den Kreis.

12. Stelle jeweils drei Gleichungen der Satzgruppe des Pythagoras auf, die du in den Zeichnungen finden kannst.

a)

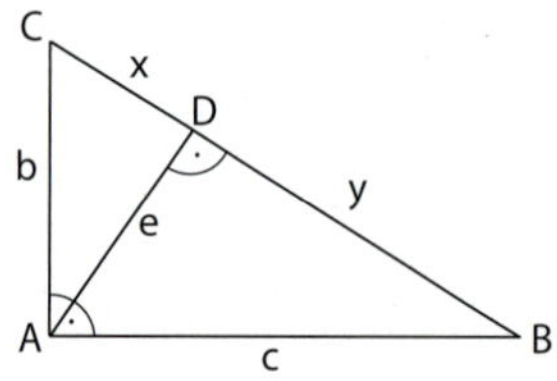

b)

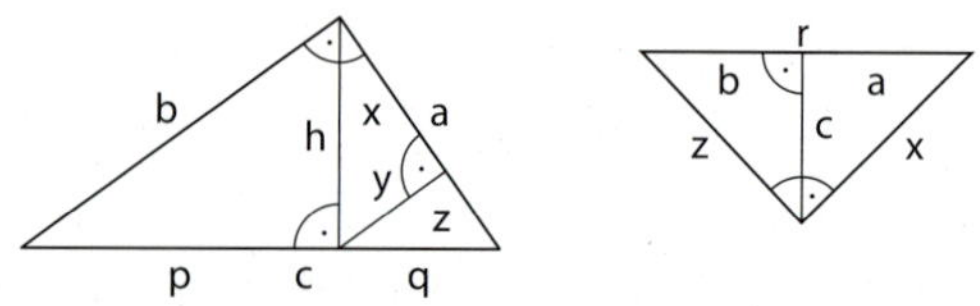

Stereometrie

13. Skizziere von jedem der im Schrägbild dargestellten Körper den Grund- und den Aufriss. Untersuche, ob es noch weitere Körper mit den gleichen Grundrissen gibt.

(1)

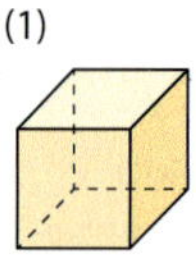

(2)

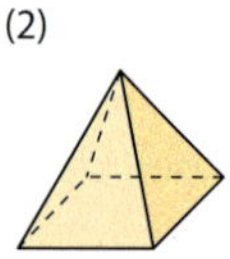

(3)

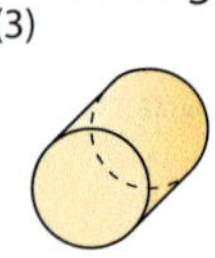

(4)

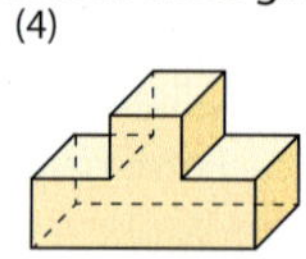

(5)

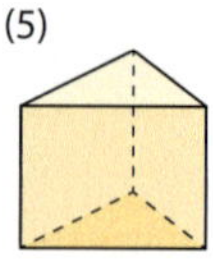

14. Hier sind Zweitafelbilder (ohne Eckpunktbezeichungen) von drei Körpern im Maßstab 1 : 2 dargestellt.
Zeichne von jedem Körper ein Netz und ein Schrägbild in wahrer Größe.
Entnimm die Maße der Zeichnung.

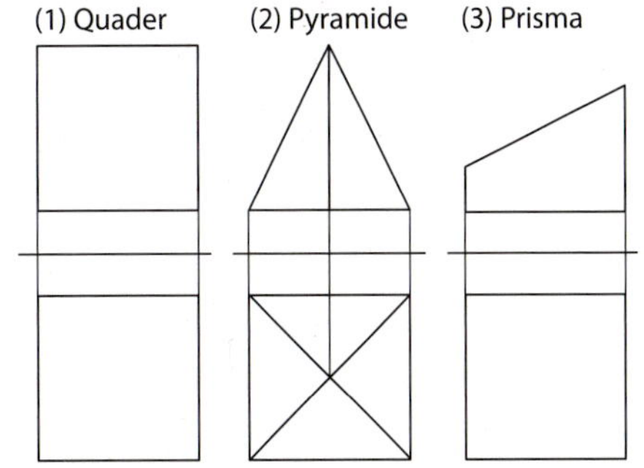

15. Erkläre, wie sich nach Änderung der angegebenen Größe das Volumen des Körpers ändert.
a) Bei einem Prisma wird die Höhe verdreifacht, die Grundfläche bleibt gleich.
b) Bei einem Zylinder wird der Radius halbiert, die Höhe bleibt gleich.
c) Bei einer Pyramide wird die Höhe verdoppelt, die Grundfläche bleibt gleich.
d) Bei einem Kegel wird der Durchmesser vervierfacht, die Höhe bleibt gleich.
e) Bei einer Kugel wird den Radius verfünffacht.

16. Stelle Formeln zur Berechnung von V, A_M und A_O auf.

a)

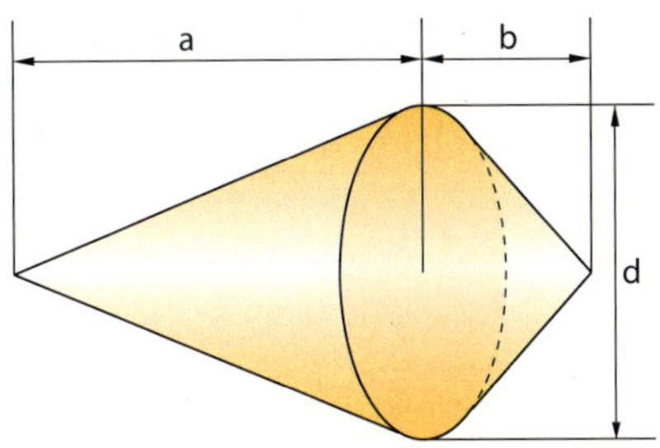

b)

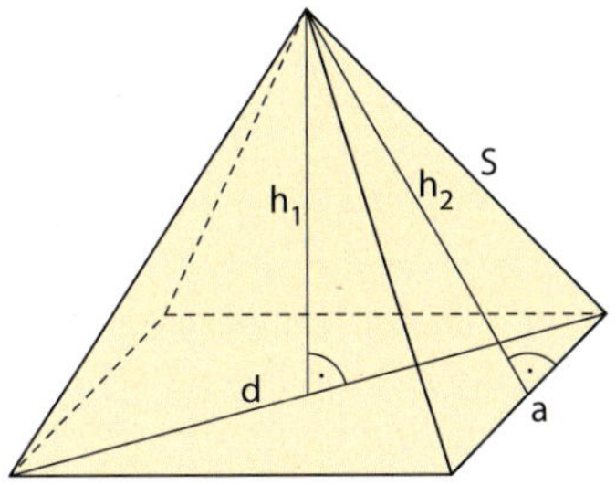

Trigonometrie

17. Schreibe fünf trigonometrische Beziehungen im rechtwinkligen Dreieck Δ RST mit ∢ SRT= 90° auf.

18. Gegeben ist ein beliebiges Dreick Δ DEF entsprechend nebenstehender Abbildung. Schreibe eine Formel auf, mit der die angegebene Größe ermittelt werden kann.
a) die Seitenlänge e (die Größe des Winkels δ) mithilfe des Sinussatzes
b) die Seitenlänge f (die Größe des Winkels ε) mithilfe des Kosinussatzes
c) der Flächeninhalt A mithilfe des Flächeninhaltssatzes für beliebige Dreiecke

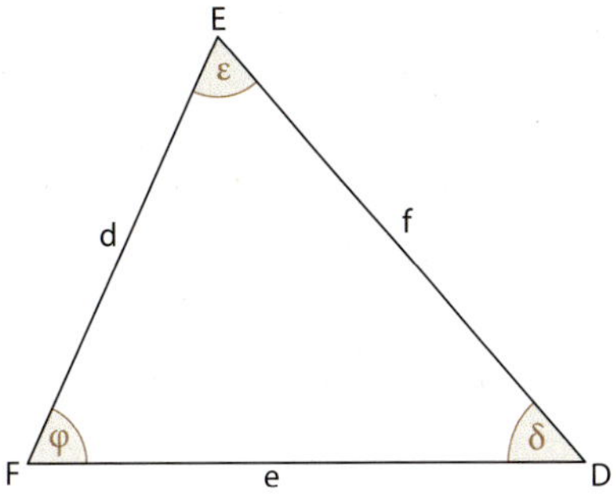

19. Das nebenstehende Parallelogramm hat den Flächeninhalt A.
Zeige für $0° \leq \alpha \leq 90°$, dass folgende Gleichung gilt: $A = x \cdot y \cdot \sin\alpha$

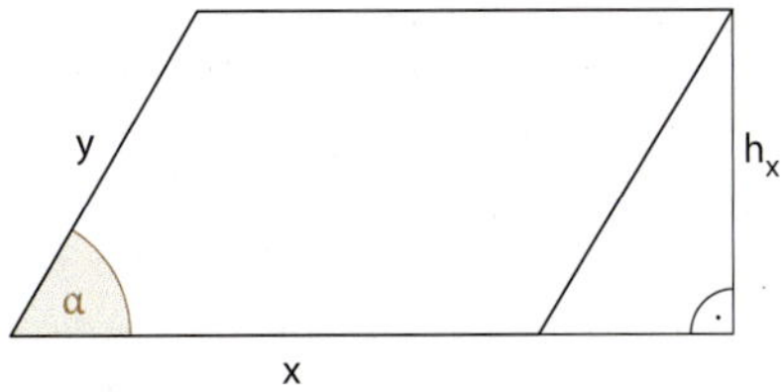

Zuordnungen und Funktionen

Zuordnungen, direkte und indirekte Proportionalität

1. Durch nebenstehendes Pfeildiagramm wird jeder Zahl x aus der Menge {0; 1; 2; 3; 4; 5} jeweils eine Zahl y zugeordnet.

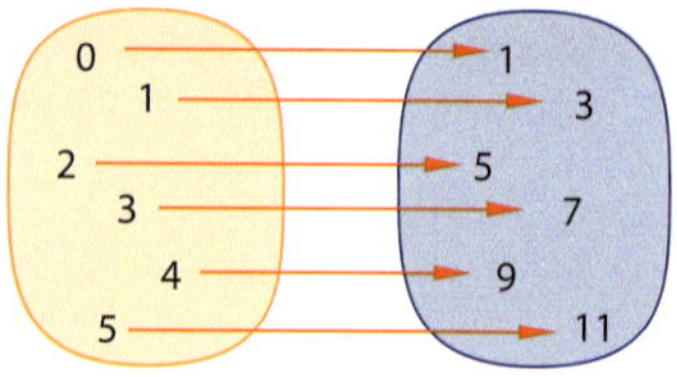

a) Entscheide mit Begründung, ob eine eindeutige Zuordnung vorliegt.
b) Stelle die Zuordnung in einem Koordinatensystem dar.
c) Beschreibe die Zuordnung verbal.
d) Beschreibe die Zuordnung mit einer Gleichung.

2. Gib an, welche Seitenlängen a, b (in cm; $a, b \in \mathbb{N}$) Rechtecke haben können, deren Umfang 12 cm (deren Flächeninhalt 12 cm²) beträgt. Beschreibe die Zuordnung $a \mapsto b$ durch:
a) eine Tabelle b) Punkte im Koordinatensystem c) eine Gleichung

3. Durch die Tabelle wird jeder der angegebenen Zahlen x jeweils eine Zahl y zugeordnet.

(1)

x	−3	−1,5	0	0,7	1,2
y	3	1,5	0	0,7	1,2

(2)

x	1	2	3	4	5
y	4	8	12	16	20

(3)

x	1	2	3	4	5
y	1	0,5	3^{-1}	0,25	0,2

(4)

x	1	2	3	4	5
y	8	4	$2,\overline{6}$	2	1,6

a) Gib für jede Zuordnung eine Gleichung an.
b) Wende die Zuordnungsvorschrift auf $x = 7$ und $x = 8$ an.
c) Entscheide und begründe, welche der Zuordnungen direkt proportional und welche indirekt proportional ist. Stelle diese Zuordnungen in einem Koordinatensystem dar.

4. Entscheide und begründe, welche der Zuordnungen nicht eindeutig ist.
a) Jeder Schülerin und jedem Schüler wird die Mathe-Zensur des letzten Tests zugeordnet.
b) Jeder natürlichen Zahl, außer der Zahl 0, wird ihr Reziprokes zugeordnet.
c) Jeder der Zahlen 5; 6; 7; 8; 9; 10; 11; 12 werden ihre Teiler zugeordnet.
d) Jedem Monat werden die Schülerinnen und Schüler deiner Klasse zugeordnet, die in diesem Monat Geburtstag haben.

5. Löse die Aufgaben.
a) Drei Geranien kosten 4,50 €. Frau Blum kauft 7 Geranien. Wie viel Euro muss sie zahlen?
b) Ein Baumstamm wurde in 16 Bretter von 2,5 cm Stärke zersägt. Gib an, wie viele Bretter von 4 cm Stärke es (bei Vernachlässigung der Schnittbreite) hätten werden können.
c) Zwei Wanderer legen in 3 h eine Strecke von 12 km zurück. Gib an, in welcher Zeit drei Wanderer diese Strecke zurücklegen.
d) Vier Pumpen gleicher Leistung benötigen für das Auspumpen eines Teiches 18 h. Ermittle, wie lange drei dieser Pumpen für das Auspumpen des Teiches benötigen.
e) Aus zwei Orangen werden etwa 80 mℓ Saft gepresst. Berechne, wie viel Milliliter Saft neun gleichartige Orangen liefern und wie viele dieser Orangen man etwa für 1 ℓ Saft benötigt.
f) Für eine Klassenfahrt wird ein Bus gemietet. Bei 24 Teilnehmern muss jeder für die Busfahrt 40 € bezahlen. Ermittle die Fahrtkosten für den Bus pro Teilnehmer, wenn insgesamt nur 20 Personen teilnehmen.

Lineare und quadratische Funktionen

6. Betrachte die dargestellten Abbildungen. Entscheide und begründe, welche davon Graphen der angegebenen Funktionsart sind und gib zu jedem Funktionsgraphen eine Funktionsgleichung an.
a) Funktionen $y = f(x)$ b) lineare Funktionen $y = f(x)$ c) quadratische Funktionen $y = f(x)$

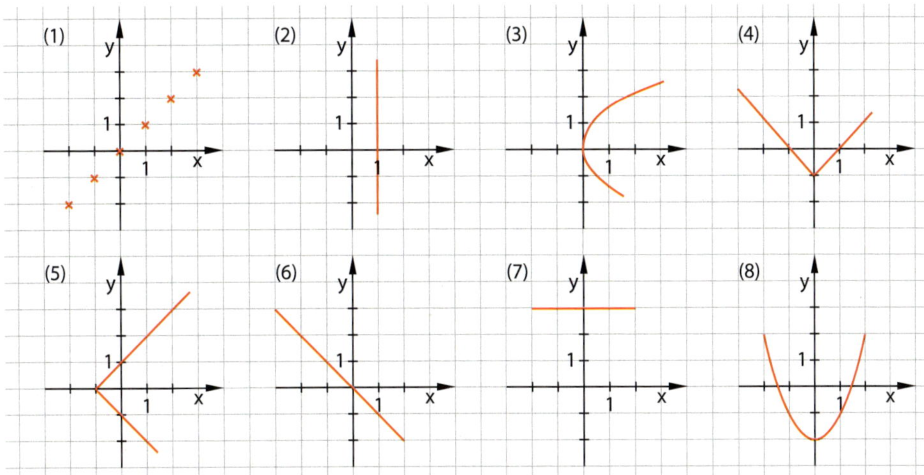

7. Gegeben ist eine Funktion $y = f(x) = 0{,}5x - 2$ und eine Funktion $y = g(x) = x^2 - 0{,}5x - 0{,}5$.
a) Erstelle eine Wertetabelle und zeichne den Funktionsgraphen.
b) Ermittle den Wertebereich der Funktion.
c) Ermittle alle Nullstellen der Funktion.
d) Gib den Schnittpunkt des Graphen mit der y-Achse an.
e) Gib das Monotonieverhalten der Funktion an.
f) Welche der Wertepaare $(1|-1{,}5)$; $(-2|4{,}5)$; $(3|7)$; $(1{,}4|-1{,}3)$ gehören zur Funktion?

8. Vom Graphen einer linearen Funktion f sind die Punkte A und B gegeben. Berechne den Differenzenquotienten und gib eine zu f zugehörige Funktionsgleichung an.
a) $A(1|2)$; $B(4|3)$ b) $A(-2|3)$; $B(2|-1)$ c) $A(1{,}5|2{,}5)$; $B(3{,}5|6{,}5)$

9. Gib die Betragsfunktion f als abschnittweise zusammengesetzte Funktion in Form einer Gleichung an, zeichne ihren Graphen, beschreibe ihr Monotonieverhalten und gib die Nullstellen an.
a) $y = f(x) = |x| - 1$ b) $y = f(x) = 2|x| + 1$ c) $y = f(x) = |x - 2|$

10. Gib an, welche Funktionsgleichung zu welchem dargestellten Graphen f_1, f_2 und f_3 gehört.
a) $y = f(x) = x^2$ b) $y = f(x) = \frac{1}{4}x^2$
c) $y = f(x) = 4x^2$

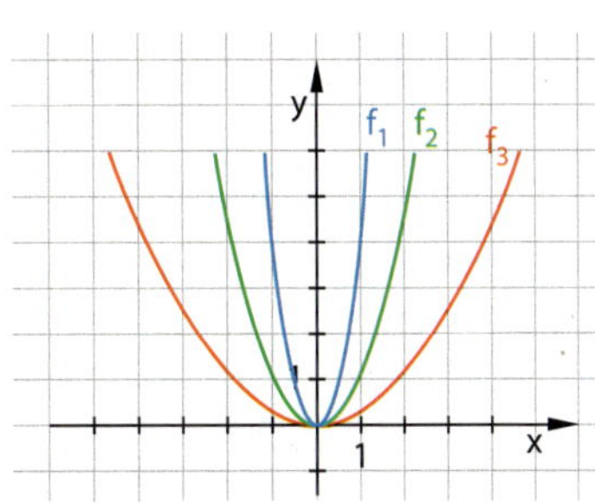

11. Ermittle den Scheitelpunkt des Graphen der quadratischen Funktion f und skizziere den Graphen.
a) $y = x^2 + 4x + 3$ b) $y = x^2 + 6x + 8$
c) $y = -x^2 + 4x - 4$

12. Bei einem Taxiunternehmen kostet die Anfahrt 3,50 € und jeder gefahrene Kilometer 2,00 €.
a) Stelle die Zuordnung in einem Koordinatensystem grafisch dar.
b) Drei Personen fahren mit einem Taxi dieses Unternehmens 20 km.
Sie teilen sich die Fahrtkosten. Ermittle, wie viel Euro jeder zu bezahlen hat.

Lineare und quadratische Gleichungen

13. Löse die Gleichung.

a) $4x = 60$ b) $58 - 2x = 40$ c) $2 \cdot (x - 6) = -2 \cdot (6 - x)$
d) $|y - 3| = 10$ e) $\frac{6}{x} = \frac{2}{9}$ f) $u^2 + 1 = 10$
g) $x^4 - 2 = 14$ h) $x \cdot (x - 3) \cdot (x + 3) = 0$ i) $x + 2 = \sqrt{0{,}04}$
j) $x^2 - 0{,}5 = 3{,}5$ k) $(2y + 1)^2 = 49$ l) $9 \cdot (x - 1) = 36$
m) $2 = x + \frac{1}{x}$ n) $12 = 2x + \frac{10}{x}$ o) $a + 3 = 4 + a$
p) $0 = z^2 + 4$ q) $0 = z^2 - 4$ r) $a - 3 = 4 - a$

14. Gib eine lineare Gleichung der Form $ax + b = 0$ mit der Lösung $x = -7$ an.

15. Überprüfe, ob die in Klammern stehende Zahl eine Lösung der Gleichung ist.
Gib, wenn dem nicht so ist, die richtige Lösung an.

a) $2(a + 3) = 3a + 6$; $(a = 1)$ b) $\frac{x}{2} = 3x + 5$; $(x = -2)$ c) $2x + 0{,}5 = \frac{2x + 4}{2}$; $(x = 2{,}5)$

16. Gib eine Gleichung mit einer Variablen x an, die die Lösung 2 hat und bei der die Variable im Nenner steht.

17. Anna behauptet, dass die Gleichung $0 \cdot x = 0$ die Lösungsmenge $L = \{7\}$ hat.
Prüfe und korrigiere gegebenenfalls die Aussage.

18. Löse die Gleichung. Beachte den Grundbereich.

a) $2x + 2 = -x + 5$; $(x \in \mathbb{N})$ b) $3(x - 2) = 4 + 4x$; $(x \in \mathbb{Z})$
c) $(x - 0{,}5)(x + 2) = 0$; $(x \in \mathbb{Q}_+)$ d) $0 = 2(x + 1) - 3x$; $(x \in \mathbb{R})$
e) $\frac{1}{2}x + \frac{3}{4} = \frac{1}{4}(2 - x)$; $(x \in \mathbb{Z})$ f) $-(3x - 2) + 2x = 4x + 3$; $(x \in \mathbb{R})$

19. Löse die Gleichung.

a) $x^2 + 6x = 0$ b) $x^2 - 2x - 8 = 0$ c) $2x^2 - 2x - 4 = 0$
d) $x^2 = 2x - 12$ e) $x^3 + 2x^2 - 3x = 0$ f) $x^4 - 5x^2 + 4 = 0$
g) $x^3 - 10x^2 + 9x = 0$ h) $\frac{0{,}5}{x} = -2x + 2$ i) $\frac{x}{0{,}5} = 2x - 2$

20. Gib eine quadratische Gleichung mit der angegebenen Lösungsmenge an.

a) $L = \{2;\ -3\}$ b) $L = \{-1\}$ c) $L = \{0{,}5;\ 1\}$ d) $L = \emptyset$

21. Ermittle, für welche x-Werte der Term $1 - 3x + 2x^2$ den Wert 10 hat.

22. Prüfe mithilfe von Linearfaktoren, ob die Lösungsmenge korrekt ist.
Gib, wenn dem nicht so ist, die korrekte Lösungsmenge an.

a) $x^2 + 2x + 10 = 0$; $L = \{-1;\ 0\}$ b) $x^2 - x - 2 = 0$; $L = \{1;\ 2\}$
c) $x^2 = x + 12$; $L = \{-3;\ 4\}$ d) $x^2 + 3x = -2$; $L = \{1;\ 2\}$

23. Ein rechtwinkliges Dreieck hat einen Flächeninhalt von $70\,cm^2$. Eine der beiden Katheten ist um 4 cm kürzer als die andere Kathete. Ermittle die Länge der Katheten.

24. Herr Müller wurde gefragt, wie viele Schülerinnen und Schüler seiner Mathe-AG an der Landesmathematikolympiade teilgenommen haben.
Er antwortete: *„Die Hälfte holte bisher einen 1. Preis, ein Viertel errang einen 2. Preis und ein Siebentel einen 3. Preis. Drei konnten keinen Preis erringen."*
Ermittle die Anzahl der Schülerinnen und Schüler, die an der Landesmathematikolympiade teilnahmen und von Herrn Müller in der Mathe-AG gefördert wurden.

25. Jede Seite eines Quadrates wurde um 3 cm vergrößert. Dadurch vergrößerte sich der Flächeninhalt des Quadrates um $69\,cm^2$. Ermittle die Seitenlänge des vergrößerten Quadrates.

Daten und Zufall

Erfassen, Auswerten und Darstellen von Daten

1. In einer Klasse mit 24 Schülerinnen und Schüler wurde erfasst, wie viele von ihnen in welchem Monat Geburtstag haben.

Monat	J	F	M	A	M	J	J	A	S	O	N	D
Anzahl	1	4	3	3	4	1	1	1	2	0	3	x

a) Gib an, wie viele Schülerinnen oder Schüler im Dezember Geburtstag haben.
b) Stelle sowohl die absoluten als auch die relativen Häufigkeiten der Geburtstage für jedes Quartal in einem Säulendiagramm (Kreisdiagramm) dar.

2. Vergleiche die Angaben mit den Diagrammen.
„Wenn die Welt im Jahr 2014 ein Dorf mit nur 100 Einwohnern gewesen wäre, dann wären davon 15 Afrikaner, 5 Nordamerikaner, 10 Europäer, 9 Lateinamerikaner, ein Ozeanier und 60 Asiaten gewesen. Im Jahr 2050 würde das Dorf schon 134 Einwohner haben und davon würden 33 Afrikaner, 6 Nordamerikaner, 10 Europäer, 11 Lateinamerikaner, ein Ozeanier und 73 Asiaten sein."

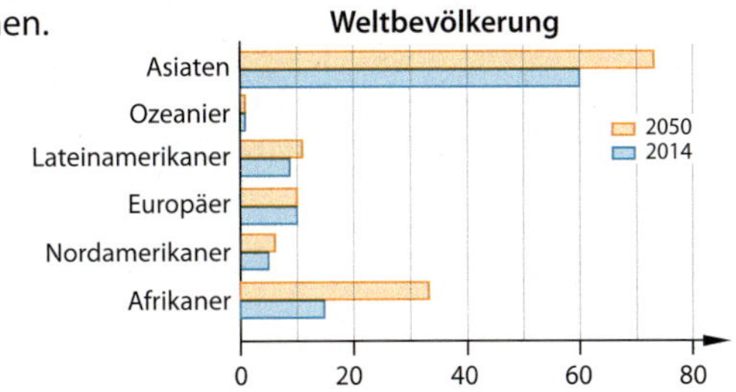

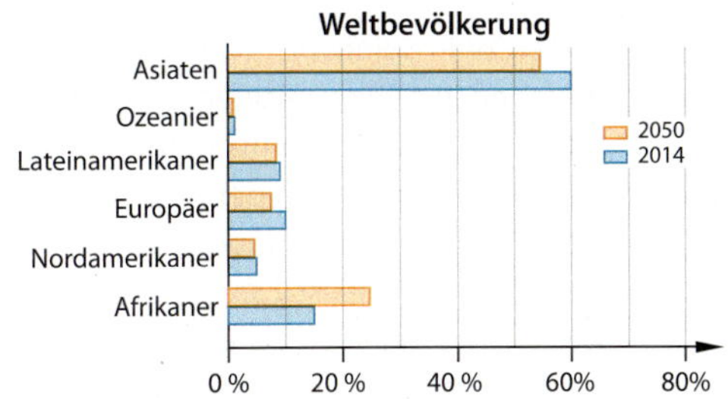

a) Entscheide, welches Diagramm den Zusammenhang besser wiedergibt. Begründe deine Aussage.
b) Für welche Bevölkerungsgruppen steigt der Anteil an der Erdbevölkerung?
c) Für welche Bevölkerungsgruppen sinkt der Anteil an der Erdbevölkerung?

3. Eine Zeitung hat den nebenstehenden Text veröffentlicht.
a) Stelle die Zusammenhänge in einem Baumdiagramm dar.
b) Ermittle, wie viele Schüler es nach dieser Meldung in Deutschland gibt.
c) Eine Großstadt hat etwa 21 000 Schüler zwischen 6 und 16 Jahren. Mit wie vielen Nachhilfeschülern kann man etwa rechnen? Wie viele von ihnen nehmen Nachhilfe, um ihre befriedigenden bis guten Leistungen zu verbessern?

Nachhilfe boomt
1,2 Mio. Schüler zwischen 6 und 16 Jahren (und damit jeder 7.) nehmen Nachhilfeunterricht. Rund ein Drittel davon macht die Förderung, um befriedigende bis gute Leistungen zu verbessern.

4. Eine Firma entlohnt ihre 30 Mitarbeiter mit je 1500 € im Monat, der Chef „gönnt" sich 10 800 € im Monat. Vergleiche das arithmetische Mittel und den Median dieser Werte.

5. In einer Zeitschrift wurden folgende Daten zum Beitragssatz der Krankenkassen abgebildet. Erläutere an diesem Beispiel den Begriff der Klasseneinteilung.

Beitragssatz	14,6 % bis 14,9 %	15,0 % bis 15,95 %	16,0 % bis 16,3 %
Anzahl Krankenkassen	4	105	8

6. Sechs Personen schätzen die Anzahl von Reiskörnern:

Person	A	B	C	D	E	F
Schätzwert	100	180	200	120	300	500

a) Ermittle das arithmetische Mittel, den Median und die Spannweite der Schätzungen.
b) Beschreibe, wie man die Standardabweichung der Schätzungen ermittelt.
c) Gib den Schätzwert einer siebten Person an, sodass der Median der sieben Schätzungen den Wert 200 hat. Welche Bedingung muss dieser Schätzwert erfüllen?
d) Einer der beiden Boxplots gibt die sechs Schätzwerte der Tabelle wieder. Entscheide, und begründe, welcher das ist. Bei dem anderen Boxplot wurde genau ein Wert in der Tabelle geändert, welcher könnte das sein?

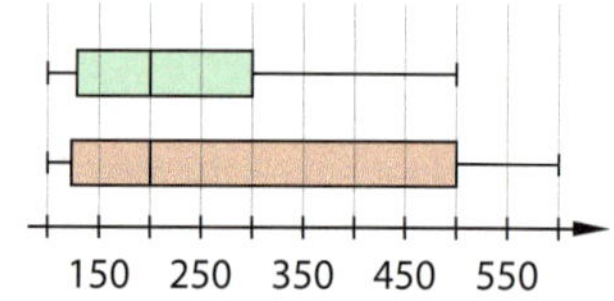

Zufällige Ereignisse, Häufigkeiten und Wahrscheinlichkeiten

7. a) Nenne zwei Vorgänge mit vorhersehbaren Ergebnissen.
b) Nenne zwei Vorgänge mit zufälligen Ergebnissen.

8. Es werden zwei Spielwürfel geworfen und die Summe der beiden oben liegenden Augenzahlen als Ergebnis betrachtet. Gib die Ergebnismenge und die folgenden Ereignisse als Teilmengen der Ergebnismenge an.
A: Die Augensumme ist ungerade.
B: Die Augensumme ist 13.
C: Die Augensumme ist gerade oder ungerade.
D: Die Augensumme ist durch 5 teilbar.
E: Die Augensumme ist eine Quadratzahl.

9. Vor dir liegen verdeckt und gut durchgemischt alle acht Herz-Karten eines Skatspiels.
Berechne die Wahrscheinlichkeiten folgender Ereignisse.
A: Beim einmaligen Ziehen wird der König gezogen.
B: Beim einmaligen Ziehen wird eine Lusche (7, 8 oder 9) gezogen.
C: Beim zweimaligen Ziehen mit Zurücklegen wird zweimal die 7 gezogen.
D: Beim zweimaligen Ziehen ohne Zurücklegen werden zuerst die Dame und dann der Bube gezogen.

10. Gegeben ist das Netz eines Würfels mit grünen und braunen Seitenflächen.
Gib die Wahrscheinlichkeit folgender Ereignisse an:
A: Beim einmaligen Werfen liegt eine grüne Seitenfläche oben.
B: Beim zweimaligen Werfen liegen zuerst eine braune und dann eine grüne Seitenfläche oben.
C: Beim zweimaligen Werfen ist die Summe der oben liegenden Augenzahlen 10.

11. Ein Naturschützer fängt in einem Teich 20 Fische, versieht sie mit einer unschädlichen Markierung und setzt sie wieder aus. Am nächsten Tag fängt er in dem Teich 30 Fische, unter denen 3 mit seiner Markierung sind. Er behauptet, dass in dem Teich etwa 200 Fische leben. Erkläre, wie er zu dieser Behauptung kommt. Wie sicher ist das bei dieser Methode?

12. In einer Urne befinden sich 5 grüne und 5 rote gleich große Kugeln. Es wird dreimal zufällig mit Zurücklegen eine Kugel gezogen und ihre Farbe notiert.
a) Zeichne ein Baumdiagramm zu diesem Zufallsversuch.
b) Berechne die Wahrscheinlichkeiten dafür, dass unter den gezogenen Kugeln keine grüne Kugel ist (genau eine grüne Kugel ist, 2 grüne Kugeln sind, 3 grüne Kugeln sind).
c) Gib die Wahrscheinlichkeiten dafür an, dass unter den gezogenen Kugeln keine rote Kugel ist, (mindestens eine grüne Kugel ist, höchstens zwei rote Kugeln sind).
d) Berechne die Wahrscheinlichkeit dafür, drei rote Kugeln zu ziehen, wenn die gezogenen Kugeln nicht zurückgelegt werden.

13. Es gibt Flaschen mit Schraubverschlüssen. Wenn man einen solchen Verschluss mit einem Würfelbecher auf eine Tischplatte wirft, dann bleibt er entweder auf der Seite oder auf der oberen Deckfläche oder auf der unteren hohlen Seitenfläche liegen. Beschreibe, wie man mit einem solchen Schraubverschluss die Stabilisierung relativer Häufigkeiten bei Zufallsversuchen demonstrieren kann.

Zufallsversuche simulieren

14. Mit einer Tabellenkalkulation wird das Werfen dreier Münzen 200-mal simuliert und die Anzahl „Wappen" gezählt. Verwendet wurden folgende Befehle: „Zufallsbereich(0; 1)"; „Summe( )" und „Zählenwenn( )".
a) Beschreibe, in welcher Weise die genannten Befehle hier Anwendung gefunden haben könnten.
b) Erläutere, wie man die Tabelle erweitern könnte, um die relativen Häufigkeiten für die Anzahl „Wappen" zu berechnen.
c) Berechne mithilfe eines Baumdiagramms die theoretischen Wahrscheinlichkeiten für das Auftreten vom Ereignis „Wappen" beim dreifachen Münzwurf. Vergleiche mit dem Simulationsergebnis in der Tabelle.

	A	B	C	D	E	F
1	0	0	1	1	Anzahl 0:	24
2	1	0	0	1	Anzahl 1:	78
3	0	1	0	1	Anzahl 2:	73
4	1	1	1	3	Anzahl 3:	25
5	0	0	0	0		
6	1	0	1	2		
7	1	1	0	2		

15. Beschreibe, wie man Zufallszahlen einer Tabellenkalkulation nutzen kann, um das einmalige Drehen dieses Glücksrades 500-mal zu simulieren.

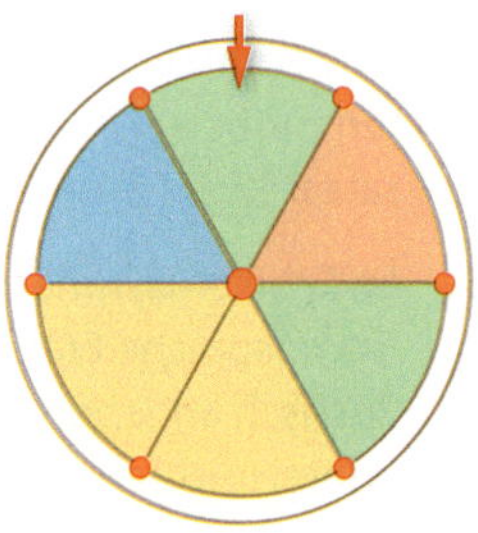

16. Jeder dritte Deutsche zeichnet mit Hilfe seines Handys Gesundheitsdaten, beispielsweise Pulsschläge auf.
Es soll untersucht werden, wie wahrscheinlich es ist, dass von zehn zufällig ausgewählten Personen mindestens drei ihre Gesundheitsdaten so aufzeichnen. Beschreibe Simulationen zum Ermitteln eines Schätzwertes für die Wahrscheinlichkeit dieses Ereignisses unter Verwendung von:
a) Spielkarten
b) Zufallszahlen

7.2 Aufgaben mit Hilfsmitteln lösen

Mit Hilfsmitteln sind hier Formelsammlungen und digitale Mathematikwerkzeuge gemeint. Zu den digitalen Mathematikwerkzeugen gehören Taschenrechner, Computeralgebrasysteme, Tabellenkalkulationen, dynamische Geometriesoftware.

Zahlen und Größen

Rechnen mit Zahlen

1. Löse die Aufgabe. Gib zunächst einen Überschlag an. Runde auf Hundertstel.

a) $\frac{3{,}72+1{,}93}{2{,}17}$ b) $\frac{71{,}9-99{,}78}{22{,}3}$ c) $\frac{-3{,}98}{4{,}56-19{,}89}$ d) $\frac{7{,}98+9{,}09}{19{,}78-23{,}78}$ e) $\frac{7{,}98-11{,}67}{12{,}78-15{,}88}$

2. Löse die Aufgabe. Runde auf Zehntel.

a) $-2{,}78\cdot(3{,}97-9{,}578)$ b) $5{,}98-7{,}45:(-3{,}42)$ c) $(7{,}12-19{,}78)\cdot(-11{,}9)$

d) $\frac{19{,}9}{5{,}09\cdot 7{,}47}$ e) $\frac{-5{,}23\cdot 7{,}78}{3{,}89\cdot(-5{,}67)}$ f) $\frac{3{,}98}{4{,}67}-\frac{8{,}7}{3{,}12\cdot 5{,}79}$

3. Überprüfe, ob die in Klammern stehende Zahl das (auf Hundertstel gerundete) Ergebnis ist. Korrigiere gegebenenfalls.

a) $\frac{12{,}7+19{,}3}{4{,}8-9{,}27}$; (7,16) b) $\frac{9{,}89}{15{,}7\cdot 0{,}789}$; (0,50) c) $\frac{8{,}91-3{,}76}{5{,}98\cdot 0{,}79}$; (1,09)

d) $\frac{1{,}67-11{,}2}{2{,}73+9{,}81}$; (−0,76) e) $\frac{4{,}8-5{,}9\cdot 9{,}3}{5{,}4\cdot 0{,}93}$; (9,97) f) $2\pi\cdot 9{,}89$; (62,14)

g) $\sqrt{3{,}72^2-2{,}8^2}$; (2,44) h) $\frac{\sqrt{2{,}75}}{\sqrt{3{,}2^3}}$; (5,18) i) $2{,}7^2+3{,}2^2-\sqrt{2\cdot 2{,}7\cdot 3{,}2}$; (13,37)

Hinweis zu 4:
Ihr könnt die Aufgaben auch in Partnerarbeit lösen. Einer löst die Aufgaben ohne, der andere mit Taschenrechner.

4. Löse die Aufgabe. Entscheide, ob es sinnvoll ist, einen Taschenrechner zu nutzen. Begründe deine Aussage.

a) $5\cdot 3{,}87\cdot 2$ b) $78{,}56+2{,}78-7{,}56$ c) $4:\frac{1}{4}+\frac{2}{7}\cdot 7{,}7$

d) $\frac{1}{4}:\frac{3}{4}-\frac{2}{3}$ e) $0{,}125-\frac{1}{4}-\frac{1}{8}+0{,}25$ f) $(-4)^2+4{,}2\cdot 0{,}1$

Prozentrechnung

5. Übertrage ins Heft und fülle die Tabelle aus. Runde gegebenenfalls auf Hundertstel.

Grundwert	123 €		1960 €	8,7 m	75 kg		77 ha	
Prozentsatz	1,7 %	9 %			143 %	123 %	8,5 %	7,5 %
Prozentwert		8,5 kg	11 €	12,3 m		240 ℓ		81 m

6. Mit einer Tabellenkalkulation lassen sich auch Grundaufgaben der Prozentrechnung lösen. Gib für die Zellen B3, C4 und D5 jeweils eine Formel zur Berechnung der gesuchten Größe an. Beachte, dass der Prozentsatz mit „%" angezeigt wird.

	A	B	C	D
1	Grundaufgaben der Prozentrechnung			
2				
3	Grundwert G	1	150	240
4	Prozentwert W	20		80
5	Prozentsatz p%	10 %	30 %	

7. Im Schiller-Gymnasium werden als 2. Fremdsprache Französisch, Spanisch und Russisch angeboten. Von allen 75 Schülerinnen und Schülern der siebenten Klassen lernen 32 % Französisch, 52 % Spanisch und 16 % Russisch. Stelle den Sachverhalt mithilfe einer Tabellenkalkulation als Säulen- und als Kreisdiagramm dar.

8. Es werden 1450 € zu 2,4 % p. a. fest angelegt. Ermittle die Zinsen insgesamt nach 5 Jahren.

a) ohne Zinseszins b) mit Zinseszins

Größen

9. Berechne, wenn möglich. Runde das Ergebnis gegebenenfalls auf Tausendstel.
a) $3{,}75\,\text{kg} - 239\,\text{g}$ b) $2{,}78\,\text{m} \cdot 2{,}7\,\text{dm}$
c) $267\,\text{cm}^2 : 7{,}2\,\text{cm}$ d) $2{,}89\,\text{m}^3 : 27\,\text{dm}$
e) $7{,}3\,\text{cm}^2 - 3{,}34\,\text{cm}$ f) $1{,}76\,\text{dm}^3 + 890\,\text{ml}$
g) $1\,\text{ha} - 33{,}78\,\text{m}^2$ h) $2{,}57\,\text{t} + 2678\,\text{kg}$

10. Schreibe in der in Klammern stehenden Einheit.
a) $3\,\frac{\text{km}}{\text{h}}$; $\left(\frac{\text{m}}{\text{s}}\right)$ b) $900\,\frac{\text{km}}{\text{h}}$; $\left(\frac{\text{km}}{\text{min}}\right)$ c) 20 °C; (K) d) 5 kcal; (J)

11. Lisa hat eine Karte mit dem Stadtplan von Halle im Maßstab 1 : 23 500 gekauft. Von ihrer Unterkunft aus ermittelt sie auf der Karte unterschiedliche Ziele (Luftlinie).
Gib die tatsächliche Entfernung in Kilometern an. Runde gegebenenfalls auf Zehntel.
a) Franckesche Stiftungen; 12 cm
b) Zoo; 31 cm
c) ERDGAS-Sportpark (Stadion); 4,5 cm

12. Michael fährt mit seinen Eltern in die USA. Zur Vereinfachung der Umrechnung von US-Dollar in Euro nutzt er einen selbst erstellten Währungsrechner.
Gib für die Zellen C3 und C5 jeweils eine Formel zur Berechnung der gesuchten Größe an.

	A	B	C	D
1	Ausgangswährung		Zielwährung	
2	US $		Euro	
3	1		0,8764	
4	Euro		US $	
5	1		1,1411	

Hinweis zu 12:
Informiere dich im Internet über den aktuellen Wechselkurs.

13. Berechne die gesamte Unterrichtszeit für 9 Schuljahre mit jeweils 40 Unterrichtswochen und durchschnittlich 6 Unterrichtsstunden pro Tag.
a) in Stunden b) in Minuten c) in Tagen

Potenzen und Logarithmen

14. Löse die Aufgabe. Entscheide vorher, ob es sinnvoll ist, einen Taschenrechner zu nutzen. Begründe dies. Runde das Ergebnis gegebenenfalls auf Hundertstel.
a) $2^4 \cdot 5^4$ b) $2{,}5^{-2} \cdot 2^{-2}$ c) $4^4 \cdot 4^{-6}$ d) 3^{-5} e) $-1{,}3^{-4}$
f) $\sqrt[5]{5^7}$ g) $\frac{1}{3}\lg 1000$ h) $0{,}2 \cdot \sqrt{\lg 10}$ i) $\ln \sqrt[7]{70}$ j) $\lg \sqrt[6]{10{,}23}$

15. Berechne mit einem Taschenrechner. Du kannst den Term vorher auch vereinfachen. Runde das Ergebnis gegebenenfalls auf Tausendstel.
a) $\sqrt[4]{\frac{3^5 \cdot 5^3}{3 \cdot 5}}$ b) $3^{\sqrt{2}} \cdot 3^{\sqrt{5}} \cdot 3^{\sqrt{4}}$ c) $2^{\sqrt{5}} \cdot 3^{\sqrt{5}} \cdot 5^{\sqrt{5}}$ d) $\left[\sqrt{3} \cdot (\sqrt{3})^3\right]^{\frac{1}{8}}$

16. Multipliziere aus und fasse zusammen.
a) $(a^{-3} - 1)(a^{-3} + 1) - \frac{1}{a^6}$ b) $\frac{1}{x^3} \cdot x^7 + x^3 \cdot (2x^{-3} + x)$
c) $5c^x(2 - c^{2x-3}) + \frac{2}{c^3}(2c^{3x} - 6c^{x+3})$ d) $(3x^3 - 2x^2 + x) \cdot \frac{1}{x} - 1$

Hinweis zu 16:
Du kannst dein Ergebnis mit einem Computeralgebra-system prüfen.

17. Ermittle den Logarithmus mit einem Taschenrechner. Führe zunächst einen Überschlag durch. Informiere dich, wie man mithilfe der Zehnerlogarithmen den Wert des Terms $\log_a b$ ermitteln kann. Runde das Ergebnis gegebenenfalls auf Tausendstel.
a) $\log_4 0{,}26$ b) $\log_2 17{,}2$ c) $\log_7 53$ d) $\log_{0,5} 0{,}122$ e) $\log_{100} 98{,}9$

18. Berechne $\log_2 x$; $\ln x$ und $\lg x$ für $x = 0{,}001$ (0,01; 0,1; 1; 2; 5; 10; 50).
Stelle die Ergebnisse in einer Wertetabelle dar.

Terme und Termumformungen

19. Berechne den Termwert für $a = 2{,}76$; $b = 3{,}27$ und $c = -5{,}93$.
Da du die Zahlen 2,76; 3,27 und – 5,93 immer wieder benötigst, ist es sinnvoll, diese im Rechner zu speichern. Runde das Ergebnis gegebenenfalls auf Tausendstel.
a) a^b b) b^a c) $\sqrt[b]{a + c^2}$ d) $\frac{a+b}{bc}$ e) $-b \cdot (a - c)$

20. Forme in ein Produkt um. Zur Kontrolle kannst du ein Computeralgebrasystem nutzen.
a) $6x + 7x^2$ b) $5x - 15x^3$ c) $x^2 - 0{,}01$ d) $-b^3 + b^2 - b$ e) $-3a^2 - 9a$

21. Forme in eine Summe um. Zur Kontrolle kannst du ein Computeralgebrasystem nutzen.
a) $(a + 3)^2$ b) $2 \cdot (10x - 0{,}2)^2$ c) $2x \cdot (x - 0{,}4)^2$
d) $(y + 3)(2y - 2)$ e) $2 \cdot (y - 0{,}1)(y + 0{,}1)^2$ f) $3x \cdot (1 - 2x)$

22. Prüfe, ob die Termumformung korrekt durchgeführt wurde. Zur Kontrolle kannst du ein Computeralgebrasystem nutzen.
a) $3 \cdot (0{,}1x + 1)^2 = 0{,}3 \cdot x^2 + 0{,}3x + 3$
b) $(x - 0{,}2)(2x + 0{,}4) = 2x^2 - 0{,}04$
c) $x(x + 1)^3 = x^4 + 3x^3 + 3x^2 + x$
d) $(0{,}1x - 1)^2 \cdot (0{,}1x + 1) = 0{,}001x^3 - 0{,}01x^2 - 0{,}1x + 1$

Gleichungen und Ungleichungen

Hinweis zu 23:
Beachte, dass man beim Nutzen von Rechenhilfsmitteln oft nur Näherungswerte erhält.

23. Löse die Gleichung. Gib das Ergebnis auf Hundertstel genau an. Zur Kontrolle kannst du ein Computeralgebrasystem nutzen.
a) $2{,}78x + 8{,}89 = 11{,}2$ b) $5{,}78 + 3{,}45x = 45{,}78x - 53{,}89$
c) $\frac{476}{x} = \sqrt{53{,}3}$ d) $23{,}76 : x = 57{,}98 : \lg 17$
e) $1{,}7 \cdot (x + 8{,}9) = 9{,}87$ f) $2{,}75 \cdot (122 - x) = 2 \cdot (x + 1{,}567)$

24. Löse die Ungleichung. Beachte den Grundbereich. Runde gegebenenfalls auf Hundertstel.
a) $2{,}78x + 5{,}6 > 9{,}83$; $x \in \mathbb{R}$ b) $4{,}93 - 9{,}5x < 3{,}71x - 4{,}89$; $x \in \mathbb{N}$
c) $\frac{2}{7} \cdot (x - 5{,}6) < -6{,}78x + \frac{9}{8}$; $x \in \mathbb{Z}$ d) $-22x + 13{,}9 < 32{,}78$; $x \in \mathbb{R}$

25. Schreibe die Formel mit Variablen auf und stelle sie nach der angegebenen Variablen um. Zur Kontrolle kannst du ein Computeralgebrasystem nutzen.
a) Volumenformel einer Kugel; (Radius r)
b) Flächeninhaltsformel für einen Halbkreis; (Radius r)
c) Formel zur Berechnung von Monatszinsen; (Anzahl der Monate m)
d) Flächeninhaltsformel für ein Drachenviereck; (Diagonale e)

26. Löse die Gleichungen. Runde gegebenenfalls auf Hundertstel.
a) $\lg 89 + 23{,}4x - \ln 10 = -2{,}78$ b) $\sqrt[3]{30} \cdot x + \frac{2{,}7}{1{,}3^2} = 1{,}9 \cdot \left(x + \frac{1}{1{,}8 \cdot 2{,}9^{-2}}\right)$
c) $2{,}7^{-2} \cdot (2{,}7x + 3) = x \cdot \lg 9$ d) $\sqrt[3]{15} : 1{,}51^2 = 3x : \sqrt[3]{15}$
e) $\frac{\sqrt{13}}{2{,}1 \cdot 0{,}77} = \frac{\ln e}{x}$ f) $17 : x = \lg 8 : \lg 80$

27. Löse folgende Gleichungen. Runde gegebenenfalls auf Hundertstel.
a) $2^x = 4{,}5$ b) $a^2 = 14{,}78$ c) $2c^3 - 245 = 0$ d) $23{,}42 = \sqrt{x}$ e) $x - 0{,}34^2 = 0$

28. Ermittle alle ganzzahligen Lösungen der Gleichung im Intervall $-10 < x < 10$.
a) $-15 + 2x^2 - x = 0$ b) $x^2 + 2\sqrt{3} + 3 = 0$
c) $x^3 + 4x^2 - 7x - 10 = 0$ d) $x^4 - x^2 - 8x^3 - 4 = -8x - 4$

Raum und Form

Planimetrie

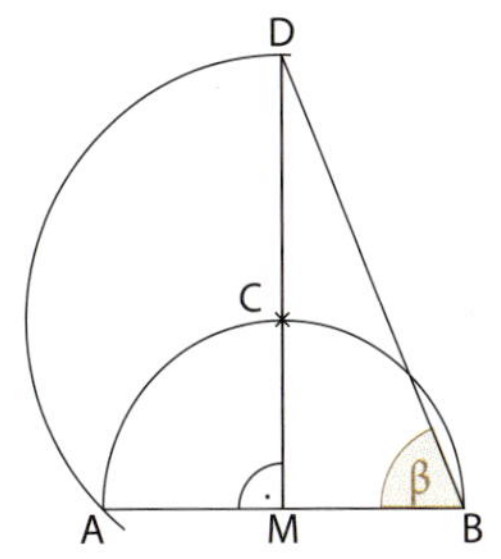

1. Ermittle die Größe des Winkels β in nebenstehender Abbildung konstruktiv.

2. Gegeben ist ein Quadrat ABCD mit der Seitenlänge a und ein Rechteck mit den Seitenlängen a und b (b > a). Beide Figuren berühren einander. Das Rechteck liegt mit seiner längeren Seite am Quadrat.
   a) Stelle für selbst gewählte Seitenlängen den Sachverhalt dar.
   b) Eine der Diagonalen des Quadrates soll so verlängert werden, dass sie eine Seite des Rechtecks im Punkt S so schneidet, dass im Rechteck ein Dreieck entsteht. Welche Bedingung muss für das Rechteck hierfür erfüllt sein?
   c) Prüfe, ob es unter allen entstandenen Dreiecken solche gibt, die zueinander ähnlich sind und berechne die Flächeninhalte der Dreiecke.

3. a) Übertrage die Tabelle ins Heft und berechne die fehlenden Größen des Dreiecks Δ PQR. Es gilt: H ist Fußpunkt der Höhe auf die Hypotenuse und ∢ RQP = 90°

Dreieck	$\overline{PQ}$	$\overline{QR}$	$\overline{RP}$	$\overline{PH}$	$\overline{HR}$	$\overline{HQ}$	∢ RQP	∢ QPR
(1)	3,6 cm	7,7 cm						
(2)		9,9 cm	10,1 cm					
(3)	469 mm		7,58 dm					
(4)			1,0 m		2,0 dm			
(5)				1,0 cm		3,0 cm		
(6)			1,46 m					20°

   b) Konstruiere jedes Dreieck allein aus den gegebenen Größen und vergleiche die Maße der Zeichnung mit den durch Rechnung gefundenen.
   c) Berechne von jedem Dreieck den Flächeninhalt.

4. Übertrage die Tabelle ins Heft. Vervollständige sie für allgemeine Dreiecke Δ ABC.

Dreieck	a	b	c	α	β	γ
(1)	7,5 m			45,76°	110,58°	
(2)		8,22 m		39,07°		83,96°
(3)	3,74 m	4,18 m			31,72°	
(4)		11,24 m	6,03 m	15,62°		
(5)	13 m	14 m	15 m			
(6)		4,42 m	7,04 m		30,30°	

5. Die Katheten eines rechtwinkligen Dreiecks sind 5 cm und 8 cm lang. Berechne sowohl die Länge der Hypotenuse als auch die Längen der Hypotenusenabschnitte.

6. Die Abbildung zeigt den Querschnitt einer prismenförmigen Metallschiene. Die Längenmaße sind in Millimeter angegeben.
   a) Berechne den Inhalt der Querschnittsfläche.
   b) Wie groß wäre das Volumen einer 10 m langen Schiene?

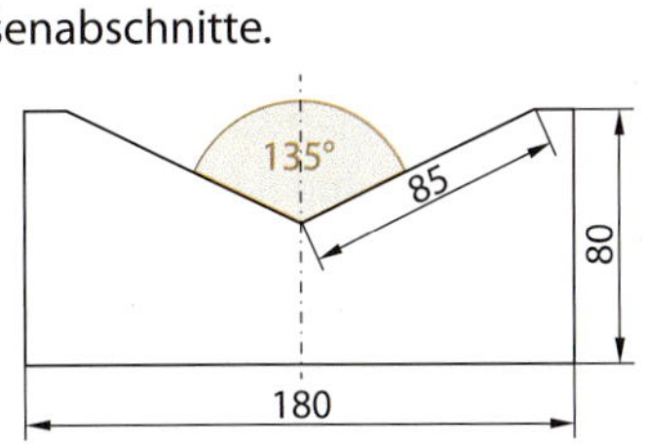

7. Gegeben ist ein Rechteck ABCD mit den Seitenlängen $a = 10{,}5\,\text{cm}$ und $b = 5{,}5\,\text{cm}$.

a) Berechne den Flächeninhalt des Rechtecks.

b) Zeichne das Rechteck und konstruiere die Winkelhalbierenden der Innenwinkel. Begründe, warum je zwei Winkelhalbierende benachbarter Eckpunkte einen rechten Winkel bilden.

c) Begründe, warum es genau vier Punkte E, F, G und H gibt, in denen die Winkelhalbierenden einander schneiden.

d) Gib eine Vermutung an, welcher Art das Viereck EFGH ist und überprüfe deine Vermutung. Ermittle den Flächeninhalt des Vierecks EFGH.

e) Wie müssten die Seitenlängen des Rechtecks ABCD geändert werden, damit der Flächeninhalt des Vierecks EFGH größer wird (kleiner wird, gleich dem Flächeninhalt des Rechtecks ABCD ist)?

8. Ein kreisrunder Teich hat einen Umfang von 150 m.

a) Berechne den Flächeninhalt des Teiches.

b) Um den Teich führt ein 2 m breiter Weg. Ermittle den Flächeninhalt des Weges.

9. Für die Kreise in nebenstehender Abbildung gilt: $r_1 = 3\,\text{cm}$ und $r_2 = 10\,\text{cm}$

a) Berechne den Durchmesser des farbigen Kreises.

b) Berechne den Flächeninhalt der farbigen Fläche.

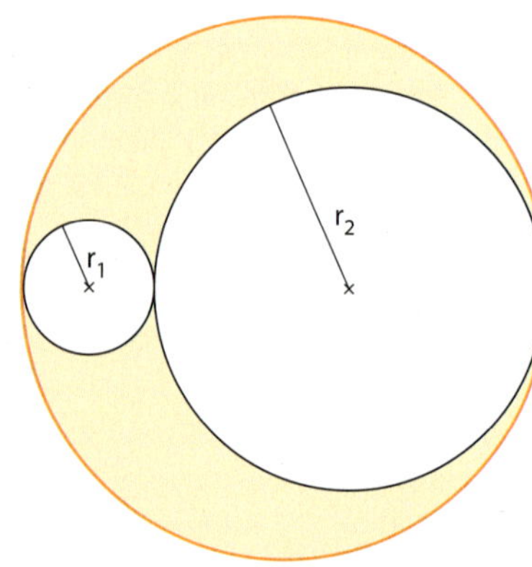

Stereometrie

10. Übertrage die Tabelle ins Heft. Fülle sie für ein regelmäßiges dreiseitiges Prisma aus.

Basiskantenlänge a	6 cm				
Höhe h	10 cm	6 m		100 dm	4 a
Inhalt der Mantelfläche A_M		$18\,\text{m}^2$	$0{,}4\,\text{dm}^2$		$192\,\text{m}^2$
Inhalt der Oberfläche A_O			$1{,}6\,\text{dm}^2$		
Volumen V			$0{,}2\,\text{dm}^3$	9 hl	

11. Für Gebäudeversicherungen muss die Größe des umbauten Raumes angegeben werden, also das von den Wänden eingeschlossene Luftvolumen eines Raumes.

a) Berechne dieses Volumen für den dargestellten Raum.

b) Berechne die Flächeninhalte des Fußbodens, der Decke und der Seitenwände des Raumes.

c) Wie ändert sich das Luftvolumen des umbauten Raumes, wenn nach einem Wanddurchbruch zum Nachbarzimmer die Fußbodenfläche die Abmessungen 10 m x 30 m hat, die anderen Maße aber unverändert bleiben?

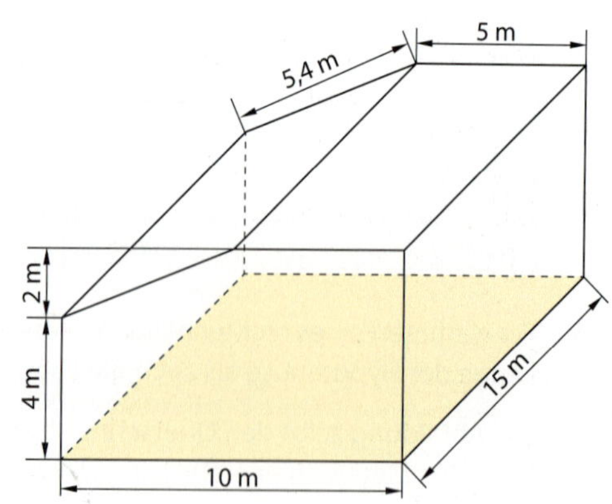

12. Der abgebildete Schalungsstein zum Verfüllen mit Beton hat die äußeren Abmessungen von 39 cm x 19 cm x 14 cm, die Abmessungen der enthaltenen Hohlkammern sind jeweils 14 cm x 9 cm.

a) Stelle einen solchen Schalungsstein im geeigneten Maßstab in Grund- und Aufriss dar.
b) Berechne das Volumen eines solchen Steins.
c) Berechne die Masse von 80 solcher Steine. Sie haben eine Dichte von $2\,\frac{kg}{dm^3}$.
d) In einer neuen Produktionslinie sollen leichtere Hohlkammersteine gegossen werden. Dafür sollen die quaderförmigen Hohlkammern durch zylinderförmige ersetzt werden. Wie viele zylinderförmige Hohlkammern können in einem Stein eingebracht werden, wenn für die verbleibenden Zwischenwände eine Stärke von 3 cm einzuhalten ist? Prüfe, ob dadurch eine Gewichtsverminderung möglich ist.

13. Übertrage die Tabellen ins Heft und fülle sie aus.

Quadratische Pyramide			
Grundkante a	4 cm		30 dm
Höhe h	4,8 cm	6 dm	
Seitenkante s		100 cm	
Volumen V			56,55 m^3
Mantelfläche A_M			
Oberfläche A_O			

Kreiskegel			
Grundflächenradius r	8 cm		40 mm
Höhe h		10 dm	
Seitenlinie s	10 cm		
Volumen V		188,5 dm^3	
Mantelfläche A_M			1256,64 mm^2
Oberfläche A_O			

14. Übertrage die Tabelle ins Heft. Fülle sie für eine Kugel aus.

Radius r	1 dm	10 dm				
Durchmesser d			60 cm			
Volumen V				51,5 ℓ	1 m^3	
Oberfläche A_O						1456 m^2

15. Ein Werkstück aus Stahl setzt sich aus drei Körpern gleicher Höhe zusammen. Der untere Körper ist ein Quader mit quadratischer Grundfläche (12 cm x 12 cm), darauf steht ein Kreiszylinder dessen Grundfläche einen Durchmesser von 12 cm hat. Darüber befindet sich ein Kreiskegel, dessen Grundfläche genau so groß ist, wie die des Kreiszylinders.
a) Zeichne den in der Abbildung dargestellten Aufriss im Maßstab 1 : 3 ins Heft und ergänze den zugehörigen Grundriss entsprechend.
b) Berechne das Gesamtvolumen des Werkstücks.
c) Berechne den prozentualen Materialabfall, der entsteht, wenn das Werkstück aus einem Quader mit den Abmessungen von 45 cm x 12 cm x 12 cm gefräst wird.

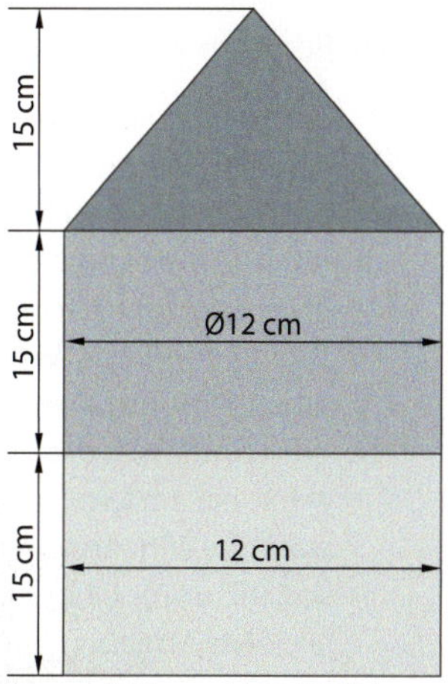

Zeichnung nicht maßstablich

16. Entscheide und begründe, ob 20 000 solcher Werkstücke aus Aufgabe 15 auf einem Kleintransporter mit einer Tragfähigkeit von 7,5 t transportiert werden können.

17. Zeichne Grund- und Aufriss des dargestellten Körpers und berechne sowohl sein Volumen als auch seinen Oberflächeninhalt.
Die Maße sind in Millimeter angegeben.

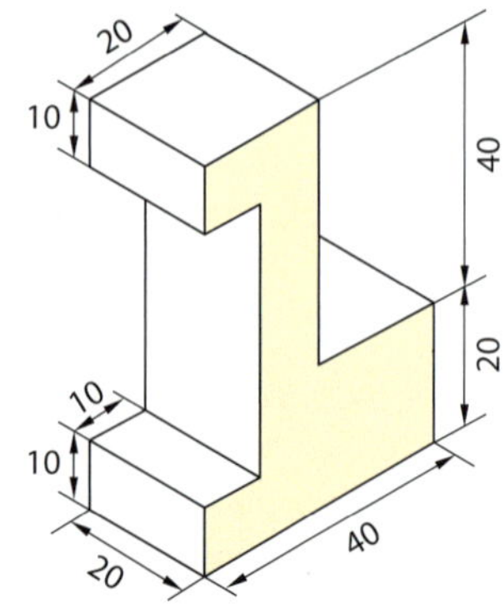

Trigonometrie

18. Gegeben ist ein Dreieck ΔABC mit $a = 15{,}83\,m$; $b = 12{,}41\,m$ und $\alpha = 75{,}59°$.
Berechne die Größen der fehlenden Innenwinkel und die Längen der fehlenden Seiten.

19. Gegeben ist ein Dreieck ΔABC mit den Seiten a, b und c und den Innenwinkeln α, β und γ.

a) Berechne die Größen der fehlenden Innenwinkel und die Längen der fehlenden Seiten für $\gamma = 90°$; $b = 2{,}53\,cm$ und $c = 38{,}8\,mm$.

b) Berechne den Flächeninhalt des Dreiecks für $\beta = 55°$; $c = 6{,}0\,dm$ und $a = 4{,}0\,dm$.

20. Aufgeschütteter Sand nimmt die Form eines Kreiskegels an. Der dabei auftretende Schüttwinkel ist beispielsweise abhängig von der Art und der Beschaffenheit des Sandes.

a) Ein Kegel aus feinem Sand hat einen Umfang von 42,5 m und eine Höhe von 3,50 m. Prüfe, ob der Sandkegel mit 15 Lastkraftwagen abtransportiert werden kann, wenn auf jedes Fahrzeug etwa $10\,m^3$ Sand passen.

b) Berechne, wie groß der Schüttwinkel des Sandkegels ist.

c) Grober Sand kann mit einem Schüttwinkel von etwa 35° aufgeschüttet werden. Berechne, um wie viel Meter der entstehende Schüttkegel höher oder niedriger als der Kegel aus Aufgabe a) wird.

d) Berechne die Volumenzunahme oder Volumenabnahme mit den Angaben aus Aufgabe c).

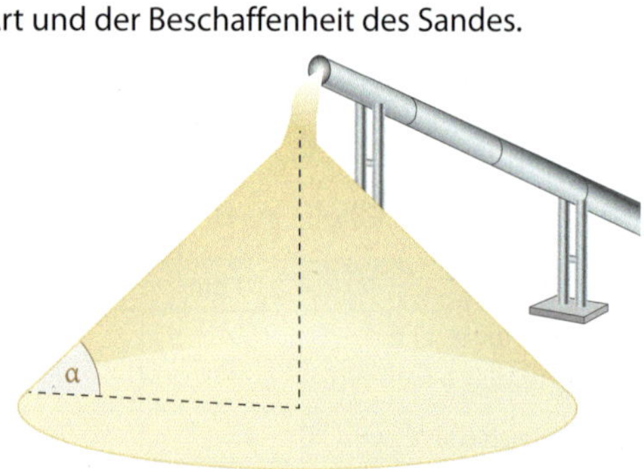

21. Es soll ein Baumwipfelfad über den nahe gelegenen Fluss angelegt werden.

a) Ermittle die Gesamtlänge des Pfades sowohl zeichnerisch als auch rechnerisch. Vergleiche die erhaltenen Angaben miteinander.

b) Wie würde sich das Ergebnis ändern, wenn ein anderer Baum genutzt und statt des Winkels von 80° ein Winkel von 90° unter Beibehaltung der anderen Angaben geplant gewesen wäre?

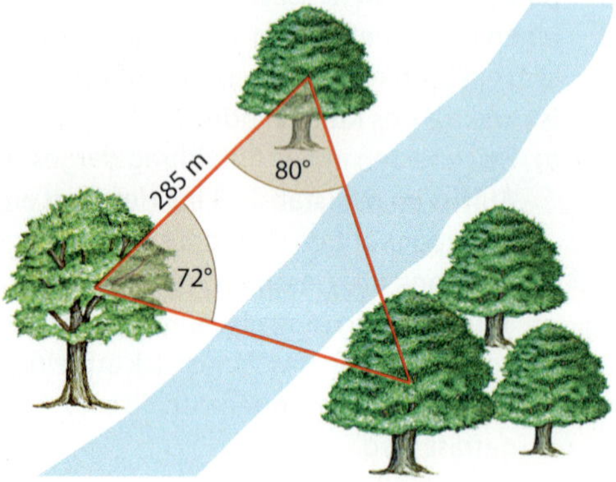

Zuordnungen und Funktionen

Zuordnungen, direkte und indirekte Proportionalität

1. Gegeben ist die Zuordnung $x \mapsto y$ durch die Gleichung $y = \frac{1}{x^2}$.
   a) Stelle mithilfe einer Tabellenkalkulation eine Wertetabelle für diese Zuordnung auf.
   Erkläre die Anzeige für den y-Wert in der Spalte für $x = 0$.
   b) Stelle die geordneten Zahlenpaare in einem Koordinatensystem dar.
   c) Entscheide und begründe, ob diese Zuordnung eindeutig ist.

2. Untersuche mit einer Tabellenkalkulation die Zuordnung $x \mapsto y$ auf direkte oder indirekte Proportionalität.

a)

x	0,4	0,9	1,7	2,1	3,5	5,8
y	0,68	1,53	2,89	3,57	5,95	9,86

b)

x	0,40	1,25	2,00	4,00	5,00	10,00
y	6,250	2,000	1,250	0,625	0,500	0,250

c)

x	0,5	1,2	2,2	3,4	5,0	6,2
y	1,10	1,94	3,14	4,58	6,50	7,94

3. Eine Wanderkarte hat den Maßstab 1 : 25 000.
   a) Erstelle mit einer Tabellenkalkulation eine Tabelle, mit der Streckenlängen auf der Karte (Bildstrecken b in cm) in Streckenlängen in der Wirklichkeit (Originalstrecken o in km) umgerechnet werden können.
   b) Erstelle auch eine Tabelle zum Umrechnen von Originalstreckenlängen (o in km) in Bildstreckenlängen (b in cm).
   c) Untersuche die Zuordnungen $b \mapsto o$ und $o \mapsto b$ auf Proportionalität.
   Gib auch eine Gleichung für den bestehenden Zusammenhang an.

4. In einer Versuchsreihe wurde die Abhängigkeit des Volumens V vom Radius r untersucht.

r in cm	0,5	1,5	2,5	3,5	4,5	5,5
V in cm³	3,9	35,8	99,3	190,9	320,1	475,2

Prüfe folgende Zusammenhänge auf Proportionalität: (1) $r \mapsto V$ (2) $r^2 \mapsto V$ (3) $r^3 \mapsto V$
Gib für den gefundenen Zusammenhang eine Gleichung an.

5. Hier sind Wertepaare $(x|y)$ mithilfe einer dynamischen Geometriesoftware dargestellt.
   Entscheide und begründe, ob und gegebenenfalls welche Proportionalität vorliegt.

(1)

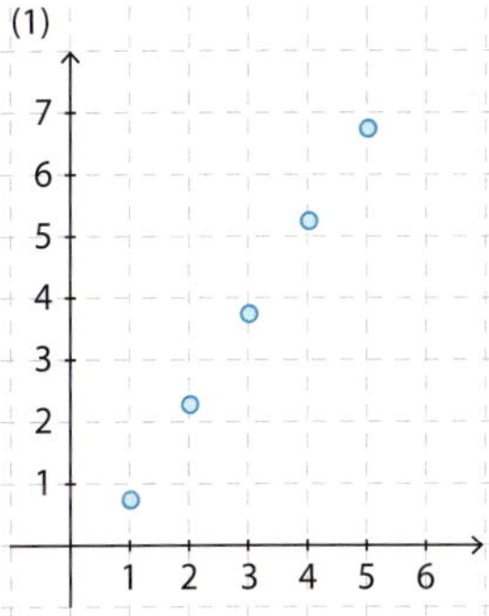

(2)

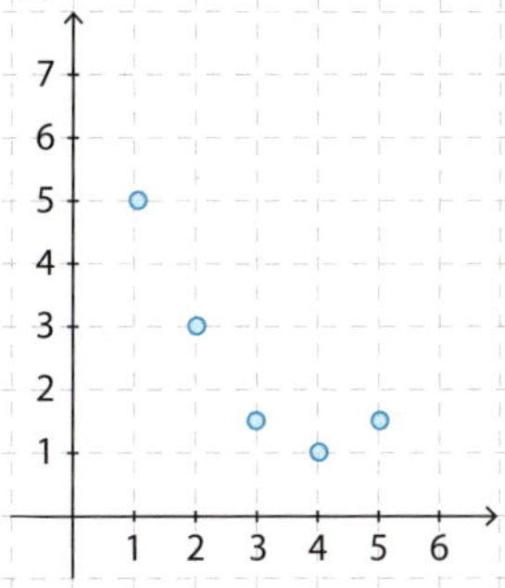

(3)

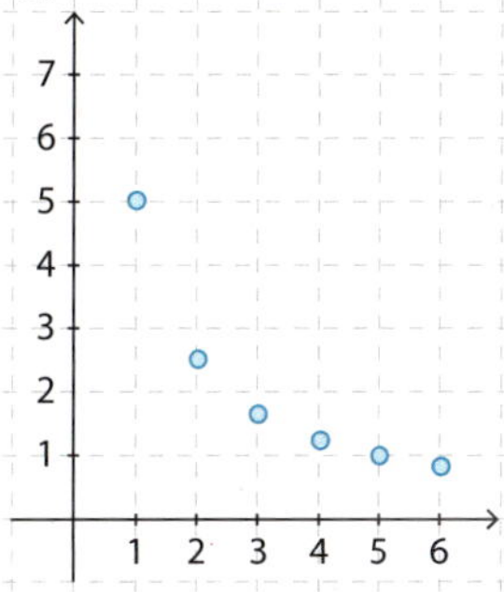

Lineare und quadratische Funktionen

6. Erstelle eine Wertetabelle. Suche die kleinsten Intervalle heraus, in denen Nullstellen liegen.
a) für $y = f(x) = -0{,}3x + 1{,}1$ (im Intervall von $-2 \le x \le 6$ mit der Schrittweite 1)
b) für $y = f(x) = |1{,}2x - 3{,}4| - 1{,}5$ (im Intervall von $-1 \le x \le 5$ mit der Schrittweite 0,5)
c) für $y = f(x) = 0{,}2x^2 - 0{,}25x - 0{,}525$ (im Intervall von $-3 \le x \le 3$ mit der Schrittweite 0,5)

7. Ermittle die Nullstellen der Funktionen f grafisch.
a) $y = f(x) = 4{,}5\,x - 16{,}5$ b) $y = f(x) = -4{,}5\,x - 19{,}5$ c) $y = f(x) = 0{,}7x - 100$
d) $y = f(x) = |2x - 5| - 10$ e) $y = f(x) = -\left|\frac{1}{2}x\right| + \pi$ f) $y = f(x) = |x + 1| - x - 2$
g) $y = f(x) = x^2 + 0{,}8\,x - 13$ h) $y = f(x) = (x - 10)^2 - 4\pi$ i) $y = f(x) = x^2 - |2{,}5x|$

8. Veranschauliche den Einfluss der Parameter m und n auf die Graphen linearer Funktionen f mit der Gleichung $y = f(x) = m \cdot x + n$ mithilfe einer dynamischen Geometriesoftware oder eines anderen digitalen Mathematikwerkzeuges.

9. Veranschauliche den Einfluss von Parametern auf den Funktionsgraphen mithilfe einer dynamischen Geometriesoftware oder eines anderen digitalen Mathematikwerkzeuges.
a) $y = f(x) = (x + d)^2 + e$ b) $y = f(x) = x^2 + px + q$ c) $y = f(x) = a \cdot x^2 + c$

10. Ermittle den kleinstmöglichen und den größtmöglichen Funktionswert, den die Funktion f im Intervall $-5 \le x \le 5$ annehmen kann.
a) $y = f(x) = 3x - 7$ b) $y = f(x) = -3x + 1$ c) $y = f(x) = |-3x - 4|$
d) $y = f(x) = 3x^2 - 7$ e) $y = f(x) = -3x^2 + 7$ f) $y = f(x) = x^2 + 12x$

11. a) Die nebenstehenden Graphen sind verschobene Normalparabeln. Ermittle jeweils eine zugehörige Funktionsgleichung und überprüfe diese mithilfe einer dynamischen Geometriesoftware oder eines anderen digitalen Mathematikwerkzeuges.
b) Gib für jede Funktion das Monotonieverhalten, den Wertebereich sowie die Koordinaten des Schnittpunktes des Graphen mit der y-Achse an.

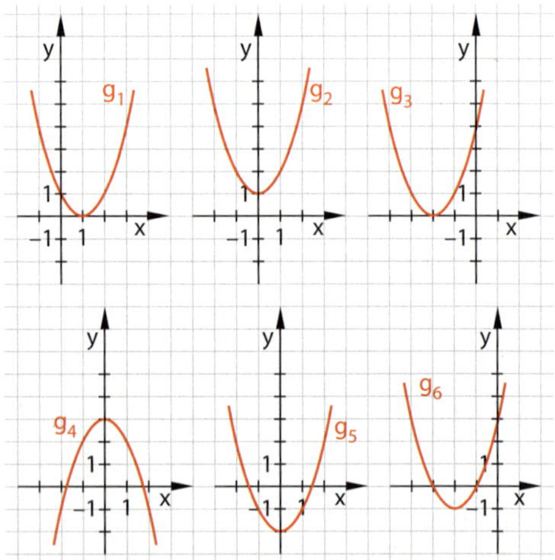

12. Ermittle die Koordinaten der Schnittpunkte der Graphen der Funktionen f und g.
a) $y = f(x) = 3x - 5;\ y = g(x) = 5x - 3$
b) $y = f(x) = 3x - 1;\ y = f(x) = 5x^2 - 3$

Hinweis zu 13:
Eine Einheit im Koordinatensystem soll 100 m entsprechen.

13. Der Verlauf einer Straße wird durch die Funktion f mit der Gleichung $y = f(x) = -2x + 4$ beschrieben. Ein Ort A liegt im Koordinatenursprung und ein Ort B hat die Koordinaten $x = 4$ und $y = 3$.
Ermittle die Abstände der Orte von der Straße (Luftlinie).

14. Beim Darstellen von Funktionsgraphen kann man auf den Achsen unterschiedliche Skalierungen vornehmen. Untersuche, wie sich solche unterschiedlichen Skalierungen auf das Erscheinungsbild des Graphen $y = f(x) = 2x$ auswirken.
a) x-Achse (1 LE ≙ 1 cm); y-Achse (1 LE ≙ 5 cm)
b) x-Achse (1 LE ≙ 5 cm); y – Achse: (1 LE ≙ 1 cm)

Lineare und quadratische Gleichungen

15. Löse die Gleichung. Kontrolliere mit einem Computeralgebrasystem.

a) $\frac{3x+2}{4} = \frac{x}{2}$ b) $\frac{1}{3} = \frac{2 \cdot (3-2x)}{4}$ c) $\frac{4x-5}{3} = 0{,}5x$

d) $\frac{2y+10}{1-3y} = 2$ e) $\frac{1}{0{,}5y+1} = \frac{2}{3-y}$ f) $\frac{3}{2z} + \frac{4}{3z} - \frac{5}{6z} = 1$

g) $\frac{x}{2} - \left(\frac{x}{3} + \frac{x}{4}\right) + \left(\frac{x}{8} - \frac{x}{6}\right) = 1$ h) $(6-y)^2 + (6+y)^2 = 3 + 2y^2$ i) $z - (6z-9) + (7z-5) = z$

16. Stelle die Gleichung nach x, y oder z um. Kontrolliere mit einem Computeralgebrasystem.

a) $x + \frac{x}{a} = b$ b) $z - m = \frac{z}{m} + 1$ c) $\frac{p}{y} - \frac{p}{2y} = 1$

d) $\frac{q}{x+1} = \frac{r+s}{x-1}$ e) $\frac{1}{y} = \frac{1}{a} + \frac{1}{b}$ f) $\frac{4sz}{t^2-s^2} = \frac{z}{t-s} - \frac{3}{t+s}$

17. Der Zähler eines Bruches ist um 2 kleiner als sein Nenner. Werden sein Zähler und sein Nenner um 7 verkleinert, dann erhält man die gebrochene Zahl $\frac{2}{3}$. Ermittle den Bruch.

18. Das Produkt von vier aufeinanderfolgenden natürlichen Zahlen ist 190 578 024. Ermittle diese Zahlen.

19. Löse die Gleichung. Kontrolliere mit mit einem Computeralgebrasystem.

a) $0{,}1x^2 - 30 = 2x$ b) $3x^2 - 5x + \frac{7}{4} = 0$ c) $y + \frac{1}{9y} = -\frac{2}{3}$

d) $z^2 - 2\sqrt{2}\,z - 1 = 0$ e) $y + 0{,}4 = -\frac{2{,}04}{y}$ f) $(z+1)^2 = 16 - (2z-1)(2z+1)$

20. Weise nach, dass $x_{1/2} = 2 \pm \sqrt{3}$ Lösungen der Gleichung $x^2 - 4x + 1 = 0$ sind.

21. Löse die Gleichung sowohl grafisch als auch rechnerisch.

a) $3x - 4 = \frac{1}{2}(x+7)$ b) $\frac{1}{3}x^2 - 1 = 2x$ c) $x^4 = 2{,}5 - 0{,}5x^2$

22. Hier sind Graphen linearer Funktionen und verschobene Normalparabeln dargestellt.

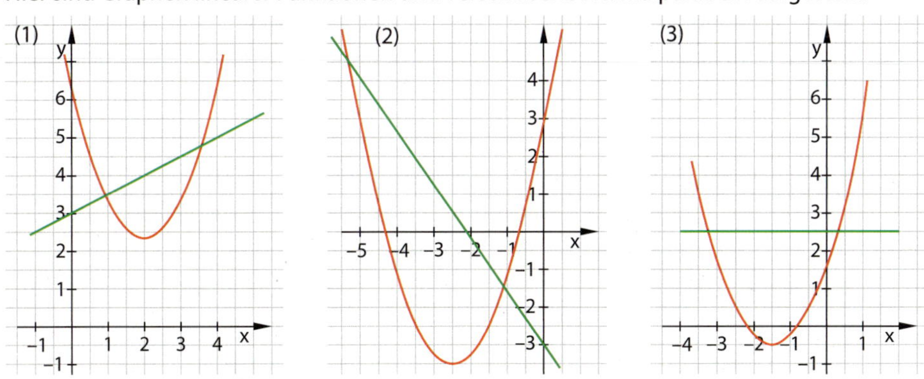

a) Gib für jeden Graphen eine Funktionsgleichung an.

b) Gib jeweils eine Gleichung an, die als Lösung die x-Werte der Schnittpunkte beider Graphen haben. Löse dann diese Gleichung mit einer dynamischen Geometriesoftware oder einem anderen digitalen Mathematikwerkzeug und gib die Ergebnisse auf Hundertstel genau an.

23. Ermittle Lösungen der Gleichung im angegebenen Intervall durch Einschachteln auf Hundertstel genau. Löse dann die Gleichung mit einem digitalen Mathematikwerkzeug und gib die Ergebnisse auf Hundertstel genau an.

a) $3^x - 15 = 0;\ 2 \le x \le 3$ b) $5x + 1 - 4^x = 0;\ 2 \le x \le 3$

c) $2^x - 1 = 2x;\ 2 \le x \le 3$ d) $8x^2 - 9x^3 = 7;\ -1 \le x \le 0$

e) $x^5 = 5^x;\ 0 \le x \le 10$ f) $\ln x = 0{,}5x - 1;\ 0 < x < 7$

Daten und Zufall

Erfassen, Auswerten und Darstellen von Daten

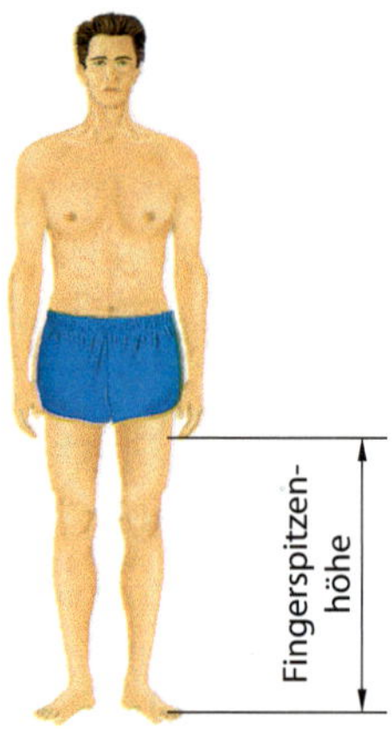

1. Sammelt von allen Mitschülerinnen und Mitschülern eurer Klasse die Angaben zur Körpergröße und zur Fingerspitzenhöhe. Achtet auf die Anonymität der Angaben.
   a) Stellt die Daten in geeigneter Weise grafisch dar.
   b) Ermittelt Kenngrößen der Daten.
   c) Untersucht, ob sich ein Zusammenhang zwischen Körpergröße und Fingerspitzenhöhe finden lässt.

2. Von 20 Personen wurde die Länge des aufgewickelten Wollfadens geschätzt:
   96 m, 93 m, 31 m, 61 m, 52 m, 79 m, 23 m, 47 m, 100 m, 36 m, 84 m, 97 m, 37 m, 49 m, 20 m, 95 m, 28 m, 20 m, 64 m, 89 m
   a) Stelle die Daten in einem Boxplot dar.
   b) Ermittle das arithmetische Mittel, den Median, den Modalwert, die Spannweite und die Standardabweichung der Schätzwerte.

3. Einige Schüler haben geschätzt, wie viel Kilogramm ein Ziegelstein auf die Waage bringt. Die Ergebnisse sind in dem Diagramm dargestellt.
   a) Übertrage die Daten in eine Tabellenkalkulation.
   b) Ermittle mithilfe der Tabellenkalkulation die relativen Häufigkeiten der Schätzwerte und stelle sie in einem Kreisdiagramm dar.
   c) Ermittle mithilfe der Tabellenkalkulation das arithmetische Mittel, den Median und die Standardabweichung der Schätzwerte.

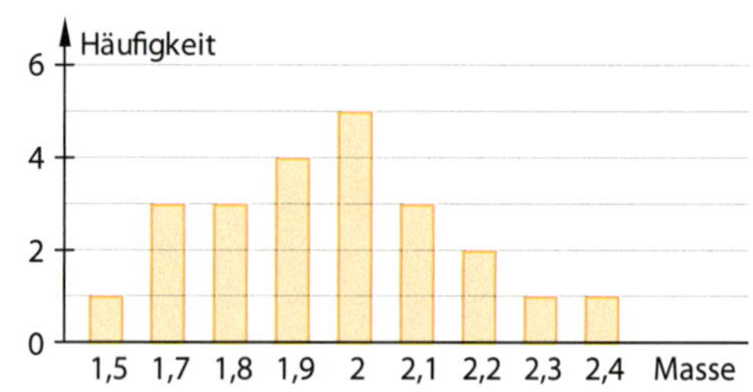

4. In einer Zeitschrift wurde eine Grafik zu Renten in Deutschland veröffentlicht.

Renten von je 1000 Versichertenrentner in der gesetzlichen Rentenversicherung

	alte Bundesländer		neue Bundesländer	
	Männer	Frauen	Männer	Frauen
1500 € und mehr	168	11	108	14
1200 € bis unter 1500 €	221	37	198	64
900 € bis unter 1200 €	212	123	368	242
600 € bis unter 900 €	150	272	253	512
300 € bis unter 600 €	115	296	56	141
unter 300 €	135	260	16	27

   a) Erläutere, warum hier eine Einteilung in Klassen vorliegt. Gib, soweit möglich, die Klassenbreite an.
   b) Erstelle eine Tabelle der relativen Häufigkeiten der Rentenhöhen in deiner Tabellenkalkulation.
   c) Ermittle mit deiner Tabellenkalkulation für jede Fallgruppe (alte Bundesländer – Männer, alte Bundesländer – Frauen, neue Bundesländer – Männer, neue Bundesländer – Frauen) die durchschnittliche Rente.
   Wähle als Bezugsgröße der Rentenhöhe, soweit möglich, die Klassenmitte.

5. In der ersten Fußballbundesliga gab es in 16 aufeinanderfolgenden Spielzeiten folgende Anzahlen von Platzverweisen pro Saison:
73, 89, 71, 71, 81, 61, 59, 63, 50, 62, 42, 57, 58, 64, 58, 53
   a) Berechne für die Anzahl der Platzverweise das arithmetische Mittel, den Median und die Standardabweichung.
   b) Erstelle einen Boxplot für die Anzahl der Platzverweise. Nenne mindestens zwei Informationen, die du dem Boxplot entnehmen kannst.
   c) Die Bundesliga hat 18 Mannschaften, die in jeder Saison in Hin- und Rückspielen aufeinandertreffen. Untersuche, ob folgende Aussage zutrifft: „In den letzten 16 Spielzeiten gab es in etwa jedem 5. Spiel einen Platzverweis."

Zufällige Ereignisse, Häufigkeiten und Wahrscheinlichkeiten

6. Gegeben sind die Netze zweier Würfel. Die beiden Würfel werden gleichzeitig geworfen. Berechne die Wahrscheinlichkeiten folgender Ereignisse:
   A: Die Summe der beiden oben liegenden Augenzahlen ist 11.
   B: Die Summe der beiden oben liegenden Augenzahlen ist 5.
   C: Das Produkt der beiden oben liegenden Augenzahlen ist größer als 15.

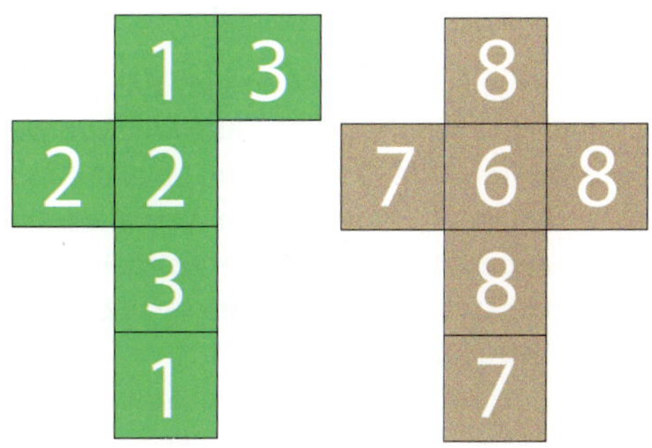

7. Übertrage das nebenstehende Baumdiagramm für einen zweistufigen Zufallsversuch ins Heft und ergänze die fehlenden Wahrscheinlichkeiten.

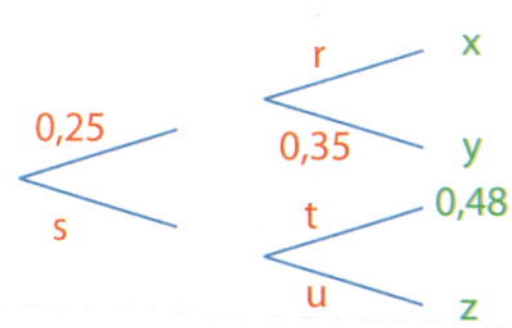

8. Bei der Produktion von Schrauben treten genau zwei Fehler unabhängig voneinander auf. Der erste Fehler kommt mit einer Wahrscheinlichkeit von 5 % vor, der zweite Fehler mit einer Wahrscheinlichkeit von 0,01. Berechne die Wahrscheinlichkeit, dass eine zufällig der Produktion entnommene Schraube keinen dieser Fehler aufweist.

9. Ein Gefäß enthält 6 rote und 7 blaue Kugeln. Dem Gefäß werden nacheinander fünf Kugeln zufällig entnommen.
Berechne die Wahrscheinlichkeiten dafür, dass unter den entnommenen Kugeln mindestens eine rote Kugel ist:
   a) Es wird mit Zurücklegen gezogen.
   b) Es wird ohne Zurücklegen gezogen.

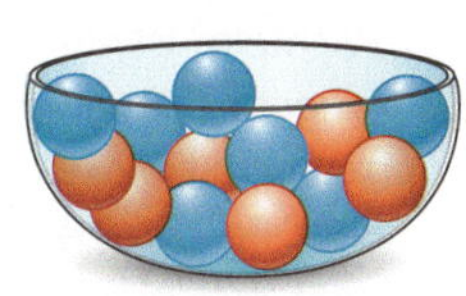

10. Eine durch Schadstoffe verunreinigte Flüssigkeit durchläuft mehrere hintereinander geschaltete Filter. Sie funktionieren unabhängig voneinander.
Jeder Filter verringert den Anteil der Schadstoffe mit einer Wahrscheinlichkeit von 5 %. Beschreibe, wie man die Anzahl der Filter herausfinden kann, sodass die Wahrscheinlichkeit für den Anteil der Schadstoffe nur noch halb so groß gegenüber dem Anfangswert ist, und gib diese Anzahl an.

11. Ein Drucker fällt mit einer Wahrscheinlichkeit von 0,05 täglich aus. Berechne die Wahrscheinlichkeiten folgender Ereignisse.
A: Der Drucker fällt erstmals am 10. Tag aus.
B: Der Drucker fällt frühestens am 4. Tag aus.
C: Der Drucker fällt mindestens einmal an vier Tagen aus.

Zufallsversuche simulieren

12. Ein idealer Würfel wird zweimal geworfen.
a) Entscheide, was wahrscheinlicher ist:
A: die Augensumme ist höchstens 7
B: die Augensumme ist mindestens 7
Teste deine Überlegung durch eine Simulation mit deiner Tabellenkalkulation.
b) Stelle die Häufigkeitsverteilung deiner Simulation grafisch dar.

13. An einer Schule wird folgende Basketballregel eingeführt:
Bei einem Foul an einem auf den Korb werfenden Spieler erfolgen zwei Freiwürfe. Der gefoulte Spieler muss diese selbst ausführen.
a) Angenommen, ein zum Werfen der Freiwürfe angetretener Spieler verwandelt diese mit einer konstanten Trefferwahrscheinlichkeit von 90%.
Betrachte das Ereignis A.
A: „Genau einer von zwei Strafwürfen wird verwandelt."
Es soll die Wahrscheinlichkeit dafür durch eine Simulation abgeschätzt werden. Begründe, warum die folgende Simulation für diese Abschätzung nicht geeignet ist:

	A	B	C	D	E	F
1	1	2	0	1	1	1,764
2	3	7	1	1	2	
3	7	8	1	1	2	

Zellen A1 und B1: =ZUFALLSBEREICH(1;10)
Zelle C1: =WENN(A1>1;1;0)
Zelle D1: =WENN(B1>1;1;0)
Zelle E1: =C1+D1
Zelle F1: =SUMME(E1:E500)/500

b) Verändere die Simulation so, dass damit die Wahrscheinlichkeit für das Ereignis A abgeschätzt werden kann.
c) Vergleiche das Simulationsergebnis mit der theoretisch zu erwartenden Wahrscheinlichkeit.

Hinweis zu 14:
randsamp(liste, 10, 1) wählt aus den Elementen der Liste zehnmal genau ein Element ohne Zurücklegen aus.

14. „Wichteln" ist ein vor allem in der Vorweihnachtszeit beliebtes Gesellschaftsspiel. Durch zufälliges Auslosen wird für jeden Teilnehmer ein anderer Teilnehmer bestimmt, von dem er beschenkt wird. Beim Auslosen kann es passieren, dass jemand seinen eigenen Namen zieht. Beschreibe und realisiere eine Simulation mit Spielkarten, um einen Schätzwert für die Wahrscheinlichkeit zu bestimmen, dass unter zehn Personen jemand seinen eigenen Namen zieht.
Erkläre, warum die folgende Realisierung mit Zufallszahlen ebenfalls eine Simulation dieses Problems darstellt.

liste:=seq(*k*,*k*,*0*,*9*)	{0, 1, 2, 3, 4, 5, 6, 7, 8, 9}
randSamp(*liste*,*10*,*1*)	{2, 0, 9, 4, 8, 3, 5, 1, 6, 7}
randSamp(*liste*,*10*,*1*)	{9, 4, 0, 2, 3, 1, 5, 6, 7, 8}

7.3 Aufgabenserien zur Sicherung von Standards

Hier findest du jeweils mehrere Aufgaben in drei Aufgabenserien zusammengefasst. Manche Aufgaben sind einfach, manche etwas schwerer. Löse die Aufgaben jeder der drei Aufgabenserien möglichst hintereinander ohne Taschenrechner und ohne Formelsammlung. Schreibe, wenn erforderlich, den (die) Lösungsbuchstaben auf. Eine Einschätzung deines Entwicklungsstandes ist durch Vergleich mit den Lösungen und der dazu angegebenen Bewertungsskala auf denSeiten 193 und 194 möglich.

Aufgabenserie 1

Aufgabe 1: Quersummen

a) Gib die Quersumme der Zahl 4056 an.

b) Welches ist die kleinste vierstellige Zahl mit der Quersumme 13?
A: 1003 B: 1300 C: 1129 D: 1237 E: 1039

c) Klaus hat als Quersumme einer dreistelligen Zahl die Zahl 28 ermittelt.
Beurteile dieses Ergebnis.

Aufgabe 2: Glück gehört dazu

Anna hat eine Tombola mit 20 Losen vorbereitet, die von 1 bis 20 nummeriert sind. Wer das Los mit der Nummer 11 zieht, bekommt als Hauptgewinn einen Gutschein für eine Kinokarte. Für die Lose mit den Nummern 2; 3; 5 oder 7 gibt es jeweils eine kleine Schokoladentafel. Die anderen Lose sind Nieten. Jonas zieht als erster, Lea als zweite.

a) Mit welcher Wahrscheinlichkeit zieht Jonas ein Los, mit dem er eine Schokoladentafel gewinnt.

b) Mit welcher Wahrscheinlichkeit zieht Lea den Hauptgewinn, wenn Jonas vorher eine Schokoladentafel gewonnen hat.

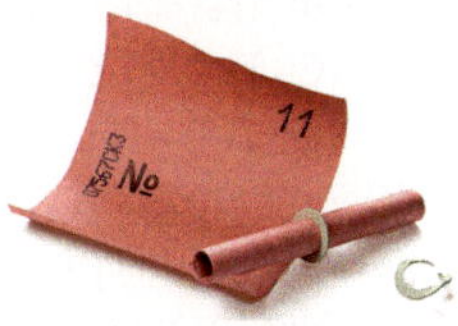

Aufgabe 3: Rund ums Dreieck

Im abgebildeten Koordinatensystem mit einer Längeneinheit von 1 cm ist das rechtwinklige Dreieck ABC eingezeichnet.

a) Berechne den Flächeninhalt des Δ ABC.

b) Berechne den Umfang des Δ ABC.

c) Wenn das Dreieck ABC an der y-Achse gespiegelt wird, entsteht das Δ A'B'C'. Gib die Koordinaten der Punkte A', B' und C' an.

d) Was für ein Körper entsteht, wenn das Δ ABC um die Strecke $\overline{AC}$ rotiert?

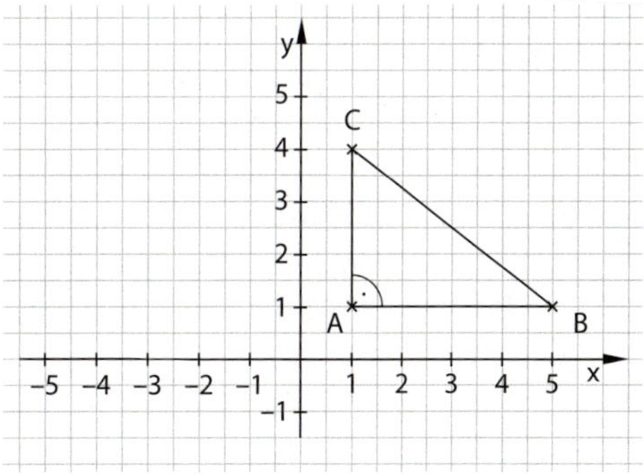

Aufgabe 4: Autokauf

Herr Mann kauft einen Gebrauchtwagen für 9500,– €. Er bezahlt 4500,– € sofort.
Für die Zahlung des Restbetrages kann er sich zwischen zwei Angeboten entscheiden:

Angebot des Händlers: Zahlung von 5225 € nach einem halben Jahr.

Angebot einer Bank: Die Bank überweist den Restbetrag sofort an den Händler. Nach einem halben Jahr sind dafür der Restbetrag plus Zinsen bei einem Jahreszinssatz von 8 % an die Bank zu zahlen.

Entscheide, welches Angebot günstiger ist. Notiere deinen Lösungsweg.

Hinweis zu 5:
Die Gefäße C und D sind verkleinert und im Querschnitt dargestellt.

Aufgabe 5: Füllkurven

Die Höhe h des Wasserstandes in einem Gefäß hängt bei gleichmäßigem Zulauf des Wassers von der Füllzeit t ab. Je nach Form des Gefäßes verändert sich der Wasserstand unterschiedlich schnell. Dies kann mithilfe von Graphen dargestellt werden.

a) Entscheide, zu welchem der Gefäße A, B, C oder D der Graph passt.

Graph	Gefäß A	Gefäß B	Gefäß C	Gefäß D
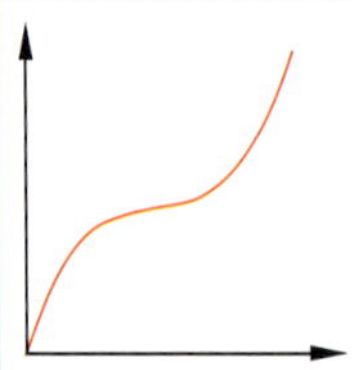	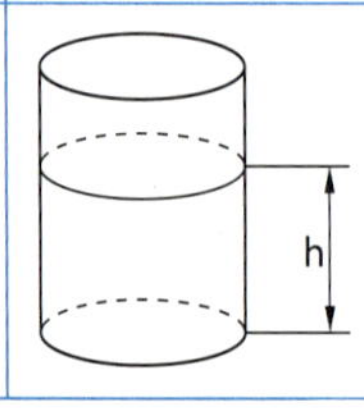	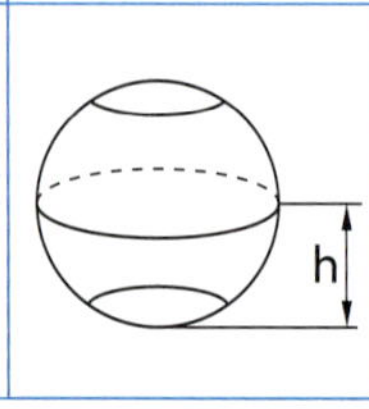	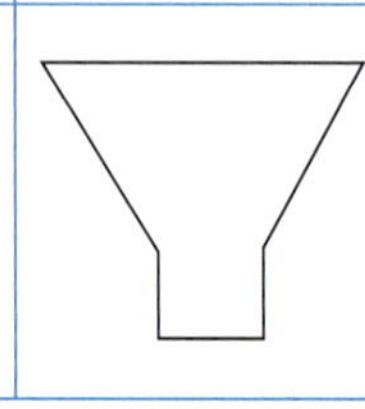	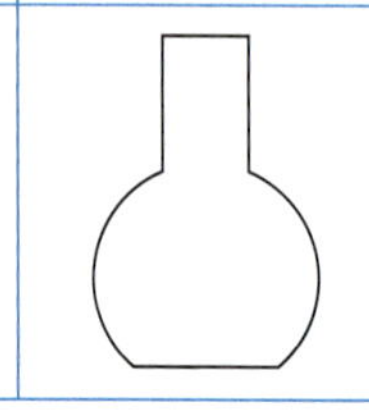

b) Zeichne einen Graphen (Füllkurve), der zum nebenstehend im Querschnitt dargestellten Gefäß passt, wenn Wasser gleichmäßig eingefüllt wird.

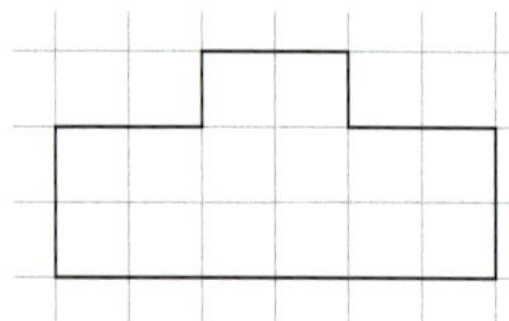

Aufgabe 6: Terme und Termwerte

a) Im Term $4n - 3$ steht die Variable n für eine beliebige natürliche Zahl.
Welchen Termwert erhält man für $n = 4$ und welchen Termwert erhält man für $n = 10$?
   A: $T(4) = 12$ und $T(10) = 36$
   B: $T(4) = 13$ und $T(10) = 37$
   C: $T(4) = 12$ und $T(10) = 37$
   D: $T(4) = 13$ und $T(10) = 36$

b) Wenn man im Term $4n - 3$ natürliche Zahlen $n \geq 1$ einsetzt, dann sind die Termwerte T(n) wieder natürliche Zahlen. Welche Aussage über die Termwerte T(n) ist wahr?
   A: Alle Termwerte sind durch 4 teilbare Zahlen.
   B: Alle Termwerte sind Zahlen, die bei der Division durch 3 den Rest 4 lassen.
   C: Alle Termwerte sind Zahlen, die bei der Division durch 4 den Rest 3 lassen.
   D: Alle Termwerte sind Zahlen, die bei der Division durch 4 den Rest 1 lassen.

c) Gib zwei Terme an, die als Termwerte stets zwei aufeinanderfolgende gerade natürliche Zahlen haben.

Aufgabe 7: Taschengeld

Im abgebildeten Diagramm ist dargestellt, wie viel Euro Taschengeld Michael, Elias und Luca wöchentlich erhalten. Die Angabe von Alex fehlt. Alle vier erhalten aber im Durchschnitt 9 € Taschengeld.

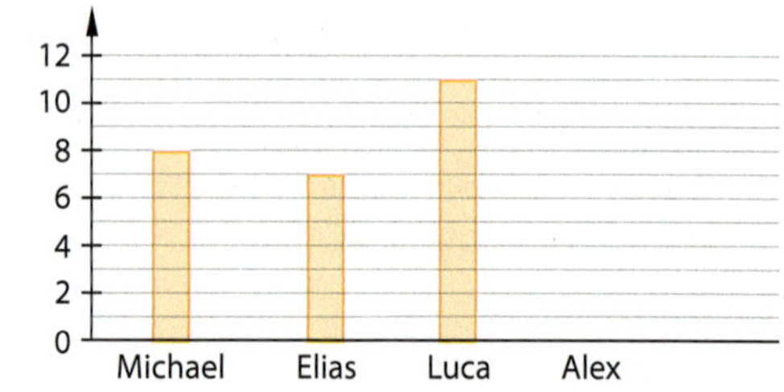

a) Ermittle, wie viel Euro Taschengeld Alex bekommt.

b) Gib den Unterschied (Spannweite) zwischen dem höchsten und dem niedrigsten Taschengeldbetrag an.

c) Die Eltern der Jungs erhöhen jedem das wöchentliche Taschengeld um 10 %.
Welche Aussage über die Spannweite ist dann wahr? Begründe die Entscheidung.
   A: Die Spannweite wird dadurch kleiner.
   B: Die Spannweite wird dadurch größer.
   C: Die Spannweite ändert sich nicht.

Aufgabe 8: Körpernetz

Die Abbildung zeigt ein Körpernetz.

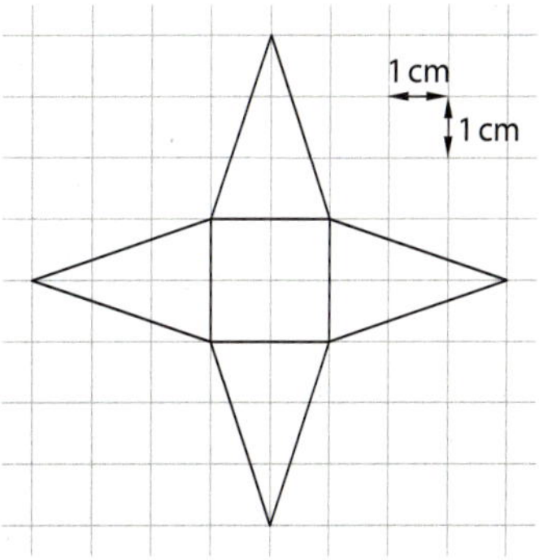

a) Gib an, um welchen Körper es sich handelt.
b) Ermittle den Oberflächeninhalt des Körpers. Entnimm die Maße der Abbildung.
c) Entscheide, wie hoch der Körper ist.
   A: $h = 2\,cm$ B: $h = \sqrt{8}\,cm$
   C: $h = 3\,cm$ D: $h = \sqrt{10}\,cm$
E: Die Höhe kann aus den gegebenen Maßen nicht ermittelt werden.
   Begründe deine Entscheidung.

Aufgabe 9: Funktionsgraphen

Im abgebildeten Koordinatensystem sind die Graphen der beiden Funktionen f und g dargestellt

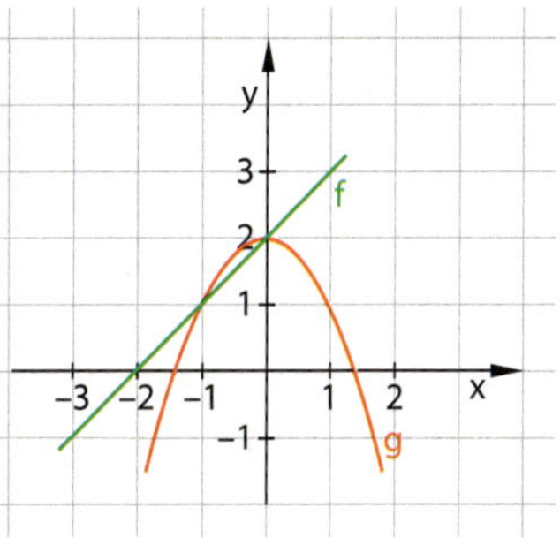

a) Welche Zuordnung ist richtig?
   Gib alle richtigen Antworten an.
   A: Zum Graphen von f gehört $y = x^2 + 2$
   B: Zum Graphen von f gehört $y = x + 2$
   C: Zum Graphen von g gehört $y = -x + 2$
   D: Zum Graphen von g gehört $y = -x^2 + 2$
b) Gib die Nullstelle der Funktion f an.
c) Beschreibe das Monotonieverhalten von g.
d) f wird an der x-Achse gespiegelt.
   Gib eine Funktionsgleichung für den gespiegelten Graphen an.

Aufgabe 10: Schnurexperimente

a) Eine 36 cm lange Schnur wird zu einem Rechteck mit einer Breite von 6 cm gelegt. Entscheide, wie groß der Flächeninhalt des Rechtecks ist.
   A: $36\,cm^2$ B: $72\,cm^2$ C: $81\,cm^2$ D: $90\,cm^2$
b) Eine 36 cm lange Schnur wird so zu einem Dreieck gelegt, dass die Maßzahlen der drei Seitenlängen drei aufeinanderfolgende natürliche Zahlen sind.
   Stelle eine Gleichung zur Berechnung einer Seitenlänge dieses Dreiecks auf.

Aufgabe 11: Flächeninhalte

a) Bei einem Rechteck mit einem Flächeninhalt von $60\,cm^2$ ist eine Seite um 4 cm länger als die andere Seite. Stelle eine Gleichung zur Berechnung einer Seitenlänge auf.
b) Eine der folgenden Gleichungen kann zur Berechnung des Flächeninhalts der nebenstehenden Figur genutzt werden. Entscheide und begründe, welche Gleichung das ist.
   A: $A = x^2 + 14x$ B: $A = 14x - x^2$
   C: $A = x^2 - 6x + 48$ D: $A = x^2 - 8x + 48$

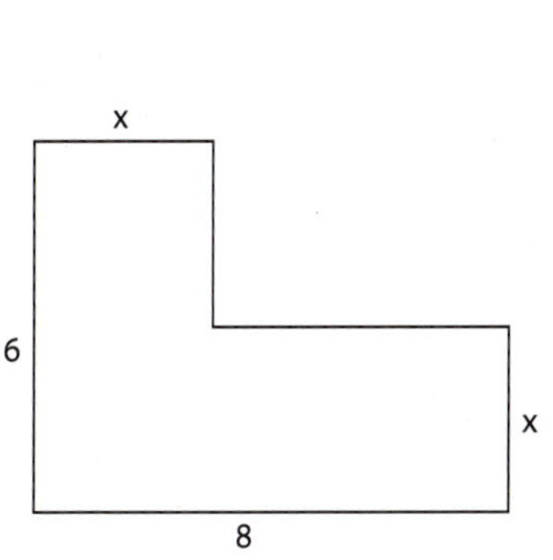

c) Stelle folgende Gleichung nach h um:
   $A = \frac{a+c}{2} \cdot h$

Aufgabenserie 2

Aufgabe 1: Brüche

a) Welche Zahl ist die Summe von $\frac{5}{8} + \frac{7}{12}$? Wähle die richtige Antwort aus.

A: $\frac{12}{20}$ B: $\frac{29}{24}$ C: $\frac{57}{48}$ D: $\frac{106}{96}$

b) Welcher Dezimalbruch entspricht dem Bruch $\frac{5}{8}$?

c) Wähle die Antwort mit der richtigen Begründung aus.

A: $\frac{5}{8}$ ist kleiner als $\frac{7}{12}$, weil der Zähler von $\frac{5}{8}$ kleiner ist als der Zähler von $\frac{7}{12}$.
B: $\frac{5}{8}$ ist kleiner als $\frac{7}{12}$, weil der Nenner von $\frac{5}{8}$ kleiner ist als der Nenner von $\frac{7}{12}$.
C: $\frac{5}{8}$ ist genau so groß wie $\frac{7}{12}$, weil sie die gleiche gebrochene Zahl darstellen.
D: $\frac{7}{12}$ ist kleiner als $\frac{5}{8}$, weil nach dem Gleichnamigmachen der beiden Brüche der zu $\frac{7}{12}$ gehörende Bruch den kleineren Zähler hat als der zu $\frac{5}{8}$ gehörende Bruch.

Aufgabe 2: Flächeninhalte

In der folgenden Abbildung entspricht eine Kästchenlänge einer Längeneinheit (LE) und der Flächeninhalt eines Kästchens einer Flächeneinheit (FE).

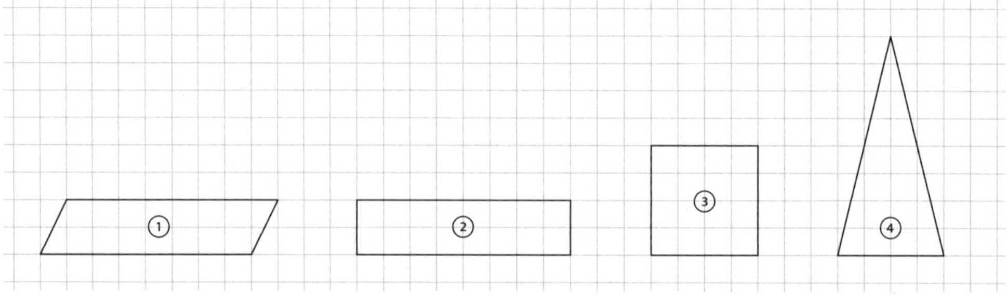

a) Ermittle den Flächeninhalt von Figur (4).

b) Welche Aussage über die Flächeninhalte der vier Figuren ist wahr?
A: Der Flächeninhalt der Figur (1) ist am kleinsten.
B: Der Flächeninhalt der Figur (3) ist am größten.
C: Der Flächeninhalt der Figur (4) ist am größten.
D: Die Flächeninhalte aller vier Figuren sind gleich groß.

c) Gib alle wahren Aussagen an.
A: Figur (1) ist ein Parallelogramm, aber kein Rechteck.
B: Figur (2) ist ein Rechteck, aber kein Parallelogramm.
C: Figur (2) ist ein Rechteck, aber kein Quadrat.
D: Figur (3) ist ein Quadrat, aber kein Rechteck.

Aufgabe 3: Gewinnwahrscheinlichkeiten

Bei einem Spiel befinden sich in drei Gefäßen A, B und C gleich große Kugeln. Im Gefäß A befinden sich fünf schwarze und vier weiße Kugeln, im Gefäß B vier schwarze und vier weiße Kugeln und im Gefäß C vier schwarze und drei weiße Kugeln. Aus dem ausgewählten Gefäß wird mit geschlossenen Augen eine Kugel gezogen. Gewonnen hat derjenige, der eine weiße Kugel gezogen hat.

a) Bei welchem Gefäß ist die Gewinnwahrscheinlichkeit am größten?

b) Alle Kugeln aus den Gefäßen A, B und C werden in ein größeres Gefäß geschüttet.
Gib die Wahrscheinlicheit für das Ziehen einer weißen Kugel aus diesem Gefäß an.

Aufgabe 4: Lineare Funktionen

Die nebenstehende Wertetabelle gehört zu einer linearen Funktion f. Ihr Definitionsbereich ist $\mathbb{R}$.

x	−2	0	2	4
y	5	1	−3	a

a) Gib den Funktionswert a an der Stelle 4 an.
b) Gib die Koordinaten des Punktes an, an dem der Funktionsgraph die y-Achse schneidet.
c) Welchen Anstieg m hat die Funktion f?
d) Welche Aussage über die Nullstelle von f ist wahr?
A: Die Funktion f hat keine Nullstelle. B: Die Funktion f hat die Nullstelle 0.
C: Die Funktion f hat die Nullstelle 0,5. D: Die Funktion f hat die Nullstelle 1.
E: Aus den gegebenen Werten kann man darüber keine Aussage treffen.

Aufgabe 5: Dreiecke

Die Strecke $\overline{CD}$ ist die Höhe h im nebenstehenden Dreieck ABC bezüglich der Seite c.

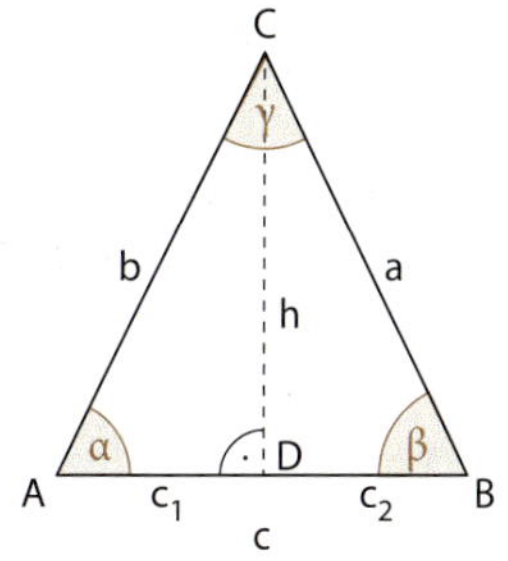

a) Mit welcher Gleichung kann die Länge von h berechnet werden?
A: $h^2 = c^2 - b^2$ B: $h^2 = b^2 - c^2$
C: $h^2 = c_1^{\,2} - b^2$ D: $h^2 = b^2 - c_1^{\,2}$
b) Wenn D der Mittelpunkt der Strecke $\overline{AB}$ ist (für $c_1 = c_2$), ist Dreieck ABC:
A: spitzwinklig B: rechtwinklig
C: gleichschenklig D: gleichseitig
c) Welche Gleichung gibt eine richtige trigonometrische Beziehung für eines der in der Abbildung vorkommenden Dreiecke an?
A: $\sin\alpha = \frac{c}{b}$ B: $\tan\beta = \frac{h}{a}$
C: $\cos\beta = \frac{c_2}{a}$ D: $\tan\gamma = \frac{c}{b}$

Aufgabe 6: Baumdiagramme

Im nebenstehenden (unvollständigen) Baumdiagramm sind Wahrscheinlichkeiten für einen zweistufigen Zufallsversuch eingetragen.

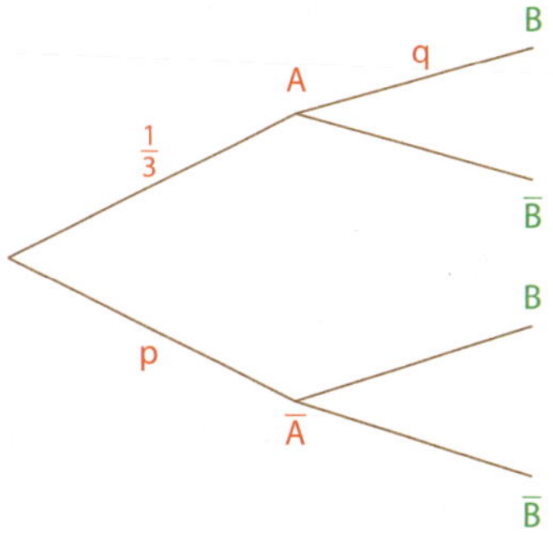

a) Gib die Wahrscheinlichkeit von p an.
b) Gib einen Term für die Wahrscheinlichkeit des Eintretens der Ereignisse A und B an.
c) Formuliere das Ereignis, das bei diesem Zufallsversuch folgende Wahrscheinlichkeit hat: $\left(\frac{1}{3} + p\right) \cdot (1 - q)$

Aufgabe 7: Konstruierbarkeit von Dreiecken

Welche der Aussagen über die Konstruierbarkeit des in folgender Abbildung gegebenen Dreiecks ABC ist wahr? Begründe deine Aussage.

A: Das Dreieck ABC ist mithilfe des Kongruenzsatzes sss konstruierbar.
B: Das Dreieck ABC ist mithilfe des Kongruenzsatzes sws konstruierbar.
C: Das Dreieck ABC ist nicht konstruierbar, weil nur ein Winkel gegeben ist.
D: Das Dreieck ABC ist nicht konstruierbar, weil eine Seite zu kurz ist.

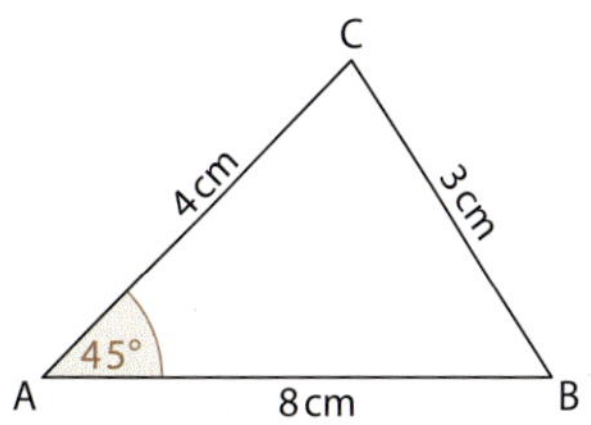

Aufgabe 8: Prozente

Welche der Aussagen in a), b) und c) ist wahr?

a) 60 % von 200 € sind ….

A: 60 € B: 90 € C: 120 € D: 150 €

b) 60 € von 300 € sind …

A: 10 % B: 20 % C: 30 % D: 40 %

c) Wenn 420 € einem Prozentsatz von 120 % entsprechen, dann ist der Grundwert …

A: 300 € B: 350 € C: 400 € D: 450 €

d) Der Preis für einen Gartentisch betrug 100 €. Da er zu diesem Preis nicht verkauft werden konnte, wurde der Preis zunächst um 20 % gesenkt und dann später noch einmal um weitere 30 %. Ermittle den Preis des Tisches nach beiden Preissenkungen.

Aufgabe 9: Quadratische Zusammenhänge

a) Der Graph einer quadratischen Funktion ist eine verschobene Normalparabel mit dem Scheitelpunkt $S(-2|-3)$. Welche Funktionsgleichung gehört zum Graphen?

A: $y = f(x) = (x - 2)^2 + 3$ B: $y = f(x) = (x + 3)^2 - 2$

C: $y = f(x) = (x + 2)^2 - 3$ D: $y = f(x) = (x - 3)^2 + 2$

b) Von einer quadratischen Funktion in Normalform sind die Nullstellen $x_1 = -2$ und $x_2 = 3$ bekannt. Gib für diese Funktion eine Funktionsgleichung an.

c) Die nebenstehende Abbildung zeigt den Querschnitt eines Grabens in Form einer gestauchten Normalparabel. Gib dafür eine Funktionsgleichung an.

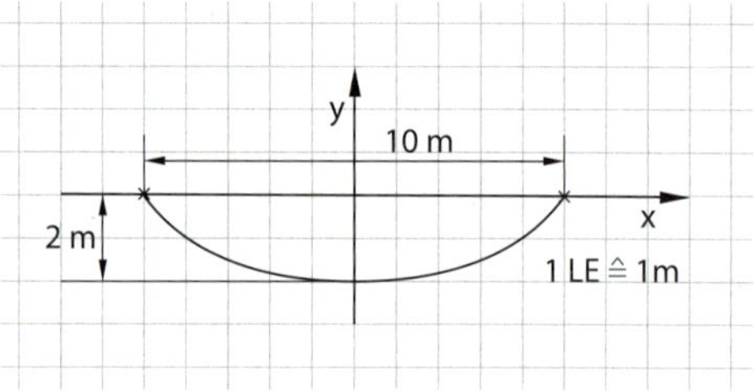

d) Das Quadrat einer Zahl x ist um 27 größer als ihr Sechsfaches. Stelle dazu eine Gleichung auf.

Aufgabe 10: Pyramiden

Die nebenstehende Abbildung zeigt ein Zweitafelbild einer quadratischen Pyramide.

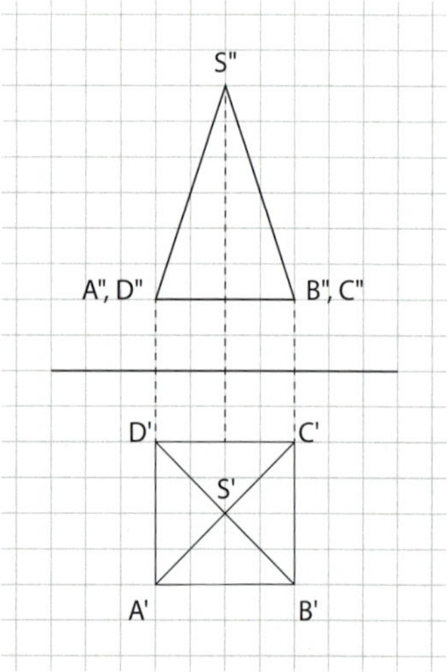

a) Berechne das Volumen der Pyramide. Entnimm die Maße dem Zweitafelbild.

b) Berechne die Mantelfläche der Pyramide. Entnimm die Maße dem Zweitafelbild.

c) Gib eine Gleichung für die Berechnung der wahren Länge der Seitenkante $s = \overline{AS}$ an.

Aufgabenserie 3

Aufgabe 1: Glücksrad

Mit dem abgebildeten Glücksrad werden Zufallsversuche durchgeführt.
Das Glücksrad wird einmal gedreht.

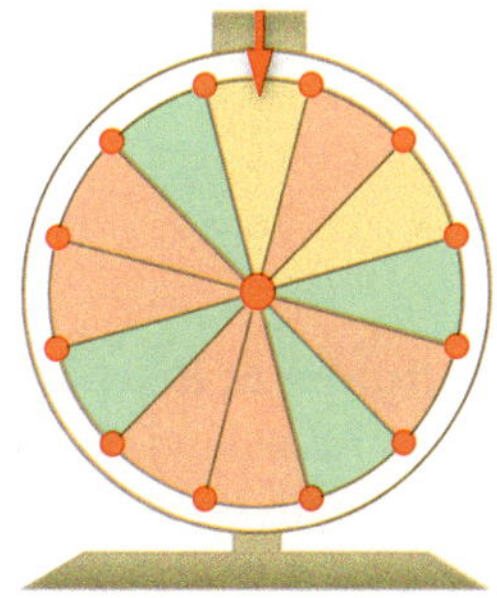

a) Ermittle die Wahrscheinlichkeit dafür, dass ein grünes Feld erdreht wird.
b) Ermittle die Wahrscheinlichkeit dafür, dass kein gelbes Feld erdreht wird.

Das Glücksrad wird zweimal gedreht. Entscheide, welche der Auswahlantworten die Wahrscheinlichkeit angibt.

c) Zweimal nacheinander wird ein gelbes Feld erdreht.
A: $p = \frac{1}{36}$ B: $p = \frac{2}{25}$
C: $p = \frac{1}{4}$ D: $p = \frac{1}{3}$

b) Zuerst wird ein rotes und dann ein grünes Feld erdreht.
A: $p = \frac{1}{4}$ B: $p = \frac{1}{3}$
C: $p = \frac{1}{6}$ D: $p = \frac{1}{12}$

Aufgabe 2: Zahlenspielereien

a) Gegeben ist die Gleichung $2^x = \frac{1}{4}$. Berechne x.
b) Welche der Antworten trifft für folgende Aussage zu:
„Für alle reellen Zahlen $x \geq 0$ gilt stets $\sqrt{x} < x$."
A: Die Aussage ist wahr. B: Die Aussage ist falsch. C: Das ist nicht entscheidbar.
c) Welcher Fehler wurde gemacht? Korrigiere die Rechung: $\sqrt{8^2 + 6^2} = 8 + 6 = 1$
d) Ermittle x in folgender Gleichung: $\sqrt{18} = x \cdot \sqrt{2}$

Aufgabe 3: Zweitafelprojektion

Gegeben ist die Zweitafelprojektion eines Körpers.

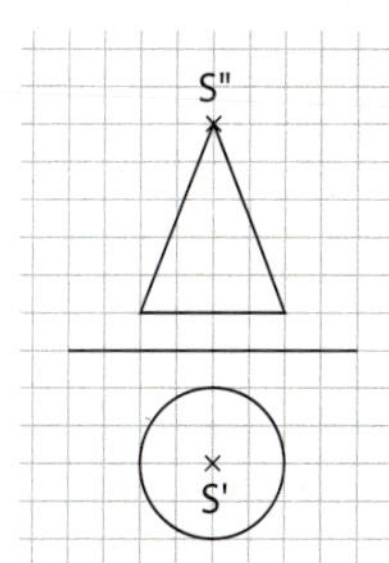

a) Gib an, um welchen Körper es sich handelt.
b) Entscheide, welches Resultat den Rauminhalt des Körpers angibt, wenn eine Kästchenlänge 0,5 cm beträgt.
A: $\frac{20}{3} \cdot \pi\ cm^3$ B: $\frac{10}{3} \cdot \pi\ cm^3$ C: $\frac{5}{6} \cdot \pi\ cm^3$
c) Zeige, dass die Mantellinie eine Länge von $\frac{\sqrt{29}}{2}$ cm hat.

Aufgabe 4: Dreiecke

In einem Koordinatensystem sind zwei Dreiecke ΔABC und $\Delta A'B'C'$ gegeben:

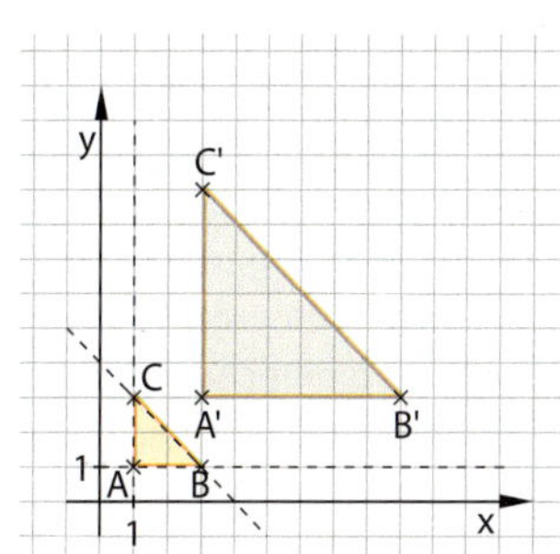

a) Die Punkte B und C liegen auf dem Graphen einer linearen Funktion $y = f(x) = mx + n$.
Gib an, wie groß n ist.
b) Gib an, um welche Dreiecksart (nach Seiten und Winkeln) es sich bei den Dreiecken handelt.
c) Der Flächeninhalt von $\Delta A'B'C'$ wird mit A_1 und der des Dreiecks ΔABC mit A_2 bezeichnet. Für die Größe dieser Flächeninhalte gilt die Gleichung $A_1 = k \cdot A_2$.
Entscheide, wie groß der Faktor k ist.
A: $k = 4$ B: $k = 6$ C: $k = 9$ D: $k = 10$

Aufgabe 5: Rakete

Eine Feuerwerksrakete wird senkrecht nach oben geschossen.
Die Höhe der Rakete (in m) zum Zeitpunkt t (in s) kann durch die Gleichung $h(t) = 20t - 5t^2$ näherungsweise beschrieben werden.

a) Berechne, in welcher Höhe sich die Rakete nach einer Sekunde befindet.
b) Ermittle, wie lange die Rakete braucht, um 20 m hoch zu steigen.
c) Entscheide, zu welchem Zeitpunkt t die Rakete ihre größte Höhe erreicht.

A: t = 1 s B: t = 2 s
C: t = 3 s D: weder in 1 s, noch in 2 s, noch in 3 s

Aufgabe 6: Boxplot

In der Abbildung sind die Werte einer Datenliste in einem Boxplot veranschaulicht.
Entscheide, ob die folgenden Aussagen wahr oder falsch sind, oder ob man das gar nicht entscheiden kann.

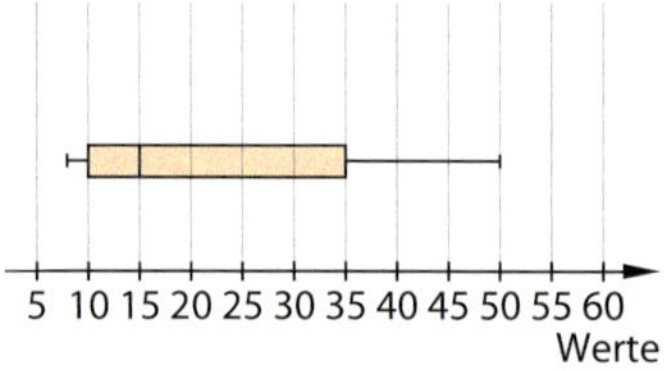

a) Der Median der Werte ist 15.
b) Höchstens 25 % der Werte sind größer als 35, aber höchstens so groß wie 50.
c) Es gibt genau einen Wert der Größe 50.

Aufgabe 7: Gefäße füllen

Wasser wird gleichmäßig in vier (jeweils 50 cm hohe) Gefäße A, B, C und D gefüllt.
Die Füllhöhen h (in cm) können in Abhängigkeit von der Zeit t (in s) mit den angegebenen Formeln berechnet werden.
Der Zeitpunkt t = 0 beschreibt den Beginn der Messung der Füllhöhe.

A: $h(t) = 3 \cdot t + 25$ B: $h(t) = 2 \cdot t + 3$
C: $h(t) = 5 \cdot t$ D: $h(t) = t + 1$

a) Gib an, wie hoch das Wasser zu Beginn der Messung im Gefäß B steht.
b) Entscheide, zu welchem Gefäß der im Diagramm dargestellte Füllvorgang passt.
c) Beurteile, in welchem Gefäß das Wasser am schnellsten steigt.
d) Ermittle, welches der Gefäße als erstes ganz gefüllt ist.

Aufgabe 8: Schraubenfeder

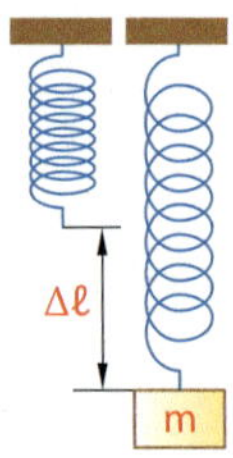

An eine Schraubenfeder werden Massestücke gehängt. Dabei ist die Ausdehnung der Feder proportional zur Masse. Die Schraubenfeder wird bei einer Belastung mit 50 g Masse um 0,5 cm länger.

a) Berechne die Längenänderung, wenn diese Schraubenfeder mit insgesamt 150 g Masse belastet wird.
b) Mit welcher Masse muss die Feder belastet werden, wenn die Längenänderung 2,5 cm betragen soll?
c) Den Zusammenhang zwischen Belastung und Ausdehnung einer anderen Schraubenfeder zeigt das Diagramm. Welche Gleichung gibt den Zusammenhang zwischen der Masse m und der Längenänderung $\Delta \ell$ dieser Feder an?

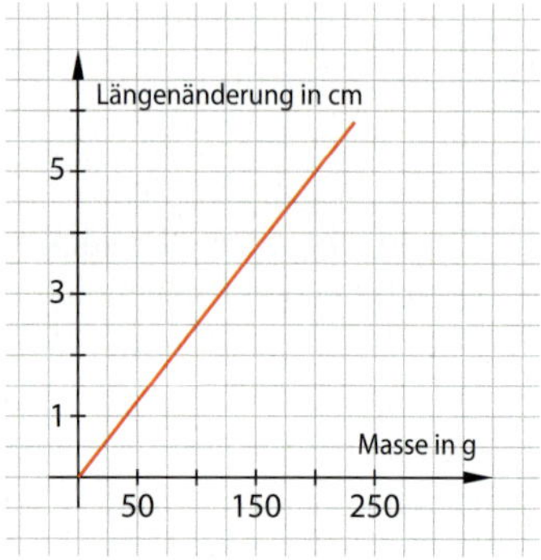

A: $\Delta \ell = \frac{1}{20} \cdot m$ B: $\Delta \ell = \frac{1}{4} \cdot m$
C: $\Delta \ell = \frac{1}{40} \cdot m$ D: $\Delta \ell = \frac{1}{50} \cdot m$

Aufgabe 9: Theaterbesuch

Ein Theater hat 150 Sitzplätze der Kategorie A, von denen jeder 25 € Eintritt kostet. Die 200 Sitzplätze der Kategorie B kosten jeweils 20 €.

a) Berechne die Einnahmen des Theaters bei einer Vorstellung, wenn sämtliche Sitzplätze ausverkauft sind.

b) Das Theater hat bei einer Vorstellung 6500 € eingenommen. Alle Sitzplätze der Kategorie B waren dabei ausverkauft.
Berechne, wie viele Sitzplätze der Kategorie A bei dieser Vorstellung verkauft worden sind.

c) Für eine andere Vorstellung wurden insgesamt 220 Karten verkauft und dabei 4500 € eingenommen. Wie viele Karten von jeder Kategorie waren das?

Lösungen – Bewertungsmaßstab

Bei jeder Aufgabenserie sind insgesamt 30 Punkte erreichbar.

25 bis 30 Punkte:	sehr gut	20 bis 24 Punkte:	gut
15 bis 19 Punkte:	befriedigend	10 bis 14 Punkte:	ausreichend
0 bis 9 Punkte:	nicht ausreichend		

Aufgabenserie 1

Seiten 185 bis 187

1. a) 15 (1 Pkt.) b) E (1 Pkt.)
   c) unmöglich (1 Pkt.)
   (Die größtmögliche Quersumme einer dreistelligen Zahl ist 27, und zwar von der Zahl 999.)

2. a) $\frac{4}{20}$ (1 Pkt.) b) $\frac{1}{19}$ (1 Pkt.)

3. a) $6\,cm^2$ (1 Pkt.)
   b) $a = 5\,cm$; $u = 12\,cm$ (1 Pkt.)
   c) $A'(-1|1)$; $B'(-5|1)$; $C'(-1|4)$ (1 Pkt.)
   d) Kreiskegel (1 Pkt.)

4. Das Angebot der Bank ist günstiger: Beim Händler zahlt Herr Mann 225 € mehr, bei der Bank 220 €. Der Zinssatz beim Händler beträgt 9 %. (1 Pkt.)

5. a) B (1 Pkt.)
   b) 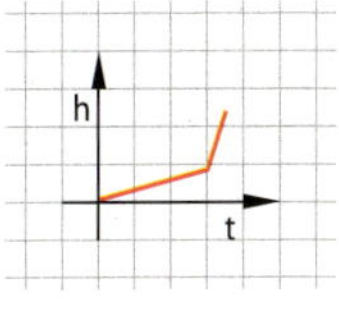

   (1 Pkt.)

6. a) B (1 Pkt.) b) D (1 Pkt.)
   c) 2n; 2n + 2 (1 Pkt.)

7. a) 10 € (1 Pkt.) b) 4 € (1 Pkt.)
   c) B (1 Pkt.)
   (Die Spannweite erhöht sich auch um 10 %.)

8. a) Pyramide (1 Pkt.)
   b) $16\,cm^2$ (1 Pkt.)
   c) B (1 Pkt.)
   (Für die Pyramidenhöhe h gilt: $h = \sqrt{3^2 - 1^2}\,cm$)

9. a) B und D (1 Pkt.)
   b) $x_0 = -2$ (1 Pkt.)
   c) Für $x \leq 0$ monoton steigend; für $x \geq 0$ monoton fallend. (1 Pkt.)
   d) $y = -x - 2$ (1 Pkt.)

10. a) B (1 Pkt.)
    b) $x + (x + 1) + (x + 2) = 36$ (1 Pkt.)
    (x: kürzeste Seite im Dreieck in cm)

11. a) x (Länge der längeren Seite in cm)
    $A = x \cdot (x - 4) = 60$ (1 Pkt.)
    b) B, da $A = 6 \cdot 8 - (6 - x) \cdot (8 - x)$
    $A = 14x - x^2$ (1 Pkt.)
    c) $h = \frac{2A}{a + c}$ (1 Pkt.)

Aufgabenserie 2

Seiten 188 bis 190

1. a) B (1 Pkt.) b) 0,625 (1 Pkt.)
   c) D (1 Pkt.)
2. a) 16 FE (1 Pkt.) b) D (1 Pkt.)
   c) A, C (1 Pkt.)
3. a) B (1 Pkt.) b) $\frac{11}{24}$ (1 Pkt.)
4. a) $a = -7$ (1 Pkt.) b) $S(0|1)$ (1 Pkt.)
   c) $m = -2$ (1 Pkt.) d) C (1 Pkt.)
5. a) D (1 Pkt.) b) C (1 Pkt.)
   c) C (1 Pkt.)
6. a) $p = \frac{2}{3}$ (1 Pkt.) b) $\frac{1}{3}q$ (1 Pkt.)
   c) Es treten die Ereignisse (A und $\overline{B}$) und ($\overline{A}$ und $\overline{B}$) ein. (1 Pkt.)
7. D (1 Pkt.) (Dreiecksungleichung ist nicht erfüllt.)
8. a) C (1 Pkt.) b) B (1 Pkt.)
   c) B (1 Pkt.) d) 56 € (1 Pkt.)
9. a) C (1 Pkt.)
   b) $y = x^2 - x - 6$ (1 Pkt.)
   c) $y = 0{,}08x^2 - 2$ (1 Pkt.)
   d) $x^2 = 6x + 27$ (1 Pkt.)
10. a) $V = 4\,\text{cm}^3$ (1 Pkt.)
    b) $A_M \approx 12{,}6\,\text{cm}^2$ (1 Pkt.)
    (Abweichungen von $\pm 0{,}3$ cm durch Messfehler sind zulässig.)
    c) $s^2 = \overline{A''S''}^2 + \left(\frac{\overline{A'D'}}{2}\right)^2$ oder
    $s = \sqrt{1^2 + 3{,}2^2}\,\text{cm}$ (1 Pkt.)

Aufgabenserie 3

Seiten 191 bis 193

1. a) $\frac{1}{3}$ (1 Pkt.) b) $1 - \frac{1}{6} = \frac{5}{6}$ (1 Pkt.)
   c) A (1 Pkt.) d) C (1 Pkt.)
2. a) -2 (1 Pkt.) b) B (1 Pkt.)
   Wenn der Radikand zwischen 0 und 1 liegt, muss das Ergebnis immer größer als der Radikand sein.)
   c) $\sqrt{8^2 + 6^2} = \sqrt{64 + 36} = 10$ (1 Pkt.)
   d) $x = 3$ (1 Pkt.)
3. a) Gerader Kreiskegel (1 Pkt.)
   b) C (1 Pkt.)
   c) $\sqrt{(1\,\text{cm})^2 + \left(\frac{5}{2}\text{cm}\right)^2} = \sqrt{\frac{29}{4}\text{cm}^2}$
   $= \frac{\sqrt{29}}{2}\text{cm}$ (1 Pkt.)
4. a) $n = 4$ (1 Pkt.)
   b) gleichschenklig-rechtwinklige Dreiecke (1 Pkt.)
   c) C (1 Pkt.)
5. a) 15 m (1 Pkt.) b) 2 s (1 Pkt.)
   c) B (1 Pkt.)
6. a) Wahr (1 Pkt.) b) Wahr (1 Pkt.)
   c) Kann nicht entschieden werden. Es gibt mindestens einen Wert der Größe 50. (1 Pkt.)
7. a) 3 cm (1 Pkt.) b) D (1 Pkt.)
   c) C (1 Pkt.) d) A (1 Pkt.)
8. a) 1,5 cm (1 Pkt.) b) 250 g (1 Pkt.)
   c) C (1 Pkt.)
9. a) 7750 € (1 Pkt.) b) 100 (1 Pkt.)
   c) 20 Karten der Kategorie A und 200 Karten der Kategorie B (1 Pkt.)

8. Anhang

Lösungen zu
- Dein Fundament
- Prüfe dein neues Fundament
- Prüfe dein Fundament für die SII

Anforderungen beim Aufgabenlösen im Mathematikunterricht

Stichwortverzeichnis

Bildnachweis

Lösungen zu Kapitel 1: Potenzen und Logarithmen

Dein Fundament

S. 8, 1.
a) 10^3 b) 10^5 c) 10^7 d) 10^5
e) 10^7 f) 10^{10} g) 10^{11} h) 10^4

S. 8, 2.
a) Zweitausend
b) Neun Millionen
c) Einhundertfünfzigtausend
d) Dreitausendvierzig
e) Achtzig
f) Zehntausend
g) Zehntausend
h) Einhunderttausend

S. 8, 3.
a) $5 \cdot 10^5\,mm < 3 \cdot 10^3\,m < 0{,}5 \cdot 10^2\,km$
b) $4 \cdot 10^4\,mm^2 < 6{,}6 \cdot 10^2\,m^2 < 7 \cdot 10^4\,dm^2$

S. 8, 4.
a) $5 \cdot 10^2 < 10^4 < 3 \cdot 10^4 < 10^2 \cdot 10^3$
b) $12{,}7 \cdot 10^3 < 345 \cdot 10^3 < 0{,}078 \cdot 10^8 < 1{,}2 \cdot 10^7$

S. 8, 5.
Zwei Millionen dreihundertfünfundvierzigtausendsechshundertdreizehn

Neunhundertsechsundneunzig Millionen siebenhundertfünfundachtzigtausendvierhundertzweiunddreißig

Einhundertdreiundzwanzig Milliarden einhundertfünfundvierzig Millionen sechshundertachtundsiebzigtausendneunzig

S. 8, 6.
a) 64 b) 7 c) 16 d) 0,04 e) 0,1
f) 1 g) $\frac{3}{4}$ h) 0 i) $\frac{9}{49}$ j) 60

S. 8, 7.
a) 6,42 b) 0,22 c) 15,16
d) 16,55 e) 19,26 f) 2,54

S. 8, 8.
a) $x < 0$ b) $x > 1$ c) $x < 0$
d) $x \leq 0$ e) $x < -4$ f) $x < 0$

S. 8, 9.
Quadrieren: a) 0,1 b) 4 c) 1
Quadratwurzelziehen: a) 0,1 b) 4 c) 1

S. 8, 10.
a) 0,017956 b) 2,2869 c) Richtig
d) 19,76866 e) Richtig f) 99,740169
g) Richtig h) 0,000529 i) Richtig

S. 9, 11.
a) 17 b) 4,5 c) $\frac{1}{4}$ d) – 4
e) 0; 1 f) – 1; 1 g) 0 h) – 2

S. 9, 12.
a) – 9; 9 b) 16 c) 3
d) – 4; 4 e) 100 f) n. l.
g) Jede rationale Zahl h) 2

S. 9, 13.
a) 2 b) 25 c) – 12; 12 d) 2 e) 100
f) 3 g) n. l. h) 16 i) 3 j) 0

S. 9, 14.
a) Richtig b) $x = 4$ c) $x = 4$
d) $x = 3$ e) Richtig f) Richtig
g) Nur $x = 2$ h) Nur $x = 7$

S. 9, 15.
a) $x = 3$ b) $x = 3$ c) k. L. d) $x = -2$

S. 9, 16.
a) 5^5 b) x^3 c) $a \cdot a \cdot a \cdot a \cdot a$
d) $a \cdot a \cdot b \cdot b \cdot b$ e) $\frac{2}{3} \cdot \frac{2}{3} \cdot \frac{2}{3}$ f) $m^3n^3 = (nm)^3$

S. 9, 17.
a) $\frac{1}{a+b}$ b) $\frac{1}{u+3}$ c) $x - 3$
d) 1 e) $x + y$

S. 9, 18.
a) $\frac{27}{20}$ b) 4 c) 2 d) $\frac{25}{9}$ e) $\frac{7}{20}$

S. 9, 19.
a)

Start	→		→		→	Ziel
5	+2	7	+ 2	9	+ 2	11
5	· 2	10	· 2	20	· 2	40
5	$()^2$	25	$()^2$	625	$()^2$	390625

b)

Start	→		→		→	Ziel
994	+2	996	+ 2	998	+ 2	1000
125	· 2	250	· 2	500	· 2	1000
k. L.	$()^2$	–	$()^2$	–	$()^2$	–

c)

Start	→		→		→	Ziel
– 5	+2	– 3	+ 2	– 1	+ 2	1
$\frac{1}{8}$	· 2	$\frac{1}{4}$	· 2	$\frac{1}{2}$	· 2	1
1	$()^2$	1	$()^2$	1	$()^2$	1

Prüfe dein neues Fundament

S. 36, 1.
a) $2^5 = 32$
b) $\left(\frac{1}{3}\right)^3 = \frac{1}{27}$
c) $\frac{1}{4^3} = \frac{1}{4} \cdot \frac{1}{4} \cdot \frac{1}{4} = \frac{1}{64}$
d) $\frac{1}{(-3)^3} = \left(-\frac{1}{3}\right) \cdot \left(-\frac{1}{3}\right) \cdot \left(-\frac{1}{3}\right) = -\frac{1}{27}$
e) $\left(-\frac{1}{3}\right) \cdot \left(-\frac{1}{3}\right) \cdot \left(-\frac{1}{3}\right) = -\frac{1}{27}$
f) $\frac{1}{3^3} = \frac{1}{3} \cdot \frac{1}{3} \cdot \frac{1}{3} = \frac{1}{27}$
g) $(-0{,}3)^3 = -0{,}027$
h) $\frac{1}{\left(-\frac{2}{3}\right)^4} = \left(-\frac{3}{2}\right) \cdot \left(-\frac{3}{2}\right) \cdot \left(-\frac{3}{2}\right) \cdot \left(-\frac{3}{2}\right) = \frac{81}{16}$

S. 36, 2.
a) 49 b) 1000 c) 0,5
d) 3 e) 2 f) 1000
g) $\frac{1}{2}$ h) $\frac{1}{64}$ i) 100
j) 8 k) $\frac{1}{5}$ l) 80
m) $\frac{1}{13}$ n) 18 o) 0,25

S. 36, 3.
a) b^2 b) x^4 c) $a^2b^{-1} = \frac{a^2}{b}$
d) $\frac{1}{y}$ e) b^2 f) $\frac{y^2}{x^4}$
g) a h) $\frac{1}{a^2}$ i) $\frac{v^4}{u^2}$
j) 2

S. 36, 4.
a) $\frac{3}{5}$ b) 5 c) 2 d) n. d.
e) –9 f) 7 g) 0,1 h) 1
i) 14 j) $\frac{1}{7}$ k) 8 l) 3
m) 10 n) 7 o) 3

S. 36, 5.
a) 5 b) –2 c) $\frac{1}{2}$ d) 1 e) 3
f) 2 g) 0 h) $\frac{1}{2}$ i) $\frac{2}{3}$ j) –3

S. 36, 6.
a) 5 b) 2 c) 2 d) –2
e) 6 f) 0 g) $\frac{2}{3}$ h) –6

S. 36, 7.
a) 0,5 b) 0,125 c) 0,5 d) 0,75 e) 0,5
f) $0{,}\overline{3}$ g) 3,14 h) 1,5 i) 0,4 j) 1

S. 36, 8.
a) –5; 5 b) 2 c) 3 d) 81 e) 1000
f) 1 g) 5 h) 96 i) 11 j) 2
k) $\sqrt{e}$ l) 1 m) 6 n) 100 o) 64

S. 36, 9.
a) 4,91 b) 2,03 c) 10,19 d) 2,74 e) 6,98
f) 4,90 g) 0,10 h) 1,44 i) 0,63 j) 0,98
k) 4,28 l) 0,77 m) 10,84 n) 0,55 o) 1,35

S. 36, 10.
a) $T = a^{-3}b;\ a \neq 0$
b) $T = \sqrt{b};\ b \neq 0$
c) $T = \frac{1}{\sqrt{y}};\ y \neq 0$
d) lg 9

S. 37, 11.
a) $5{,}9 \cdot 10^4\,\text{m}$ b) $3{,}1 \cdot 10^6\,\text{W}$
c) $3{,}9 \cdot 10^{-6}\,\text{A}$ d) $1{,}13 \cdot 10^{-4}\,\text{m}$
e) $3{,}4 \cdot 10^4\,\ell$ f) $1{,}37 \cdot 10^{10}\,\text{W}$
g) $1{,}3 \cdot 10^{-8}\,\text{m}$ h) $3 \cdot 10^{-2}\,\ell$
i) $7{,}35 \cdot 10^{-2}\,\ell$ j) 6 min

S. 37, 12.
a) 6,25
b) $\frac{1}{64}$

S. 37, 13.
a) Nach 5 Jahren sind es 5520,40 €,
nach 10 Jahren sind es 6094,97 €.
b) Nach ca. 35 Jahren (Nach ca. 56 Jahren)
c) Etwa 3,53 %

S. 37, 14.
a) $\sqrt[3]{\sqrt[3]{x}} = \sqrt[3]{x^{\frac{1}{3}}} = \left(x^{\frac{1}{3}}\right)^{\frac{1}{3}} = x^{\frac{1}{3} \cdot \frac{1}{3}} = x^{\frac{1}{9}} = \sqrt[9]{x}$
b) $\sqrt{\sqrt{\sqrt{x}}} = \sqrt{\sqrt{x^{\frac{1}{2}}}} = \sqrt{\left(x^{\frac{1}{2}}\right)^{\frac{1}{2}}} = \left(\left(x^{\frac{1}{2}}\right)^{\frac{1}{2}}\right)^{\frac{1}{2}} = x^{\frac{1}{2} \cdot \frac{1}{2} \cdot \frac{1}{2}} = x^{\frac{1}{8}}$

S. 37, 15.
a) $\log_2 4 \cdot \log_4 2 = 2 \cdot \frac{1}{2} = 1$
b) (1) $\log_a b = x \quad \rightarrow \quad a^x = b \quad \rightarrow \quad$ (2) $a = \sqrt[x]{b} = b^{\frac{1}{x}}$
Wegen (2) gilt: (3) $\log_b a = \log_b b^{\frac{1}{x}} = \frac{1}{x}$
Wegen (1) und (3) gilt: $\log_a b \cdot \log_b a = x \cdot \frac{1}{x} = 1$

Wiederholungsaufgaben

S. 37, 1.
a) umgekehrt proportional
b), d), e) weder proportional noch antiproportional

S. 37, 2.
Weiß: $\frac{1}{3}$ aller Fahrzeuge, also 400 Fahrzeuge;
Grau: $\frac{1}{4}$ aller Fahrzeuge, also 300 Fahrzeuge

S. 37, 3.
Konstruktion nach Kongruenzsatz sws.

S. 37, 4.
Linkes Dreieck – nicht rechtwinklig
(Umkehrung vom Satz des Pythagoras gilt nicht.)
Mittleres Dreieck – rechtwinklig (Satz des Thales gilt.)
Rechtes Dreieck – rechtwinklig
(Umkehrung vom Satz des Pythagoras gilt.

Lösungen

Lösungen zu Kapitel 2: Trigonometrie

Dein Fundament

S. 40, 1.
Spitze Winkel (2°, 25°, 75°); Stumpfe Winkel (91°, 100°); Überstumpfe Winkel (200°, 345°); Rechter Winkel (90°); Gestreckter Winkel (180°)

S. 40, 2.
a) $\gamma = 90°$; $\alpha = 25°$ b) $\beta = 20°$ c) $\gamma = 55°$
d) $\alpha = \beta = \gamma = 60°$ e) $\alpha = \beta = 53°$

S. 40, 3.
Kleiner als 120°: spitze ∢, rechte ∢, stumpfe ∢
Größer als 90°: stumpfe ∢, gestreckte ∢, überstumpfe ∢, Voll-∢

S. 40, 4.
Von links nach rechts:
Gestreckter Winkel, überstumpfer Winkel, rechter Winkel, stumpfer Winkel, spitzer Winkel

S. 40, 5.
∢ BAM = 90°, ∢ CMB = 120°, ∢ AMD = 120°, ∢ DAM = 25°, ∢ ACD = 60°, ∢ DMC = 60°, ∢ MBC = 15°

S. 40, 6.
a) a liegt auf y-Achse, b ist parallel zur x-Achse. Da Achsen senkrecht zueinander, Δ ABC rechtwinklig.
b) a = 6 cm, b = 8 cm, c = 10 cm,
$\alpha = 36{,}9°$, $\beta = 53{,}1°$, $\gamma = 90°$

S. 40, 7.
a) Ja (Kongruenzsatz sss und Dreiecksungleichung sind erfüllt.)
b) Nein (Dreiecksungleichung nicht erfüllt.)
c) Nein (Es sind mindestens drei Bestimmungsstücke erfordelich.)
d) Nein (Es passt kein Kongruenzsatz; beliebig viele Dreiecke mit den Winkeln konstruierbar.)
e) Nein (Seiten-Winkelbeziehung nicht erfüllt.)

S. 40, 8.
a) In jedem gleichseitigen Dreieck gilt:
$\alpha = \beta = \gamma = 60°$
Es gibt also keinen rechten Winkel.
b) Wegen $\alpha + \beta + \gamma = 180°$ ergeben die zwei restlichen Winkel zusammen 90°, also muss jeder dieser Winkel kleiner als 90° sein.
c) Mit $\alpha + \beta + \gamma = 180°$ und $\gamma = 90°$ gilt:
$\alpha + \beta + 90° = 180°$, also $\alpha + \beta = 90°$.

S. 40, 9.
a) c = 27,2 cm b) a = 14,9 cm c) c = 18 dm

S. 40, 10.
a) u = 65 cm; A = 172,83 cm^2
b) u = 31,4 cm; A = 11,2 cm^2
c) u = 43,4 dm; A = 80,6 dm^2

S. 40, 11.
a) Nein $(5^2 + 7^2 \neq 9^2)$
b) Ja $(16^2 + 12^2 = 20^2)$

S. 41, 12.
a)
b)
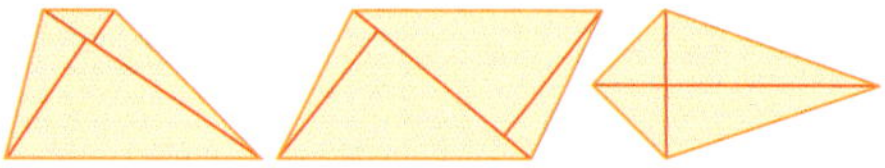
c) 18 cm^2 28 cm^2 16 cm^2

S. 41, 13.

a	b	c	h_c	p	q
3 cm	4 cm	5 cm	2,4 cm	1,8 cm	3,2 cm
6,7 cm	6 cm	9 cm	4,5 cm	5 cm	4v
4,2 cm	7 cm	8,2 cm	3,6 cm	2,2 cm	6v

S. 41, 14.

	a	b	c	h_c	p	q
a)	$\sqrt{5}$ cm	$2\sqrt{5}$ cm	5 cm	2 cm	1 cm	4 cm
b)	5 cm	$\sqrt{11}$ cm	6 cm	4,5 cm	$\frac{25}{6}$ cm	$\frac{11}{6}$ cm
c)	$2\sqrt{5}$ cm	6 cm	9 cm	$2\sqrt{5}$ cm	5 cm	4 cm

S. 41, 15.
$4\sqrt{3}$ cm

S. 41, 16.
a) 35
b) 40
c) 5
d) 25
e) 20

S. 41, 17.
a und h;
b und i;
c und g;
d und f;
e und j

S. 41, 18.
a) (1) Summe aus dem Produkt zweier Zahlen und einer Zahl
(2) Summe aus einer Zahl und zwei Produkten
b) (1) 25; 5; −175; 15; 5; 125
(2 2; 6; 222; 3,5; 9,5; 42
c) (1) 1,25; 1,3; 1,2
(2) Es gibt für alle drei Belegungen keine Lösung.

S. 41, 19.
x = 14,7

S. 41, 20.
Individuelle Lösung

S. 41, 21.
Die Aussagen sind gleichwertig:
a) Satz des Thales
b) Zwei Radien eines Kreises, die auf einer Geraden liegen, bilden einen gestreckten Winkel und sind dann auch Durchmesser des Kreises.
c) Jede Seitenhalbierende geht durch den Mittelpunkt einer Dreieckseite und den der Seite gegenüberliegenden Eckpunkt des Dreiecks.
Ist die Seitenhalbierende halb so lang wie die Seite, dann liegen die beiden Endpunkte der Strecke und der gegenüberliegende Eckpunkt auf einem Kreis mit der halben Seitenlänge eines Radius.
Dieser Kreis ist Thaleskreis und das Dreieck daher rechtwinklig.

Prüfe dein neues Fundament

S. 70, 1.
0,6018; −0,2079; 1; 0,6018; 0,2079; n. l.

S. 70, 2.
45°: 0,7; 0,7; 1   160°: 0,3; −0,9; −0,4

S. 70, 3.
a) (1) $c = 5{,}2\,cm$; $a = 3{,}0\,cm$
(2) $b = 6{,}0\,cm$; $a = 4{,}4\,cm$
(3) $b = 15{,}4\,cm$; $c = 14{,}3\,cm$
b) (1) 34,9°
(2) 48,2°
(3) 30,7°

S. 70, 4.
a) (1) $a = 0{,}7\,cm$; $c = 1{,}2\,cm$
(2) $b = 4{,}1\,cm$; $c = 6{,}1\,cm$
(3) $b = 12{,}0\,cm$; $c = 13{,}1\,cm$
b) (1) $\alpha = 53{,}1°$; $\beta = 36{,}9°$
(2) $\alpha = 65{,}7°$; $\beta = 24{,}3°$
(3) $\alpha = 41{,}8°$; $\beta = 48{,}2°$

S. 70, 5.
a) $b = 6{,}6\,cm$; $c = 8{,}0\,cm$;
$\alpha = 30°$; $A = 13{,}1\,cm^2$
b) $a = 8{,}1\,cm$; $\alpha = 83{,}7°$;
$\beta = 33{,}3°$; $A = 16{,}3\,cm^2$
c) $c = 11{,}7\,cm$; $\alpha = 33{,}7°$;
$\beta = 38{,}3°$; $A = 24{,}6\,cm^2$

S. 70, 6.
$\cos 120° = -\cos 60°$ $\cos 135° = -\sin 45°$
$\cos 150° = -\sqrt{1 - \sin^2 30°}$

S. 70, 7.
30°, 150° (n. l.; 45°, 135°; 60°, 120°; 0°, 180°; 90°)

S. 70, 8.
Am Einheitskreis (r = 1 LE) entsteht ein gleichschenkliges Dreieck. Das die Schenkellängen gleich lang sind gilt: $\sin 45° = \cos 45°$

S. 70, 9.
a) Individuelle Lösung
b) Es ist ein rechtwinkliges Dreieck. Somit gilt der Satz des Pythagoras und die Innenwinkelbeziehungen für rechtwinklige Dreiecke.
$\alpha = 67{,}4°$; $\beta = 22{,}6°$; $\gamma = 90$

S. 70, 10.
a) 33,7°
b) 10 m

S. 71, 11.
$44{,}6\,cm^2$

S. 71, 12.
a) 21,4°
b) 0,92 m

Wiederholungsaufgaben

S. 71, 1.
a) $x = 2$
b) $x = 8$

S. 71, 2.
$\frac{1}{4}$

S. 71, 3.
59 %

S. 71, 4.
a) Achsensymmetrisch: A, E, H, I, M, X
Punktsymmetrisch: H, I, X
b)

S. 71, 5.
$k = 40\,cm$
$V = 30\,cm^3$
$A_O = 62\,cm^2$

S. 71, 6.
Das Volumen halbiert sich. Die Gesamtkantenlänge vergrößert sich, da zusätzliche Kanten entstehen.

S. 71, 7.
a) 2 001 520,16
b) 20,152 016
c) 248 760
d) 0,002 487 6

Lösungen zu Kapitel 4: Quadratische Gleichungen – quadratische Funktionen

Dein Fundament

S. 82, 1.

a) $x = 10$ b) $x = 2$ c) $x = -4$ d) $x = -1$
e) $x = 0$ f) $x \in \mathbb{R}$ g) $x = 8$ h) $x = 4$

S. 82, 2.

a) $-4; 4$ b) 3 c) n. l. d) $-5;\ 5$
e) 0 f) n. l. g) $-2;\ 2$ h) $0;\ 1$
i) $-1;\ 1$ j) $-2;\ 2$ k) $-1;\ 3$ l) $-2;\ 6$

S. 82, 3.

a) $-1;\ 1$ b) $-1;\ 3$ c) $-3;\ 1$ d) $-2;\ 2$
e) $-1;\ 1$

S. 82, 4.

$(x+2)(x-3) = 0$

S. 82, 5.

a) $\{-4; 4\}$ b) $\{-7; 1\}$ c) $\{-2; 6\}$ d) $\{-4; 2\}$
e) $\{-2; 2\}$ f) $\{-6; 6\}$ g) $\{-5; 5\}$ h) $\{-6; 6\}$

S. 82, 6.

a) $4 + 4x + x^2$ b) $a^2 - 4a + 4$
c) $a^2 - 9$ d) $4a^2 + 4ab + b^2$
e) $a^2 - 4b^2$ f) $4 - 2x + \frac{1}{4}x^2$
g) $16 - 4x^2$ h) $\frac{1}{4}u^2 - 2uv + 4v^2$
i) $x^2 + x + \frac{1}{4}$ j) $\frac{4}{9}u^2 + 4uv + 9v^2$

S. 82, 7.

a) $x^2 + 6x + 9 = (x+3)^2$
b) $a^2 + 12a + 36 = (a+6)^2$
c) $25u^2 - 60uv + 36v^2 = (5u - 6v)^2$
d) $36 + 12x + x^2 = (x+6)^2$
e) $(2u+v)(2u-v) = (2u)^2 - v^2$
f) $9x^2 + \frac{1}{16} + 1{,}5x = \left(3x + \frac{1}{4}\right)^2$
g) $a^2 + b^2 + 2ab = (a+b)^2$
h) $z^2 - 12z + 36 = (z-6)^2$

S. 82, 8.

a) $(a-b)^2$ b) $(x+y)^2$ c) $(a+2)^2$
d) $(3-x)(3+x)$ e) $(3a+2b)^2$

S. 82, 9.

a) $x^2 + 2x = (x+1)^2 - 1$
b) $4x^2 + 2x = \left(2x + \frac{1}{2}\right)^2 - \frac{1}{4}$
c) $\frac{9}{25}x^2 - 6x = \left(\frac{3}{5}x - 5\right)^2 - 25$
d) $x^2 - x = (x - 0{,}5)^2 - 0{,}25$
e) $x^2 + x + 1 = \left(x + \frac{1}{2}\right)^2 + \frac{3}{4}$
f) $9x^2 - 12x = (3x-2)^2 - 4$

S. 82, 10.

$A_{Quadrat} = a^2$; $A_{Rechteck} = (a-1)(a+1) = a^2 - 1$.

Der Flächeninhalt des Rechtecks ist 1 cm^2 kleiner als der Flächeninhalt des Quadrats.

S. 83, 11.

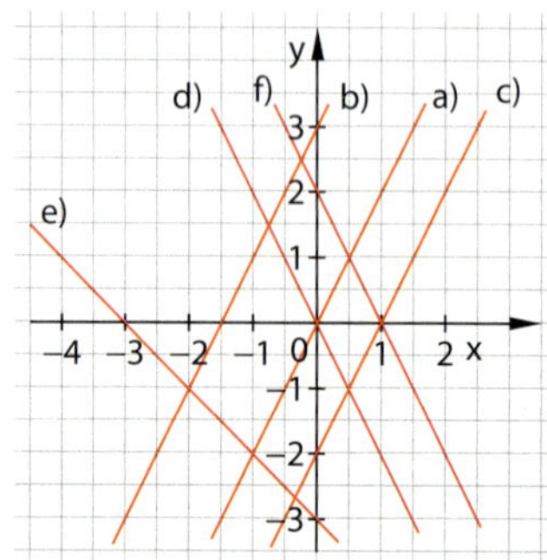

S. 83, 12.

a) (2)
b) (1)
c) (3)
(4) $y = i(x) = x + 6$

S. 83, 13.

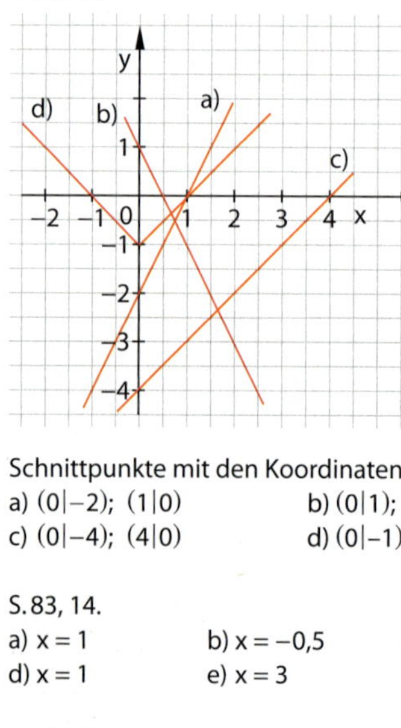

Schnittpunkte mit den Koordinatenachsen

a) $(0|-2)$; $(1|0)$ b) $(0|1)$; $(0{,}5|0)$
c) $(0|-4)$; $(4|0)$ d) $(0|-1)$; $(-1|0)$; $(1|0)$

S. 83, 14.

a) $x = 1$ b) $x = -0{,}5$ c) $x = 8$
d) $x = 1$ e) $x = 3$

S. 83, 15.

$y = 2x - 4$

S. 83, 16.

a) $(-1|3)$ b) $(2|-1)$
c) kein Schnittpunkt
(Graphen sindzueinander parallel.)

S. 83, 17.

m: Anstieg ($m > 0$, steigend; $m < 0$, fallend)
n: y-Koordinate des Schnittpunktes des Graphen mit der y-Achse

S. 83, 18.
64; 121; 169; $\frac{1}{4}$; $\frac{9}{25}$; 0,49; 0,25; 1,44

S. 83, 19.

a) 11	b) n.d.	c) 0,3	d) $\frac{1}{2}$
e) $\frac{4}{5}$	f) n.d.	g) n.d.	h) $\frac{3}{2}$
i) 1	j) $-\frac{8}{3}$		

S. 83, 20.
a = 4 cm

S. 83, 21.
a) 1,5 cm b) V = 3,375 cm^3

Prüfe dein neues Fundament

S. 116, 1.
a) Keine quadratische Gleichung
b) Quadratische Gleichung $\rightarrow$ $x^2 - 3x - 3 = 0$
c) Keine quadratische Gleichung
d) Quadratische Gleichung $\rightarrow$ $x^2 + x - 2 = 0$

S. 116, 2.

a) −2; 1	b) −2; −1	c) −2; 0
d) −1; 3	e) −5; 1	f) −4
g) keine Lösung	h) −1; 0	

S. 116, 3. (Beispiele)
a) $x^2 = 0$ b) $x^2 + 2x = 0$
c) $x^2 + 2 = 0$ d) $(x - 2)(x + 3) = 0$

S. 116, 4.
a) D = −1; keine Lösung
b) D = 25; zwei Lösungen
c) D = 0; eine Lösung
d) D = 4; zwei Lösungen

S. 116, 5.
a) $(x + 1)(x + 3)$; Lösungsmenge ist korrekt.
b) $(x - 1)(x + 3)$; L = {1; −3}

S. 116, 6.

a) −0,3; 0,3	b) −7,5; 7,5	c) −1; 0
d) −5; 4	e) −2; −3; 2; 3	f) −2; 2
g) −2; 2	h) −12; −14; 0	i) −2, −2; 2; 2

j) −2; 1 (0 ist keine Lösung!)
k) −1; 1 l) −4; 2

S. 116, 7.
a) P(1|1)
b) P(−1,5|2,25)
c) P(0|0)
d) P(−1|1)
e) P(−2|4) und P(2|4)

S. 116, 8.
a) $y = f(x) = 2x^2$
b) $y = f(x) = -0,5x^2$
c) $y = f(x) = 4x^2$
d) $y = f(x) = -0,2x^2$

S. 116, 9.
a) S(−2|−2)
b) S(−1|−5)
c) S(−1|−4)
d) S(1|−0,5)
e) S(−0,5|1)
f) S(2|−1)

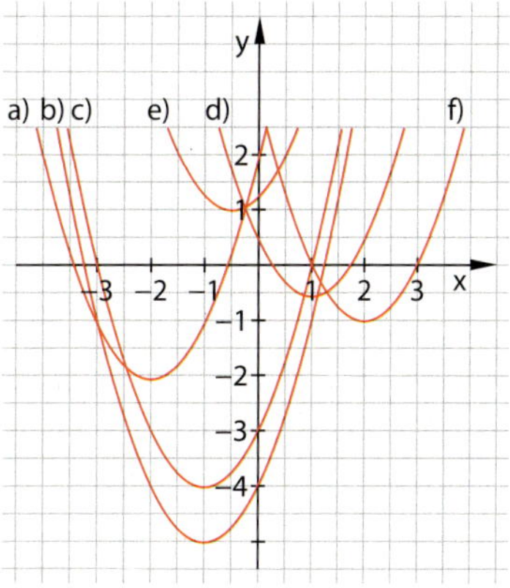

S. 116, 10.
a) Zwei Einheiten in Richtung der positiven y-Achse
b) Eine Einheit in Richtung der positiven x-Achse
c) Zwei Einheiten in Richtung der positiven x-Achse und eine Einheit in Richtung der negativen y-Achse

S. 116, 11.
$y = f(x) = (x - 1)^2$;
$y = g(x) = x^2 - 1$;
$y = h(x) = 2x^2$;
$y = i(x) = -x^2$

S. 116, 12.
a) $y = f(x) = (x + 1)^2 + 1$ b) $y = f(x) = (x - 1)^2 + 1,5$
c) $y = f(x) = (x + 2)^2 - 1$ d) $y = f(x) = (x - 1)^2 + 1$
e) $y = f(x) = (x - 1,2)^2 - 0,75$

S. 117, 13.

	a)	b)
Nullstellen	0,5; 1	keine
Wertebereich	$y \geq -\frac{1}{16}$	$y \geq 1$
Monotonie	$x \leq 0,75$ (fallend) $x \geq 0,75$ (steigend)	$x \leq 2$ (fallend) $x \geq 2$ (steigend)
Scheitelpunkt	$S(\frac{3}{4}\vert\frac{1}{16})$	S(2|1)
S_y	$S_y(0\vert 0,5)$	$S_y(0\vert 5)$

	c)	d)
Nullstellen	−1; 1	−1
Wertebereich	$y \leq 2$	$y \geq 0$
Monotonie	$x \geq 0$ (fallend) $x \leq 0$ (steigend)	$x \leq 1$ (fallend) $x \geq 1$ (steigend)
Scheitelpunkt	S(0|2)	S(1|0)
S_y	$S_y(0\vert 2)$	$S_y(0\vert 1)$

S. 117, 14.
$u = 2 \cdot (6\,cm + 2\,cm) = 16\,cm$

S. 117, 15.
$y = f(x) = -0{,}004514 \cdot x^2 + 65$ (Beispiel)
Der Faktor 0,004514 ist ein gerundeter Wert.
Somit entstehen Näherungswerte.
$h(x) = 65 - f(x) = 0{,}004\,514 \cdot x^2$

x	120 m	90 m	60 m	30 m
h(x)	65 m	36,56 m	16,25 m	4,06 m

S. 117, 16.
$A(x) = (8 - x)(8 + 2x) \rightarrow S(2|72)$
$x = 2\,cm$
$\rightarrow (8\,cm - 2\,cm)(8\,cm + 2 \cdot 2\,cm)$
$= 6\,cm \cdot 12\,cm = 72\,cm^2$

S. 117, 17.
a) 4,68 m
b) $\approx 1{,}1\,m$; $\approx 11{,}4\,m$
c) $\approx 14{,}56\,m$

Wiederholungsaufgaben

S. 117, 1.
a) $(-2)^2 = 4$
b) $(3 \cdot 16)^{-3} : 16^{-3} = 3^{-3} = \frac{1}{27}$
c) $4^{-3} = \frac{1}{64}$

S. 117, 2.
a) keine Funktion
b) keine Funktion
c) Funktion

S. 117, 3.
a) Ja
b) Nein, da $13 \cdot 13 = 169$
c) Nein, da $14 \cdot 14 = 196$
d) Ja

S. 117, 4.
a)

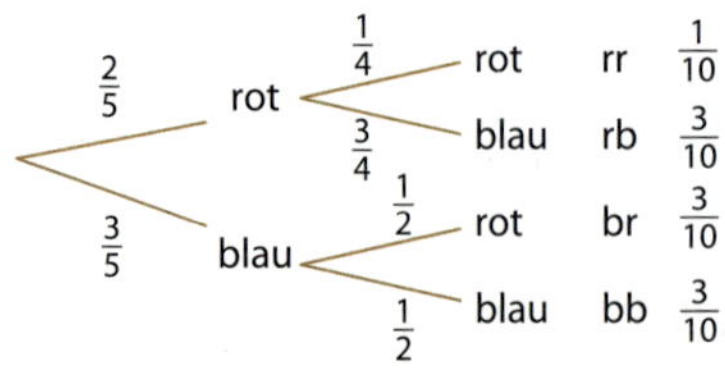

b) $P(rr) = 10\,\%$

S. 117, 5.
a) $c \cdot 3{,}1\,cm$; $\alpha \approx 100{,}6°$; $\beta \approx 29{,}4°$
b) $b \cdot 7\,cm$; $c \cdot 8{,}4\,cm$; $\gamma = 80°$

Lösungen zu Kapitel 5: Häufigkeitsverteilungen

Dein Fundament

S. 120, 1.
a) Arithmetisches Mittel (51,14 g)
Median (51 g)
b) Arithmetisches Mittel (3,71 m)
Median (3,78 m)

S. 120, 2.
a) Median: 1,65 m;
Arithmetisches Mittel: 1,66 m
b) Der Median ist um 1 cm kleiner als das arithmetische Mittel.
c) Drei Mitglieder der Sportgruppe sind größer.

S. 120, 3. (Beispiele)
a) 3; 4; 4,5; 5; 6
b) 4; 5; 6; 7; 8
c) 4; 10; 12; 16; 18

S. 120, 4.
a) Arithmetisches Mittel: $31{,}05\,\frac{km}{h}$; Median: $29\,\frac{km}{h}$
b) Falsche Aussage:
Es genügt ein sogenannter „Ausreißer" nach oben, um einen Durchschnitt über $30\,\frac{km}{h}$ zu erhalten.
c) Der Wert $65\,\frac{km}{h}$ muss durch $44\,\frac{km}{h}$ ersetzt werden.

S. 120, 5.
a)

	Halle	**Magdeburg**	**Stendal**
Pkws	425	500	670
Mit Mängeln	51	55	67
(in %)	12 %	11 %	10 %

b) Absolut hatten in Stendal die meisten Pkws Mängel. Dort erfolgten die meisten Kontrollen. Relativ (bzw. prozentual) hatten in Halle die meisten Pkws Mängel.

S. 120, 6.

	Fußball	**Handball**	**Leichtathletik**
Absolute Häufigkeit	140	120	80
mögliche Höhe im Säulendiagramm	7 cm	6 cm	4 cm
Winkel im Kreisdiagramm	148°	127°	85°

S. 121, 7.
a) Rote Würfel: $\frac{4}{20} = \frac{1}{5} = 0{,}2 = 20\,\%$
Grüne Würfel: $\frac{5}{20} = \frac{1}{4} = 0{,}25 = 25\,\%$
Blaue Würfel: $\frac{11}{20} = 0{,}55 = 55\,\%$

b) Vermutung: Im Gefäß sind 4 rote, 5 grüne und 11 blaue Würfel, oder Vielfache davon.
($0{,}2 \cdot 20 = 4$; $0{,}25 \cdot 20 = 5$; $0{,}55 \cdot 20 = 11$)

S. 121, 8.
a) Zelle E3: =B1*B2+C1*C2+D1*D2+E1*E2
b) Zelle E4: =SUMME(B2:E2); Zelle E5: =E2/E4
c)

Anzahl	0	1	2	3
Säulen-Diagramm	4,2 cm	10,1 cm	7,4 cm	2,3 cm
Kreis-Diagramm	63°	151°	111°	35°

S. 121, 9.
a) $h(A) = 0{,}25$; $h(B) = 0{,}75$
b) $h(A) = 0{,}5$; $h(B) = h(C) = 0{,}25$
c) $h(A) = h(C) = 0{,}125$; $h(B) = 0{,}5$; $h(D) = 0{,}25$
d) $h(A) = h(C) = 0{,}25$; $h(B) = 0{,}125$; $h(D) = 0{,}375$

S. 121, 10.
a) Individuelle Lösung
b) Individuelle Lösung

S. 121, 11.
a) $A = 5\,\text{cm} \cdot 0{,}1\,\text{cm} = 0{,}5\,\text{cm}^2$
b) Nach der Veränderung: $a = 4{,}5\,\text{cm}$; $b = 0{,}11\,\text{cm}$.
$A = 0{,}495\,\text{cm}^2$ (99 %)

S. 121, 12.
a) 790 (Punktrechnung vor Strichrechnung)
b) 1,6 (Wert in Klammer zuerst, dann quadrieren, dann multiplizieren)
c) 1,8 (Wie bei b) rechnen, dann addieren)

Prüfe dein neues Fundament

S. 148, 1.
a) Arithmetisches Mittel: 65,25 min, Median: 58 min, Modalwert: 40 min, Standardabweichung: 28,80 min
b)

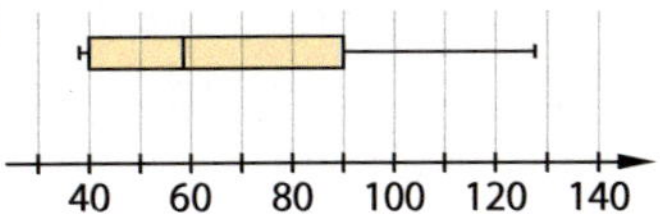

S. 148, 2.
a)

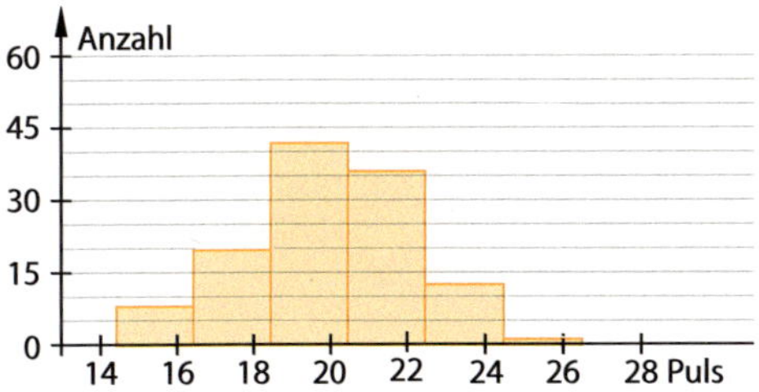

b) Arithmetisches Mittel: 20 Pulsschläge in 15 s, Standardabweichung ca. 2,13 Pulsschläge in 15 s

S. 148, 3. (Beispiel)
Im Säulendiagramm sind die Arbeitslosenzahlen für Frauen und Männer getrennt für die Jahre 1991, 1995, 2000, 2005, 2010 und 2015 in Sachsen-Anhalt dargestellt.
- In den Jahren 1991, 1995 und 2000 gab es mehr arbeitslose Frauen als Männer, danach hat sich dieser Trend umgekehrt.
- Bis zum Jahr 2000 ist die Arbeitslosenzahl insgesamt gestiegen. 2005 gab es etwa so viele arbeitslose Männer wie im Jahre 2000.
- In den Jahren 2010 und 2015 sind die Arbeitslosenzahlen gegenüber 2005 ungefähr auf die Hälfte gesunken. Die Anzahl arbeitsloser Männer ist 2015 fast zu hoch wie 1991, während die der Frauen deutlich niedriger ist.

S. 148, 4.
a) Dem Diagramm können die absoluten Umsatzzahlen einer Firma für vier aufeinander folgende Jahre entnommen werden. Sie liegen in all den Jahren über 80 Millionen Euro, weisen jedoch gegenüber dem ersten Jahr einen Rückgang auf.
b) Weil die y-Achse nicht bei 0 sondern bei 80 Mio. Euro beginnt, erweckt das Diagramm den Eindruck eines starken Umsatzrückgangs, was aber nicht der Fall ist. Die y-Achse sollte bei 0 beginnen.

S. 148, 5. (Beispiel)
5, 5, 5, 5, 5, 5, 5, 20, 20, 20, 20, 20, 20, 20, 20

S. 148, 6.
a)

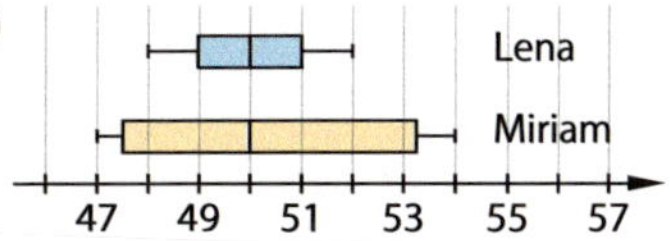

b) Aussage (1) ist wahr, Aussage (2) ist falsch, Aussage (3) ist wahr.

S. 149, 7.
Die Lösung der Aufgabe ist abhängig von der gewählten Software und von der konkreten Realisierung der erzeugten Zufallszahlen.
a) Individuelle Lösung b) Individuelle Lösung
c) Individuelle Lösung

S. 149, 8.
a) Einstellung 1: Minimum: 190 g; Maximum: 210 g; Median: 200 g; unteres Quartil: 195 g; oberes Quartil: 205 g
Einstellung 2: Minimum: 200 g; Maximum: 210 g; Median: 205 g; unteres Quartil: 202,5 g; oberes Quartil: 207,5 g
b) Einstellung 2 ist günstiger für den Verbraucher, da der Median höher ist und es geringere Schwankungen gibt. Einstellung 1 ist günstiger für den Hersteller, da der Median kleiner ist.

Wiederholungsaufgaben

S. 149, 1.
Individuelle Lösung

S. 149, 2.
a) 2; 5; 8
b) 0; 5

S. 149, 3.
P (Augensumme 10) $= \frac{3}{36} = \frac{1}{12}$

S. 149, 4.
a) $x = 1{,}2$ b) $x = 2{,}8$

S. 149, 5.
Indirekt proportionale Zuordnung:
$y = \frac{120}{x}$; $(x \neq 0)$

Lösungen zu Kapitel 7: Prüfe dein Fundament für die SII

7.1 Basisaufgaben ohne Hilfsmittel lösen

Zahlen und Größen

S. 160, 1.

a	b	$a - b$	$a + b \cdot 2$	$a : b$	$\lvert a + b \rvert$	$\frac{1}{a} : \frac{1}{b}$	$a^2 - 2b$
3	2	1	7	1,5	5	$\frac{2}{3}$	5
2	−2	4	−2	−1	0	−1	8
$\frac{1}{2}$	$\frac{1}{4}$	$\frac{1}{4}$	1	2	$\frac{3}{4}$	$\frac{1}{2}$	$-\frac{1}{4}$
−0,8	0,4	−1,2	0	−2	0,4	−0,5	−0,16
$-\frac{1}{4}$	4	$-4\frac{1}{4}$	$7\frac{3}{4}$	$-\frac{1}{16}$	$3\frac{3}{4}$	−16	$-7\frac{15}{16}$
8	$(-1)^3$	9	6	−8	7	$-\frac{1}{8}$	3

S. 160, 2.
a) $-1^2 < -0{,}7 < -\frac{2}{3} < \frac{3}{4} < \sqrt{2}$
b) $-\frac{1}{5} < -0{,}1 < 0{,}3 < \frac{1}{3} < (-2)^2$
c) $-1{,}7 < -\frac{3}{4} < -0{,}7 < (-0{,}2)^2 < 0{,}2$

S. 160, 3.
a) $\frac{5}{6}$ b) $\frac{1}{4}$ c) $-\frac{11}{12}$ d) $-\frac{7}{15}$
e) $-\frac{1}{6}$ f) 0 g) $\frac{2}{7}$ h) 2
i) $-\frac{30}{7} = -4\frac{2}{7}$ j) 5

S. 160, 4.
a) Falsch $(4 - 2 \cdot 2 = 0)$
b) Falsch $(\frac{2}{6} - \frac{1}{3} = 0)$
c) Falsch $(0{,}5 - \frac{2}{3} - \frac{1}{2} = -\frac{2}{3})$
d) Richtig

S. 160, 5.
Es wurden 21 Stimmen abgegeben.

S. 160, 6.

Grundwert	120 €	80 kg	1000 €	8 m	70 kg
Prozentsatz	3 %	10 %	1 %	150 %	150 %
Prozentwert	3,6 €	8 kg	10 €	12 m	105 kg

Grundwert	200 ml	70 ha	1000 m	200 €
Prozentsatz	120 %	7 %	8 %	75 %
Prozentwert	240 ml	4,9 ha	80 m	150 €

S. 160, 7.
a) 2140 Schrauben b) 1980 Schrauben
c) 1900 Schrauben d) 2200 Schrauben
e) Montag: 2100 Schrauben
Dienstag: 1995 Schrauben

S. 160, 8.
2%

S. 160, 9.
Das stimmt nicht.
(Wenn in beiden Klassen jeweils 20 Kinder wären, dann wären 5 Schwimmer in der Klasse 3a und 10 Schwimmer in der Klasse 3b. In beide Klassen zusammen gehen 40 Kinder. Davon können 15 Kinder schwimmen, das sind aber weniger als 50 %.)

S. 161, 10.
a) 8300 g b) 1,49 € c) 6,015 km
d) 840 s e) $0{,}012\,m^2$ f) $30\,dm^3$
g) $5000{,}111\,dm^3$ h) 3,030 g

S. 161, 11.
Flächeneinheiten: ha; dm^2
Volumeneinheiten: m^3; hl; cm^3

S. 161, 12.
a) 2,8 kg b) $40\,dm^2$ c) 5 cm
d) $1\,m^2$ e) Nicht möglich. f) 2 ℓ
g) $999\,970\,m^2$ h) 5,5 t

S. 161, 13.

Maßstab	Entfernung	
	Karte	Wirklichkeit
1 : 100 000	10 cm	10 km
1 : 25 000	4 cm	1 km
1: 50 000	1 cm	500 m

S. 161, 14.
a) 500 ml b) 10 mm c) 150 min
d) 25 ℓ e) 50 ha f) $250\,dm^3$

S. 161, 15.
a) 3,4 cm < 1 dm b) $0{,}76\,m^2 > 7{,}4\,cm^2$
c) 7,2 dt < 3 t d) 7,6 m = 76 dm
e) 78 kg = 0,078 t f) 4,2 ml< 1 ℓ

S. 161, 16.
10:55 Uhr

S. 161, 17.
a) $1{,}8 \cdot 10^7\,g$ b) $2{,}5 \cdot 10^{-4}$ ℓ
c) $1{,}23 \cdot 10^{11}\,km$ d) $7{,}0 \cdot 10^{-6}\,cm$

S. 161, 18.
a) 0,00 000 017 m b) 250 000 000 €
c) 7 800 000 000 000 g d) $4200\,m^2$

S. 161, 19.
a) 36 b) – 8 c) $\frac{1}{8}$ d) 9
e) 3 f) 4 g) 64 h) $\frac{9}{4}$
i) $\frac{4}{3}$ j) 0,2 k) 2 l) – 1

S. 161, 20.
a) 32 b) 9 c) 3 d) 7 e) 2
f) 2 g) 8 h) 4 i) 4 j) 2
k) 4 l) 2

S. 161, 21.
Für alle ungeraden natürlichen Zahlen ist er negativ.

S. 162, 22.
a) $6x - y$ b) $-3y + 8z$
c) $3a + b$ d) $2a^2 - 10a + ab - 5b$
e) $2x^2 - 2y^2$ f) $a^2 + 4ab + b^2$
g) $4x^2 - 4xy + y^2$ h) x^2
i) $-ab + \frac{1}{4}b^2$

S. 162, 23. (Beispiele)
a) $3a \cdot (1 + 2b)$ b) $6x \cdot (y - 2xz)$
c) $-3y \cdot (xy - 3 + 2x)$ d) $\frac{1}{2}x \cdot (x^2 - 1)$

S. 162, 24.
a) $(a + b)^2$ b) $(x - y)(x + y)$ c) $(x - 2y)^2$
d) $\left(\frac{1}{2}a + b\right)^2$ e) $(3v - 2u)(3v + 2u)$

S. 162, 25.
a) Falsch; $-2x + 4 = -2(x - 2)$
b) Richtig
c) Falsch; $\frac{2 + y}{y} = \frac{2}{y} + 1$
d) Falsch: $\frac{4(x + y)(x - y)}{-2} = -2(x^2 - y^2)$

S. 162, 26.
$A = 4a \cdot 2a - \frac{1}{2}\pi \cdot a^2 = a^2 \cdot \left(8 - \frac{\pi}{2}\right)$

S. 162, 27.
a) 0; 1 b) $x < 0$ c) 1
d) –3; –1 e) $x \leq 0$; 1

S. 162, 28.
a) $2n(2k + 1)$; $n, k \in \mathbb{N}$ b) $\frac{1}{x} - 4$; $x \neq 0$
c) $x \cdot (-x)$ d) $x^2 - \sqrt[3]{x}$

S. 162, 29.
a) $x = 8$ b) $x = \frac{1}{4}$
c) $x = 3$ d) $x = 4$
e) $x_1 = 2$; $x_2 = -2$ f) $x_1 = 0{,}5$; $x_2 = -0{,}5$
g) $x_1 = 1$; $x_2 = -3$ h) $x = 4$
i) $x = 3$ j) $x = 9$

S. 162, 30.
a) $x = 7$ b) $y = 1$ c) $z = 2$ d) $L = \{\}$
e) $x = \frac{1}{2}$ f) $x = 4$ g) $y = \frac{4}{3}$ h) $y = 2$

S. 162, 31.
a) Richtig b) Es fehlt $x = 9$. c) Es fehlt $x = 4$.

S. 162, 32.
a) $q = \frac{b^2}{c}$ b) $a = \frac{2A}{b}$
c) $b = \frac{u}{2} - a$ d) $h = \frac{2A}{a + c}$; $a = \frac{2A}{h} - c$
e) $r = \frac{u}{2\pi}$ f) $h = \frac{3V}{\pi r^2}$; $r = \sqrt{\frac{3V}{\pi h}}$
g) $r = \sqrt[3]{\frac{3V}{4\pi}}$ h) $l_1 = \frac{F_1 \cdot l_2}{F_2}$; $l_2 = \frac{F_2 \cdot l_1}{F_1}$

Lösungen

S. 162, 33.

a) L = {0; 1; 2, 3}

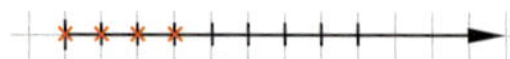

b) L = {2; 3; 4, 5; 6, 7, …}

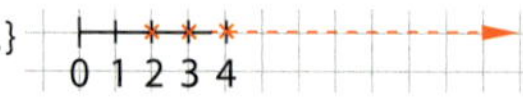

c) $x > 1$ und $x \in \mathbb{Q}_+$

d) $x \leq 2$; $x \in \mathbb{Z}$

S. 162, 34.

9c (x Schüler); 9b (x + 3 Schüler);
9a (x + 3– 2 Schüler)
$x + x + 3 + x + 3 - 2 = 76 \quad \rightarrow \quad x = 24$
9c (24 Schüler); 9b (27 Schüler); 9a (25 Schüler)

Raum und Form

S. 163, 1.

a)

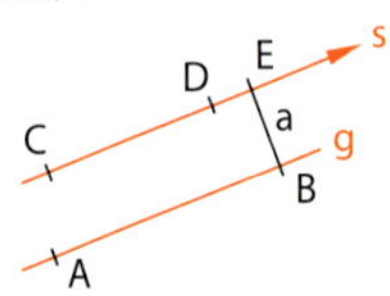

b)

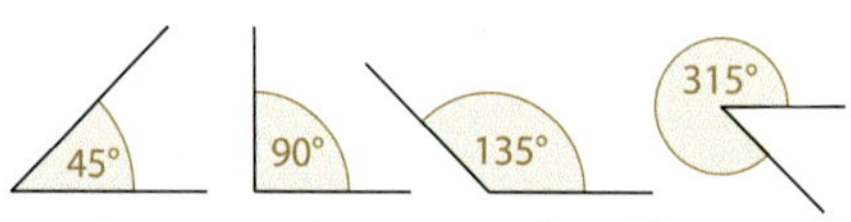

spitzer Winkel, rechter Winkel, stumpfer Winkel, überstumpfer Winkel

c) Beispielsweise:
Scheitelwinkelsatz, Nebenwinkelsatz, Stufenwinkelsatz, Wechselwinkelsatz

d) Beispiele

(A)

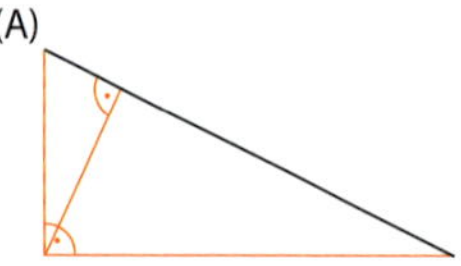

(B)

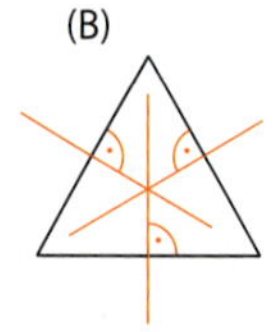

(C)

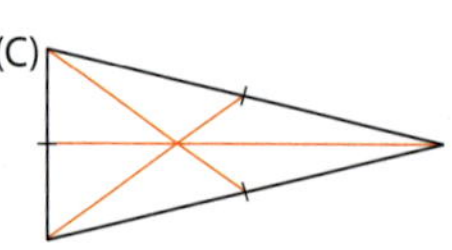

(D)

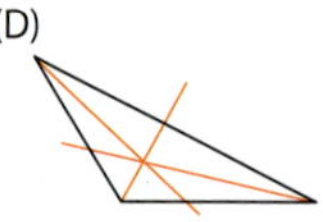

S. 163, 2.

$\beta = 61°$ und $\alpha = 29°$
(Innenwinkelsumme im rechtwinkligen Dreieck)

S. 163, 3.

Individuelle Lösungen

S. 163, 4.

a) Zeichne das Rechteck ABCD und trage auf b die Strecke a ab. Es entsteht Punkt X. Errichte in X die Senkrechte zu b. Zeichne über b den Thaleskreis. Es entsteht Punkt Y. Das über x gezeichnete Quadrat ist die Lösung.

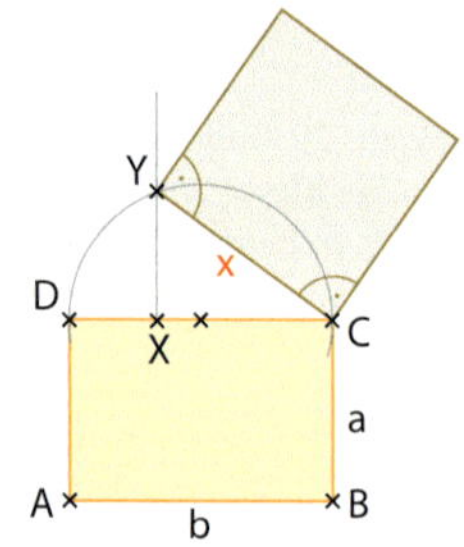

b) Zeichne das Rechteck ABCD und trage an b die Strecke a an. Zeichne über der Strecke a + b den Thaleskreis und errichte am Punkt A die Senkrechte zu a + b. Das über x gezeichnete Quadrat ist die Lösung.

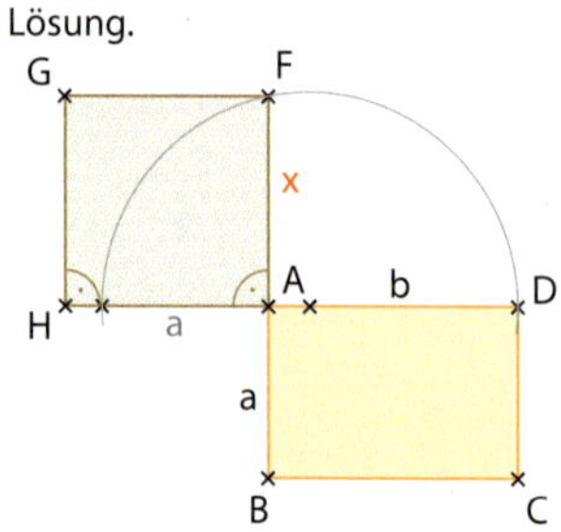

S. 163, 5.

a) Zeichne $\overline{AB}$ und danach um A einen Kreis mit r = 5 cm und um B einen Kreis mit r = 7 cm. Der Schnittpunkt beider Kreise ist C. Verbinde A, B und C zum Dreieck ABC. (Kongruenzsatz sss)

b) Zeichne β und trage von B aus auf einem Schenkel 4 cm ab. Es entsteht der Punkt C. Zeichne um C einen Kreis mit r = 6 cm. Dieser schneidet den zweiten Schenkel von β in A. Verbinde A, B und C zum Dreieck ABC. (Kongruenzsatz SsW)

c) Zeichne α und um A Kreise mit r = 3 cm (r = 5 cm). Die Kreise schneiden die Schenkel von α in B (C). Verbinde A, B und C zum Dreieck ABC. (Kongruenzsatz sws)

d) Zeichne die Strecke b = 4,5 cm und trage an diese in ihren Endpunkten Winkel von 27° (63°) an. Die freien Schenkel der Winkel schneiden einander im Punkt B. Verbinde A, B und C zum Dreieck ABC. (Kongruenzsatz wsw)

S. 163, 6.

a) Der Umkreismittelpunkt ist der Schnittpunkt der Mittelsenkrechten.

b) Der Inkreismittelpunkt ist der Schnittpunkt der Winkelhalbierenden.

c) Der Schwerpunkt ist der Schnittpunkt der Seitenhalbierenden.

S. 163, 7.
a) D
b) C
c) D

S. 164, 8.
Individuelle Lösung

S. 164, 9.
(1) – (D), (2) – (F), (3) – (B), (4) – (A), (5) – (C), (6) – (E)

S. 164, 10.
$u = \pi d$; $u = 2\pi r$; $A = \pi r^2$;
$A = \frac{\pi}{4} d^2$; $\frac{b}{\alpha} = \frac{u}{360°}$

S. 164, 11.

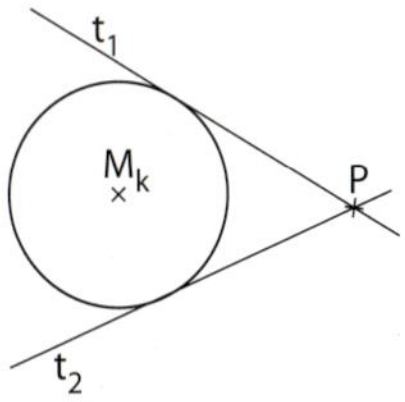

S. 164, 12.
Individuelle Lösung

S. 164, 13.
Körper (1) könnte auch ein auf einer Seitenfläche liegendes Prisma mit einem rechtwinkligen Dreieck als Grundfläche sein.

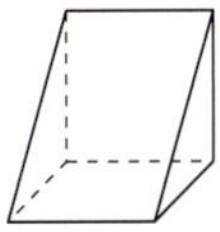

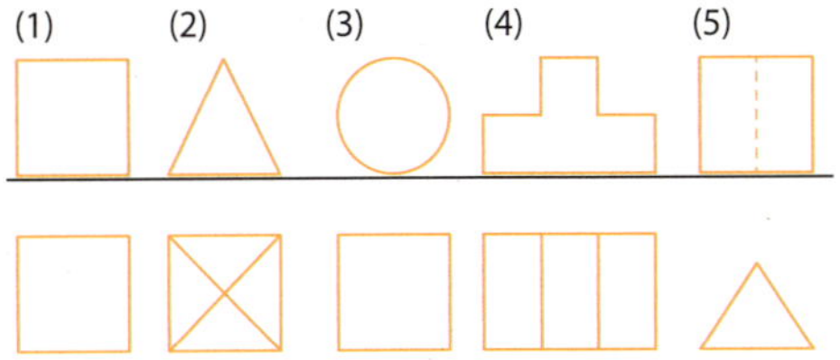

S. 165, 14. (Beispiele)

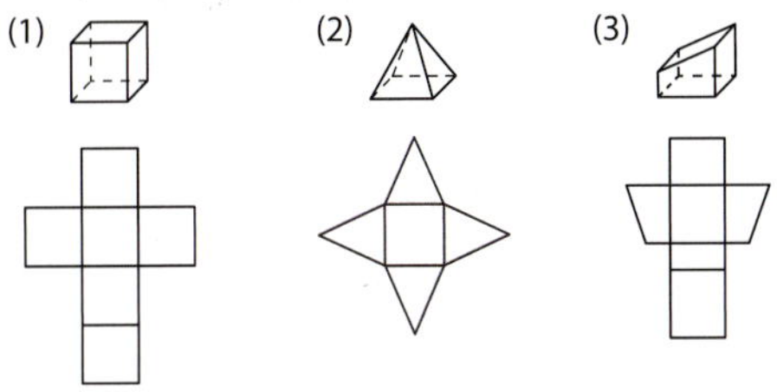

S. 165, 15.
a) verdreifacht sich
b) wird geviertelt
c) verdoppelt sich
d) sechzehnmal so viel
e) einhundertfünfundzwanzigmal so viel

S. 165, 16.
a) $V = \frac{1}{3}\pi \cdot \left(\frac{d}{2}\right)^2 \cdot a + \frac{1}{3}\pi \cdot \left(\frac{d}{2}\right)^2 \cdot b = \frac{1}{3}\pi \cdot \left(\frac{d}{2}\right)^2 \cdot (a + b)$

$A_M = \pi \cdot \left(\frac{d}{2}\right) \cdot \sqrt{a^2 + \left(\frac{d}{2}\right)^2} + \pi \cdot \left(\frac{d}{2}\right) \cdot \sqrt{b^2 + \left(\frac{d}{2}\right)^2}$

$A_M = A_O$

b) $V = \frac{1}{3} \cdot a^2 \cdot h_1$;
$A_M = 2 \cdot a \cdot h_2$;
$A_O = a^2 + 2 \cdot a \cdot h_2$

S. 165, 17.
Individuelle Lösung

S. 165, 18. (Beispiele)
a) $\frac{e}{d} = \frac{\sin\varepsilon}{\sin\delta}$, $\left(\frac{\sin\delta}{\sin\varepsilon} = \frac{e}{d}\right)$
b) $f^2 = d^2 + e^2 - 2de \cdot \cos\varphi$; $e^2 = d^2 + f^2 - 2df \cdot \cos\varepsilon$
c) $A = \frac{1}{2} d \cdot e \cdot \sin\varphi$

S. 165, 19.
Für das Parallelogramm gilt:
$A = x \cdot h_x$; $\sin\alpha = \frac{h_x}{y}$
$\rightarrow$ $h_x = y \cdot \sin\alpha$ $\rightarrow$ $A = x \cdot y \cdot \sin\alpha$
a) $\frac{e}{d} = \frac{\sin\varepsilon}{\sin\delta}$, $\left(\frac{\sin\delta}{\sin\varepsilon} = \frac{e}{d}\right)$
b) $f^2 = d^2 + e^2 - 2de \cdot \cos\varphi$;
$e^2 = d^2 + f^2 - 2df \cdot \cos\varepsilon$
c) $A = \frac{1}{2} d \cdot e \cdot \sin\varphi$

Zuordnungen, direkte/indirekte Proportionalität

S. 166, 1.
a) Eindeutige Zuordnung (Jeder Zahl der Menge X wird genau eine Zahl aus der Menge Y zugeordnet.)
b)

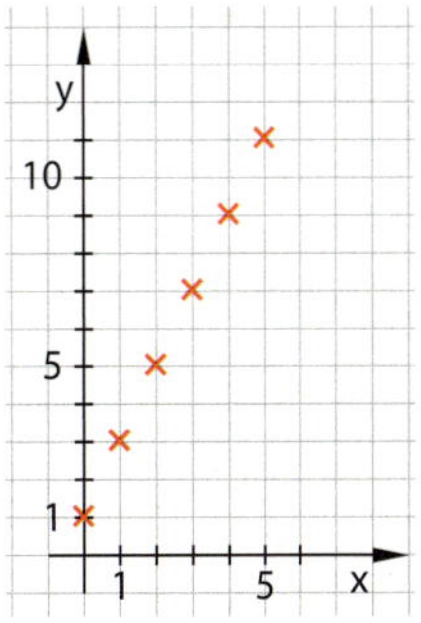

c) Jeder der Zahlen 0; 1; 2; 3; 4; 5 wird ihr Doppeltes vermehrt um 1 zugeordnet.
d) $y = 2x + 1$

S. 166, 2.
Umfang (12 cm)
a)

a	1	2	3	4	5
b	5	4	3	2	1

b)

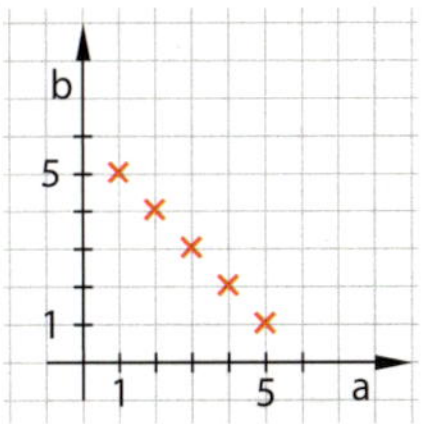

c) $b = -a + 6$
(mit $a = 1; 2; 3; 4; 5$)

Lösungen

Flächeninhalt ($12\,cm^2$)

a)

a	1	2	3	4	6	12
b	12	6	4	3	2	1

b)

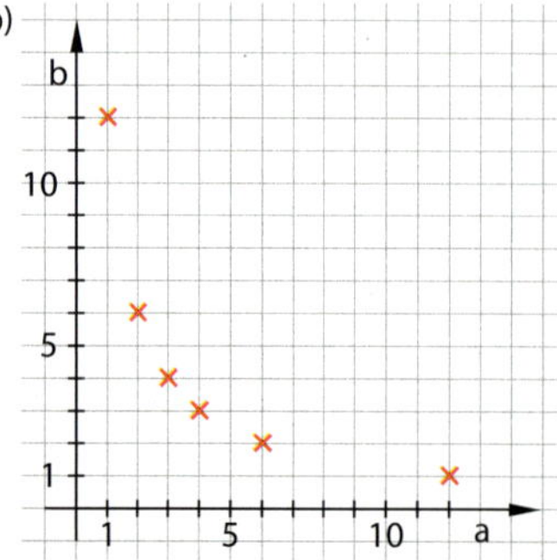

c) $b = 12 \cdot \frac{1}{a}$
(mit a = 1; 2; 3; 4; 6; 12)

S. 166, 3.

	a)	b) x = 7	b) x = 8	c)
(1)	$y = \|x\|$	7	8	weder, noch
(2)	$y = 4x$	28	32	direkt proportional
(3)	$y = \frac{1}{x}$	$\frac{1}{7}$	$\frac{1}{8}$	indirekt proportional
(4)	$y = \frac{8}{x}$	$\frac{8}{7}$	1	indirekt proportional

(2)

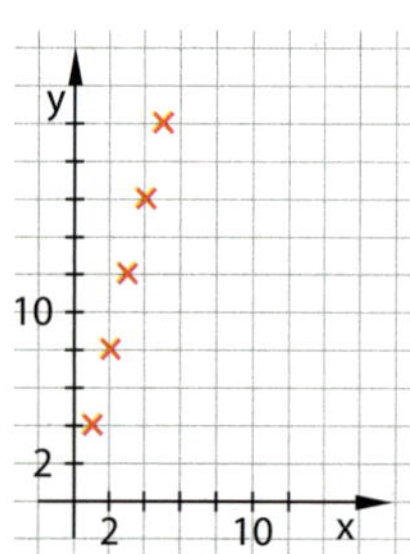

(3)

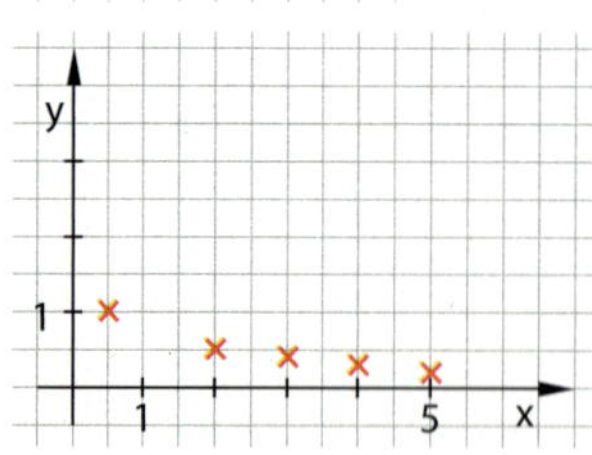

(4)

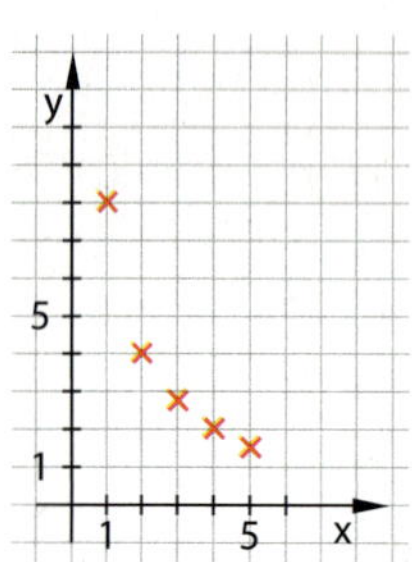

S. 166, 4.

a) Eindeutige Zuordnung
b) Eindeutige Zuordnung
c) Keine eindeutige Zuordnung
(Einer Zahl werden mehrere Teiler zugeordnet.)
d) Keine eindeutige Zuordnung
(Bei mehr als 12 Personen werden einem Monat immer mehrere Personen zugeordnet.)

S. 166, 5.

a) 10,50 € b) 10 Bretter
c) 3 h d) 24 h
e) 360 ml/25 Orangen f) 48 €

S. 167, 6.

(1) a); b); $y = f(x) = x \; (x \in \mathbb{Z})$
(2) keine Funktion
(3) keine Funktion
(4) a); $y = f(x)) = |x| - 1$
(5) keine Funktion
(6) a); b); $y = f(x) = -x$
(7) a); b); $y = f(x) = 2$
(8) a); c); $y = f(x) = x^2 - 2$

S. 167, 7.

	$y = 0{,}5x - 2$	$y = x^2 - 0{,}5x - 0{,}5$
a)	x: −1, 0, 4 / y: −2,5, −2, 0	x: −1, −0,5, 0, 2 / y: 1, 0, −0,5, 2,5
b)	$y \in \mathbb{R}$	$y \geq -\frac{9}{16}$
c)	$x = -4$	$x_1 = -0{,}5$; $x 2 = 1$
d)	$S_y\,(0\|-2)$	$S_y\,(0\|-0{,}5)$
e)	steigend	fallend ($x \leq \frac{1}{4}$) steigend ($x \geq \frac{1}{4}$)
f)	(1|−1,5); (1,4|−1,3)	(−2|4,5); (3|7)

S. 167, 8.

a) $m = \frac{1}{3} \rightarrow y = \frac{1}{3}x + \frac{5}{3}$ b) $m = -1 \rightarrow y = -x + 1$
c) $m = 2 \rightarrow y = 2x - 0{,}5$

S. 167, 9.

a) $y = \begin{cases} -x - 1 & \text{für } x < 0 \\ x - 1 & \text{für } x \geq 0 \end{cases}$
fallend ($x \leq 0$); steigend ($x \geq 0$)
Nullstellen: $x_1 = -1$; $x_2 = 1$

b) $y = \begin{cases} -2x + 1 & \text{für } x < 0 \\ 2x + 1 & \text{für } x \geq 0 \end{cases}$
fallend ($x \leq 0$); steigend ($x \geq 0$)
keine Nullstelle

c) $y = \begin{cases} -x + 2 & \text{für } x < 2 \\ x - 2 & \text{für } x \geq 2 \end{cases}$
fallend ($x \leq 2$); steigend ($x \geq 2$)
Nullstelle: $x = 2$

S. 167, 10.
a) f_2 b) f_3 c) f_1

S. 167, 11.
a) S(−2|−1); nach oben geöffnet
b) S(−3|−1); nach oben geöffnet
c) S(2|0); nach unten geöffnet

S. 167, 12.
a) $y = f(x) = 2{,}00x + 3{,}50$ für $x > 0$
(x ist die Anzahl der gefahrenen Kilometer)
b) 14,50 €

S. 168, 13.
a) 15 b) 9 c) jede Zahl d) −7; 13
e) 27 f) ±3 g) ±2 h) −3; 0; 3
i) −1,8 j) ±2 k) −4; 3 l) 5
m) 1 n) 1; 5 o) n. l. p) n. l.
q) n. l. r) 3,5

S. 168, 14. (Beispiel)
$2x + 14 = 0$

S. 168, 15.
a) Falsch (a = 0) b) Richtig c) Falsch (x = 1,5)

S. 168, 16. (Beispiel)
$\frac{1}{x} = 0{,}5$

S. 168, 17.
x = 7 ist nur eine Lösung. Die Gleichung hat unendlich viele Lösungen. Jede Zahl ist Lösung.

S. 168, 18.
a) 1 b) −10 c) 0,5 d) 2
e) Keine Lösung f) $-\frac{1}{5}$

S. 168, 19.
a) 0; −6 b) −2; 4 c) −1; 2
d) L = ∅ e) −3; 0; 1 f) −2; −1; 1; 2
g) 0; 1; 9 h) 0,5 i) n. l.

S. 168, 20. (Beispiele)
a) $(x-2)(x+3) = 0$ b) $(x+1)^2 = 0$
c) $(x-0{,}5)(x-1) = 0$ d) $x^2 + 2x + 24 = 0$

S. 168, 21.
−1,5; 3

S. 168, 22.
a) Falsch (keine Lösung) b) Falsch (L = {−1; 2})
c) Richtig d) Richtig

S. 168, 23.
14 cm; 10 cm

S. 168, 24.
28 Schülerinnen und Schüler

S. 168, 25.
13 cm

Daten und Zufall

S. 169, 1.
a) Ein Schüler hat im Dezember Geburtstag.
b)

Quartal	1	2	3	4
Säulendiagramm	8 cm	8 cm	4 cm	4 cm
Kreisdiagramm	120°	120°	60°	60°

S. 169, 2.
a) Das untere Diagramm gibt den Zusammenhang besser wieder. Es erfasst relative Änderungen. Es gibt es unterschiedliche Grundwerte.
b) Nur für die Afrikaner steigt der Anteil.
c) Außer für die Afrikaner nimmt der Anteil jeweils ab.

S. 169, 3.
a)
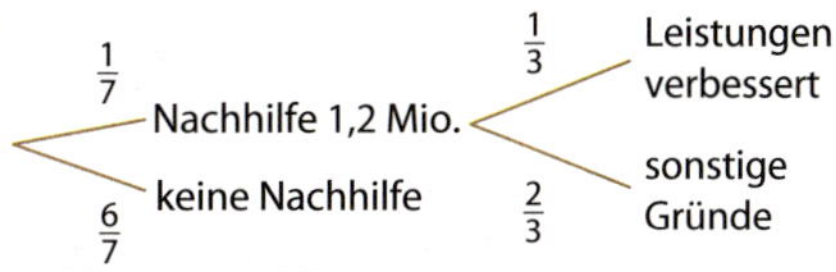

b) 1,2 Mio · 7 = 8,4 Mio
c) Etwa 3000 Nachhilfeschüler (1000 davon wollen ihre Leistungen verbessern)

S. 169, 4.
1500 € (Median); 1800 € (arithmetisches Mittel)
Das arithmetische Mittel ist um 20 % größer als der Median und vermittelt keinen sinnvollen Eindruck von den Verdienstverhältnissen.

S. 169, 5.
Es sind drei Klassen: (1) enthält alle Kassen mit einem Beitragssatz von 14,6 % bis 14,9 %. (2) Enthält alle Kassen mit einem Beitragssatz von 15,0 % bis 15,95 %. (3) enthält alle Kassen von 16,0 % bis 16,3 %.
Die Klassen haben unterschiedliche Breiten.

S. 170, 6.
a) Arithmetisches Mittel: 233,3; Median: 190; Spannweite: 400
b) (1) arithmetisches Mittel berechnen
(2) Differenz jedes Schätzwertes und des Mittelwertes bilden
(3) Quadrate der Differenzen addieren
(4) Summe durch die Anzahl der Werte dividieren
(5) Wurzel aus dem Quotienten ziehen
c) Beispielsweise: 400 (mindestens 200)
d) Der obere Boxplot gehört zu den Daten, denn der Median der oberen Hälfte ist 300.
Wenn man die 300 in der gegebenen Liste durch 600 ersetzt, erhält man den unteren Boxplot.

S. 170, 7. (Beispiele)
a) Geburt eines Kindes, wenn die Schwangerschaft ohne Probleme verläuft; Anpfiff eines Fußballspiels
b) Augenzahl beim Werfen eines Spielwürfels; Ziehen einer 8 aus einem gemischten Skatspiel

S. 170, 8.
S = {2, 3, 4, 5, 6, 7 8, 9, 10, 11, 12};
A = {3, 5, 7, 9, 11};
B (unmögliches Ereignis);
C ist das sichere Ereignis (C = S);
D: {5, 10};
E: {4, 9}

S. 170, 9.
A: $\frac{1}{8}$
B: $\frac{3}{8}$
C: $\frac{1}{8} \cdot \frac{1}{8} = \frac{1}{64}$
D: $\frac{1}{8} \cdot \frac{1}{7} = \frac{1}{56}$

S. 170, 10.
a) $P(A) = \frac{4}{6} = \frac{2}{3}$
b) $P(B) = \frac{1}{3} \cdot \frac{2}{3} = \frac{4}{9}$
c) $P(C) = \frac{1}{3} \cdot \frac{1}{6} + \frac{1}{6} \cdot \frac{1}{3} + \frac{1}{6} \cdot \frac{1}{6} = \frac{5}{36}$
(Oben liegen: 4 und 6 oder 6 und 4 oder 5 und 5)

S. 171, 11.
Wenn alle Fische gut „durchmischt" sind, beträgt der Anteil der markierten Fische am 2. Tag: $\frac{3}{30} = \frac{1}{10}$
Da er 20 Fische markiert hat, nimmt er an, dass es insgesamt 200 Fische sind. Das ist nicht sicher, da eine gute Durchmischung nicht automatisch gegeben ist.

S. 171, 12.
a)

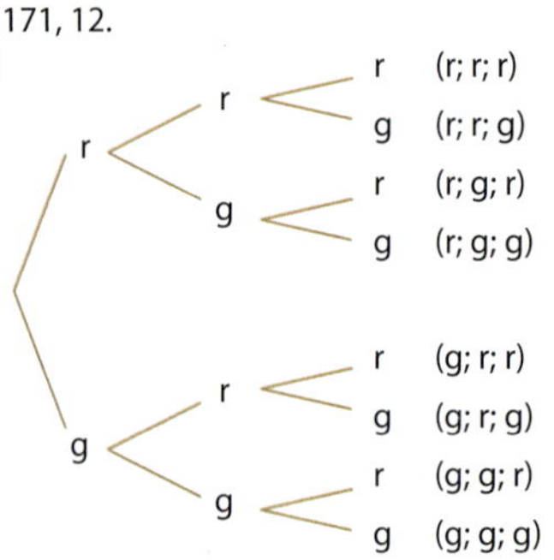

Jede Pfadwahrscheinlichkeit beträgt 0,5.

b)

Grüne Kugeln (Anzahl)	0	1	2	3
Wahrscheinlichkeit	0,125	0,375	0,375	0,125

c) P(keine rote Kugel) = 0,125
P(mindestens eine grüne Kugel) = 0,875
P(höchstens zwei rote Kugeln) = 0,875
d) P(drei rote Kugeln) $= \frac{5}{10} \cdot \frac{4}{9} \cdot \frac{3}{8} = \frac{1}{12} \approx 0{,}083$

S. 170, 13.
Die Anzahl der drei möglichen Ergebnisse wird beim Werfen der Schraubverschlüsse in mehreren „Zehnerserien" (10, 20, 30, …) ermittelt.
Die relativen Häufigkeiten pegeln sich um feste Werte ein. Diese sind dann Schätzwerte für die Wahrscheinlichkeiten.

S. 170, 14.
a) Zellen A1, B1 und C1: = ZUFALLSBEREICH(0; 1)
Zelle D1: = SUMME(A1:C1)
Befehle aus A1 bis D1 bis in Zeile 200 kopieren.
Zellen E1 bis E4: Text, wie ersichtlich
Zelle F1: =ZÄHLENWENN(D1:D200;0)
Zelle F2: =ZÄHLENWENN(D1:D200;1)
Zelle F3: =ZÄHLENWENN(D1:D200;2)
Zelle F4: =ZÄHLENWENN(D1:D200;3)
b) Die Befehle in F1, F2, F3 und F4 können jeweils um die Division durch 200 erweitert werden.
c) Individuelle Lösung

S. 170, 15.
Es sind 6 gleich große Sektoren: Man könnte z. B. 500 Zufallszahlen von 1 bis 6 erzeugen, 1 und 2 für die gelben Sektoren, 3 und 4 für die grünen Sektoren, 5 für den blauen und 6 für den roten Sektor wählen. Es muss dann gezählt werden, wie oft die Zahlen erzeugt wurden und gemäß der Zuordnung zu den Farben müssten dann zunächst die absoluten und danach mit Division durch 500 die relativen Häufigkeiten für „Grün", „Gelb", „Blau" und „Rot" berechnet werden.

S. 170, 16.
a) Es werden zwei schwarze und eine rote Spielkarte gewählt. Die rote Karte steht für einen von drei Personen, der seine Daten auf die beschriebene Weise aufzeichnet. Man zieht zufällig und mit Zurücklegen zehnmal nacheinander eine Karte und zählt, wie oft unter den zehn Ziehungen eine rote Karte vorkam. Sind es mindestens drei rote Karten gewesen, so wird die Zehnerserie als Treffer gewertet, sonst als Niete. Der Anteil solcher Treffer unter sehr vielen derartigen Zehnerserien ist ein Schätzwert für die gesuchte Wahrscheinlichkeit.
b) Es wird festgelegt, dass eine von drei Zufallszahlen, (z. B. die 1) aus dem Bereich (1, 2, 3), für einen von drei Personen steht, der seine Daten auf die beschriebene Weise aufzeichnet. Es werden zehn solche Zufallszahlen erzeugt, und es wird gezählt, wie oft dabei die 1 vorkam. Trat die 1 mehr als zweimal auf, zählt die Zehnerserie als Treffer im Sinne der Aufgabenstellung. Der Anteil dieser Treffer unter sehr vielen derartigen Zehnerserien ist ein Schätzwert für die gesuchte Wahrscheinlichkeit.

7.2 Aufgaben mit Hilfsmitteln lösen

Zahlen und Größen

S. 172, 1.
a) 2,60; (Ü: $\frac{4+2}{2} = 3$)
b) −1,25; (Ü: $\frac{70-100}{20} = -1,5$)
c) 0,26; (Ü: $\frac{-4}{4-20} = 0,25$)
d) −4,27; (Ü: $\frac{8+10}{20-24} = 4,5$)
e) 1,19; (Ü: $\frac{8-12}{13-16} \approx 1$)

S. 172, 2.
a) 15,6 b) 8,2 c) 150,7
d) 0,5 e) 1,8 f) 0,4

S. 172, 3.
a) Falsch (−7,16) b) Falsch (0,80) c) Richtig
d) Richtig e) Falsch (−9,97) f) Richtig
g) Falsch (2,45) h) Falsch (0,29) i) Richtig

S. 172, 4.
a) 38,7 b) 73,78 c) 18,2
d) $-\frac{1}{3}$ e) 0 f) 16,42
Die Aufgaben c), d) und e) sollten ohne Taschenrechner gelöst werden.

S. 172, 5.

G	123 €	94,4 kg	1960 €	8,7 m	75 kg	195,1 ℓ	77 ha	1080 m
p	1,7 %	9 %	0,56 %	141,4 %	143 %	123 %	8,5 %	7,5 %
P	2,09 €	8,5 kg	11 €	12,3 m	107 kg	240 ℓ	6,55 ha	81 m

S. 172, 6.
B3 (= B4/B5); C4 (=C3*C5) D5 (=D4/D3)
Die Zellen B5, C5, D5 haben das Zahlenformat %.

S. 172, 7.

Sprache	Französisch	Spanisch	Russisch
Säulendiagramm	3,2 cm	5,2 cm	1,6 cm
Kreisdiagramm	188°	115°	57°

S. 172, 8.
a) 174 € b) 182,55 €

S. 173, 9.
a) 3,511 kg b) 0,751 m^2 c) 37,083 cm
d) 1,070 m^2 e) nicht lösbar f) 2,65 ℓ
g) 9966,22 m^2 h) 5,248 t

S. 173, 10.
a) 0,83 $\frac{m}{s}$ b) 15 $\frac{km}{min}$ c) 293 K d) 20920 J

S. 173, 11.
a) 2,8 km b) 7,3 km c) 1,1 km

S. 173, 12.
C3 (= A3*0,8764) C5 (= A5*1,1411)

S. 173, 13.
a) 10 800 h b) 648 000 min
c) 450 Tage (24 h ≙ 1 Tag)

S. 173, 14.
a) 10 000 b) $\frac{1}{25}$ c) $\frac{1}{16}$ d) $\frac{1}{243}$
e) −0,35 f) 9,52 g) 1 h) 0,2
i) 0,61 j) 0,17

S. 173, 15.
a) 6,708 b) 496,443 c) 2008,83 d) 1,316

S. 173, 16.
a) −1 b) $2 + 2x^4$
c) $-2c^x - c^{3x-3}$ d) $3x^2 - 2x$

S. 173, 17.
a) −0,972; (Ü: $\log_4 \frac{1}{4} = -1$)
b) 4,104; (Ü: $\log_2 16 = 4$)
c) 2,040; (Ü: $\log_7 49 = 2$)
d) 3,035; (Ü: $\log_{0,5} 0,125 = 3$)
e) 0,998; (Ü: $\log_{100} 100 = 1$)

S. 173, 18.

x	0,001	0,01	0,1	1	2	5	10	50
$\log_2 x$	−9,966	−6,644	−3,322	0	1	2,322	3,322	5,644
ln x	−6,908	−4,605	−2,303	0	0,693	1,609	2,303	3,912
lg x	−3	−2	−1	0	0,301	0,699	1	1,699

S. 174, 19.
a) 27,66 b) 26,31 c) 3,04
d) −0,31 e) −28,42

S. 174, 20.
a) $x \cdot (6 + 7x)$ b) $5x \cdot (1 - 3x^2)$ c) $(x + 0,1)(x - 0,1)$
d) $b \cdot (-b^2 + b - 1)$ e) $-3a \cdot (a + 3)$

S. 174, 21.
a) $a^2 + 6a + 9$ b) $200x^2 - 8x + 0,08$
c) $2x^3 - 1,6x^2 + 0,32x$ d) $2y^2 + 4y - 6$
e) $2y^3 + 0,2y^2 - 0,02y - 0,002$ f) $3x - 6x^2$

S. 174, 22.
a) Falsch; $(0,03x^2 + 0,6x + 3)$
b) Falsch; $(2x^2 - 0,08)$
c) Richtig
d) Richtig

S. 174, 23.
a) 0,83 b) 1,41 c) 65,20
d) 0,50 e) −3,09 f) 69,97

S. 174, 24.
a) $x > 1,52$
b) $x > 0,74$ $(L = \{1; 2; 3; \ldots\}$
c) $x < 0,386$ $(L = \{0; 1; -2; -3; -4; \ldots\}$
d) $x > -0,86$

S. 174, 25.

a) $r = \sqrt[3]{\frac{3V}{4\pi}}$ b) $r = \sqrt{\frac{2A}{\pi}}$

c) $m = \frac{Z_m \cdot 100 \cdot 12}{p \cdot K}$ d) $e = \frac{2A}{f}$

S. 174, 26.

a) −0,10 b) 6,03 c) 0,70
d) 0,89 e) 0,45 f) 35,82

S. 174, 27.

a) 2,17 b) ±3,84 c) 4,97
d) 548,50 e) 0,12

S. 174, 28.

a) L = {3} b) L = {}
c) L = {−5; −1; 2} d) L = {−1; 0; 1; 8}

Raum und Form

S. 175, 1.

$\beta = 67{,}5°$

S. 175, 2.

a)

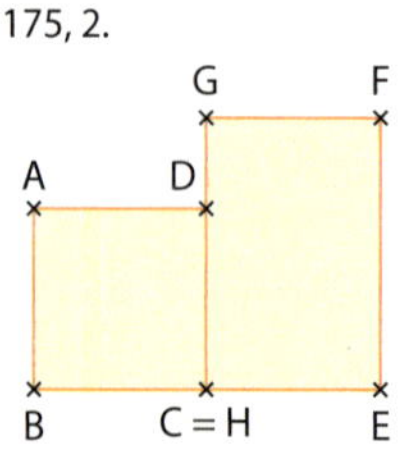

b) a < b < 2a

c) Beispiel:
Für b = 1,5a sind die Dreiecke ABD und DSG zueinander ähnlich.
$A_{DSG} = \frac{1}{4} \cdot A_{ABD}$

S. 175, 3.

a)

Δ	$\overline{PQ}$	$\overline{QR}$	$\overline{RP}$	$\overline{PH}$
(1)	3,6 cm	7,7 cm	8,5 cm	1,5 cm
(2)	2 cm	9,9 cm	10,1 cm	0,4 cm
(3)	469 mm	5,95 dm	7,58 dm	2,9 dm
(4)	8,9 dm	4,5 dm	1,0 m	8 dm
(5)	3,2 cm	9,5 cm	10 cm	1,0 cm
(6)	1,4 m	0,5 m	1,46 m	1,3 m

Δ	$\overline{HR}$	$\overline{HQ}$	∢ RQP	∢ QPR
(1)	7,0 cm	3,3 cm	25°	65°
(2)	9,7 cm	3,9 cm	11°	79°
(3)	4,7 dm	3,7 dm	38°	53°
(4)	2,0 dm	4 dm	63°	27°
(5)	9 cm	3,0 cm	18°	72°
(6)	0,2 m	0,2 m	70°	20°

b) Individuelle Lösung

c) (1) 13,9 cm²; (2) 9,9 cm²; (3) 13,9 dm²;
(4) 20 dcm²; (5) 15 cm²; (6) 0,3 m²

S. 175, 4.

Δ	a	b	c
(1)	7,5 cm	9,8 m	4,2 m
(2)	6,18 m	8,22 m	9,75 m
(3)	3,74 m	4,18 m	6,87 m
(4)	5,67 m	11,24 m	6,03 m
(5)	13 m	14 m	15 cm
(6)	8,71 m	4,42 m	7,04 m

Δ	α	β	γ
(1)	45,76°	110,58°	23,66°
(2)	39,07°	56,97°	83,96°
(3)	28,06°	31,72°	120,22°
(4)	15,62°	32,26°	132,12°
(5)	53,13°	59,49°	67,38°
(6)	96,23°	30,30°	53,47°

S. 175, 5.

c = 9,4 cm; p = 6,8 cm; q = 2,6 cm

S. 175, 6.

a) 11 633 mm² b) 11 633 cm³

S. 176, 7.

a) A = 60, 25 cm²

b) Die Winkelhalbierenden halbieren die Innenwinkle des Rechtecks zu je 45°.
Zwei dieser Winkel befinden sich jeweils in einem der betrachteten Dreiecke. Somit sind die Dreiecke rechtwinklig. (Für das Zeichnen bietet sich eine dymamische Geometriesoftware an.)

c) Jede der Winkelhalbierenden einer Richtung schneidet je zwei Winkelhalbierende der anderen Richtung.

d) Viereck EFGH ist ein Quadrat.
(Flächeninhalt: individuelle Lösung)

e) Das Rechteck muss schmaler werden (breiter werden, ein Quadrat sein).

S. 176, 8.

a) A = 1790,5 m² b) $A_{Weg} = 312{,}5\ m^2$

S. 176, 9.

a) $d_{farbig} = 26\ cm$ b) $A_{farbig} = 445{,}3\ cm^2$

S. 176, 10.

Basiskantenlänge a	6 cm	1 m	1,2 dm
Höhe h	10 cm	6 m	0,3 dm
Mantelfläche A_M	180 cm²	18 m²	0,4 dm²
Oberfläche A_O	211,2 cm²	18,9 m²	1,6 dm²
Volumen V	155,9 cm³	2,6 m³	0,2 dm³

Basiskantenlänge a	4,6 dm	4 m
Höhe h	100 dm	4 a
Mantelfläche A_M	1367,7 dm²	192 m²
Oberfläche A_O	1385,7 dm²	205,9 m²
Volumen V	9 hl	110,9 m³

S. 176, 11.
a) 825 m³
b) Fußboden: 150 m²; Decke: 156 m²; Wände: 260 m²
c) Das Volumen verdoppelt sich.

S. 177, 12.
a) Individuelle Lösung b) $V = 5586\,cm^3$
c) m = 893,76 kg
d) Es sind möglichst große Hohlräume sinnvoll:
d = 8 cm mit linearer Anordnung der Bohrungen, maximal drei Bohrungen
$V = V_{Qu} - 3V_{Zy} = 7508{,}9\,cm^3$
(Eine Gewichtsreduktion ist nicht möglich.)

S. 177, 13.

Quadratische Pyramide			
a	4 cm	11,3 dm	30 dm
h	4,8 cm	6 dm	18,9 m
s	5,6 cm	100 cm	19 cm
V	25,6 m³	256 m³	56,55 m³
A_M	41,6 m²	186,6 m²	113,5 m 3
A_O	56,6 m²	314,6 dm²	122,4 m 2

Kreiskegel			
r	8 cm	4,2 dm	40 mm
h	6 cm	10 dm	38,7 mm
s	10 cm	10,9 dm	40 mm
V	402,1 cm³	188,5 dm³	4055,8 mm³
A_M	251,3 mm²	144,8 dm²	1256,64 mm²
A_O	452,4 mm²	201,3 dm²	1570,8 mm²

S. 177, 14.

r	1 dm	10 dm	30 cm
d	2 dm	20 dm	60 cm
V	4,2 dm³	4188,8 dm³	113,1 dm³
A_O	12,57 dm²	1256,6 dm²	113,1 dm²

r	2,3 m	0,62 m	10,76 m
d	4,6 m	1,24 m	21,5 m
V	51,5 ℓ	1 m³	5224,2 m³
A_O	67,1 m²	4,8 m²	1456 m²

S. 177, 15.
a)

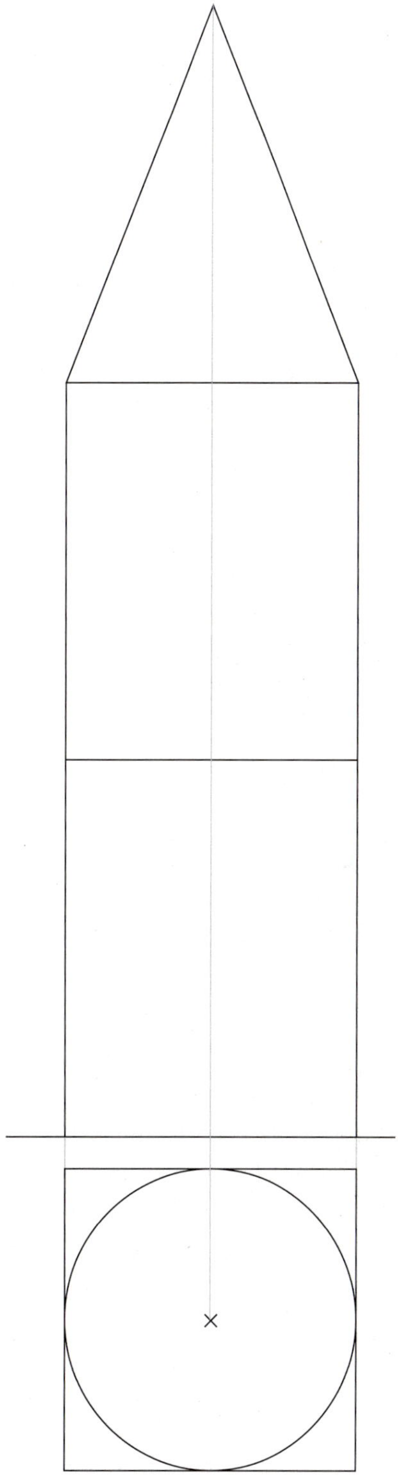

b) $V = 2160\,cm^3 + 1696{,}4\,cm^3 + 565{,}5\,cm^3$
$V = 4421{,}9\,cm^3$
c) 31,8 %

S. 178, 16.
Nein, das ist nicht möglich.

S. 178, 17.
Maßstab 1 : 2

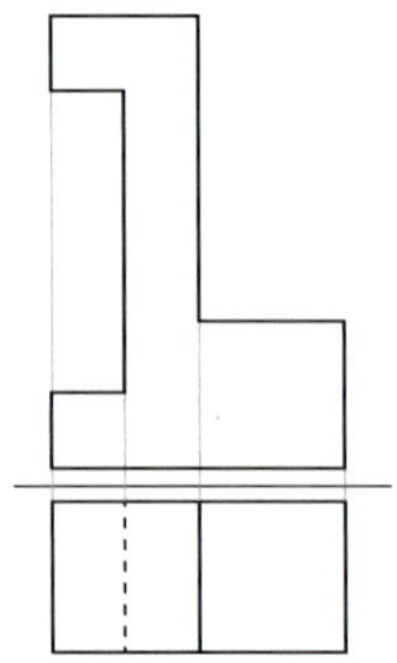

$V = 24\,cm^3$
$A_O = 68\,cm^2$

S. 178, 18.
$c = 13{,}39\,m$; $\beta = 49{,}40°$; $\gamma = 55{,}01°$

S. 178, 19.
a) $2{,}9\,cm$; $\alpha = 49{,}3°$; $\beta = 40{,}7°$ b) $9{,}83\,dm^2$

S. 178, 20.
a) Es wären 17 Lkw nötig. b) $\alpha = 27{,}36°$
c) Der Schüttkegel wäre um 1,23 m höher.
d) Es ist eine Volumenzunahme von $58{,}66\,m^3$.

S. 178, 21.
a) Der dritte Winkel beträgt 28°.
$x = 598\,m$; $y = 5778\,m$
Die Pfadlänge beträgt:
$285\,m + 598\,m + 577\,m = 1460\,m$
b) 1799,5 m

Zuordnungen und Funktionen

S. 179, 1.
a)

x	−5	−4	−3	−2	−1	0
y	0,04	0,06	0,11	0,25	1,00	###

x	1	2	3	4	5
y	1,00	0,25	0,11	0,06	0,04

Bei $x = 0$ entsteht der nicht definierte Term $\frac{1}{0}$.

b)

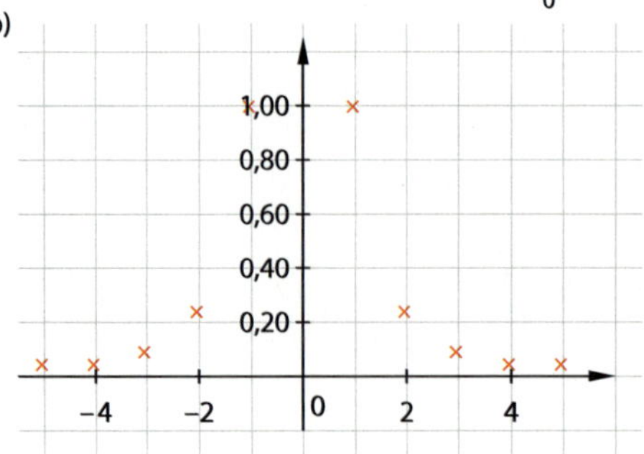

c) Die Zuordnung ist eindeutig, da jedem x-Wert genau ein y-Wert zugeordnet wird.

S. 179, 2.
a) Die Zuordnung $x \mapsto y$ ist direkt proportional mit $k = y : x = 1{,}7$.
b) Die Zuordnung $x \mapsto y$ ist indirekt proportional mit $k = x \cdot y = 2{,}5$.
c) Die Zuordnung $x \mapsto y$ ist weder direkt noch indirekt proportional.

S. 179, 3.
a)

b (in cm)	1	2	3	4	5
o (in km)	0,25	0,5	0,75	1	1,25

b (in cm)	6	7	8	9	10
o (in km)	1,5	1,75	2	2,25	2,5

b)

b (in cm)	0,5	1	1,5	2	2,5
o (in km)	2	4	6	8	10

b (in cm)	3	3,5	4	4,5	5
o (in km)	12	14	16	18	20

c) In beiden Fällen liegt direkte Proportionalität vor:
$o = 0{,}25 \cdot b$; $b = 4 \cdot o$

S. 179, 4.

r	V	V : r	$V : r^2$	$V : r^3$
0,5	3,9	7,8	15,6	31,2
1,5	35,8	23,87	15,91	10,61
2,5	99,3	39,72	15,89	6,355
3,5	190,9	54,54	15,58	4,452
4,5	320,1	71,13	15,81	3,513
5,5	475,2	86,4	15,71	2,856

Der Quotient $\frac{V}{r^2}$ ist annähernd konstant.
$\rightarrow$ $V \sim r^2$ ($V \approx 16 \cdot r^2$)

S. 179, 5.
a) Keine Proportionalität: Die Punkte liegen zwar auf einer Geraden. Sie geht aber nicht durch den Koordinatenursprung.
b) Keine Proportionalität: Die Punkte liegen weder auf einer Geraden, noch auf einer Hyperbel.
c) Indirekte Proportionalität:
Es gilt: $x \cdot y = 5$

S. 180, 6.
a)

x	−2	−1	0	1	2
y	1,7	1,4	1,1	0,8	0,5

x	3	4	5	6	10
y	0,2	−0,1	−0,4	−0,7	2,5

Im Intervall $3 \le x \le 4$ liegt eine Nullstelle.

b)

x	−1	−0,5	0	0,5	1
y	3,1	2,5	1,9	1,3	0,7

x	1,5	2	2,5	3	3,5
y	0,1	−0,5	−1,1	−1,3	−0,7

x	4	4,5	5
y	−0,1	0,5	1,1

In den Intervallen $1{,}5 \le x \le 2$ sowie $4 \le x \le 4{,}5$ liegen Nullstellen.

c)

x	−3	−2,5	−2	−1,5	−1
y	2,025	1,35	0,775	0,3	−0,08

x	−0,5	0	0,5	1	1,5
y	−0,35	−0,53	−0,6	−0,58	−0,45

x	2	2,5	3
y	−0,23	0,1	0,525

In den Intervallen $-1{,}5 \le x \le -1$ sowie $2 \le x \le 2{,}5$ liegen Nullstellen.

S. 180, 7.
a) 3,7 b) −4,3
c) 143 d −2,5; 7,5
e) ±6,3 f) −1,5
g) −4,0; 3,2 h) 6,5; 13,5
i) 0; ±2,5

S. 180, 8.
Individuelle Lösung

S. 180, 9.
Individuelle Lösung

S. 180, 10.
a) $y_{min} = -22$; $y_{max} = 8$
b) $y_{min} = -14$; $y_{max} = 16$
c) $y_{min} = 0$; $y_{max} = 19$
d) $y_{min} = -7$; $y_{max} = 68$
e) $y_{min} = -68$; $y_{max} = 7$
f) $y_{min} = -35$; $y_{max} = 85$

S. 180, 11.
a) b)

	WB	S_y
$y = g_1(x) = (x-1)^2$	$y \in \mathbb{R}; y \ge 0$	(0|1)
$y = g_2(x) = x^2 + 1$	$y \in \mathbb{R}; y \ge 1$	(0|1)
$y = g_3(x) = (x+2)^2$	$y \in \mathbb{R}; y \ge 0$	(0|4)
$y = g_4(x) = -x^2 + 3$	$y \in \mathbb{R}; y \le 3$	(0|3)
$y = g_5(x) = x^2 - 2$	$y \in \mathbb{R}; y \ge -2$	(0|−2)
$y = g_6(x) = (x+2)^2 - 1$	$y \in \mathbb{R}; y \ge -1$	(0|3)

b)

	Monotonie
$g_1(x)$	fallend für $x \le 1$; steigend für $x \ge 1$
$g_2(x)$	fallend für $x \le 0$; steigend für $x \ge 0$
$g_3(x)$	fallend für $x \le -2$; steigend für $x \ge -2$
$g_4(x)$	fallend für $x \ge 0$; steigend für $x \le 0$
$g_5(x)$	fallend für $x \le 0$; steigend für $x \ge 0$
$g_6(x)$	fallend für $x \le -2$; steigend für $x \ge -2$

S. 180, 12.
a) $S(-1|-8)$ b) $S_1(1|2)$; $S_2(-0{,}4|-2{,}2)$

S. 180, 13.
Ort A: 179 m; Ort B: 313 m

S. 180, 14.
a) Wenn die Einheit auf der y-Achse größer wird (z. B. 1 LE = 5 cm), wird der Graph weniger steil dargestellt als bei gleicher Skalierung beider Achsen.
b) Wenn die Einheit auf der x-Achse größer wird (z. B. 1 LE = 5 cm), wird der Graph steiler dargestellt als bei gleicher Skalierung beider Achsen.

S. 181, 15.
a) −2 b) $\frac{7}{6}$
c) 2 d) −1
e) 0,5 f) 2
g) −8 h) keine Lösung
i) −4

S. 181, 16.
a) $x = \frac{ab}{a+1}$ b) $z = \frac{m(m+1)}{m-1}$
c) $y = \frac{p}{2}$ d) $x = \frac{r+s+q}{q-r-s}$
e) $y = \frac{ab}{a+b}$ f) $z = \frac{3(s-t)}{3s-t}$

S. 181, 17.
$\frac{11}{13}$

S. 181, 18.
116; 117; 118; 119

S. 181, 19.
a) −10; 30 b) $\frac{7}{6}$; $\frac{1}{2}$
c) $-\frac{1}{3}$ d) $\sqrt{2} - \sqrt{3}$; $\sqrt{2} + \sqrt{3}$
e) keine Lösung f) −2; $\frac{8}{5}$

S. 181, 20.
$(2+\sqrt{3})^2 - 4(2+\sqrt{3}) + 1$
$= 4 + 4\sqrt{3} + 3 - 8 - 4\sqrt{3} + 1 = 0$
$(2-\sqrt{3})^2 - 4(2-\sqrt{3}) + 1$
$= 4 - 4\sqrt{3} + 3 - 8 + 4\sqrt{3} + 1 = 0$

S. 181, 21.
a) 3 b) ≈ −0,5; ≈ 6,5 c) ≈ ± 1,2

S. 181, 22.

a) (1) $f(x) = \frac{1}{2}x + 3;\ g(x) = x^2 - 4x + 6{,}25$

(2) $f(x) = -1{,}5x - 3{,}5;\ g(x) = x^2 + 5x + 2{,}75$

(3) $f(x) = 2{,}5;\ g(x) = x^2 + 3x + 1{,}75$

b) (1) $\frac{1}{2}x + 3 = x^2 - 4x + 6{,}25;\ \approx 0{,}90;\ \approx 3{,}60$

(2) $-1{,}5x - 3{,}5 = x^2 + 5x + 2{,}75;\ \approx -5{,}33;\ \approx -1{,}17$

(3) $2{,}5 = x^2 + 3x + 1{,}75;\ -3{,}23;\ 0{,}23$

S. 181, 23.

a) 2,46 b) 1,58

c) 2,66 d) −0,70

e) 1,77; 5 (genauer Wert) f) 0,46; 5,36

Daten und Zufall

S. 182, 1.

a) Individuelle Lösung

b) Individuelle Lösung

c) Der Körper ist etwa 7 bis 8 Kopflängen groß, die Fingerspitzenhöhe beträgt etwa 2,5 bis 3 Kopflängen.

S. 182, 2.

a)

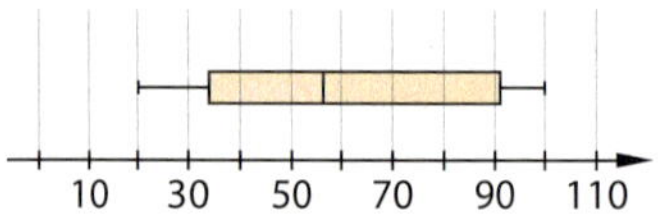

b) Arithmetisches Mittel: 60,05 m

Median: 56,50 m

Modalwert: 20,00 m

Spannweite: 80,00 m

Standardabweichung: 28,52 m

S. 182, 3.

a) Individuelle Lösung

b) Individuelle Lösung

c) Beispiel: arithmetisches Mittel ca. 1,96 kg; Standardabweichung ca. 0,21 kg

S. 182, 4.

a) Die Einteilung der Rentenhöhen erfolgt in Intervallen, die sich nicht überschneiden und die lückenlos alle denkbaren Rentenhöhen erfassen. Die Klassenbreite beträgt 300 €, bis auf die Renten, die mindestens 1500 € betragen. Es ist nicht angegeben, welcher Maximalwert vorliegt, deshalb lässt sich für dieses Teilintervall keine Klassenbreite angeben.

b) Männer West = w_m; Frauen West = w_f; Männer Ost = o_m; Frauen Ost = o_f

	A	B	C
	klasse	w_m	w_f
=			
1	x ≥ 1500 €	0.168	0.011
2	1200 € ≤ x < 1500 €	0.221	0.037
3	900 € ≤ x < 1200 €	0.212	0.123
4	600 € ≤ x < 900 €	0.15	0.272
5	300 € ≤ x < 600 €	0.115	0.296
6	x < 300 €	0.135	0.26

	A	D	E
	klasse	o_m	o_f
=			
1	x ≥ 1500 €	0.108	1650
2	1200 € ≤ x < 1500 €	0.198	1350
3	900 € ≤ x < 1200 €	0.368	1050
4	600 € ≤ x < 900 €	0.253	750
5	300 € ≤ x < 600 €	0.056	450
6	x < 300 €	0.016	150

c) Als Bezugswert für die Rentenhöhen, die mindestens 1500 € betragen, wurde 1650 € gewählt, weil damit derselbe Abstand zur vorhergehenden Klassenmitte gegeben ist wie bei den übrigen Klassen.

Durchschnittsrenten:

Westdeutschland Männer (981,67 €)

Westdeutschland Frauen (574,02 €)

Ostdeutschland Männer (1050,30 €)

Ostdeutschland Frauen (815,10 €)

S. 183, 5.

a) Arithmetisches Mittel: 63,25

Median: 61,5

Standardabweichung: ≈ 11,3

b)

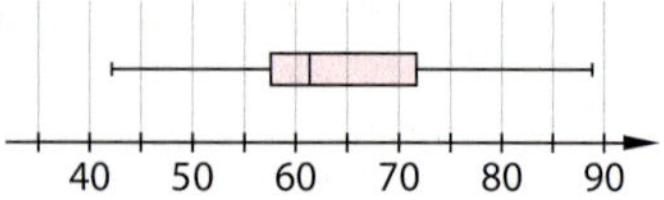

Ungefähr die Hälfte aller Platzverweise lag im Intervall [58; 71].

Das Minimum lag bei 42, das Maximum bei 89 Platzverweisen pro Saison.

c) In jeder Saison gab es bei 18 Mannschaften mit Hin- und Rückspiel $18 \cdot 17 = 306$ Spiele. Gerundet auf zwei Dezimalstellen sind das etwa 0,21 Verweise pro Spiel.

Man könnte sagen: „In etwa jedem fünften Spiel gab es einen Platzverweis."

S. 183, 6.

A: Nur die Augenzahlen 3 und 8 liefern die Augensumme 11:

P(Augensumme 11) $= \frac{1}{3} \cdot \frac{1}{2} = \frac{1}{6}$

B: Die Augensumme 5 ist nicht möglich:
$P(B) = 0$

	A	D	E	F
	klasse	o_m	o_f	kla_mitte
=				
1	$x \geq 1500€$	0.108	0.014	
2	$1200€ \leq x < 1500€$	0.198	0.064	
3	$900€ \leq x < 1200€$	0.368	0.242	
4	$600€ \leq x < 900€$	0.253	0.512	
5	$300€ \leq x < 600€$	0.056	0.141	
6	$x < 300€$	0.016	0.027	

C: Produkte der Augenzahlen, die größer als 15 sind, ergeben sich durch:
(2; 8), (3; 6), (3; 7), (3; 8)
$P(C) = \frac{1}{6} + \frac{1}{18} + \frac{1}{9} + \frac{1}{6} = \frac{1}{2}$

S. 183, 7.
Mithilfe der Pfadregeln erhält man:
$r = 0{,}65$;
$x = 0{,}1625$;
$y = 0{,}0875$;
$s = 0{,}75$;
$t = 0{,}64$;
$u = 0{,}36$;
$z = 0{,}27$

S. 183, 8.
P(Schraube fehlerfrei)
$= (1 - 0{,}05) \cdot (1 - 0{,}01) = 0{,}9405$

S. 183, 9.
P(mindestens eine rote Kugel)
= 1 – P (keine rote Kugel) = 1 – P (fünf blaue Kugeln)

a) Ziehen mit Zurücklegen:
$p = 1 - \left(\frac{7}{13}\right)^5 \approx 0{,}955$

b) Ziehen ohne Zurücklegen:
$p = 1 - \frac{7}{13} \cdot \frac{6}{12} \cdot \frac{5}{11} \cdot \frac{4}{10} \cdot \frac{3}{9} = \frac{422}{429} \approx 0{,}984$

S. 183, 10.
Anteil der verunreinigenden Stoffe zu Beginn sei a. Dann ist nach dem ersten Filtern die Wahrscheinlichkeit für den Anteil der Schadstoffe noch 0,95a, nach dem zweiten Filtern noch $0{,}95 \cdot 0{,}95a = 0{,}95^2 \cdot a$ usw.
Nach n Filtern also: $0{,}95^n \cdot a$
Wenn der Anteil der Schadstoffe noch halb so groß wie am Anfang ist, dann muss n folgende Gleichung erfüllen: $\frac{1}{2} a = 0{,}95^n \cdot a$
Daraus erhält man für $a \neq 0$:
$0{,}5 = 0{,}95^n \qquad n = \frac{\lg 0{,}5}{\lg 0{,}95} \approx 13{,}5$
Nach dem 14. Filter ist die Wahrscheinlichkeit auf knapp unter die Hälfte des Anfangswertes gesunken.

S. 184, 11.
A: Der Drucker fällt an den ersten neun Tagen nicht aus, dann aber am zehnten Tag:
$P(A) = 0{,}95^9 \cdot 0{,}05 \approx 0{,}032$

B: Der Drucker fällt an den ersten drei Tagen nicht aus:
$P(B) = 0{,}95^3 \approx 0{,}857$

C: Berechnung über die Gegenwahrscheinlichkeit:
P(Mindestens einmal an vier Tagen ausgefallen)
= 1 – P(kein Ausfall an vier Tagen)
$P(C) = 1 - 0{,}95^4 \approx 0{,}185$

S. 184, 12.
a) Beide Wahrscheinlichkeiten sind gleich groß:
$p = \frac{21}{36} \approx 0{,}5833$
Simulation:
Zellen A1 und B1: =ZUFALLSBEREICH(1;6)
Zelle C1: = A1 + B1
Befehle aus den Zellen A1 bis C1 bis in die Zeile 2000 kopieren.
Zelle D1: =ZÄHLENWENN(C1 : C2000;"<=7")/2000
Zelle D2: =ZÄHLENWENN(C2 : C2000;">=7")/2000
Zellen E1 bis E11 enthalten die möglichen Augensummen; Zelle E1: 2
Zelle E2: =E1+1; diesen Befehl bis in die Zelle E11 kopieren;
Zelle F1: =HÄUFIGKEIT(C1 : C2000;E1 : E11);
Zelle F1 bis F11 markieren, <F2> drücken, dann <STR> <UMSCHALT> <RETURN> gleichzeitig drücken, anschließend Säulendiagramm anzeigen lassen.

b)

	A	B	C	D	E	F
1	2	2	4	0.581	2	51
2	3	6	9	0.592	3	88
3	3	1	4		4	153
4	1	4	5		5	237
5	1	5	6		6	287
6	3	5	8		7	346
7	6	3	9		8	302
8	3	3	6		9	210
9	1	5	6		10	184
10	4	3	7		11	90
11	4	3	7		12	52
12	6	4	10			
13	1	2	3			

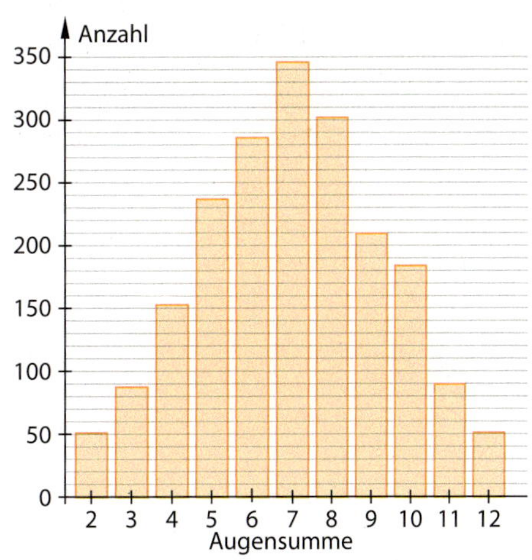

S. 184, 13.

a) Die Formel in Zelle F1 entspricht nicht der Forderung der Aufgabenstellung.
   Durch die Summenbildung werden auch alle Ergebnisse erfasst, bei denen genau zwei Treffer erzielt werden.

b) Individuelle Lösung: (Beispiel)
   Zelle A1 und B1: =ZUFALLSBEREICH(1;10)
   Zelle C1: =WENN(A1>1;1;0)
   Zelle D1: =WENN(B1>1;1;0)
   Zelle E1: =C1+D1
   Zelle F1: =WENN(E1=1;1;0)
   Zelle G1: =SUMME(F1:F500)/500

c) Theoretischer Wert:
   $2 \cdot 0{,}9 \cdot 0{,}1 = 0{,}18$

S. 184, 14. (Beispiel)

Mische jeden Stapel mit jeweils zehn verschiedenen Skatkarten und lege die Stapel verdeckt nebeneinander. Jeder Stapel muss die gleichen Karten in zufälliger Reihenfolge enthalten. Decke nun die oben liegenden Karten auf.
Sind die Karten identisch, so ist das ein „Treffer", also eine Simulation dafür, dass die Namen vom Schenkenden und dem zu Beschenkenden übereinstimmen. Ermittle die Anzahl der Treffer, bis alle zehn Karten pro Stapel aufgedeckt sind. Wiederhole diesen Versuch mehrmals, um einen Schätzwert für die gesuchte Wahrscheinlichkeit zu erhalten.
Der theoretische Wert beträgt rund 0,632.

Die Ziffern 0 bis 9 simulieren die zehn verschiedenen Namen. Mit randsamp() werden nun zwei verschiedene Ziehungen von jeweils zehn Elementen aus der Menge der Ziffern von 0 bis 9 ohne Zurücklegen vorgenommen. Wenn man die durch randsamp() erstellten Listen betrachtet, kann man untersuchen, ob ein und dieselbe Zahl an der gleichen Stelle auftaucht.
Eine solche Übereinstimmung simuliert das Ziehen des eigenen Namens.

Anforderungen beim Aufgabenlösen im Mathematikunterricht

Beim Lösen von Aufgaben im Mathematikunterricht ergeben sich sowohl aus den gewählten Inhalten als auch aus den gestellten Aufträgen unterschiedliche Anforderungen. Problemsituationen müssen beispielsweise analysiert, Lösungsstrategien ausgewählt, angewendet und gewertet sowie Lösungsideen beurteilt werden.

Eine gute Ausdrucksfähigkeit und ein exakter Sprachgebrauch sind insbesondere beim Nutzen der mathematischen Fachsprache wichtig. Kenntnisse über mögliche Lösungsverfahren und Sicherheit beim Anwenden dieser Verfahren sind wichtige Grundlagen für ein erfolgreiches Aufgabenlösen im Mathematikunterricht.

Es werden sowohl allgemeine als auch mathematik-spezifische Arbeitsweisen gefordert, die auch immer Einfluss auf die Art und Weise der Lösungsdarstellung haben. Daher ist es wichtig und hilfreich, bestimmte Signalworte für verlangte Tätigkeiten genau zu beachten und die damit verbundenen Anforderungen zu erfüllen.

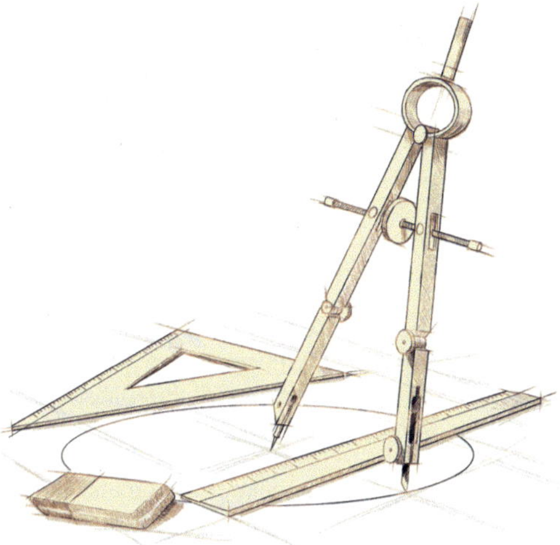

Die folgende Übersicht enthält Signalworte und ihre Beschreibungen für wichtige Tätigkeiten, die beim Aufgabenlösen im Mathematikunterricht oft vorkommen.

Signalwort	Beschreibung
Gib an … Nenne …	Ergebnisse, Sachverhalte, Begriffe, … mitteilen.
Formuliere …	Etwas mündlich oder schriftlich (verständlich) ausdrücken Aussagen (beispielsweise Antwortsätze, Begründungen) als vollständige Sätze formulieren.
Stelle dar …	Sachverhalte, Zusammenhänge, Verfahren mit eigenen Worten (auch in Stichworten) wiedergeben.
Stelle grafisch dar …	Daten oder Funktionsgraphen in geeigneten Diagrammen (beispielsweise Säulen- oder Kreisdiagramme oder Koordinatensysteme) darstellen.
Skizziere …	Wesentliche Eigenschaften von Sachverhalten und Objekten zeichnerisch korrekt darstellen (Freihandskizzen sind möglich).
Zeichne …	Objekte maßgenau oder maßstäblich zeichnerisch darstellen.
Konstruiere …	Objekte (wie beim Zeichnen) darstellen, in der Regel nur mit Zirkel und Lineal oder zusätzlich auch mit dem Geodreieck.
Berechne …	Rechnerisches Lösen einer Aufgabe und Darstellen des Lösungsweges.

Signalwort	Erläuterung
Löse … Ermittle … Bestimme …	Finden der Lösung bei frei gewähltem Lösungsweg (beispielsweise konstruktiv, rechnerisch oder grafisch). Der Lösungsweg muss erkennbar dargestellt werden.
Begründe … Weise nach … Beweise … Zeige …	Erkenntnissicherung, bei der Aussagen durch lückenloses, schlüssiges und nachvollziehbares Darstellen von Argumentationsschritten unter Verwenden von Definitionen, Gesetzmäßigkeiten, bekannten Aussagen und äquivalenten Umformungen bestätigt werden.
Schlussfolgere … Leite her …	Erkenntnisfindung und Erkenntnissicherung durch Schließen von bekannten Sachverhalten (Zusammenhängen) auf neue (wahre) Aussagen, dabei Nutzen von Definitionen, Gesetzmäßigkeiten, bekannten Aussagen, und äquivalente Umformungen und lückenloses, schlüssiges und nachvollziehbares Darstellen aller Überlegungen.
Untersuche … Prüfe …	Sachverhalte (Probleme, Fragestellungen, …) unter Beachtung von Begriffen, Sätzen und Verfahren analysieren und Untersuchungsergebnisse formulieren.
Beurteile … Werte … Entscheide …	Sachverhalte (Aussagen, Lösungen, Lösungswege, …) unter Beachtung von Begriffen, Sätzen und Verfahren analysieren und einschätzen.
Erläutere … Erkläre … Beschreibe …	Sachverhalte mithilfe eigener Kenntnisse (auch unter Verwendung von Fachbegriffen zu grundlegenden Gesetzmäßigkeiten, Beziehungen, Regeln) verständlich formulieren, wobei auch selbstgewählte Beispiele hilfreich sein können.
Vergleiche …	Gemeinsamkeiten und Unterschiede nach vorgegebenen oder frei gewählten Gesichtspunkten ermitteln und darstellen.
Interpretiere …	Sachverhalte (Daten, grafische Darstellungen, …) nach eigenen Maßstäben auslegen oder deuten.

Manche Signalworte können auch in anderen Zusammenhängen vorkommen und sind dann sinngemäß anzuwenden.
Beispielsweise wird beim Auftrag *Skizziere die Arbeitsschritte beim Lösen einer Gleichung* keine zeichnerische Darstellung gefordert. Hier ist eine knappe, aber vollständige Beschreibung wichtiger Lösungsschritte anzugeben.

Stichwortverzeichnis

Bildnachweis

Einband picture alliance / ZB | **7** Fotolia/Alexander Raths | **10** Fotolia/schinsilord | **12** Fotolia/Bernd Leitner | **13** Mahler, B., Fotograf, Berlin | **14** Fotolia/Fotosasch ob.re.; Fotolia/schinsilord Mi.li. | **15** Fotolia/schinsilord | **16** Fotolia/schinsilord | **17** Fotolia/Olha Rohulya Mi.re.; Fotolia/Viktor un.re. | **19** Fotolia/schinsilord | **21** Fotolia/schinsilord | **22** Fotolia/schinsilord | **24** Fotolia/schinsilord | **25** Fotolia/ M. Schuppich | **28** Fotolia/schinsilord | **31** Fotolia/elenabsl | **33** Fotolia/freshidea Mi.re.; Fotolia/ pit24 ob.re. | **34** Fotolia/schinsilord | **35** Fotolia/Otto un.re.; Fotolia/cirquedesprit Mi.re. | **37** Fotolia/schinsilord | **39** Fotolia/Kalinovsky Dmitry | **42** Fotolia/reeel ob.li.; Fotolia/Andrey Kokidko ob.re. | **47** Fotolia/julvil | **49** Fotolia/Marco2811 | **51** Fotolia/vberla | **54** Fotolia/djmilic | **55** Fotolia/microstock77 | **58** Fotolia/eyetronic | **59** Fotolia/route55 | **60** Fotolia/vlntn | **62** Fotolia/harvest | **65** Fotolia/schinsilord | **66** Fotolia/schinsilord | **66** Fotolia/kingmarron | **67** Melanie Quante, Ahlen ob.re. | **67** Fotolia/celianestudio | **69** Fotolia/schinsilord | **70** Fotolia/ARochau | **71** Fotolia/marcus_hofmann | **73** Fotolia/nikhg | **75** Fotolia/schinsilord un.re.; Fotolia/schinsilord Mi.re. | **76** Fotolia/Gudellaphoto | **80** Fotolia/Christos Georghiou Mi.re., Fotolia/pico ob.re.; Fotolia/sararoom Mi.li. | **81** Fotolia/Daniel Kühne | **83** Fotolia/schinsilord | **84** Fotolia/Fotosasch | **85** Fotolia/schinsilord | **88** Fotolia/Fotosasch | **89** Fotolia/schinsilord | **91** Fotolia/Dirk Schumann un.re.; 91 Fotolia/ jokatoons ob.re. | **92** Fotolia/Fotosasch | **95** G. Liesenberg, Berlin Mi.re.; Fotolia/sergio34 ob.re. | **99** Fotolia/Fotosasch | **102** Fotolia/sergio34 | **108** G. Liesenberg, Berlin | **110** Fotolia/zakaz | **110** Fotolia/Albo ob.li | **111** Fotolia/Nerlich Images | **113** Fotolia/euthymia | **119** Fotolia/cirquedesprit | **120** Fotolia/pict rider ob.re.; Fotolia/Trueffelpix un.re. | **122** Fotolia/Jyll ob.re.; 122 Fotolia/Thielemann Mi.re.; 122 Fotolia/Celeste-RF Mi.li. | **123** Fotolia/Africa Studio | **124** Fotolia/VRD ob.re.; Fotolia/Nik Mi.re.; G. Liesenberg,Berlin un.re. | **125** Fotolia/mariesacha | **127** Fotolia/schinsilord | **128** Fotolia/Dreaming Andy | **129** Fotolia/Nyo009 | **130** Fotolia/Maria Vazquez un.re.; Fotolia/Nikolai Sorokin ob.re. | **131** Fotolia/Dreaming Andy ob.re.; Fotolia/Aleksandr Bryliaev un.re.; Fotolia/Erich Muecke Mi.re. | **134** Fotolia/schinsilord Mi.re. | **135** Fotolia/Klaus Eppele un.re.; Cornelsen Schulverlage GmbH un.re. | **138** Fotolia/Seamartini Graphics ob.re.; Fotolia/Fabio Berti ob.re. | **139** Fotolia/Bibika31 Mi.re.; Fotolia/Mareike Budde un.re. | **140** Fotolia/nikolayshubin un.re. | **141** Fotolia/adempercem | **142** Fotolia/Romolo Tavani | **144** Fotolia/Pixelot | **146** Fotolia/pico | **148** Fotolia/antonsov85 | **149** Fotolia/Grum_l | **151** Fotolia/PhotographyByMK | **152** Fotolia/Eric Isselée | **153** Fotolia/schinsilord | **154** Fotolia/vege | **155** Fotolia/Dennis Pikarek | **159** Fotolia/Coloures-pic | **169** Fotolia/schinsilord | **170** Fotolia/PanovA Mi.re.; Fotolia/sunt un.re.; Fotolia/Jana Behr ob.re. | **171** Fotolia/nito | **182** Fotolia/Erich Muecke | **183** Fotolia/ognianmed | **184** Fotolia/dudek ob.re.; Fotolia/lucadp Mi.re.; Fotolia/blueringmedia ob.re. | **185** Fotolia/Bjoern Wylezich | **192** Fotolia/gradt | **193** Fotolia/alvincadiz | **195** Fotolia/Foto-Ruhrgebiet